Dieter Bathen · Marc Breitbach

Adsorptionstechnik

Springer

*Berlin
Heidelberg
New York
Barcelona
Hongkong
London
Mailand
Paris
Tokio*

Dieter Bathen · Marc Breitbach

Adsorptionstechnik

Mit 141 Abbildungen

Springer

Dr.-Ing. Dieter Bathen
Universität Dortmund
Lehrstuhl für Anlagentechnik
Fachbereich Chemietechnik
44221 Dortmund

Dipl.-Ing. Marc Breitbach
Universität Dortmund
Lehrstuhl für Anlagentechnik
Fachbereich Chemietechnik
44221 Dortmund

Die Deutsche Bibliothek - CIP-Einheitsaufnahme
Bathen, Dieter:
Adsorptionstechnik / Dieter Bathen; Marc Breitbach
Berlin; Heidelberg; New York; Barcelona; Hongkong; London; Mailand; Paris; Tokio:
Springer, 2001
(VDI-Buch)
ISBN 3-540-41908-X

ISBN 3-540-41908-X Springer-Verlag Berlin Heidelberg New York

Dieses Werk ist urheberrechtlich geschützt. Die dadurch begründeten Rechte, insbesondere die der Übersetzung, des Nachdrucks, des Vortrags, der Entnahme von Abbildungen und Tabellen, der Funksendung, der Mikroverfilmung oder Vervielfältigung auf anderen Wegen und der Speicherung in Datenverarbeitungsanlagen, bleiben, auch bei nur auszugsweiser Verwertung, vorbehalten. Eine Vervielfältigung dieses Werkes oder von Teilen dieses Werkes ist auch im Einzelfall nur in den Grenzen der gesetzlichen Bestimmungen des Urheberrechtsgesetzes der Bundesrepublik Deutschland vom 9. September 1965 in der jeweils geltenden Fassung zulässig. Sie ist grundsätzlich vergütungspflichtig. Zuwiderhandlungen unterliegen den Strafbestimmungen des Urheberrechtsgesetzes.

Springer-Verlag Berlin Heidelberg New York
ein Unternehmen der BertelsmannSpringer Science + Business Media GmbH

http://www.springer.de

© Springer-Verlag Berlin Heidelberg 2001
Printed in Germany

Die Wiedergabe von Gebrauchsnamen, Handelsnamen, Warenbezeichnungen usw. in diesem Buch berechtigt auch ohne besondere Kennzeichnung nicht zu der Annahme, daß solche Namen im Sinne der Warenzeichen- und Markenschutz-Gesetzgebung als frei zu betrachten wären und daher von jedermann benutzt werden dürften.

Sollte in diesem Werk direkt oder indirekt auf Gesetze, Vorschriften oder Richtlinien (z.B. DIN, VDI, VDE) Bezug genommen oder aus ihnen zitiert worden sein, so kann der Verlag keine Gewähr für die Richtigkeit, Vollständigkeit oder Aktualität übernehmen. Es empfiehlt sich, gegebenenfalls für die eigenen Arbeiten die vollständigen Vorschriften oder Richtlinien in der jeweils gültigen Fassung hinzuzuziehen.

Einband-Entwurf: Struve & Partner, Heidelberg
Satz: Digitale Druckvorlage der Autoren
Gedruckt auf säurefreiem Papier   SPIN: 10794766   62/3020Rw - 5 4 3 2 1 0

Vorwort

Die Adsorption ist ein Verfahren, das aufgrund der hohen Trennleistung und Selektivität in der Verfahrenstechnik weit verbreitet ist. Die Palette der Anwendungen reicht in der Gasphase von der Reinigung von Abgasen aus Müllverbrennungsanlagen über die Aufbereitung lösungsmittelhaltiger Abluft bis zur Gewinnung von Sauerstoff aus Luft. In der flüssigen Phase werden z.B. Abwässer behandelt, Fruchtsäfte von Bitterstoffen befreit und pharmazeutische Wirkstoffe gewonnen.

Dass ein solch wichtiges Verfahren Bestandteil der Ausbildung von Verfahrenstechnikern und Chemie-Ingenieuren ist, versteht sich von selbst. Im Fachbereich Chemietechnik der Universität Dortmund wird dabei das Konzept verfolgt, Gas- und Flüssigphasenadsorption gemeinsam in einer Vorlesung zu behandeln. Diese von den Autoren gehaltene Vorlesung „Adsorptionstechnik" ist die Grundlage des vorliegenden Buches. Der Schwerpunkt liegt auf den technischen Aspekten der Adsorption, während Thermodynamik und Kinetik nur in Grundzügen behandelt werden.

Das Buch dokumentiert den Stand der Technik und soll das Grundverständnis für die ingenieurtechnischen Fragestellungen, die mit dieser Technologie verbunden sind, vermitteln. Ziel ist es, ein Gefühl nicht nur für die Potenziale sondern auch für die Grenzen und Schwierigkeiten dieses Verfahrens zu erhalten.

Im Einzelnen werden in den sieben Kapiteln dieses Buches folgende Fragestellungen diskutiert:

- Kapitel 1: Phänomenologie der Adsorption
- Kapitel 2: Feststoffe für Adsorptionsprozesse (Adsorbentien)
- Kapitel 3: Thermodynamik, Kinetik und Dynamik der Adsorption
- Kapitel 4: Modellierung und Simulation von Adsorptionsprozessen
- Kapitel 5: Technische Desorptionsverfahren
- Kapitel 6: Industrielle Gasphasen-Adsorptionsprozesse
- Kapitel 7: Industrielle Flüssigphasen-Adsorptionsprozesse

Für die intensive Auseinandersetzung mit speziellen Aspekten ist am Ende jeden Kapitels weiterführende Literatur angegeben. Hierbei wird der Schwerpunkt auf eine umfassende Dokumentation neuerer Arbeiten (ab ca. 1990) gelegt.

Da Grundkenntnisse der thermischen Verfahrenstechnik vorausgesetzt werden, richtet sich das vorliegende Buch vor allem an Studenten von Hochschulen und Fachhochschulen aus höheren Semestern sowie an Ingenieure, die in Ihrer beruflichen Praxis mit Adsorptionsverfahren konfrontiert werden und sich einen aktuellen Überblick verschaffen wollen.

Der Dank der Autoren gilt zunächst H. Schmidt-Traub, der uns als Inhaber des Lehrstuhls für Anlagentechnik den Freiraum zur Erstellung des vorliegenden Buches gewährte und uns in vielen Dingen hilfreich zur Seite stand. Des Weiteren bedanken wir uns bei W. Arlt (TU Berlin), H.-J. Bart (Universität Kaiserslautern), J. Ciprian (BASF AG), A. Epping (Universität Dortmund), U. v. Gemmingen (Linde AG), J. Fricke (Universität Dortmund), A. Jupke (Universität Dortmund), C. Hummelt (Universität Dortmund), L. Krätz (Universität Kaiserslautern), S. Maurer (BASF AG), M. Meurer (Messer AGS), J. Reuß (Universität Dortmund), B. Schlicht (Silica Verfahrenstechnik GmbH), R. Staudt (Universität Siegen) und P. Ulbig (Physikalisch-Technische Bundesanstalt) für die Korrektur des Manuskripts und die vielen hilfreichen Diskussionen. Nichtsdestotrotz sind alle etwaigen Fehler und Unstimmigkeiten ausschließlich den Autoren zuzuschreiben.

Außerdem sei C. Buchaly, A. Hölscher, M. Ohser, E. Schulte-Steffens und G. Uebe gedankt, ohne deren tatkräftige Mitarbeit dieses Buch nicht entstanden wäre.

Wir wünschen allen Lesern eine lehrreiche und kurzweilige Lektüre!

Dortmund, im Sommer 2001

Dieter Bathen und Marc Breitbach

Inhalt

1 Einführung in die Adsorptionstechnik 1
    1.1 Geschichte der Adsorptionstechnik 1
    1.2 Begriffsbestimmung 2
    1.3 Beschreibung der physikalischen Vorgänge 3
    1.4 Unterschiede von Flüssig- und Gasphasen-Adsorption 5
    1.5 Klassifizierung von Adsorptionsverfahren 6
        1.5.1 Klassifizierung nach Bindungsenthalpien 6
        1.5.2 Klassifizierung nach Mechanismen/Selektivitäten 7
        1.5.3 Klassifizierung nach Adsorberbauformen 8
        1.5.4 Klassifizierung nach prozesstechnischen Kriterien 9
    1.6 Fachbücher zur Adsorptionstechnik 9

2 Technische Adsorbentien 13
    2.1 Einleitung 13
    2.2 Charakterisierung von Adsorbentien 14
        2.2.1 Partikelgrößenverteilung 14
        2.2.2 Dichte 15
        2.2.3 Porosität 17
        2.2.4 Innere oder spezifische Oberfläche 17
        2.2.5 Porenradienverteilung 18
    2.3 Kohlenstoffhaltige Adsorbentien 19
        2.3.1 Aktivkohle und -koks 19
        2.3.2 Kohlenstoffmolekularsiebe 26
    2.4 Oxidische Adsorbentien 28
        2.4.1 Kieselgel 28
        2.4.2 Alumosilicate 29
        2.4.3 Aktivtonerde 36
        2.4.4 Weitere oxidische Adsorbentien 38
    2.5 Polymere Adsorbentien 39
    2.6 Zusammenfassung „Adsorbentien" 43
    Literatur zu Kapitel 2 44

3 Grundlagen der Adsorption ... 49
3.1 Thermodynamik der Adsorption ... 49
3.1.1 Thermodynamik der Gasphasen-Adsorption ... 51
3.1.2 Thermodynamik der Flüssigphasen-Adsorption ... 54
3.1.3 Einkomponenten-Isothermen ... 56
3.1.4 Kapillarkondensation und Adsorptions-Desorptions-Hysterese ... 65
3.1.5 Beispiel für ein reales Einkomponenten-System ... 68
3.1.6 Mehrkomponenten-Isothermen ... 70
3.1.7 Adsorptionsenthalpie ... 74
3.2 Kinetik der Adsorption ... 78
3.2.1 Beschreibung der Phänomene ... 78
3.2.2 Stoff-/Wärmeübergang durch Grenzfilm (Heterogenes Modell I) ... 80
3.2.3 Diffusion in Poren (Heterogenes Modell II) ... 82
3.2.4 LDF-Ansatz (Homogenes Modell) ... 90
3.2.5 Kinetik von Mehrkomponenten-Prozessen ... 92
3.3 Dynamik der Adsorption ... 92
3.3.1 Durchbruchskurve ... 93
3.3.2 Einfluss der Thermodynamik ... 94
3.3.3 Einfluss der Kinetik ... 95
3.4 Zusammenfassung „Grundlagen" ... 96
Literatur zu Kapitel 3 ... 97

4 Mathematische Beschreibung von Adsorption und Desorption ... 103
4.1 Zielsetzung der Modellierung ... 103
4.2 Ansätze zur Modellierung und Simulation ... 104
4.3 Bilanzräume der Modellierung von Adsorptionsprozessen ... 107
4.4 Unterschiede von Gasphasen- und Flüssigphasen-Adsorption ... 108
4.5 Modell der Gasphasen-Adsorption ... 109
4.5.1 Annahmen zur Modellbildung ... 110
4.5.2 Massenbilanz der festen Phase ... 111
4.5.3 Energiebilanz der festen Phase ... 112
4.5.4 Massenbilanz der fluiden Phase ... 114
4.5.5 Energiebilanz der fluiden Phase ... 116
4.5.6 Anfangs- und Randbedingungen ... 119
4.6 Modell der Flüssigphasen-Adsorption ... 120
4.6.1 Annahmen zur Modellbildung ... 121
4.6.2 Massenbilanz der festen Phase ... 121
4.6.3 Massenbilanz der flüssigen Phase ... 123
4.6.4 Anfangs- und Randbedingungen ... 125
4.7 Hilfsgleichungen ... 126
4.7.1 Thermodynamik des Fluids ... 127
4.7.2 Thermodynamik der Adsorbentien ... 127
4.7.3 Druckverlust in durchströmten Festbetten ... 127
4.7.4 Modellparameter ... 129
4.8 Kommerzielle Softwareprogramme ... 134
Literatur zu Kapitel 4 ... 135

5 Technische Desorptionsverfahren **139**
    5.1 Grundprinzipien der Desorption 139
    5.2 Desorption in Gasphasen-Adsorptions-Prozessen 141
        5.2.1 Druckwechsel-Desorption 142
        5.2.2 Temperaturwechsel-Desorption 148
        5.2.3 Verdrängungs-Desorption 155
        5.2.4 Reaktivierung 160
    5.3 Desorption in Flüssigphasen-Adsorptions-Prozessen 161
        5.3.1 Temperaturwechsel-Desorption 162
        5.3.2 Verdrängungs-Desorption 164
        5.3.3 Reaktivierung 173
    5.4 Zusammenfassung „Technische Desorptionsverfahren" 175
    Literatur zu Kapitel 5 175

6 Industrielle Gasphasen-Adsorptions-Prozesse **183**
    6.1 Technische Problemstellung 183
        6.1.1 Vorbehandlung der Gasströme 183
        6.1.2 Industrielle Anwendungsfelder 184
        6.1.3 Industrielle Randbedingungen 184
    6.2 Bauformen der Adsorber 188
        6.2.1 Festbett-Adsorber 188
        6.2.2 Rotor-Systeme 213
        6.2.3 Wander-/Wirbelbett-Adsorber 223
        6.2.4 Flugstromverfahren 232
        6.2.5 SMB-Adsorber (Simulierte Gegenstromführung) 235
    6.3 Auslegung von Gasphasenadsorbern 235
        6.3.1 Short-Cut-Methode 1: Massenbilanz (Adsorption) 236
        6.3.2 Short-Cut-Methode 2: Energiebilanz (Heißgasdesorption) 237
        6.3.3 Erfahrungswerte für die industrielle Adsorber-Auslegung 239
    6.4 Zusammenfassung „Industrielle Gasphasen-Adsorption" 241
    Literatur zu Kapitel 6 242

7 Industrielle Flüssigphasen-Adsorptions-Prozesse **249**
    7.1 Technische Problemstellung bei der Flüssigphasen-Adsorption 249
        7.1.1 Vorbehandlung der Flüssigkeitsströme 249
        7.1.2 Industrielle Anwendungsfelder 250
        7.1.3 Industrielle Randbedingungen 251
    7.2 Bauformen der Adsorber 256
        7.2.1 Festbett-Adsorber 256
        7.2.2 Rührkessel-Adsorber 286
        7.2.3 Pulverkohledosierung 287
        7.2.4 Bewegte Adsorberbetten 291
        7.2.5 Wirbelschicht- und Schwebebettadsorber 294
        7.2.6 Karusseladsorber 298
        7.2.7 Simulierte bewegte Adsorberbetten (SMB) 302
    7.3 Auslegung von Flüssigphasenadsorbern 307
        7.3.1 Short Cut Methode I 309
        7.3.2 Short Cut Methode II 311
        7.3.3 Erfahrungswerte für die industrielle Adsorber-Auslegung 313
    7.4 Zusammenfassung „Industrielle Flüssigphasen-Adsorption" 314
    Literatur zu Kapitel 7 315

8 Anhang **323**
    8.1 Liste der verwendeten Symbole 323
        8.1.1 Formelzeichen 323
        8.1.2 Griechische Symbole 328
    8.2 Indices 330
    8.3 Dimensionslose Kennzahlen 331
    8.4 Abkürzungen 332

Sachverzeichnis **335**

1 Einführung in die Adsorptionstechnik

1.1 Geschichte der Adsorptionstechnik

Die Adsorption gehört zu den ältesten technischen Prozessen, die sich der Mensch zu Nutze gemacht hat. So finden sich Hinweise auf die Verwendung „heilender Pulver und Erden" zur Behandlung nässender Wunden und auf die Aufbereitung von verschmutztem oder ungenießbarem Wasser durch „Sand und Kohle" bereits in den ältesten schriftlichen Aufzeichnungen der Menschheit. Das Entfetten von Wolle durch „Bleicherden" ist ein weiteres bereits seit dem Altertum bekanntes Verfahren.

Die wissenschaftliche Erforschung der Adsorption begann im 18. Jahrhundert mit Experimenten von Scheele, der 1773 die Adsorption von Luftbestandteilen an Aktivkohle untersuchte. Wenig später (1785) zeigte Lowitz, dass man mit Hilfe von Holzkohle in Wasser gelöste Stoffe adsorbieren kann. Den ersten systematischen Einsatz in der Medizintechnik unternahm Kehl, der „Thierkohle" (aus dem Knochenmehl toter Tiere gewonnene Aktivkohle) zur Behandlung brandiger Geschwüre einsetzte.

Die industrielle Revolution setzte 1808 den Startpunkt für die industrielle Adsorptionstechnik. Erstes großtechnisches Verfahren war die Klärung von Rohrzucker durch Aktivkohlen. Wenig später wurden Aktivkohlen auch zur Entfärbung von Flüssigkeiten in der sich entwickelnden Textilindustrie eingesetzt.

In der Folgezeit beschäftigten sich eine Reihe bekannter Wissenschaftler mit der Adsorption, so dass das Verständnis für die zu Grunde liegenden physikalischen Effekte stieg. Hierzu gehören die Arbeiten von Magnus 1853, Quinke 1859 und Weber 1872 über die „verdichtete Gashaut", die Beschreibung der Kapillarkondensation durch Thompson Lord Kelvin 1871, die thermodynamische Beschreibung der Adsorption durch Gibbs 1876 sowie die Entdeckung der Adsorptionswärme durch de Sussure 1812 und die Definition des Begriffs der Adsorptionsisotherme durch Ostwald 1885.

Einen großen Sprung machte die Adsorptionstechnik durch die Patente von Ostrejko 1900, die eine großtechnische Produktion von Aktivkohlen ermöglichten. Die produzierte Aktivkohle wurde zunächst in großem Maßstab für Gasmasken (erster Weltkrieg), in zunehmender Menge aber auch für technische Anlagen benötigt. Der erste technische Gasphasen-Adsorber (zur Adsorption von Benzol-Alkohol-Dämpfen) ging 1919 bei den Bayer-Werken in Wuppertal in Betrieb.

Weitere Meilensteine in der Adsorptionstechnik sind die Inbetriebnahme großtechnischer PSA-Anlagen (PSA – **P**ressure **S**wing **A**dsorption) zur Luftzerlegung und Wasserstoff-Aufbereitung ab 1960, die auf Patenten von Skarstrom und Guerin/Domine aus den Jahren 1957/58 beruhen, und die Entwicklung/Produktion neuer Adsorbentien (künstliche Zeolithe ab 1955/56 und Kohlenstoffmolekularsiebe ab 1970).

In neuerer Zeit gewinnt das Verfahren der chromatographischen Trennung zunehmend an Bedeutung. Der Effekt wurde bereits 1903 von Tswett bei der Isolierung von Chlorophyll entdeckt. Den ersten großtechnischen Anlagen in den 1960er Jahren zur Trennung von C8-Aromaten in Raffinerien folgte eine Vielzahl weiterer chromatographischer Prozesse insbesondere im Bereich der pharmazeutischen und der Lebensmittel-Industrie.

Die industrielle Entwicklung der Adsorptionstechnik wurde im 20. Jahrhundert von einer Reihe wissenschaftlicher Arbeiten insbesondere aus dem Bereich der Thermodynamik begleitet. In diesem Zusammenhang seien die Adsorptionstheorien von Polanyi 1914, Langmuir 1916, Brunauer-Emmet-Teller 1938, Dubinin 1946, Lewis 1950 und Myers u. Prausnitz ab 1960 genannt.

Die zukünftige Bedeutung der Adsorptionstechnik steigt durch die aktuelle Entwicklung der Verfahrenstechnik hin zu selektiveren Trennungen. Dies hat zu einer stetig wachsenden Zahl von industriellen Anwendungen und zur Entwicklung sehr spezifischer Adsorbentien geführt. Parallel hierzu wird die zuverlässige Berechnung und Auslegung der Anlagen (u.a. durch Computer-Programme) immer wichtiger. Trotz der erzielten Fortschritte ist die Adsorption im Vergleich zur Rektifikation/Destillation immer noch ein unzureichend verstandenes und schwer zu berechnendes Verfahren geblieben. Für Forschung und Entwicklung sind daher auch zukünftig große Potenziale vorhanden.

1.2 Begriffsbestimmung

Um zu einem einheitlichen Verständnis der Adsorption zu gelangen, ist es zunächst notwendig, die verwendeten Begriffe eindeutig zu definieren. Abb. 1.1 zeigt die Definitionen, die sich in der Adsorptionstechnik eingebürgert haben und die im Folgenden verwendet werden.

Adsorption:	Anlagerung eines Moleküls aus einer gasförmigen oder flüssigen Phase an einen Feststoff
Desorption:	Entfernung eines adsorbierten Moleküls von einem Feststoff und Überführung in die freie fluide Phase (=Umkehrung der Adsorption)
Adsorbens:	Feststoff, der das zu adsorbierende Molekül bindet
Adsorptiv:	zu adsorbierendes Molekül, das sich in der fluiden Phase befindet (=nicht-adsorbiertes Molekül)
Adsorpt:	Molekül, das an das Adsorbens gebunden ist (=adsorbiertes Molekül)
Adsorbat:	Komplex aus Adsorpt und Adsorbens

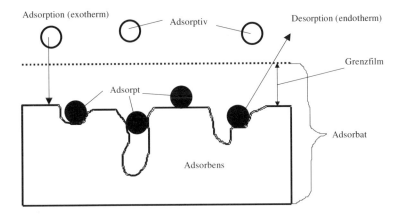

Abb. 1.1. Verwendete Definitionen und Begriffe

1.3 Beschreibung der physikalischen Vorgänge

Adsorptions-Desorptions-Prozesse bestehen aus einem komplexen Zusammenspiel von verschiedenen konvektiven und diffusiven Stofftransportprozessen, die mit der eigentlichen Adsorption/Desorption und diversen Wärmetransport- und Wärmeleitungsvorgängen gekoppelt sind. Sie vollziehen sich, wie in Abb. 1.2 dargestellt, in der Regel in sieben Teilschritten:

1. Stofftransport an die äußere Grenzschicht (1→2)
   Das Adsorptiv-Molekül gelangt zunächst durch konvektive und diffusive Transportmechanismen an die Grenzschicht um das Adsorbenskorn. Diese Grenze ist keine real existierende Schicht, sondern eine Hilfsvorstellung für die mathematische Modellierung (s. Kap. 3.2).
2. Stofftransport durch die Grenzschicht (2→3)
   Der Stofftransport durch die Grenzschicht erfolgt durch Diffusion. Hierbei wird üblicherweise ein linearer Konzentrationsgradient im Grenzfilm angenommen.
3. Stofftransport in den Poren des Adsorbens (3→4)
   In den Poren des Adsorbens laufen verschiedene Diffusionsmechanismen teilweise parallel, teilweise nacheinander ab. Diese komplexen Vorgänge werden in Kap. 3.2 ausführlich diskutiert. Da Teilschritt 2 und 3 diffusionsgesteuert sind, werden sie häufig in einem vereinfachten Modell zusammengefasst (Abschn. 3.2.4).
4. Adsorption (4→5)
   Die eigentliche Adsorption ist eine exotherme Anlagerung des Adsorptiv-Moleküls an das Adsorbens. Fasst man diesen Vorgang als Gleichgewichts-Reaktion auf, so gehorcht diese folgender „Reaktionsgleichung":

Adsorptiv + Adsorbens ↔ Adsorbat + Adsorptionswärme

Da die eigentliche Adsorption im Allgemeinen nicht den geschwindigkeitsbestimmenden Schritt darstellt, wird ihre Kinetik häufig vernachlässigt (Man nimmt an, dass sie unendlich schnell abläuft). Die Limitierung von Adsorptions-Prozessen resultiert in der Regel aus langsamen Diffusionsvorgängen.

5. Energietransport innerhalb des Adsorbens (5→6)
Die freiwerdende Adsorptionswärme wird hauptsächlich über Wärmeleitung an die Oberfläche des Adsorbens-Partikels transportiert. Dieser Teilschritt ist insbesondere bei Gasphasenprozessen nicht sehr effektiv, da die Adsorbensmaterialien aufgrund ihrer Porenstruktur (nahezu) die Eigenschaften von Wärmedämmstoffen haben.

6. Energietransport durch die Grenzschicht (6→7)
Für den Wärmetransport durch die Grenzschicht gelten dieselben Aussagen wie für den Stofftransport durch die Grenzschicht (2→3). Die meisten Modellansätze versuchen, Stoff- und Energietransport in analoger Weise zu beschreiben. Eine häufig verwendete Modellvorstellung fasst z.B. die Schritte 5→6 und 6→7 in einem Wärmedurchgangsprozess zusammen.

7. Energietransport in der fluiden Bulk-Phase (7→8)
Der Abtransport der freiwerdenden Energie erfolgt im freien Fluid über Konvektion und Wärmeleitung (analog zum Stofftransport).

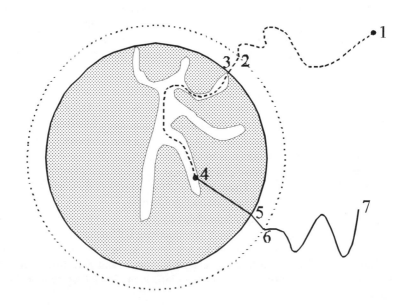

Abb. 1.2. Teilschritte der Adsorption

Die mathematische Beschreibung dieser Vorgänge über partielle Differentialgleichungen findet sich in Kap. 3 und 4. Wichtig ist an dieser Stelle festzuhalten, dass die eigentliche Adsorption lediglich einen (in der Regel nicht den geschwindigkeits-limitierenden) Teilschritt eines komplexen Stoff- und Energieaustausch-Prozesses darstellt.

1.4 Unterschiede von Flüssig- und Gasphasen-Adsorption

Obwohl es sich bei Adsorptions-Desorptions-Verfahren sowohl in der flüssigen als auch in der gasförmigen Phase um den gleichen Prozess handelt, haben die unterschiedlichen Aggregatzustände der fluiden Phase einen erheblichen Einfluss.

Als wichtiger Unterschied ist zunächst die Struktur der Phasengrenze Adsorbat/fluide Phase zu nennen. Diese Phasengrenze ist bei der Gasphasenadsorption ausgeprägter, da hier zwei Mechanismen überlagert sind, die Adsorption und die Kondensation. Beide Effekte sind nicht exakt zu trennen, sondern finden parallel in den Poren des Adsorbens statt. Dieser Dualismus führt u.a. zu einer Adsorptions-Desorptions-Hysterese, die in der Flüssigphase nicht auftritt (s. Abschn. 3.1.4). Zudem sind die bei der Adsorption freiwerdenden Wärmemengen bei Gasphasenprozessen häufig größer, da zusätzlich die Kondensationswärme anfällt.

Dieser Effekt wird verstärkt durch die unterschiedlichen Wärmekapazitäten der fluiden Phasen. Gase sind aufgrund der geringen volumetrischen Wärmekapazität nicht in der Lage, die freiwerdende Adsorptionswärme abzutransportieren. Daher treten in technischen Gasphasen-Adsorptions-Prozessen in der Regel erhebliche Wärmetönungen auf. Diese Prozesse sind somit (fast) immer als nicht-isotherm anzusehen, was z.B. die mathematische Modellierung/Simulation (Kap. 4) erschwert. Demgegenüber führt die höhere volumetrische Wärmekapazität der flüssigen Phase zu einer ausreichenden Aufnahme der entstehenden Wärme, so dass man in der Regel von (nahezu) isothermen Verhältnissen ausgehen kann.

Großen Einfluss auf die Prozesse haben auch die um Zehnerpotenzen differierenden Diffusionskoeffizienten und Löslichkeiten der Adsorptive in den fluiden Phasen. Tabelle 1.1 zeigt anhand von zwei Beispielsystemen typische Größenordnungen (Hierbei ist zu beachten, dass insbesondere die Löslichkeit von Feststoffen in Flüssigkeiten extrem schwanken kann! So haben typische Pharma-Wirkstoffe Löslichkeiten im Bereich von 10^0 kg/m³).

Tabelle 1.1. Einfluss der Aggregatzustände der fluiden Phase

Aggregatzustand	Größenordnung der Diffusionskoeffizienten [m²/h]	Größenordnung der Löslichkeit des Adsorptivs im Trägerfluid [kg/m³]
Flüssig	ca. 10^{-5}	ca. 10^2 (Glucose in Wasser)
Gasförmig	ca. 10^{-2}	ca. 10^{-1} (Ethanol in Luft)

Als letzter gravierender Unterschied ist die Druckabhängigkeit zu nennen. Während Gasphasensysteme im Allgemeinen sensitiv auf Druckänderungen reagieren, ist der Druckeinfluss auf Flüssigsysteme (nahezu) vernachlässigbar. Aus diesem Grund verfügt man in Gasphasen-Adsorptions-Prozessen in der Regel über einen zusätzlichen Freiheitsgrad (s. PSA-Prozesse in Kap. 5 und Kap. 6).

Trotz dieser Unterschiede sind die prinzipiellen Vorgänge in der Gas- und Flüssigphasenadsorption ähnlich. Um diesem Sachverhalt Rechnung zu tragen, wird im Folgenden eine zweigleisige Strategie verfolgt. Die Beschreibung der Adsorbentien (Kap. 2) und der Grundlagen der Adsorption (Kap. 3) wird ohne spezifische Betrachtung der fluiden Phase präsentiert, während die mathematische Modellierung (Kap. 4), die Desorptionsverfahren (Kap. 5) sowie die Verfahren und Anlagen (Kap. 6 und Kap. 7) „phasenspezifisch" diskutiert werden.

1.5 Klassifizierung von Adsorptionsverfahren

Die Klassifizierung von Adsorptionsverfahren erfolgt zum einen nach physikalischen Kriterien wie

- Bindungsenthalpien und
- Mechanismen / Selektivitäten,

zum anderen nach verfahrenstechnischen Gesichtspunkten wie

- Bauart des Adsorbers,
- Konzentration des Adsorptivs in der fluiden Phase und
- Art der Regeneration des Adsorbens.

1.5.1 Klassifizierung nach Bindungsenthalpien

Eine Klassifizierung von Adsorptionsverfahren erfolgt nach der Art bzw. Stärke der Bindung zwischen dem Adsorbens und dem Adsorpt. Man unterscheidet drei Fälle:

1. Chemisorption
2. Physisorption
3. Kapillarkondensation

Bei der *Chemisorption* beruht die Bindung Adsorbens-Adsorpt auf einem „echten" Elektronenübergang, d.h. es handelt sich um eine chemische Bindung. Daher liegen die Bindungsenergien in der Größenordnung von Reaktionsenthalpien. Für die Gasphase wird häufig folgende Beziehung angegeben (Ruthven 1984):

Bindungsenergie $> 2\text{--}3 \cdot$ Verdampfungsenthalpie des Adsorptivs

In der flüssigen Phase werden Werte zwischen 60 und 450 kJ/mol genannt (Kümmel u. Worch 1990). Da die Chemisorption unter technisch und wirtschaftlich sinnvollen Bedingungen irreversibel ist, wird sie fast ausschließlich im Bereich von „Polizeifiltern" zur Entfernung problematischer Stoffe wie z.b. Quecksilber eingesetzt (s. Kap. 6.2). Das Adsorbens kann nach vollständiger Beladung nicht regeneriert werden, sondern ist zu entsorgen.

Beruht die Bindung hingegen auf intermolekularen Kräften ohne Elektronenübergang, d.h. dominieren Dipol-, Dispersions- oder Induktionskräfte, verwendet man den Begriff *Physisorption*. Die Bindungsenergien bewegen sich für Gasphasenprozesse im Bereich oberhalb der Verdampfungsenthalpien. Ruthven 1984 gibt als Größenordnung an:

Bindungsenergie ≈ 1,5 · Verdampfungsenthalpie des Adsorptivs

Für die flüssige Phase nennen Kümmel u. Worch 1990 Werte < 50 kJ/mol. Diese Art der Adsorption stellt den Regelfall für technische Adsorptionsprozesse dar, da hier eine Regeneration des beladenen Adsorbens unter wirtschaftlich sinnvollen Randbedingungen möglich ist, so dass durch sequentielle Adsorption und Desorption zyklische Prozesse ohne Austausch des Adsorbens durchführbar sind.

In der Gasphase tritt zusätzlich ein dritter Mechanismus auf, die *Kapillarkondensation*. Hierbei handelt es sich um einen klassischen Phasenübergang gasförmig-flüssig in den Kapillaren des Adsorbens, der erst dann auftritt, wenn bereits alle Adsorptionsplätze belegt sind. Wechselwirkungen zwischen Adsorbens und Adsorpt spielen eine untergeordnete Rolle gegenüber den Wechselwirkungen der Adsorpt-Moleküle untereinander. Die resultierenden Bindungsenergien entsprechen den Verdampfungsenthalpien, d.h. es gilt:

Bindungsenergie ≈ Verdampfungsenthalpie des Adsorptivs

Eine genaue Betrachtung dieses Phänomens findet sich in den Abschn. 3.1.4. und 3.1.7.

1.5.2 Klassifizierung nach Mechanismen/Selektivitäten

Eine weitere Möglichkeit der Einteilung von Adsorptionsprozessen ist die Klassifizierung nach Mechanismen bzw. Selektivitäten. Üblicherweise werden vier Mechanismen der Adsorption genannt (Kast 1988, Yang 1987):

1. Statischer Kapazitätseffekt:
   Betrachtet man die Adsorption als eine Gleichgewichtsreaktion aus Adsorption und Desorption, wird deutlich, dass die Komponente mit der geringeren Desorptionsgeschwindigkeit bevorzugt adsorbiert wird. Für die Gasphase z.B. bedeutet dies, dass schwerflüchtige Verbindungen besser adsorbiert werden als leichtflüchtige, da die Desorptionsgeschwindigkeit proportional zum Dampfdruck ist.

2. Gleichgewichtseffekt:
Da alle thermodynamischen Systeme ein „energetisches" Minimum anstreben (exakt: ein Minimum der freien Enthalpie), wird die Komponente mit der höheren Bindungsenthalpie bevorzugt adsorbiert. Dies kann z.B. für Verdrängungsprozesse genutzt werden.
3. Sterischer Effekt:
Als sterischen Effekt bezeichnet man den Siebeffekt in den Poren eines Adsorbens, der dann auftritt, wenn der Porendurchmesser zwischen den kritischen Moleküldurchmessern der zu trennenden Komponenten liegt (s. Kap. 2.3.2 u. 2.4.2). Während die Komponente mit kleinerem Querschnitt in das Adsorbens diffundiert und dort adsorbiert werden kann, reichert sich das größere Molekül in der freien fluiden Phase an. Dieser Effekt wird u.a. zur Gewinnung von Sauerstoff aus Luft an Molekularsieben (Kap. 6) oder in Kombination mit dem kinetischen Effekt (4.) bei der Größenausschlusschromatographie (Kap. 7) genutzt.
4. Kinetischer Effekt:
Die Komponente mit der größeren Diffusionsgeschwindigkeit kann schneller in die Poren diffundieren und Adsorptionsplätze besetzen. Da die Diffusionsgeschwindigkeit umgekehrt proportional zum Molekülquerschnitt ist, führt dieser Effekt zur selben Selektivität wie der sterische Effekt. Daher wird häufig von einem sterisch-kinetischen Effekt gesprochen.

1.5.3 Klassifizierung nach Adsorberbauformen

Die Vielfalt der verschiedenen Bauformen von Adsorbern hat dazu geführt, dass man sie häufig nach diesem Ordnungsmerkmal einteilt. Prinzipiell können fünf Typen unterschieden werden:

- Den Standardapparat der Adsorptionstechnik sowohl in der Flüssig- als auch in der Gasphase stellen *Festbett-Adsorber* mit ruhenden Adsorbens-Schüttungen dar. Sie werden sowohl in stehender oder liegender Ausführung betrieben.
- Als Zwischenlösung zwischen ruhender Schüttung (Festbett) und bewegter Schüttung (Wander-/Wirbelbett) lassen sich *Rotor-Adsorber* einordnen, bei denen eine ruhende Schüttung durch Rotation des gesamten Apparates bewegt wird.
- Seltener finden sich Adsorber mit bewegtem Adsorbens, die in der Regel als *Fließ-* oder *Wanderbett-Adsorber* bezeichnet werden.
- Wird das Adsorbens im Trägerfluid stabil fluidisiert, spricht man von *Wirbelschicht-Adsorbern*.
- Übersteigt die Fluidgeschwindigkeit eine kritische Grenze (in der Wirbelschichttechnik Austragungspunkt genannt), wird das Adsorbens in der Fluidströmung mitgerissen. Dieser Typ wird in der Gasphase als *Flugstrom-Adsorber* bezeichnet.

Daneben werden Adsorbentien in anderen verfahrenstechnischen Apparaten eingesetzt, z.b. in Rührkesseln und Membranen, ohne dass man explizit von einem Adsorber spricht. Eine ausführliche Diskussion der Vor- und Nachteile der einzelnen Bauformen findet sich in den Kap. 6 und 7.

1.5.4 Klassifizierung nach prozesstechnischen Kriterien

Neben den o.g. Standard-Klassifizierungen existieren noch eine Reihe von anwendungsspezifischen Kategorisierungen.

So hat es sich z.b. in der Gasphasen-Technik eingebürgert, bei einem Adsorptiv-Anteil im Eintrittsstrom von unter 10% von einer *Reinigung* und bei einem Anteil über 10% von einer *Trennung* zu sprechen.

Ebenso wird bei Gasphasenadsorbern nach der Art des Regenerationsverfahrens eine Einteilung in *Druckwechsel-*, *Temperaturwechsel-* und *Konzentrationswechsel-Adsorber* vorgenommen (s. Kap. 5).

Seltener verwendet werden Kategorisierungen, die auf das Adsorbens oder das Adsorptiv Bezug nehmen (z.B. Aktivkohleadsorber, Molsiebstation, VOC-Filter oder Lufttrockner).

1.6 Fachbücher zur Adsorptionstechnik

In der Regel befassen sich ingenieurtechnische Fachbücher zum Thema Adsorption entweder mit Gasphasen- oder mit Flüssigphasen-Prozessen. Die folgende Auflistung stellt eine alphabetische Auswahl aus der Vielzahl der Publikationen in den letzten 20 Jahren dar und erhebt keinen Anspruch auf Vollständigkeit.

Basmadjian D (1997) The Little Adsorption Book. CRC Press, Boca Raton [u.a.]
Crittenden B, Thomas WJ (1998) Adsorption Technology & Design. Butterworth-Heinemann, Oxford (UK)
Cooney DO (1999) Adsorption Design for Wastewater Treatment. CRC Press LLC, Boca Raton, Boston, London, New York, Washington D.C.
Faust SD, Aly OM (1987) Adsorption Processes for Water Treatment. Butterworth Publishers, Boston
Guiochon G, Golshan-Shirazi S, Katti AM (1994) Fundamentals of Preparative and Nonlinear Chromatography, Academic Press, London
Kast W (1988) Adsorption aus der Gasphase. VCH Verlagsgesellschaft, Weinheim
Kümmel R, Worch E (1990) Adsorption aus wässrigen Lösungen. VEB Verlag für Grundstoffindustrie, Leipzig
Rudzinski W, Everett DH (1992) Adsorption of Gases on Heterogeneous Surfaces. Academic Press, London
Ruthven DM (1984) Principles of Adsorption and Adsorption Processes. John Wiley & Sons, New York
Ruthven DM, Farooq D, Knaebel KS (1994) Pressure Swing Adsorption. VCH-Verlag, New York

Slejko FL (1985) Adsorption Technology: A Step Approach to Process Evaluation. Marcel Dekker Publishing, New York, Basel
Sontheimer H, Frick BR, Fettig J, Hörner G, Hubele C, Zimmer G (1985) Adsorptionsverfahren zur Wasserreinigung. DVGW-Engler-Bunte-Institut, Universität Karlsruhe
Staudt R (Hrsg.) (1998) Technische Sorptionsprozesse. VDI-Fortschritt-Berichte Reihe 3, Nr. 554, VDI Verlag, Düsseldorf
Suzuki M (1990) Adsorption Engineering. Elsevier Publishers, Amsterdam
Tien C (1994) Adsorption Calculations and Modeling. Butterworth-Heinemann, Boston
VDI (Kommission Reinhaltung der Luft) (1998) VDI-Richtlinie 3674 Abgasreinigung durch Adsorption. VDI Verlag, Düsseldorf
Yang RT (1987) Gas Separation by Adsorption Processes. Butterworth Publishers, Stoneham, USA

Daneben finden sich Kapitel über Adsorptionsprozesse und -verfahren in allen Übersichtswerken, die sich mit thermischen Trennverfahren befassen. Aus der Vielzahl der Publikationen seien drei herausgegriffen:

v.Gemmingen U, Mersmann A, Schweighart P (1996) Kap. 6: Adsorptionsapparate. In: Weiß S (Hrsg.) Thermisches Trennen. Deutscher Verlag für Grundstoffindustrie, Stuttgart
Mersmann A (1998) Adsorption. In: Ullmann's Encyclopedia of Industrial Chemistry. VCH-Verlag, Weinheim (CD-Rom)
Sattler K (1995) Kap. 4: Adsorption. In: Sattler K, Thermische Trennverfahren. VCH-Verlag, Weinheim

Des Weiteren erscheint jährlich eine Literaturübersicht von Martyn S. Ray in den Zeitschriften „Adsorption", „Adsorption Science & Technology" und „Studies in Surface Science and Catalysis", die Artikel in den 40 wichtigsten verfahrenstechnischen Fachzeitschriften auflistet:

Ray MS (1990) Adsorptive and Membrane Separations: A Bibliographical Guide (1985–1989). Adsorption Science & Technology 7 (1): 28–64
Ray MS (1991) Adsorptive and Membrane-type Separations: A Bibliographical Guide 1991. Adsorption Science & Technology 8 (3): 114–133
Ray MS (1995) Adsorption and Adsorptive Separations: A Bibliographical Update (1992–1993). Adsorption 1 (1): 83–97
Ray MS (1996) Adsorption and Adsorptive Separations: A Review and Bibliographical Update (1994). Adsorption 2 (2): 157–178
Ray MS (1995) Adsorptive and Membrane-type Separations: A Bibliographical Update (1994). Adsorption Science & Technology 13 (1): 49–69
Ray MS (1996) Adsorptive and Membrane-type Separations: A Bibliographical Update (1995). Adsorption Science & Technology 13 (6): 433–459
Ray MS (1997) Adsorptive and Membrane-type Separations: A Bibliographical Update (1996). Adsorption Science & Technology 15 (9): 627–647
Ray MS (1998) Adsorptive and Membrane-type Separations: A Bibliographical Update (1997). Adsorption Science & Technology 16 (5): 331–357
Ray MS (1999) Adsorptive and Membrane-type Separations: A Bibliographical Update (1998). Adsorption Science & Technology 17 (3): 205–232

Ray MS (1999) Adsorption principles, design data and adsorbent materials for industrial applications: A Bibliography 1967 – 1997. Studies in Surface Science and Catalysis 120 (A): 977–1049

Ray MS (1999) Adsorption and adsorptive-type separations for environmental protection: A Bibliography 1967-1997. Studies in Surface Science and Catalysis 120 (B): 979–1046

Ray MS (2000) Adsorptive and Membrane-type Separations: A Bibliographical Update (1999). Adsorption Science & Technology 18 (5): 439–468

2 Technische Adsorbentien

2.1 Einleitung

Je nach Herkunft und Verarbeitungsverfahren können Adsorbentien sehr unterschiedliche Eigenschaften haben, weshalb die Machbarkeit und Wirtschaftlichkeit eines Adsorptionsverfahrens (Tabelle 2.1) entscheidend von der Auswahl des Adsorbens abhängt. Dazu sind die Kenntnisse der diversen physikalischen, mechanischen, oberflächen-chemischen und adsorptiven Eigenschaften notwendig.

Tabelle 2.1. Technische Adsorbentien und ihre Anwendungsfelder

Adsorbens	Anwendungsfeld Gasphase	Anwendungsfeld Flüssigphase
1. Kohlenstoffadsorbentien		
Aktivkohle	Abluftreinigung	Trink-, Prozess-, Abwasseraufbereitung
	Adsorption von VOC*	Getränkestabilisierung u. -entfärbung
		Goldgewinnung
Aktivkoks	Dioxin- / Furan-Adsorption	
	SO_X-NO_X-Abscheidung	
Kohlenstoff-Molekularsiebe	Adsorption polarer Stoffe	p-Xylol-Abtrennung
	Luftzerlegung	
2. Oxidische Adsorbentien		
Zeolithe	Gastrocknung	Abwasserbehandlung
	Abluftreinigung	Entfernung radioaktiver Nucleide
	Kohlenwasserstofftrennung	Olefin/Paraffin-Trennung
	Luftzerlegung	p-Xylol-Abtrennung
	Adsorption von VOC	Trocknung von organischen Flüssigkeiten
Kieselgel	Gastrocknung	Trocknung von organischen Flüssigkeiten
	Geruchsminderung	chromatographische Trennungen
	Adsorption von VOC	
Tonminerale	Autoabgasreinigung	Speiseölherstellung, Altölaufbereitung
	Gasentschwefelung	Waschwasseraufbereitung
Aktivtonerde	Abluftreinigung	Trink-, Prozess-, Abwasseraufbereitung
	Gastrocknung, -reinigung	Trocknung von organischen Flüssigkeiten
3. Adsorberpolymere + -harze		
Polystyrole, Polyacrylester, phenolische Adsorberharze	Lösungsmittelrückgewinnung	Entbittern von Fruchtsäften
	Abluftreinigung	Reinstwassergewinnung
		Trink-, Prozess- u. Abwasseraufbereitung
		Stofftrennung von z.B. Zuckern und Proteinen

VOC Volatile Organic Compounds

Man kann Adsorbentien nach ihrer Zusammensetzung, wie in Tabelle 2.1 dargestellt, in drei Gruppen aufteilen: Kohlenstoff-, oxidische und polymere Adsorbentien. Daneben können oberflächenmodifizierte Adsorbentien als eine vierte Gruppe aufgefasst werden, bei denen vor allem Silikagel und Adsorberpolymere als Träger dienen, auf deren Oberfläche gezielt oberflächenaktive Gruppen aufgebracht sind, um die Selektivität und Trennleistung zu verbessern.

Entsprechend dieser Aufteilung werden die Adsorbentien auch in diesem Buch behandelt.

2.2 Charakterisierung von Adsorbentien

2.2.1 Partikelgrößenverteilung

Die Partikelgröße beeinflusst den Stoffaustausch zwischen fluider und fester Phase sowie den Druckverlust bei Strömung durch die Adsorbensschüttung. Im Allgemeinen gilt:

1. Je kleiner die Partikel sind, desto kürzerer sind die Diffusionswege und desto größer ist der Stoffaustausch.
2. Je kleiner die Partikel sind, desto größer ist der Druckverlust über die Schüttung.

Daraus ergibt sich ein Optimierungsproblem bei der Auswahl der Partikelgrößen. In der Gasphase sind Adsorbenskörner ein bis mehrere Millimeter groß, während in der Flüssigphase kleinere Partikel zur Anwendung kommen. Dies ist in der wesentlich höheren Diffusionsgeschwindigkeit von Molekülen in der Gasphase als in der Flüssigphase begründet.

Bei der Partikelgrößenmesstechnik werden für verschiedene Partikelgrößenbereiche die dazugehörigen Anzahl- oder Mengen-/Volumenverteilungen ermittelt. Dementsprechend wird zwischen Anzahl- und Volumenverteilung unterschieden, deren Unterschied in Abb. 2.1 sichtbar wird, in dem die Anzahl- und Volumenverteilung einer Kugelschüttung dargestellt ist: Bei der Anzahlverteilung treten die kleinen Partikel mehr in den Vordergrund, während bei der Volumen- bzw. Mengenverteilung die großen Partikel hervorgehoben werden (Stieß 1995).

Die Partikelgrößenverteilung kann mit diversen Methoden bestimmt werden, die verschiedene Feinheitsmerkmale der Partikel messen. Da solche Feinheitsmerkmale sowohl von der Größe als auch der Form abhängen, sind nur Korngrößenverteilungen von runden Partikeln ineinander umrechenbar. Bei körnigem Material sollte die Bestimmung durch Siebanalyse, bei pulverförmigen Materialien mittels Laserstreulichtverfahren erfolgen. Alternative Verfahren sind u.a. mikroskopische Zählverfahren oder Sinkversuche (DIN EN 12902).

Wegen der großen Unterschiede sowohl der Feinheitsmerkmale als auch der Verteilungsarten sollten bei der Angabe von Partikelgrößenverteilung immer das Messverfahren und die Darstellungsform der Verteilung genannt werden.

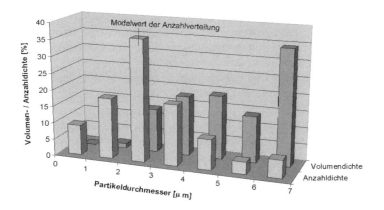

Abb. 2.1. Bestimmung der Partikelgrößenverteilung über Anzahl- und Volumendichte

Bei Adsorbentien werden zur Charakterisierung der Partikelgröße verschiedene Angaben gemacht:

- Modalwert:
  Hierbei handelt es sich um den am häufigsten auftretenden Partikeldurchmesser in einer Verteilung. In Abb. 2.1 liegt er in der Anzahlverteilung zwischen 2 µm und 3 µm.
- mittlerer Partikeldurchmesser:
  Hierunter versteht man den von allen Partikeln gemittelten Partikeldurchmesser. In Abb. 2.1 liegt er etwas höher als der Modalwert, da mengenmäßig mehr größere Partikel in der Verteilung auftreten.
- Partikelgrößenbereiche:
  Häufig werden auch Partikelgrößenbereiche angegeben, in denen sich alle oder ein gewisser Anteil aller Partikel befinden. Hier ist vor allem im angelsächsischen Sprachraum die Größenangabe in der Einheit „Mesh" üblich, die sich aus den Standardsiebgrößen in den USA ableiten (siehe z.B. Green 1984).

2.2.2 Dichte

Bei der Angabe der Dichte wird in der Adsorptionstechnik zwischen verschiedenen Dichten unterschieden:

- wahre Dichte, Materialdichte bzw. Feststoffdichte $\rho_{A,wahr}$:
  Dies ist der Quotient aus trockener Adsorbensmasse m_P und dem reinen Feststoffvolumen V_S, also dem Volumen ohne Berücksichtigung des Porenvolumens (DIN EN 12901):

$$\rho_{A,wahr} = \frac{m_P}{V_S} \tag{2.1}$$

Die Bestimmung des reinen Feststoffvolumens V_S erfolgt über pyknometrische Verfahren mit porengängigen Gasen oder Flüssigkeiten. Je nach Messgas unterscheidet man zwischen der Heliumdichte und der Methanoldichte. Die Messung mit Helium ist genauer, da es tiefer in die Poren eindringt, der Messaufwand jedoch höher (Kümmel u. Worch 1990).

- scheinbare Dichte, Partikeldichte bzw. Kornrohdichte ρ_S:
Zur Berechnung der scheinbaren Dichte bildet man den Quotienten aus der Trockenmasse m_P und dem Gesamtvolumen des Adsorbenskorns V_P, also einschließlich des Porenvolumens V_{Pore} (DIN EN 12901):

$$\rho_S = \frac{m_P}{V_P} = \frac{m_P}{V_{Pore} + V_S} \tag{2.2}$$

Die Partikeldichte kann entweder pyknometrisch mit einer nicht porengängigen Flüssigkeit, häufig Quecksilber (Kümmel u. Worch 1990), oder über Wägeverfahren (Sontheimer et al. 1985) ermittelt werden.

- feuchte Dichte bzw. Kornnassdichte ρ_W:
Die feuchte Dichte bestimmt z.B. die Anströmgeschwindigkeit in Wirbelschichtprozessen, die in der Flüssigphase ablaufen. Sie berechnet sich aus der feuchten Masse des Adsorbenskorns m_W und dem Gesamtvolumen des Adsorbenskorns V_P, also einschließlich des mit Flüssigkeit gefüllten Porenvolumens $V_{Fl,Pore}$ (DIN EN 12901):

$$\rho_W = \frac{m_W}{V_P} = \frac{m_P + m_{Fl,Pore}}{V_{Pore} + V_S} \tag{2.3}$$

Die feuchte Dichte lässt sich durch Sinkgeschwindigkeitsversuche oder pyknometrisch bestimmen (Dorfner 1991).

Während die bisher genannten Dichten Einzelpartikel charakterisieren, ist es für verfahrenstechnische Berechnungen sinnvoll, Dichten, die die Partikelschüttung charakterisieren, zu definieren (Kast 1985; Sontheimer et al. 1985):

- Schüttdichte $\rho_{Schütt}$:
Die Schüttdichte ergibt sich aus der Masse einer durch Einschütten in ein bestimmtes Gefäß erhaltenen Adsorbensschüttung, bezogen auf das von ihr ausgefüllte Volumen einschließlich des Zwischenkornvolumens. Dadurch ist diese Dichte stark abhängig vom Gefäß und vom Einschüttvorgang (DIN EN 12901).

- Filterschüttdichte ρ_{Filter}:
Diese vor allem in der Praxis relevante Dichte gibt die Schüttdichte eines Adsorberbettes nach einmaligem Rückspülen des Filters wieder.

- Rütteldichte $\rho_{Rüttel}$:
Die Rütteldichte gibt die Schüttdichte wieder, wenn während bzw. nach dem Einschüttvorgang der Adsorber zusätzlich gerüttelt wird, so dass eine

möglichst dichte Schüttung vorliegt. Die Vorgehensweise zur Bestimmung dieser Dichte ist in der DIN 8948 beschrieben, so dass reproduzierbare Werte erhalten werden können.

Da sich diese drei Dichten lediglich in der Nachbehandlung der Schüttung unterscheiden, ergibt sich folgender Zusammenhang:

$$\rho_{Schütt} \leq \rho_{Filter} \leq \rho_{Rüttel} \tag{2.4}$$

2.2.3 Porosität

Analog zur Dichte wird auch bei der Porosität zwischen partikel- und schüttungsspezifischen Porositäten unterschieden:

- innere Porosität bzw. Kornporosität ε_P:
  Sie gibt den Anteil des Porenvolumens am Gesamtvolumen des Adsorbenspartikels an und kann aus der scheinbaren und wahren Partikeldichte bestimmt werden (DIN EN 12901):

$$\varepsilon_P = 1 - \frac{\rho_S}{\rho_A} \tag{2.5}$$

- Lückengrad des Festbetts, äußere Porosität, Schüttungs- bzw. Bettporosität ε_L:
  Die Bettporosität gibt den Zwischenkornvolumenanteil in der Schüttung an. Sie kann aus der Schüttdichte und der scheinbaren Dichte der Partikel berechnet werden (DIN EN 12901):

$$\varepsilon_L = 1 - \frac{\rho_L}{\rho_S} \tag{2.6}$$

Eine alternative Bestimmung kann mit Pulsversuchen aus der Totzeit mit nicht porengängigen Tracersubstanzen erfolgen, da sie das für die Durchströmung der Schüttung zur Verfügung stehende freie Volumen darstellt und somit die effektive Strömungsgeschwindigkeit in der Schüttung bestimmt (Altenhöner et al. 1997).

2.2.4 Innere oder spezifische Oberfläche

Die innere Oberfläche ist um ein Vielfaches höher als die äußere Oberfläche eines Adsorbenskorns, so können z.B. einige Gramm Aktivkohle eine innere Oberfläche von der Größe eines Fußballfeldes (ca. 1500 m²) aufweisen. An der inneren Oberfläche laufen die eigentlichen Adsorptionsprozesse ab. Für die Adsorptionsleistung eines Adsorptionsprozesses sind jedoch eine Vielzahl von Parametern verantwortlich, weshalb ein Adsorbens nicht allein aufgrund seiner inneren Oberfläche bewertet werden sollte.

So ist es im Allgemeinen wünschenswert, mit einem Adsorbens möglichst hoher inneren Oberfläche zu arbeiten. Da jedoch die innere Oberfläche umgekehrt proportional zum Porendurchmesser ist, stellt die Molekülgröße des Adsorptivs eine untere Grenze für den Porendurchmesser dar, da die Adsorptivmoleküle sonst nicht in die Poren hinein diffundieren können. Die Standardmessmethoden für die spezifische Oberfläche sind:

- die Methode nach Brunauer, Emmet und Teller (BET-Methode):
  Das Verfahren beruht auf der Bestimmung der Adsorbatmenge oder des verbrauchten Adsorptivs, die erforderlich ist, um die äußere Oberfläche und die zugängliche innere Porenoberfläche eines Feststoffes mit einer vollständigen Adsorbat-Monoschicht zu bedecken. Diese sogenannte Monoschichtkapazität kann aus der Adsorptionsisotherme (siehe Abschn. 3.1.3) mit Hilfe der BET-Gleichung berechnet werden (DIN 66 131). Als Messgase dienen Stickstoff oder Edelgase.
- Iodtest:
  Dieses Verfahren wurde speziell für Aktivkohlen entwickelt. Es beruht auf der Adsorption von Iod aus wässriger Lösung und gibt die adsorbierte Iod-Menge an, die in wässriger Lösung von 1 g Aktivkohle adsorbiert wird, wenn die Iodkonzentration im Filtrat c (I_2) 0,01 mol/l beträgt (DIN EN 12902). Meistens stimmen die Werte der Iodzahl in [mg g^{-1}] und der BET-Oberfläche in [m^2 g^{-1}] überein (Sontheimer et al. 1985).
- Kohlenstofftetrachlorid-Test:
  Dieser Test beruht auf der Adsorption von Kohlenstofftetrachlorid. Analog zum Iodtest wird aus der Beladung das Porenvolumen berechnet (Bayati u. Wycherley 1993).

2.2.5 Porenradienverteilung

Neben der inneren Oberfläche ist die Größe der Poren entscheidend für das Adsorptionsverhalten. Man unterscheidet nach dem IUPAC-Standard (International Union of Pure and Applied Chemistry) vier verschiedene Porengrößenbereiche, wie Tabelle 2.2 zeigt.

Tabelle 2.2. Einteilung der Porenklassen nach IUPAC (VDI 3674; IUPAC 1972)

Porenklasse	Porendurchmesser [nm]
Submikroporen	< 0,4
Mikroporen	0,1–2,0
Mesoporen	2,0–50
Makroporen	> 50

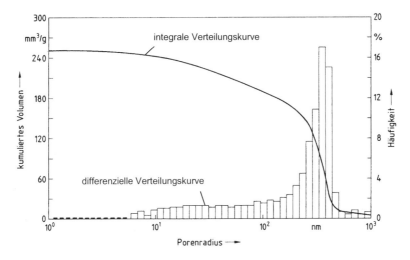

Abb. 2.2. Differentielle und integrale Porenradienverteilung ermittelt nach dem Verfahren der Quecksilberintrusion (DIN 66133)

Die Vermessung der Porenklassenvolumina erfolgt über verschiedene Messmethoden. So werden die Makro- und Mesoporen mit Quecksilberintrusion (DIN 66133) oder Stickstoffsorption (DIN 66134) bestimmt, während die Mikroporen durch Adsorption z.B. von Stickstoff, Benzol und Wasserdampf vermessen werden (Kümmel u. Worch 1990).

Die meisten Adsorbentien weisen eine breite Porenradienverteilung mit diversen Maxima auf. Die Makro- und Mesoporen dienen überwiegend den Transportvorgängen, während in den Mikroporen hauptsächlich die Adsorption stattfindet.

In Abb. 2.2 ist beispielhaft eine Porenradienverteilung mit einem Maximum im Bereich der Makroporen und einem zusätzlichen Anteil an Mesoporen dargestellt. Da die Porenradienverteilung mit der Methode der Quecksilberintrusion bestimmt wurde, werden nur Poren, die einen Radius größer als 7,5 nm haben, gemessen. Mikroporen sind daher nicht zu erkennen.

2.3 Kohlenstoffhaltige Adsorbentien

2.3.1 Aktivkohle und -koks

Aktivkohle ist definiert als ein kohlenstoffhaltiges Produkt mit einer porösen Struktur (Porenvolumen im Allgemeinen > 0,2 cm^3/g) und einer großen inneren Oberfläche (> 400 m^2/g) mit Porendurchmessern zwischen 0,3 und einigen tausend Nanometern, an dessen innerer Oberfläche sich Moleküle anlagern können (Henning u. Degel 1991).

Sie wird je nach Anwendungsfall pulverförmig als sogenannte Pulverkohle (DIN EN 12903), körnig als Granulat oder als zylindrisch gepresste Formkohle (DIN EN 12915) geliefert. Bei pulverförmigen Aktivkohlen werden die Gleichgewichtszustände schneller erreicht, Granulate und Formkohlen sind dagegen technisch besser handhabbar (Ulbig 1999). In der Regel sollen bei handelsüblichen Pulverkohlen weniger als 25 % eine Korngröße größer als 71 µm aufweisen; mindestens 50 % sollen eine Korngröße kleiner als 45 µm haben. Kornkohlen haben mittlere Partikeldurchmesser zwischen 1 und 4 mm, wobei der Anteil an Über- und Unterkorn außerhalb der geforderten Grenzen max. 5 % betragen darf (DVGW 1987).

In neueren Verfahren kommen auch Aktivkohlefasern und -matten (ACF: **a**ctivated **c**arbon **f**iber) zur Anwendung. Sie sind vor allem für die Gasphase entwickelt worden, an Flüssigphasenanwendungen z.B. in der Wasseraufbereitung wird geforscht (Neffe 1995; Sakoda et al. 1996). Die Matten sind aus ca. 5–50 µm-dicken Fasern gewebt, wodurch ein schneller Massentransfer bei einfacher Handhabbarkeit erreicht wird. Ein weiterer Vorteil ist die gute elektrische Leitfähigkeit der Matten, was die Möglichkeit der elektrothermischen in situ-Regenerierung und sicherheitstechnische Vorteile bringt (Benak et al. 2000; Calgon 2001; Chemviron 2001; Mangun et al. 1999; Neffe 1995; Ryu et al. 2000). Aufgrund des sehr hohen Preises (ca. 200 €/kg) und der limitierten Strapazierfähigkeit beim Verarbeiten werden sie nur in Nischenanwendungen angewendet (Benak et al. 2000; Neffe 1995).

Als Ausgangsmaterialien für Aktivkohle und -koks dient eine breite Palette an kohlenstoffhaltigen Materialien, wie z.B. Holz, Torf, Holzkohle, Steinkohle und Nussschalen. Je höher der Kohlenstoffgehalt des Ausgangsmaterials ist, desto günstiger ist die Herstellung. Außerdem werden durch Verkokung organischer Polymere Aktivkohlen, vor allem in Faser- und Kugelform (Kugelkohlen: s. Abb. 2.3) hergestellt.

Pulver- und Formkohlen werden nach zwei unterschiedlichen Verfahren hergestellt:

– Die *chemische Aktivierung* wird hauptsächlich für die Herstellung von Pulverkohlen verwendet, da durch diese Herstellungsweise recht grobporige Aktivkohlen, die für die Wasserreinigung gut geeignet sind, hergestellt werden. Ein unverkohltes, pflanzliches Material, z.B. Holz, wird getrocknet und anschließend mit einer wasserentziehenden Chemikalie (z.B. Phosphorsäure oder Kaliumhydroxid) gemischt. Im Anschluss wird es in einem Ofen unter Luftabschluss auf 300–600 °C erhitzt. Durch die dehydratisierende Atmosphäre werden Wasserstoff- und Sauerstoffatome aus dem Holz entfernt, wobei gleichzeitig eine Aktivierung und Karbonisierung abläuft.
Nach Kühlen mit verdünnter Phosphorsäure, Auswaschen und Abtrennen, wird die Kohle schließlich getrocknet und gemahlen.
– Durch die *Gas-Aktivierung* werden hauptsächlich Aktivkohle-Granulate und -Formlinge hergestellt:
Zunächst wird aus einem kohlenstoffhaltigen Rohstoff ein Formkörper hergestellt, der anschließend durch eine partielle Vergasung mit Wasserdampf

oder Kohlendioxid bei 800–1000 °C aktiviert wird. Hierbei vergrößert sich die innere Oberfläche des Materials erheblich. Der bei der partiellen Vergasung entstehende Gewichtsverlust wird als Aktivierungsgrad bezeichnet.
Aktivkoks stellt ein Zwischenprodukt dieses Prozesses mit einem Porenvolumen < 0,25 cm^3/g und einer spezifischen Oberfläche < 400m^2/g (VDI 3674) dar.
Das aktivierte Material wird in einem Drehrohrofen bei niedrigeren Temperaturen zwischen 800–900 °C unter Inertgasatmosphäre pyrolisiert. Anschließend wird die Aktivkohle gebrochen (bei Granulaten), gesiebt und abgepackt.

Wie Elementaranalysen zeigen, bestehen Aktivkohlen zu über 95 % aus Kohlenstoff, jedoch sind auch Mineralien der Asche sowie Sauerstoff, Wasserstoff, Schwefel und Stickstoff enthalten.
Der Kohlenstoff ist in Form von Graphitkristalliten in Sechsring-Flächen von 2–3 nm Durchmesser vorhanden, die im Gegensatz zu Graphit keine einheitliche Raumordnung aufweisen. Diese wahllose Anordnung der Kristallite, die gefalteten Aromateneinheiten und der vorhandene amorphe Kohlenstoff führt zur Porenstruktur der Aktivkohle wie sie in Abb. 2.3 beispielhaft für drei Aktivkohlen und zwei Aktivkokse dargestellt ist. Es wird deutlich, dass Aktivkohle im Vergleich zu Aktivkoks aufgrund der zusätzlichen Aktivierung im Produktionsprozess ein höheres Porenvolumen und mehr Mikroporen aufweist.
Die Oberfläche der Aktivkohle ist im Wesentlichen unpolar. Am Rande der Kristallite befinden sich jedoch chemisch nicht abgesättigte C-Atome, die als „aktive Zentren" Reaktionen mit Wasserstoff und Sauerstoff eingehen, wodurch sich überwiegend saure aber auch basische Oberflächenoxide ausbilden. Diese Zentren sind für die Adsorption polarer Wasser- oder Ammoniakmoleküle Primär-Adsorptionszentren, an ihnen können aber auch Chemisorption und katalytische Reaktionen ablaufen (Vartapetyan et al. 1995).

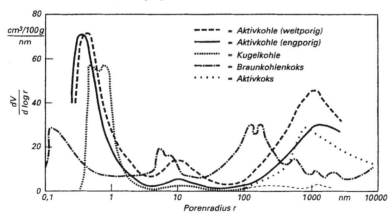

Abb. 2.3. Differentielle Porenradienverteilung von kohlenstoffhaltigen Adsorbentien (VDI 3674)

Eine Aktivkohleoberfläche besteht aus einer großen Zahl von Sorptionsplätzen mit verschiedenen Adsorptionspotentialen und Dissoziationsgraden, die wiederum aufgrund verschiedener Oberflächenladungsdichten die Adsorption von ionogenen Spezies im Wasser beeinflussen.

Aus diesen Betrachtungen wird ersichtlich, dass die Oberfläche überwiegend hydrophob und organophil ist, weshalb ein Adsorptiv umso besser aus wässriger Phase adsorbiert wird, je weniger wasserlöslich es ist. Eine weitere semiquantitative Aussage, die sogenannte Traube-Regel, ist aufgrund der Oberflächenbeschaffenheit der Aktivkohle zu deuten: Die Adsorptionskapazität organischer Substanzen an Aktivkohle aus wässriger Lösung wächst stark mit der Zahl der Methylgruppen an.

An Aktivkohlen werden aufgrund der Wechselwirkungen zwischen dem π-Elektronensystem des Adsorptivs und der graphitähnlichen Struktur des Adsorbens Aromaten wesentlich besser adsorbiert als Aliphaten vergleichbarer molarer Masse.

Allgemein wurde beobachtet, dass die Affinität zur Aktivkohleoberfläche von organischen Adsorptiven wie Fettsäuren, Alkoholen und Estern (mit einigen Ausnahmen) mit zunehmender Polarität zunimmt.

Gegenüber organischen Verbindungen besitzt Aktivkohle aufgrund der Polarität der Oberfläche hohe Bindungsenergien. Daher weist Aktivkohle hohe Beladungen bei niedrigen Fluidkonzentrationen für organische Substanzen in der Gas- wie in der Flüssigphase auf.

Aufgrund der hydrophoben Oberflächenbeschaffenheit der Aktivkohle ist die Adsorption von Wasserdampf bei niedrigen Dampfdrücken sehr gering. Erst bei höheren Dampfdrücken von 40–50 % steigt die Wasserbeladung aufgrund von Kapillarkondensation steil an. Solange der Wasserdampfpartialdruck in dem Gasstrom klein ist, wird die Adsorption von Organika kaum beeinträchtigt, weshalb sich Aktivkohlen zur Aufarbeitung feuchter Gase oder Luft eignen (Huggahalli u. Fair 1996).

Weitere Anwendungsmöglichkeiten erschließen imprägnierte Aktivkohlen (s. Abschn. 6.2.1). Vor allem in der Abgasreinigung treten Schadstoffe auf, die sich erst nach chemischer bzw. katalytischer Umwandlung befriedigend adsorbieren lassen. Zu diesem Zweck werden Aktivkohlen schadstoffspezifisch meist mit anorganischen Substanzen, wie Ag, Cu, S, Zn oder I, imprägniert. Andererseits besteht die Möglichkeit, durch Maskierung aktiver Zentren auf der inneren Oberfläche, die adsorptiven Bindungskräfte im Interesse einer besseren Desorbierbarkeit zu reduzieren (VDI 3674).

Die breit gefächerten Charakteristiken verschiedener Aktivkohlen (Tabelle 2.3) und der niedrige Preis zwischen 0,25 €/kg und 2 €/kg hat der Aktivkohle ein sehr breites Anwendungsfeld erschlossen. Allein in der Wasseraufbereitung werden die Umsätze an Aktivkohle für das Jahr 2000 weltweit auf 443 Mio. US-$ geschätzt (Shanley 1997). In der Flüssigphase findet sie neben der Trink-, Prozess- und Abwasserreinigung Verwendung, z.B. beim Entfärben von Fruchtsäften, Chemikalien und Zucker oder bei der Goldgewinnung. In der Gasphase wird Aktivkohle außerdem z.B. zur Lösungsmittelrückgewinnung, Quecksilberentfernung, VOC-Abtrennung oder Rauchgasreinigung verwendet.

Tabelle 2.3. Eigenschaften von Aktivkohle

Größe	Zahlenwert
wahre Dichte $\rho_{A,wahr}$ [kg/m³]	1880–2100
scheinbare Dichte ρ_S [kg/m³]	440–850
Schüttdichte $\rho_{Schütt}$ [kg/m³]	250–550
Kornporosität ε_P [-]	0,45–0,77
innere Oberfläche [m²/g]	500–1800
Porenvolumen [cm³/g]	0,7–1,5
Umwegfaktor μ_P	7
spezifische Wärmekapazität c_P [kJ/(kg K)]	0,76–0,92
Wärmeleitfähigkeit λ [W/(m K)]	0,65–0,85

Ein Nachteil der Aktivkohle im Vergleich zu anderen Adsorbentien ist die geringe mechanische Stabilität und Abriebfestigkeit, weshalb sie nur bedingt für den Einsatz in bewegten Adsorberbetten oder Wirbelschichten geeignet ist. Die Härte ist maßgeblich abhängig von der Art des Rohmaterials, dem Aktivierungsgrad und deren Herstellungsbedingungen.

Außerdem bestehen bei Adsorptionsprozessen aus der Gasphase zwei für Aktivkohle charakteristische Gefahrenpotentiale (Bandel u. Klose 1999):

- Beinhaltet der zu reinigende Gasstrom Schwefeldioxid, reagiert dieses zu Schwefelsäure und greift die Aktivkohle an:

$$2\,SO_2 + O_2 + 2n\,H_2O \rightarrow 2\,[H_2SO_4 \cdot (n-1)H_2O]$$

Bei dieser sogenannten *Versottung* verkleben die Aktivkohlekörner und führen dadurch zu einer ungleichmäßigen Durchströmung der Schüttung.

- Eine weitere Gefahr liegt in *Adsorberbränden*. Ist im zu reinigenden Gasstrom Sauerstoff vorhanden, so reagiert dieser exotherm mit der Aktivkohle (Boerger 1997):

$$C + O_2 \rightarrow CO_2 \qquad \Delta H_R^0 = -393\,\tfrac{kJ}{mol}$$
$$2\,C + O_2 \rightarrow 2\,CO \qquad \Delta H_R^0 = -221\,\tfrac{kJ}{mol}$$

Dadurch kommt es zu einer starken Wärmeentwicklung im Adsorber, die im Normalbetrieb durch Wärmeabfuhr durch den durchströmenden Gasstrom ausgeglichen wird. Treten aufgrund von Verbackungen oder Einbauten jedoch strömungsmechanische Inhomogenitäten auf, wird die Wärmeabfuhr gestört. Diese Bereiche überhitzen sehr stark (sog. „hot spots"), wodurch der Kohlenstoff verstärkt oxidiert, somit mehr Wärme freigesetzt wird und dadurch brennbare Adsorptive entzündet werden können. Dieser sich selbst beschleunigende Effekt kann zur vollständigen Zerstörung des Adsorbers führen (Wagner et al. 1997; Seifert et al. 1998, Guderian et al. 1999).

Abb. 2.4. Drehrohrofen zur Reaktivierung von Aktivkohlen (Lurgi 1994)

Je nach Anwendungsfall kann die Regeneration der Aktivkohle nach verschiedenen Verfahrensprinzipien erfolgen (s. Kap. 5). Aktivkohle wird jedoch meistens thermisch regeneriert (bei Temperaturen bis 500 °C) oder reaktiviert (bei Temperaturen um 800 °C). Ob eine thermische Desorption ausreicht oder ob eine thermische Reaktivierung notwendig ist, kann mittels thermogravimetrischen Untersuchungen an den beladenen Aktivkohlen festgestellt werden. Dabei wird die Restbeladung auf der Aktivkohle bei verschiedenen Temperaturen gemessen. In vielen Fällen lässt sich eine effektive Regenerierung durch eine thermische Desorption bewerkstelligen, wie z.B. bei Verfahren zur Lösungsmittelrückgewinnung durch eine Wasserdampfdesorption (vgl. Abschn. 5.2.2). Wird die Aktivkohle jedoch zur Adsorption von organischen Vielstoffgemischen aus wässriger Phase
oder von Hochsiedern bzw. zur Polymerisation neigenden organischen Substanzen aus der Gasphase eingesetzt, ist eine thermische Reaktivierung notwendig, um die Adsorptionskapazität der Aktivkohle wiederherzustellen (Henning 1998).

Diese Verfahren werden in Drehrohröfen (s. Abb. 2.4), Wirbelschichtreaktoren oder in Etagenöfen unter nicht oxidierenden Bedingungen durchgeführt. In der Praxis wird dies mit Wasserdampf und mit (durch unterstöchiometrische Verbrennung erzeugtem) Rauchgas bei 600–1000°C erreicht.

Die adsorbierten Substanzen werden zunächst bis ca. 150 °C verdampft (thermische Desorption), bevor die meisten organischen Substanzen zwischen 150 und 600 °C pyrolisieren und sich in flüchtige Komponenten aufspalten bzw. zum Teil karbonisieren (thermische Regenerierung). Zwischen 600 und 1000 °C wird der noch verbleibende Teil durch gezielte Oxidation (Wassergasreaktion) entfernt und der gebildete Pyrolysekoks vergast (thermische Reaktivierung). Dieser aus irreversibel adsorbierten Stoffen stammende Pyrolysekoks weist eine amorphe Kristallstruktur auf und zeigt daher gegenüber Wasserdampf eine höhere Reaktivität als Aktivkohle mit ihrer graphitischen Struktur. Dadurch kann der Pyrolysekoks abgebaut werden, ohne die innere Oberfläche der Aktivkohle wesentlich zu erniedrigen (Ciprian u. Eiden 1998). Das Verhalten verschiedener organischer Substanzgruppen bei der thermischen Desorption/Reaktivierung ist in Tabelle 2.4 dargestellt.

Durch den Abbrand entstehen Kohleverluste während des Reaktivierens. Im Regelfall liegen die chemischen Verluste durch Kohlenstoffvergasung bei 1–5 Vol.-%, zu denen sich Handlingverluste beim Betrieb des Reaktivierungsofens addieren, so dass beim eigentlichen Reaktivierungsprozess Verluste von ca. 5–10 Vol.-% auftreten. In Gegenwart von Alkali- und Erdalkalimetallen sowie beim Einsatz von sehr reaktiven Aktivkohlen kann es zu höheren Verlusten kommen. Um dies zu vermeiden, sollten vorhandene Alkalien oder Erdalkalien vor der Reaktivierung durch eine Wasser- oder Säurewäsche entfernt werden. Auch in diesem Fall addieren sich zu den reinen Reaktivierungsverlusten Handlingverluste beim Ein- und Ausfüllen in die Adsorber, beim Transport und bei der Entwässerung, so dass insgesamt von Verlusten von bis zu 18 Vol.-% ausgegangen werden muss (Henning 1998).

Tabelle 2.4. Verhalten verschiedener organischer Substanzgruppen bei der thermischen Reaktivierung von Aktivkohle (Henning 1998)

Gruppe A	Gruppe B	Gruppe C
Desorption	Thermische Zersetzung und nahezu vollständige Desorption der Pyrolyseprodukte	Thermische Zersetzung unter Bildung einer deutlichen Restbeladung (Abscheidung von Pyrokohlenstoff)
Alkane ($\leq C_8$)	Alkane ($\geq C_8$)	aliphatische Alkohole ($>C_{10}$)
aliphatische Alkohole ($\leq C_6$)	Aromaten mit Seitenketten	Alkane und Alkene ($>C_{10}$)
aliphatische Säuren ($\leq C_6$)	aliphatische Alkohole, Ester und Säuren ($\geq C_6$–C_{10})	aromatische Säuren
aliphatische Ester		aromatische Alkohole
aliphatische Aromaten ohne Seitenketten		Phenole
		Amine
		Humminstoffe
		große Moleküle ($>C_{20}$)

2.3.2 Kohlenstoffmolekularsiebe

Kohlenstoffmolekularsiebe (CMS: Carbon Molecular Sieves) haben mittlere Porendurchmesser in der Größenordnung der kritischen Molekülgrößen von kleinen Molekülen, wie sie beispielhaft in Tabelle 2.5 aufgelistet sind. Die kritische Molekülgröße einer Substanz gibt die kleinste Projektionsfläche an und somit wie klein eine Pore sein darf, damit ein Molekül durch diese Pore diffundieren kann. Die kleinen Porendurchmesser der Kohlenstoffmolekularsiebe erlauben somit die Gastrennung durch Ausnutzung unterschiedlicher Diffusionsgeschwindigkeiten (VDI 3674).

Die Porenstruktur wird bei Kohlenstoffmolekularsieben durch einen zusätzlichen Verfahrensschritt nach der Aktivierung von Aktivkohle erreicht: Um den gewünschten Porendurchmesser herzustellen, wird die Aktivkohle entweder mit Organika wie Polyäthylenglykol imprägniert oder die Aktivkohle wird nachträglich durch Crackreaktionen mit Methan, Acetylen, Benzol oder Toluol behandelt.

Dabei lagert sich Kohlenstoff bevorzugt an Öffnungen der Mikroporen aber auch an Porenwänden an (Kärger u. Ruthven 1992; Srivastava u. Singh 1994), wodurch sehr gleichmäßige, meist schlitzförmige Mikroporen mit einem Porenradius zwischen 0,15 und 6 nm entstehen. Die einige Mikrometer großen Partikel, die aus dem Crackprozess gewonnen werden, werden in makroporöse Pellets geformt, indem kleine Mengen Teer oder polymerisches Material als Binder zugemischt werden (Kärger u. Ruthven 1992). Dadurch entsteht eine bimodale Porenradienverteilung, wie sie in Abb. 2.5 dargestellt ist. In der Abbildung ist die differentielle Porenverteilung (gemessen mit Quecksilberporosimetrie und Methanolisotherme) von drei Kohlenstoffmolekularsieben dargestellt: Neben den Submikroporen mit $d_{Pore}<1$ nm, die für den Molekularsiebeffekt verantwortlich sind, liegen auch Zuleitungsporen (200 nm < d_{Pore} < 10 µm) im Hohlraumsystem der Adsorbentien vor (Pratsch u. Jüntgen 1978).

Tabelle 2.5. Beispiele für kritische Moleküldurchmesser von Adsorptiven (Kast 1988)

Molekül	kritischer Moleküldurchmesser [10^{-10}m]
H_2	2,40
O_2	2,80
N_2	3,00
CH_3OH	3,00
H_2S	3,60
NH_3	3,80
Ar	3,80
CH_4	4,00
C_2H_6	4,44
C_6H_6	6,70

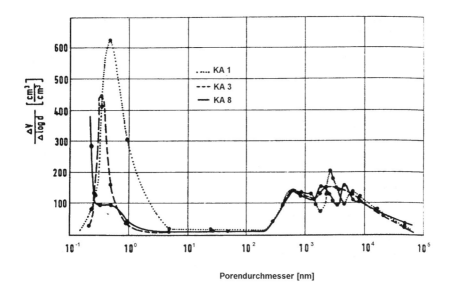

Abb. 2.5. Differentielle Porenverteilung verschiedener Kohlenstoff-Adsorbentien; KA1 stellt eine engporige Aktivkohle, KA3 ein engporiges und KA8 ein extrem engporiges Kohlenstoffmolekularsieb dar (Pratsch u. Jüntgen 1978)

Kohlenstoffmolekularsiebe verhalten sich gegenüber Wasserdampf wie Aktivkohle, weshalb sie für die Trennung in feuchten Gasen geeignet sind. So werden sie großtechnisch zur Trocknung und Aufreinigung von Flüssigkeiten und Gasen verwendet. Das größte Anwendungsgebiet für Kohlenstoffmolekularsiebe liegt jedoch in der Trennung von kleinen Gasmolekülen wie Sauerstoff von Stickstoff, Kohlendioxid von Methan oder Ethylen von Ethan. Neben der Anwendung in der Adsorptionstechnik werden Kohlenstoffmolekularsiebe in der Katalyse sowohl als Katalysator als auch als Katalysatorträger angewendet. Neue Entwicklungen zielen darauf ab, Kohlenstoffmolekularsiebe gezielt mit anorganischen Oxiden und Metallen zu funktionalisieren, um die Eigenschaften der Molekularsiebe mit den oberflächen-chemischen und physikalischen Eigenschaften der anorganischen Oxide in einer Komposit-Struktur zu vereinen. So können spezielle Adsorbentien für individuelle Anwendungen entwickelt werden. Solche Molekularsiebe werden auch als „Inorganic Oxide Modified Carbon Molecular Sieves" (IOM-CMS) bezeichnet (Srivastava u. Singh 1994).

Grundlegende Daten zur Auslegung von Adsorbern mit Kohlenstoffmolekularsieben sind in Tabelle 2.6 gegeben.

Tabelle 2.6. Physikalische Eigenschaften von Kohlenstoffmolekularsieben

Größe	Zahlenwert
wahre Dichte $\rho_{A,wahr}$ [kg/m³]	1800–2100
scheinbare Dichte ρ_S [kg/m³]	900–1290
Schüttdichte $\rho_{Schütt}$ [kg/m³]	600–900
Kornporosität ε_P [-]	0,37–0,57
innere Oberfläche [m²/g]	100–1500
Porenvolumen [cm³/g]	0,2–0,6
spezifische Wärmekapazität c_P [kJ/(kg K)]	0,84–1,00
Wärmeleitfähigkeit λ [W/(m K)]	0,65

2.4 Oxidische Adsorbentien

2.4.1 Kieselgel

Kieselgel (auch unter dem Handelsnamen Silicagel bekannt) ist im Wesentlichen amorphes Siliziumdioxid (>99%), das einen porösen Feststoff mit Porendurchmessern zwischen 2 und 12,5 nm bilden (s. Abb. 2.10).

Kieselgele werden üblicherweise aus wässrigen, alkalischen Wasserglaslösungen hergestellt. Wasserglas ist chemisch gesehen ein Natriumsilikat. Aus der Wasserglaslösung entsteht das Kieselgel als Polykondensationsprodukt der metastabilen ortho-Kieselsäure, wenn die Lösung neutralisiert oder angesäuert wird. Ein dreidimensionales Netzwerk mit hohem Molekulargewicht, das sogenannte Hydrogel, wird gebildet. Es folgt ein Waschschritt, bei dem die Kationen entfernt werden. Bei Entzug des Reaktions- und Lösungswassers koaguliert das Hydrogel und bildet im folgenden Trocknungsschritt das Silicagel (Schulz u. Breithor 1999).

Durch Variation des Waschprozesses können die Eigenschaften des Kieselgels modifiziert werden. Man macht sich zu Nutze, dass der Porendurchmesser mit steigender Alkalität während des Waschens steigt. Die anschließende Trocknung erfolgt bei 100 °C, bei engporigen Kieselgelen zur Erhöhung der Wasserfestigkeit bis zu 400 °C (Kast 1988).

Im chemischen Aufbau besteht Kieselgel aus Siliziumatomen, welche durch Sauerstoffatome dreidimensional verbrückt sind. Das Netzwerk ist endständig durch OH-Gruppen abgesättigt, weshalb Kieselgel Wasser, Alkohole etc. über Wasserstoffbrückenbildung binden kann. Aufgrund dieser extremen Hydrophilität und der einfachen Regenerierung durch Temperaturerhöhung auf 150°C wird es bei einem relativ niedrigen Preis von 0,5–2 €/kg häufig als Trocknungsmittel verwendet (Thomas u. Crittenden 1998).

Tabelle 2.7. Physikalische Eigenschaften von Kieselgelen

Größe	Zahlenwert
wahre Dichte $\rho_{A,wahr}$ [kg/m³]	2200
scheinbare Dichte ρ_S [kg/m³]	750–1250
Schüttdichte $\rho_{Schütt}$ [kg/m³]	300–850
Kornporosität ε_P [-]	0,45–0,65
innere Oberfläche [m²/g]	100–850
Porenvolumen [cm³/g]	0,35–0,95
Umwegfaktor μ_P [-]	3,5–6,5
spezifische Wärmekapazität c_P [kJ/(kg K)]	0,92–1,0
Wärmeleitfähigkeit λ [W/(m K)]	0,14–0,20

In den Handel kommt Kieselgel als feines Pulver sowie als kleine kugel- oder ovalförmige Körner mit Durchmessern von 2–8 mm. Einige Spezialprodukte verfärben sich aufgrund chemischer Zusätze (wie z.B. Cobalt(II)-chlorid) mit zunehmender Feuchte, wodurch der Beladungszustand des Adsorptionstrockners sichtbar wird (Kast 1988; Silica 1994).

Bei biotechnologischen Anwendungen und chromatographischen Trennoperationen sind oberflächenmodifizierte Kieselgele zur Erhöhung der Affinität des Adsorptivs zum Adsorbens weit verbreitet.

Grundlegende physikalische Eigenschaften von Kieselgelen sind in Tabelle 2.7 dokumentiert.

Neue Entwicklungen zielen darauf ab, die Eigenschaften des Kieselgels mit Vorteilen von Aktivkohle zu kombinieren, in dem in eine Kieselgelmatrix mikrodisperse Aktivkohle eingebracht wird (Leboda et al. 2000): Die Alumosilikatmatrix ist amorph und hat eine offene Porenstruktur mit Mikro- und Makroporen; die Aktivkohle weist zusätzliche Mikroporen auf, die eine gute Adsorbierbarkeit für organische Substanzen bieten. Somit weist dieses Adsorbens eine hohe Adsorptionskapazität für Wasser und Organika auf. Weitere Vorteile sind die Unbrennbarkeit und eine hohe mechanische Stabilität (Engelhard 1998; Schulz u. Breithor 1999).

2.4.2 Alumosilicate

Zeolithe

Zeolithe sind natürlich vorkommende oder synthetisch hergestellte kristalline, hydratisierte Alumosilicate mit definierter Gitterstruktur, die im Allgemeinen austauschbare Alkali- (M^I) bzw. Erdalkalikationen (M^{II}) enthalten. Das Kristallwasser, an dessen Stelle andere Verbindungen adsorbieren können, kann ohne Änderung der Kristallstruktur abgegeben werden (VDI 3674). Es sind bisher ca. 40 natürlich vorkommende Zeolithe entdeckt und weitere ca. 200–300 synthetische Zeolithe hergestellt worden (Löffler 2000). Von den jährlich ca. 1,5 Millionen Tonnen weltweit produzierter Zeolithe werden nur ca. 12 % im Bereich der Adsorption eingesetzt, während 72 % als Phosphatersatz in Waschmitteln und 16 % als Katalysator verwendet werden (Toufar 2000).

Die Summenformel der Zeolithe lautet

$$\left(M^{II}, M_2^I\right) O \cdot Al_2 O_3 \cdot n\, SiO_2 \cdot p\, H_2 O\, .$$

Die Gitterstruktur setzt sich aus $[SiO_4]^{4-}$- und $[AlO_4]^{5-}$-Tetraedern als den primären Bausteinen zusammen, die sich jeweils ein Sauerstoffatom mit jedem benachbarten Tetraeder teilen. Hierbei kann es laut der sogenannten Löwenstein-Regel nicht zu einer Al-O-Al-Bindung kommen. Somit bildet sich ein infinites Gitter aus identischen Primärbausteinen aus (Barthomeuf 1996; Dyer 1988; Löffler 2000; Szostak 1989).

Für die Darstellung und Einteilung zeolithischer Strukturen eignet sich das Konzept der sekundären Baueinheiten bzw. der secondary building units (SBUs), das eine Darstellung der Porenstruktur ermöglicht und daher insbesondere für die Betrachtung von Adsorptionsvorgängen geeignet ist (Liebau 1985; Ulbig 1999). Dabei werden im Allgemeinen nur die Silizium- und Aluminium-Ionen, die auch als Tetraeder- oder T-Atome bezeichnet werden, gezeichnet (s. Abb. 2.6); die Sauerstoffatome befinden sich in der Mitte der Kantenlinien (Dyer 1988; Kärger u. Ruthven 1992; Szostak 1989; Ulbig 1999).

Oft lässt sich die Gerüststruktur auf verschiedene SBUs zurückführen. So kann man sich die Tertiärstruktur der Zeolithe als aus SBUs zusammengesetzter Polyeder oder Käfige vorstellen. Ein bekannter Käfig ist z.B. der Sodalith-Käfig (Abb. 2.7), der sich aus 24 Tetraedern bzw. acht Achtereinfach-SBUs zusammensetzt.

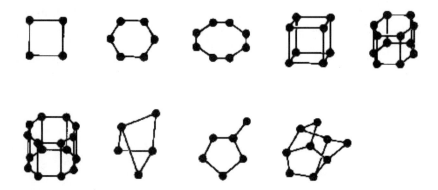

Abb. 2.6. Secondary Building Units als strukturelle Baueinheit von Zeolithen: unverzweigter Vierer-, Sechser- bzw. Achtereinfach- und -doppelringe, geschlossen verzweigter Vierer- bzw. Fünferring, offen verzweigter Fünferring (Ulbig 1999)

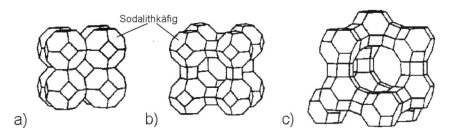

Abb. 2.7. Struktur von Molekularsieben des Typs (a) SOD, (b) LTA und (c) FAU (Gembicki et al. 1991)

Tabelle 2.8. Porendurchmesser und Anzahl an T-Atomen verschiedener Zeolithe (Löffler 2000)

Art des Zeolith	Anzahl der T-Atome	Porendurchmesser [nm]
engporig	8	0,3–0,5
mittelporig	10	0,5–0,6
weitporig	12	0,7–0,75

Kombiniert man nun diese Polyeder mit weiteren Polyedern so entstehen in der gebildeten Struktur weitere Polyeder. Verknüpft man z.b. acht Sodalith-Käfige direkt miteinander, so entsteht ein weiterer Sodalith-Käfig, wie dies im Zeolithen Sodalith (SOD) der Fall ist (Abb. 2.7.a). Verknüpfungen von Sodalith-Käfigen über Vierer- bzw. Sechserdoppelringen führen hingegen zu Molekularsiebstrukturen von LTA in Abb. 2.7.b (Zeolith A) und FAU in Abb. 2.7.c (Zeolith X, Y, Faujasit). Die gebildeten Hohlräume sind durch Fenster miteinander verbunden, die je nach Molekularsieb aus verschieden vielen T-Atomen bestehen (Dyer 1988; Ruthven 1984; Szostak 1989; Ulbig 1999). Tabelle 2.8 verdeutlicht die Abhängigkeit der Porendurchmesser der Fenster von der Anzahl an T-Atomen.

Die Größe dieser Fenster bewirkt den Molekularsiebeffekt der Zeolithe. Aufgrund der sterischen Selektivität können nur Moleküle mit ausreichend kleinem kinetischen Durchmesser in die Kanäle bzw. Fenster eindringen und in den Käfigen adsorbieren. Der effektive Porendurchmesser bezeichnet daher den Porenquerschnitt, der Moleküle mit gleichem kinetischen Durchmesser gerade noch durchlässt (Löffler 2000; Ulbig 1999).

Entsprechend dem Verhältnis von SiO_2 zu Al_2O_3 (bzw. der Wertigkeit von n, auch Modul genannt) bilden sich verschiedene Grundgerüste aus. In Tabelle 2.9 sind die Module n für die drei gängigsten Zeolithe aufgelistet.

Tabelle 2.9. n-Module verschiedener Zeolithe (Meier 1968)

Zeolith	Modul n
Typ A	1
Typ X	1–2
Typ Y	2–5

In dem Gitter befinden sich die frei beweglichen Kationen der ein- oder zweiwertigen Metalle, die die negativen Ladungen der aluminiumhaltigen Tetraeder kompensieren. Diese sind leicht austauschbar und erlauben eine einfache Modifizierung der Molekularsiebe. So beträgt die Porenweite z.B. beim Zeolith A in der Kaliumkonfiguration 0,3 nm, in der Natriumform 0,42 nm und mit Calcium-Ionen 0,5 nm, wie aus Tabelle 2.10 ersichtlich wird (Thomas u. Crittenden 1998; Kast 1988). Die Ionenaustauschkapazität und die katalytische Wirkung nimmt mit steigendem Modul ab (Roland u. Kleinschmidt 1998).

Tabelle 2.10. Beispiele für Porendurchmesser von Zeolithen (Kast 1988)

Zeolith-Typ	Porendurchmesser [10^{-10}m]
KA	3,8
NaA (4A)	4,2
CaA (5A)	5,0
CaX (10X)	8,0
NaX (13X)	9–10
NaY	9–10

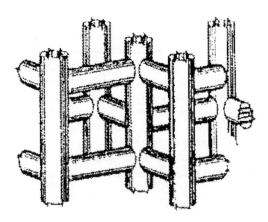

Abb. 2.8. Struktur vom Zeolith ZSM-5 und Silikalit (VDI 3674)

2.4 Oxidische Adsorbentien

Viele Zeolithe weisen keine durch Fenster verbundenen Hohlräume, sondern regelrechte Porensysteme auf. So bilden z.B. der Zeolith ZSM-5 und Silikalit zweidimensionale Porensysteme aus, die auf zu Ketten verknüpfte Fünfringpolyeder zurückgehen (Abb. 2.8).

Die Herstellung von Zeolithen erfolgt über Kristallisation aus basischen Lösungen bei definierter Temperatur (bis ca. 200 °C), wobei als Silicatkomponente häufig Wasserglas und als Aluminiumquelle in der Regel Aluminiumhydroxid dienen. Ein sogenanntes Templat (eine organische Komponente) steuert die Kristallisation in der Gelphase. Danach werden die mikrometergroßen Kristalle abgefiltert, getrocknet, nach Bedarf die Ionen ausgetauscht, bevor die Kristalle mit einem Binder gemischt werden. Nach der Formgebung (Kugeln oder Pellets) werden die Zeolithe getrocknet und nachgefeuert bis das Endprodukt vorliegt (Boddenberg u. Hufnagel 2000; Grace 1991; Thomas u. Crittenden 1998). In den Handel kommen Zeolithe als Pulver, 1–5 mm großen Kugeln, als Vollzylinder mit Durchmessern zwischen 2 und 4 mm oder als Hohlzylinder mit Außendurchmessern von ca. 6–7 mm.

Durch den hohen Aluminiumanteil besitzt das Gitter polare Eigenschaften und adsorbiert bevorzugt polare Substanzen wie z.B. Wasser. Erhöht man das Modul n, so werden die polaren Kräfte schwächer und der Zeolith hydrophob. Durch Variation des Moduls von eins bis über 1000 können sehr verschiedene Adsorptionseigenschaften eingestellt werden (Yon u. Gautam 1992). In den vergangenen Jahren sind Dealuminierungsverfahren entwickelt worden, um hydrophile Zeolithe zu hydrophobieren ohne das Gitter zu verändern, wie die Extraktion mit Mineralsäuren, das Steaming (hydrothermale Dealuminierung) oder die Dealuminierung mit $SiCl_4$ (Löffler 2000; Roland u. Kleinschmidt 1998). Die hydrophoben Zeolithe zeigen eine geringe Wasseraufnahme und können selektiv unpolare organische Komponenten aus feuchten Wasser- und Abluftströmen adsorbieren (Frey 1995; Otten et al. 1992).

Trotz ihrer offenen Struktur sind Zeolithe thermisch sehr stabil und gehen erst bei Temperaturen zwischen 700 und 1000 °C in eine andere Phase über (Dyer 1988). Die Phasenübergangstemperatur hängt stark vom Modul und von der Gerüststruktur ab. Dies bedeutet, dass irreversibel beladene Zeolithe auch freigebrannt werden können (Eiden u. Ciprian 1993; Dalden u. Eigenberger 1999). Auch die hydrothermale Stabilität, d.h. die Resistenz gegenüber Gitteränderung bei Anwesenheit von Wasserdampf, ist von diesen Faktoren abhängig. Unter hydrothermalen Bedingungen kann es schon bei tieferen Temperaturen zur Rekristallisation kommen (Roland u. Kleinschmidt 1998; Ulbig 1999).

Im Allgemeinen sind Zeolithe nicht säureresistent, da bei niedrigen pH-Werten Aluminium aus der Gitterstruktur herausgelöst wird. Die Widerstandsfähigkeit steigt jedoch mit zunehmendem Siliziumgehalt. So sind Silizium-reiche Zeolithe gegenüber starken Säuren beständig. Dies geht allerdings mit einer schwächeren Resistenz gegenüber starken Basen einher (Bartomeuf 1996; Löffler 2000; Roland u. Kleinschmidt 1998; Ulbig 1999).

Tabelle 2.11. Physikalische Eigenschaften von Zeolithen

Größe	Zahlenwert
wahre Dichte $\rho_{A,wahr}$ [kg/m³]	2100–2600
scheinbare Dichte ρ_S [kg/m³]	1100–1500
Schüttdichte $\rho_{Schütt}$ [kg/m³]	400–900
Kornporosität ε_P	0,5–0,6
innere Oberfläche [m²/g]	350–1100
Porenvolumen [cm³/g]	0,2–0,7
Umwegfaktor μ_P	8–10
spezifische Wärmekapazität c_P [kJ/(kg K)]	0,8–1,05
Wärmeleitfähigkeit λ [W/(m K)]	0,13–0,58

Zeolithe haben gegenüber Aktivkohle den Vorteil, dass sie aufgrund ihrer anorganischen Zusammensetzung nicht brennbar sind. Zeolithe mit hohen Modulen können zudem bei höheren Feuchtegehalten in Gasströmen angewendet werden und zeigen eine niedrigere katalytische Aktivität als Aktivkohle (Thomas u. Crittenden 1998).

Aufgrund des höheren Preises zwischen 1–4 €/kg (für Spezialzeolithe bis zu 20 €/kg) finden Zeolithe hauptsächlich bei Spezialanwendungen der Stofftrennung vor allem in der Gasphase Verwendung, z.B. zur Abtrennung von linearen Paraffinen oder zur Xylolabtrennung. Aufgrund der in den vorigen Abschnitten angesprochenen Vorteile haben Zeolithe auch Einzug in die VOC-Abtrennung aus Gasströmen Einzug erhalten. Vereinzelt werden Organika mittels Zeolithen aus Wasser adsorbiert.

Grundlegende Eigenschaften von Zeolithen sind in Tabelle 2.11 dokumentiert.

Aktivierte Bleicherden

Aktivierte Bleicherden sind wie die Zeolithe Alumosilicate. Der strukturelle Unterschied liegt darin, dass es sich um schichtförmig aufgebaute kristalline Aluminiumhydrosilicate handelt (Thomas u. Crittenden 1998).

Ausgangsmaterial zur Herstellung ist das „Montmorillonit-Mineral" mit einem Verhältnis Kieselsäure:Tonerde von 4:1, das in Bentoniten vorkommt. In Abb. 2.9 ist ein Montmorillonit-Kristall schematisch dargestellt. Er besteht aus äußeren Silicatschichten und einer darin eingebundenen Aluminiumionenschicht.

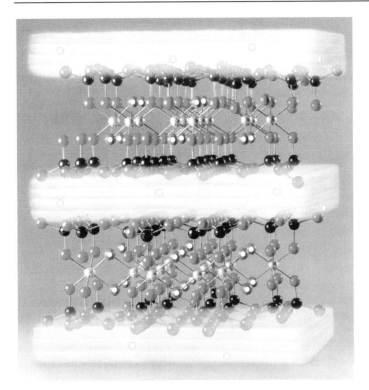

Abb. 2.9. Schematische Darstellung des Montmorillonit-Kristalls (Süd-Chemie 1996) (grau: Sauerstoff, grau mit weißem Kreis: OH-Gruppen, schwarz: Silizium, hellgrau: Aluminium, weiß mit schwarzer Umrandung: Calcium)

Durch Einbau von dreiwertigen Aluminium- und Eisenionen in die Silicatschichten bzw. von zweiwertigen Magnesium- und Eisenionen in die Mittelschicht erhält ein solches Schichtpaket negative Überschussladungen, die durch äußere Anlagerung von Kationen zwischen den einzelnen Schichten ausgeglichen werden. Daher wird Rohton, der eine innere Oberfläche von ca. 70 m²/g besitzt, mit Mineralsäuren chemisch aktiviert, wobei die Calcium- und anderen in den Schichten angelagerten Ionen aus dem Kristall herausgelöst und durch Wasserstoffionen ersetzt werden. Dadurch wird die innere Oberfläche dieser Kristallplättchen vergrößert und es entstehen aktive saure Zentren, die in einer weiteren chemischen Behandlung wieder reduziert werden. In den Handel kommen diese säureaktivierten Bleicherden pulverförmig oder als Granulat (Süd-Chemie 1996).

Bei der Adsorption lagern sich die adsorbierten Moleküle zwischen den Siliziumschichten ein, wodurch das Adsorbens anschwillt. Durch die internen Ladungen werden bevorzugt polare Moleküle adsorbiert.

Aktivierte Bleicherden sind recht günstig (1–1,5 €/kg) und werden hauptsächlich in der Raffination von Speiseölen und der Aufarbeitung von Mineral- und Altölen, aber auch zur Reinigung von Waschwassern eingesetzt.

Tabelle 2.12. Physikalische Eigenschaften von Bleicherden

Größe	Zahlenwert
wahre Dichte $\rho_{A,wahr}$ [kg/m³]	2200
scheinbare Dichte ρ_S [kg/m³]	1600–1700
Schüttdichte $\rho_{Schütt}$ [kg/m³]	500–700
Kornporosität ε_P [-]	0,2–0,35
innere Oberfläche [m²/g]	120–300
Porenvolumen [cm³/g]	0,25–0,35

Gebrauchte Bleicherden können verschieden regeneriert oder verwendet werden (Süd-Chemie 1996):

- Durch Extraktion mit Lösungsmitteln oder pH-Wert-Verschiebung durch Natronlauge können Öle und Fette sowie die Bleicherde zurückgewonnen werden.
- In Biogasanlagen, bei der Verbrennung in der Zementindustrie oder in Ziegeleien können sie zur indirekten energetischen Nutzung beigegeben werden.
- Bleicherden, die bei der Pflanzenölaufbereitung verwendet werden, können pflanzlichen Abfällen zur Kompostierung beimischt werden. Der mineralische Rest dient der Bodenverbesserung.

Tabelle 2.12 gibt einige Richtgrößen zu physikalischen Eigenschaften von Bleicherden an.

2.4.3 Aktivtonerde

Aluminate bzw. aktives Aluminiumoxid oder Aktivtonerden, die in der Adsorptionstechnik relevant sind, werden auf verschiedene Weisen gewonnen:

- Aus dem Bayerprozess gewonnenes Aluminiumhydroxid wird direkt auf 300–1550 °C erhitzt. Dadurch entsteht ein poröses, pulverförmiges Aluminat mit einer inneren Oberfläche von 200–350 m²/g, das häufig zur Entfärbung oder chromatographischen Trennung von organischen Chemikalien verwendet wird. Ein ähnliches Produkt wird erhalten, wenn es zunächst kompaktiert und anschließend auf die gewünschte Partikelgröße zerkleinert wird, bevor es bei 500–600 °C aktiviert wird (Hudson et al. 1998).
- Aluminiumhydroxid, das mit dem Bayerprozess hergestellt wurde, wird ein paar Sekunden mit Heißgas auf 750–1000 °C erhitzt. Das Produkt wird zermahlen und mit Wasser als Bindemittel in kugelförmige Partikel agglomeriert. Durch anschließende Reaktivierung bei 400–500 °C erhält man Aktivtonerde mit einer höheren inneren Oberfläche von 320–380 m²/g (Hudson et al. 1998).

2.4 Oxidische Adsorbentien

– Durch Fällung von Al_2O_3 aus schwach sauren Lösungen durch Basezusatz oder aus schwach basischen Lösungen durch Säurezusatz wird Aluminiumhydroxid hergestellt, das entwässert und getrocknet wird. Anschließend wird es bei 400–600 °C aktiviert. Die so gewonnenen Aluminate haben Poren <4 nm und innere Oberflächen zwischen 300 und 400 m²/g. (Hudson et al. 1998).

Durch die Hydroxidgruppen an den Porenwänden finden dort Chemisorptionsprozesse statt, so dass bevorzugt polare Moleküle adsorbiert werden. In der Reihenfolge steigender Affinität werden

- gesättigte Kohlenwasserstoffe,
- aromatische und halogenisierte Kohlenwasserstoffe,
- Ether, Ester und Ketone,
- Amine und Alkohole und
- Karboxylsäuren

bessere Adsorption ↓

adsorbiert (Gembicki et al. 1991). Die Oberfläche und Porenstruktur der Aktivtonerde kann durch Variation der thermischen Behandlung oder Zugabe von chemischen Zusatzstoffen im Herstellungsprozess gezielt beeinflusst werden (Goodboy u. Fleming 1984).

In den Handel kommen Aktivtonerden als Granulat, in Kugelform oder als Stangpresslinge mit einer Körnung von ca. 2–8 mm. Aufgrund des niedrigen Preises (ca. 1,5 €/kg) werden Aluminate in der Abwasserbehandlung und Trinkwasseraufbereitung verwendet. Sie sind empfindlich gegenüber Säuren. Eine weitere Anwendung in der Flüssigphase ist die Entwässerung von organischen Chemikalien, wie aromatische Kohlenwasserstoffe, hochmolekulare Alkane, Benzin, Cyclohexan, Kühlmittel, Schmiermittel oder halogenierte Kohlenwasserstoffe (Alcoa 1994; Hudson et al. 1998).

In der Gasphase werden sie wegen der hohen Hydrophilität bei erhöhten Temperaturen zur Gastrocknung von heißen Gasströmen (Kast 1988; Thomas u. Crittenden 1998), aber auch zur Fluor- und Fluorwasserstoffentfernung aus Abgasen eingesetzt (Martinswerk 2000). Ein weiterer Anwendungsbereich ist die Trocknung ungesättigter Kohlenwasserstoffe, da die Polymerisationsgefahr geringer ist als beim Einsatz von Kieselgel (Silica 1993).

In der Gasphase werden Aktivtonerden jedoch zunehmend durch Molekularsiebe verdrängt, die schon bei niedrigen Dampfdrücken eine hohe Kapazität vorweisen. Aktivtonerde wird heute hauptsächlich als Katalysatorträger angewendet (Kast 1988; Ruthven 1984; Thomas u. Crittenden 1998).

Eine typische Porenradienverteilung ist in Abb. 2.10 zu sehen. Einige physikalischen Eigenschaften von aktivem Aluminiumoxid sind in Tabelle 2.13 zusammengestellt.

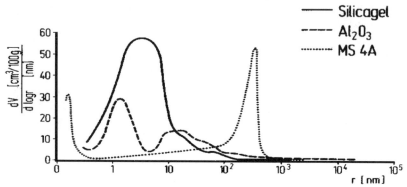

Abb. 2.10. Differentielle Porenradienverteilung von Kieselgel, Al₂O₃ und einem 4 Å-Molekularsieb (Seewald 1978)

Tabelle 2.13. Physikalische Eigenschaften von aktivem Aluminiumoxid

Größe	Zahlenwert
wahre Dichte $\rho_{A,wahr}$ [kg/m³]	3000–3100
scheinbare Dichte ρ_S [kg/m³]	1200–2400
Schüttdichte $\rho_{Schütt}$ [kg/m³]	700–950
Kornporosität ε_P [-]	0,13–0,6
innere Oberfläche [m²/g]	100–400
Porenvolumen [cm³/g]	0,35–0,6
spezifische Wärmekapazität c_P [kJ/(kg K)]	0,88–1,05
Wärmeleitfähigkeit λ [W/(m K)]	0,12

2.4.4 Weitere oxidische Adsorbentien

Neben Aluminiumoxid werden vereinzelt andere Metalloxide in der Adsorptionstechnik angewendet, wie die Oxide des Eisens, Magnesiums, Mangans, Titans, Chroms oder Zircons. Die porösen Feststoffe werden im Verlauf der partiellen Dehydratisierung von schwerlöslichen Hydroxiden bzw. Oxidhydraten gebildet (Kümmel u. Worch 1990).

So kann granuliertes Eisenhydroxid (GEH) in Festbettfiltern zur adsorptiven Entfernung von Arsen, Phosphat, Antimon und Selen aus Wasser angewendet werden. Das Granulat besitzt eine Porosität von ca. 75 % und hat eine spezifische Oberfläche von 250–300 m²/g (enViro-cell 2000).

2.5 Polymere Adsorbentien

Polymere Adsorbentien sind synthetisch hergestellte, poröse Polymere mit einer großen inneren Oberfläche. Basis sind in der Regel Styrol und Divinylbenzol (Abb. 2.11.a) oder Acrylsäureester und Divinylbenzol (Abb. 2.11.b) sowie Phenyl-Formaldehyd-Harze. In einigen Anwendungen kommen auch andere synthetische Adsorbentien, wie z.b. quervernetzte Agarose bei der Bierstabilisierung und Ethylenglycol-Dimethacrylat bei der Fruchtsaftstabilisierung, zur Anwendung. Im Gegensatz zu Ionenaustauscherharzen weisen Adsorberpolymere keine funktionellen Gruppen auf, weshalb der Adsorptionsvorgang als reine Physisorption beschrieben werden kann. In ihrem Adsorptionsverhalten sind sie vergleichbar mit Aktivkohle.

In der Flüssigphasenadsorption, der Biotechnologie und der Chromatographie werden häufig polymere Adsorbentien mit funktionellen Gruppen angewendet, um Stofftrennungen zu ermöglichen bzw. zu optimieren (De Dardel u. Arden 2001; Gembicki et al. 1991). Gegenüber oberflächenmodifizierten Kieselgelen haben sie den Vorteil, bei hohen pH-Werten beständig zu sein, was in der Biochromatographie eine Sterilisation im stark basischen Milieu ermöglicht. Nachteilig wirkt sich die geringere mechanische Stabilität gegenüber Kieselgelen aus.

Es wird unterschieden zwischen

- *gelförmigen oder mikroporösen Adsorberpolymeren*, die bei sehr geringen Porendurchmessern < 3 nm eine große innere Oberfläche bis zu 1400 m²/g aufweisen (De Dardel u. Arden 2001; Ferraro 1987),
- *makroporösen oder makroretikulären Adsorberpolymeren*, die bei einer breiteren Porendurchmesserverteilung von 1–400 nm eine niedrigere innere Oberfläche bis zu 800 m²/g haben (Bayer 1997; De Dardel u. Arden 2001; Ferraro 1987) und
- *nachvernetzten Adsorberpolymeren (engl.: carbonaceous adsorbents)*, die mit ihren Porengrößen zwischen 0,5 und 10 nm zwischen den beiden erstgenannten Adsorberpolymeren liegen (Azanova u. Hradil 1999; Cornel 1991; De Dardel u. Arden 2001; Sommer et al. 1997).

Erstere werden durch Copolymerisation eines Monomers (Styrol oder Acrylsäureestern) unter Einsatz von Vernetzungsmitteln (überwiegend Divinylbenzol) hergestellt. Die Reaktion findet in einem Lösungsmittel statt, welches die Monomere löst, jedoch keine erhebliche Quellung der während der Polymerisation entstehenden Polymerkugeln verursacht. Die Polymerpartikel weisen eine mikroskopische Gelstruktur auf, wie in Abb. 2.12.a schematisch dargestellt (Ferraro 1987; Kümmel u. Worch 1990).

Makroporöse Adsorbentien werden durch Zugabe von Inertstoffen, die mit den Monomeren mischbar sind, das Kettenwachstum nicht wesentlich beeinflussen und aus dem Polymerisat unter Bildung von Poren extrahiert oder verdampft werden können, erzeugt. Dadurch entsteht eine Struktur wie in sie Abb. 2.12.b dargestellt ist. Das Porenvolumen ist bei diesen Adsorbentien höher als bei mikroporösen Polymeren; aufgrund der größeren Poren ist jedoch die innere Oberfläche kleiner (Ferraro 1987; Kümmel u Worch 1990).

Bei der Herstellung der nachvernetzten Adsorberpolymere werden die makroretikulären Copolymere durch eine zusätzliche Vernetzungsreaktion bzw. Pyrolyse nachvernetzt (Azanova u. Hradil 1999; Cornel 1991; Kowalzik et al. 1996).

Durch Variation der Art und Konzentration der Monomere und Inertstoffe, des Vernetzeranteils, der Reaktionsbedingungen und der Nachvernetzung lassen sich die Porenstruktur, die innere Oberfläche und die Polarität der Adsorberpolymere gezielt einstellen.

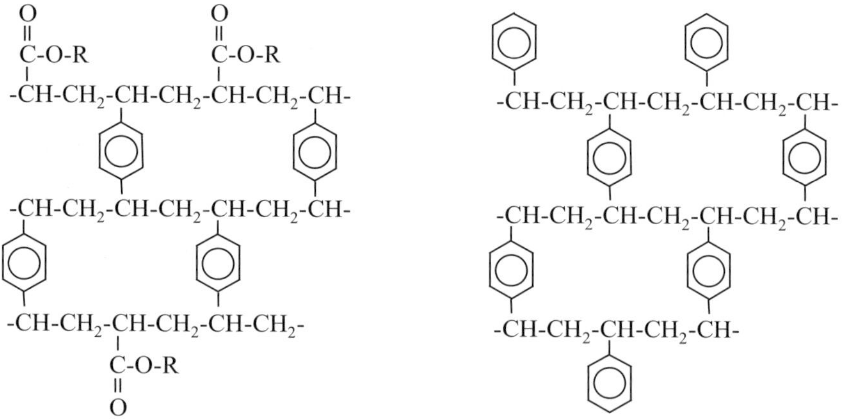

Abb. 2.11. Chemische Struktur von Adsorberpolymeren auf Basis von Styrol (**a**) und Acrylsäureestern (**b**) und Divinylbenzol (*R* Alkylgruppe)

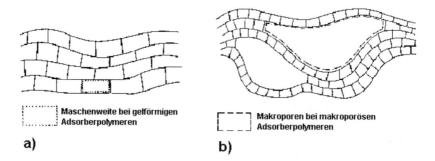

Abb. 2.12. Vernetzungsstruktur bei (**a**) gelförmigen und (**b**) makroretikulären Adsorberpolymeren (Ferraro 1987)

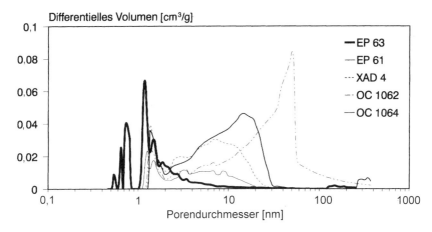

Abb. 2.13. Porenradienverteilung verschiedener Adsorberpolymere (XAD 4 wird von Rohm&Haas hergestellt, alle anderen von Bayer AG) (Schröder u. Radeke 1995)

Die Porendurchmesserverteilungen von fünf verschiedenen Adsorberpolymeren in Abb. 2.13 verdeutlichen diesen Sachverhalt. Alle in dieser Abbildung dargestellten Adsorberpolymere bestehen aus einer Styrol-Divinyl-Blockcopolymer-Matrix und unterscheiden sich lediglich in der Porenstruktur (Bayer 1997; Rohm&Haas 1997; Schröder u. Radeke 1995). Das EP 63 ist das einzige nachvernetzte Polymer (Bayer 1997). Es wird deutlich, dass das EP63 aufgrund dieser zusätzlichen Nachvernetzung einen höheren Anteil an Mikro- und Mesoporen hat als die anderen makroretikulären Adsorberpolymere. Vergleicht man diese Verteilungen mit denen für Aktivkohle in Abb. 2.3, erkennt man, dass sich bei Adsorberpolymeren im Gegensatz zu Aktivkohle engere Porenradienverteilungen herstellen lassen.

Tabelle 2.14. Physikalische Eigenschaften von Adsorberpolymeren

Größe	Zahlenwert
wahre Dichte $\rho_{A,wahr}$ [kg/m³]	1000–1300
scheinbare Dichte ρ_S [kg/m³]	400–900
Schüttdichte $\rho_{Schütt}$ [kg/m³]	300–750
Kornporosität ε_P [-]	0,35–0,65
innere Oberfläche [m²/g]	80–1500
Porenvolumen [cm³/g]	0,37–1,43
spezifische Wärmekapazität c_P [kJ/(kg K)]	0,35–1,5[*]
Wärmeleitfähigkeit λ [W/(m K)]	0,06–0,07[*]

[*] im trockenen Zustand

Aufgrund ihrer hohen mechanischen Stabilität lassen sich Adsorberpolymere in Wirbelbettverfahren einsetzen. Ein weiterer Vorteil ist die einfachere Regenerierung als bei Aktivkohlen durch Extraktion oder pH-Wert-Verschiebung (Sattler 1995). Bei Temperaturwechselverfahren zur Desorption ist darauf zu achten, dass sie eine begrenzte Temperaturbeständigkeit bis 120–250 °C haben (Augustin 1994; Ferraro 1987). Einige weitere physikalischen Daten sind in Tabelle 2.14 aufgeführt.

Adsorberpolymere werden hauptsächlich in der Flüssigphase verwendet. Trotz ihres hohen Preises (3–5 mal teurer als Aktivkohle) haben sie aufgrund der definierten Zusammensetzung in der Reinigung und Isolierung von pharmazeutischen Wirkstoffen Aktivkohle verdrängt (Gembicki et al. 1991). Außerdem sind sie gut geeignet, um aromatische oder chlorierte Kohlenwasserstoffe, Phenole oder Pestizide aus Prozess- oder Abwässern zu entfernen (Augustin 1994).

Bei der Auswahl eines geeigneten Adsorberpolymers für einen vorgegebenen Adsorptionsprozess in der flüssigen Phase spielen folgende Gesichtspunkte eine Rolle (Rohm&Haas 1995):

– Polarität des Lösungsmittels:
 Ist das Adsorptiv in einem polaren Lösungsmittel gelöst, so verwendet man unpolare Adsorbentien, also Adsorberpolymere auf Basis von Polystyrolen. Bei unpolaren Lösungsmitteln erreicht man bessere Resultate mit einem polaren Polymer, wie z.B. Polyacryl-basierten Polymeren oder Phenolharze.

– Funktionalität des Adsorptivs:
 Adsorptive können abhängig von ihrer chemischen Struktur in zwei Klassen eingeteilt werden: Moleküle mit Orten erhöhter Elektronendichte, also z.B. mit C=C, C=O-Gruppen oder Stickstoff- oder Schwefelatomen, und Moleküle, die hauptsächlich aus gesättigten C-C-Bindungen bestehen. Erstere Gruppe kann auch mittels Ionenaustausch aus der fluiden Phase entfernt werden.

– Polarisierbarkeit des Adsorptivs:
 Die Polarisierbarkeit kann mittels des Dipolmoments oder der Dielektrizitätskonstanten abgeschätzt werden. So sind z.B. Carboxyl- oder Amin-Gruppen leicht, Ether oder Ketone nicht polarisierbar.
 In organischen Lösungsmitteln spielt die Polarisierbarkeit eine große Rolle, in wäßrigen Medien ist diese Stoffeigenschaft eher untergeordnet. In unpolaren organischen Lösungsmitteln werden von Polymeren basierend auf Acrylsäureester-Matrizes oder Phenolharzen, die hohe Dipolmomente vorweisen, polare Adsorptive besser adsorbiert als z.B. von styrolbasierten Polymeren.

– Molekülgröße des Adsorptivs:
 Die Molekülgröße des Adsorptivs bestimmt die Porengröße des Adsorbens. Hierbei spricht man von kleinen Molekülen bei einem Molekulargewicht von M < 1000 Dalton und von großen Molekülen bei M > 10.000 Dalton.

Zusätzlich ist bei der Festigkeitsauslegung und Dimensionierung des Adsorbers in der Flüssigphase darauf zu achten, dass Adsorberpolymere in einigen Lösungsmitteln um bis zu 20–40 Vol.-% anschwellen können (Fox 1978, 1985; Fox u. Kennedy 1985; Gusler u. Cohen 1994).

Adsorberpolymere eignen sich auch zur Behandlung von Gasströmen, wie z.B. bei der Lösungsmittelrückgewinnung oder der Abluftreinigung (Kane et al. 1998; Reschke u. Mathews 1995).

2.6 Zusammenfassung „Adsorbentien"

Die Auswahl des Adsorbens beeinflusst entscheidend die Machbarkeit und Wirtschaftlichkeit eines Adsorptionsverfahrens. Aufgrund der chemischen und physikalischen Unterschiede zwischen den verschiedenen Adsorbentien ergeben sich andere Affinitäten und somit Kapazitäten für verschiedene Stoffe bzw. Stoffgruppen. Andere wichtige Kriterien sind die kinetischen Eigenschaften, die Regenerierbarkeit, die mechanische und chemische Stabilität sowie der Preis.

Da die Anwendungsfälle in der Gasphasen- und Flüssigphasenadsorption sehr breit gefächert sind, wurde im Laufe der Zeit eine Vielzahl von Adsorbentien entwickelt, die sehr verschiedene Charakteristika bezüglich Zusammensetzung, Oberflächenchemie, Porendurchmesser und -volumina und mechanischer, chemischer und thermischer Stabilität aufweisen.

Kohlenstoffadsorbentien sind die am längsten bekannten und billigsten Adsorbentien, die sehr gute Adsorptionskapazitäten für organische Moleküle aufweisen. Durch Variation der Ausgangsmaterialien und des Herstellungsprozesses können Aktivkokse, Aktivkohlen und Kohlenstoffmolekularsiebe mit sehr unterschiedlichen Eigenschaften hergestellt werden. Noch vorhandene Verschmutzungen in den Partikeln und die geringe Abriebfestigkeit bringen in einigen Anwendungsfeldern Probleme mit sich. Auch aufgrund der Gefahr von Versottung und Adsorberbränden haben sich in einigen Gebieten der Adsorptionstechnik andere Adsorbentien durchsetzen können.

Kieselgele sind Silicate mit hervorragenden Trocknungseigenschaften. Aufgrund des geringen Preises haben sie sich vor allem bei der Gastrocknung durchgesetzt. Sie weisen eine gute Stabilität in basischen Lösungen auf, nicht jedoch bei niedrigen pH-Werten und hohen Temperaturen.

Zeolithe stellen Alumosilicate dar, die sich durch ihre sehr definierten Porenstrukturen auszeichnen. Aufgrund ihrer Porendurchmesser von einigen Nanometern eignen sie sich vor allem für die Trennungen von kleinen Molekülen. Die Vorteile liegen in der guten thermischen, chemischen (pH-Bereich: 5–12) und mechanischen Stabilität. Sie werden aufgrund ihrer Hydrophilität vorwiegend in der Gasphase verwendet.

Aktiviertes Aluminiumoxid ist vor allem in der Abwassertechnologie verbreitet. Es ist gegenüber alkalischen Stoffen sehr unempfindlich, jedoch nicht säureresistent. Eine Temperaturbeständigkeit ist bis 300 °C gewährleistet.

Die Eigenschaften von *Adsorberpolymeren* können durch die synthetische Herstellung sehr genau eingestellt werden. Sie weisen sehr hohe Adsorptionskapazitäten auf und können sowohl in der Gasphase als auch in polaren und unpolaren Flüssigkeiten verwendet werden. Ihre chemische Stabilität wird aufgrund des hohen Preises meistens in Anwendungsfällen ausgenutzt, in denen sehr reine und definierte Produkte produziert werden. Wegen ihrer hohen mechanischen und chemischen Stabilität und einfachen Regenerierung können sie jedoch auch in anderen Anwendungsfällen wirtschaftlich eingesetzt werden. In der Gasphase ist der Anwendungsbereich aufgrund der begrenzten thermischen Stabilität auf Niedrigtemperaturprozesse beschränkt.

Literatur zu Kapitel 2

Alcoa (1994) Dehydrating Liquids with Alcoa Activated Aluminas. Technical Bulletin of Adsorbents and Catalysts Division F35-14481, Vidalia, USA

Altenhöner U, Meurer M, Strube J, Schmidt-Traub H (1997) Parameter estimation for the simulation of liquid chromatography. Journal of Chromatography A 769: 59–69

Arlt W (1999) Grundlagen der Flüssig-Adsorption. (Vortrag im Rahmen des Seminars „Grundlagen der Adsorptionstechnik" im Haus der Technik in Essen am 1.+2.2.1999)

Augustin T (1994) Neue Entwicklungen von Adsorberharzen und deren Einsatzgebiete für die Abreicherung von organischen Stoffen aus gewerblichen und industriellen Abfällen. Gewässerschutz – Wasser – Abwasser 147 (44): 1–14

Azanova VV, Hradil J (1999) Sorption properties of macroporous and hypercrosslinked copolymers. Reactive & Functional Polymers 41 (1–3): 163–175

Bandel G, Klose M (1999) Abscheidung von Quecksilber aus Abgasen im Festbett aus Aktivkohle und Inertmaterial. Chemie Ingenieur Technik 71 (10): 1191–1194

Barthomeuf D (1996) Basic Zeolites: Characterisation and Uses in Adsorption and Catalysis. Catalysis reviews: science and engineering 38 (4): 521–612

Bayati MA, Wycherley DE (1993) Know the Three C's of Carbon. Water Technology 9: 35–38

Bayer AG (1997) Lewatit® – Adsorberpolymere. Technische Information OC/I 20830, Leverkusen

Benak K, Dominguez L, Economy J, Mangun CL, Yue Z (2000) Control of Organic/Inorganic Contaminants Utilizing Tailored Activated Carbon Filters. In: American Water Works Association (Hrsg.) ACE 2000 – 2000 Annual Conference Proceedings, Denver, USA

Boddenberg B, Hufnagel S (2000) Zeolithe – Poröse Kristalle mit faszinierenden strukturellen, physikalischen und chemischen Eigenschaften. Berichte aus der Forschung der Universität Dortmund, UniReport 30: 11–16

Boerger GG (1997) Glimmbrandentstehung in Aktivkohleadsorbern. Tl. 1: Berechnungen zur Erhitzung von Aktivkohle-Festbetten. Chemie Ingenieur Technik 69 (1&2): 130–132

Boerger GG (1997) Glimmbrandentstehung in Aktivkohleadsorbern. Tl. 2: Messungen zur Erhitzung von Aktivkohlebetten. Chemie Ingenieur Technik 69 (3): 358–361

Bucher-Guyer AG (1995) Bucher Adsorbertechnologie. Produktinformation KVM-Ind, Stand 20.3.1995, Niederwenningen/Zürich, Schweiz

Calgon Carbon Corporation (2001) Internetseite: 8.1.2001: http://www.calgoncarbon.com/

Chemviron Carbon (2001) Internetseite: 8.1.2001: http://www.chemvironcarbon.com/

Ciprian J, Eiden, U (1998) Flüssigphasenadsorption – Stiefkind der Adsorption? In: Staudt R (Hrsg.) Technische Sorptionsprozesse. VDI-Fortschrittsberichte Reihe 3, Nr. 554, VDI Verlag, Düsseldorf, S 200–214

Cornel P (1991) Abtrennung und Rückgewinnung von Stoffen durch Adsorption und Ionentausch. Chemie Ingenieur Technik 63 (10): 969–976

de Dardel F, Arden TV (2001) Ion Exchangers – Structures of Ion-Exchanger Resins. In: Ullmann F (Hrsg.) Encyclopedia of Industrial Chemistry, 6. Auflage (electronic release). Wiley-VCH, Weinheim

Degussa AG: Wessalith® DAY, Wessalith® DAZ. Technische Information, Frankfurt/Main

Degussa AG (1992) Wessalith® DAY – ein hydrophober Zeolith zur Gasreinigung. Technische Information Nr. 4307.0, Frankfurt/Main

DIN 66131, Bestimmung der spezifischen Oberfläche von Feststoffen durch Gasadsorption nach Brunauer, Emmett und Teller (BET), November 1991

DIN 66133, Bestimmung der Porenvolumenverteilung und der spezifischen Oberfläche von Feststoffen durch Quecksilberintrusion, Juni 1993

DIN 66134, Bestimmung der Porengrößenverteilung und der spezifischen Oberfläche mesoporöser Feststoffe durch Stickstoffsorption – Verfahren nach Barrett, Joyner und Halenda (BJH), Februar 1998

DIN EN 12901, Anorganische Filterhilfs- und Filtermaterialien – Definitionen. Januar 2000

DIN EN 12902, Anorganische Filterhilfs- und Filtermaterialien – Prüfverfahren. Dezember 1999

DIN EN 12903, Pulver-Aktivkohle. November 1999

DIN EN 12915, Granulierte Aktivkohle. November 1999

Dorfner K (1991) Ion exchangers. de Gruyter, Berlin [u.a.]

Dow Chemical Company (1997) Dowex Optipore® L493 and V493. Produktinformation 177-01731-597QRP, USA

Dyer A (1988) An introduction to zeolite molecular sieves. John Wiley & Sons, Chichester [u.a.]

Eberle SH (1978) Aluminiumoxid als Adsorbens zur Wasserreinigung. Haus der Technik – Vortragsveröffentlichungen 404: 69–73

Eiden U, Ciprian J (1993) Auswahl von Sorbenzien für die Gasphasenadsorption. Chemie Ingenieur Technik 65 (11): 1329–1336

Engelhard Process Chemicals GmbH (1994) Sorbead® – The versatile adsorption agent – superior quality, economical, environmentally friendly. Firmenschrift 09.94/2000, Iselin, USA

Engelhard Process Chemicals GmbH (1998) Envisorb® B+ – A new class of adsorbents. Firmenschrift 61/05.98/500, Hannover

enViro-cell Umwelttechnik GmbH (2000) Adsorbergranulat für die Wasseraufbereitung. Technisches Informationsblatt GEHG-A, Oberursel

Ferraro JF (1987) Ionenaustausch und Spezialadsorber. Technisches Merkblatt der Firma Rohm & Haas Deutschland

Fox CR (1978) Plant uses prove phenol recovery with resins. Hydrocarbon Processing 11: 269–273

Fox CR (1985) Industrial Wastewater Control and Recovery of Organic Chemicals by Adsorption. In: Slejko FL (Hrsg.) Adsorption Technology. Marcel Dekker, Inc., New York, Basel, S 167–212

Fox CR, Kennedy DC (1985) Conceptual Design of Adsorption Systems. In: Slejko FL (Hrsg.) Adsorption Technology. Marcel Dekker, Inc., New York, Basel, S 91–165

Frey T (1995) Einsatz hydrophober Zeolithe in der Gasreinigung. In: Fachhochschule für Technik und Wirtschaft Berlin (Hrsg.) Adsorptionsverfahren für die Stofftrennung und im Umweltschutz. fhtw-transfer, Berlin, S 201–209

Fritz W (1978) Konkurrierende Adsorption von zwei organischen Wasserinhaltsstoffen an Aktivkohlekörnern, Dissertation, Universität Karlsruhe

Gembicki SA, Oroskar AR, Johnson JA (1991) Adsorption, Liquid Separation. In: Kirk, RE. (Hrsg.) Kirk-Othmer encyclopedia of chemical technology, 4. Auflage. Wiley, New York [u.a.], S 573–600

Goodboy KP, Fleming HL (1984) Trends in Adsorption with Aluminas. Chemical Engineering Progress 11: 63–68

Grace GmbH (1991) SYLOSIV® Molecular Sieves. Produktinformation, 10.1991, Worms

Green DW (1984) Section 1 – Conversion Factors and Miscellaneous Tables. In: Perry RH (Hrsg.) Perry's Chemical Engineer's Handbook, 6TH edition. Mc Graw-Hill, New York, 1-1–1-30

Guderian J, Seifert, U, Wagner C (1999) Modellgestützte Sicherheitsbetrachtungen zu Aktivkoksadsorbern für die Rauchgasendreinigung in thermischen Abfallbehandlungsanlagen. VGB KraftwerksTechnik 3: 68–72

Gusler GM, Cohen Y (1994) Equilibrium Swelling of Highly Cross-Linked Polymeric Resins. Industrial & engineering chemistry research 33 (10): 2345–2357

Handtmann Armaturenfabrik GmbH & Co. KG (2001) CSS – Combined Stabilizing System. Produktinformation, Stand 2/01, Biberach

Haupt RA, Sellers T (1994) Characterizations of Phenol-Formaldehyde Resol Resins. Industrial & engineering chemistry research 33 (3): 693–697

Henning KH (1998) Zur thermischen Reaktivierung von beladenen Aktivkohlen aus der Trink- und Abwasserreinigung. In: Staudt R (Hrsg.) Technische Sorptionsprozesse. VDI Verlag, Düsseldorf, S 67–79

Henning KH, Degel J (1991) Aktivkohlen - Herstellungsverfahren und Produkteigenschaften. (Vortrag im Rahmen des Seminars „Aktivkohlen in Technik und Umweltschutz" der Technischen Akademie Wuppertal am 18. u. 19. April 1991)

Hudson LK, Misra C, Wefers K (1998) Aluminum Oxide. In: Ullmann F (Hrsg.) Encyclopedia of Industrial Chemistry, 6. Auflage (electronic release). Wiley-VCH, Weinheim

Huggahalli M, Fair JR (1996) Prediction of equilibrium Adsorption of Water onto Activated Carbon. Industrial & engineering chemistry research 35 (6): 2071–2074

IUPAC (International Union of Pure and Applied Chemistry) (1972) Manual of symbols and terminology for physicochemical qualities and units, Appendix II, Part I. Pure and Applied Chemistry (31): 576–638

Kane MS, Bushong JH, Foley HC (1998) Effect of Nanopore Size Distributions on Trichloroetylene Adsorption and Desorption on Carbogenic Adsorbents. Industrial & engineering chemistry research 37 (6): 2416–2425

Kärger J, Ruthven DM (1992) Diffusion in Zeolites and other Microporous Solids. John Wiley & Sons, New York

Kast W (1988) Adsorption aus der Gasphase : ingenieurwissenschaftliche Grundlagen und technische Verfahren. VCH, Weinheim [u.a.]

Kowalzik A, Wahl A, Pilchowski K (1996) Vergleich von traditionellen und neuartigen Adsorberpolymeren bei der Adsorption von 1,2-Dichlorethan aus Wasser. Acta hydrochimica et hydrobiologica 24 (1): 36–38

Kümmel R, Worch E (1990) Adsorption aus wäßrigen Lösungen, 1. Auflage. VEB Deutscher Verlag für Grundstoffindustrie, Leipzig

Leboda R, Turov VV, Charmas B, Skubiszewska-Ziebe J, Gun´ko VM (2000) Surface Properties of Mesoporous Carbon-Silica Gel Adsorbents. Journal of Colloid and Interface Scienve 223: 112–125

Liebau F (1985) Structural Chemistry of Silicates. Springer, Berlin
Löffler E (2000) Zeolithe. Vortrag im Ruhr-Lehrverbund Katalyse am 3.11.2000 an der Universität Dortmund
Lurgi Aktivkohle GmbH (1994) Firmenschrift 232d/11.94/2.60. Frankfurt/Main
Mangun CL, Braatz RD, Economy J, Hall AJ (1999) Fixed Bed Adsorption of Acetone and Ammonia onto Oxidized Activated Carbon Fibers. Industrial & engineering chemistry research 38: 3499–3504
Martinswerk GmbH (2000) COMPALOX® – Aktives Aluminiumoxid zur Adsorption von Nutz- und Schadstoffen, Firmenschrift COMPALOX / D / 90 / 2000, Bergheim
Meier WM (1968) Molecular Sieves. Society of Chemical Industry, London
Mersmann A (1998) Adsorption. In: Ullmann F (Hrsg.) Encyclopedia of Industrial Chemistry, 6. Auflage (electronic release). Wiley-VCH, Weinheim
Meyer V (1988) Praxis der Hochleistungs-Flüssigchromatographie, 5. Auflage. Diesterweg, Frankfurt/Main
Neffe S (1995) Activated carbon fibers – New promising adsorbents for advanced chemical and environmental technology. In: Fachhochschule für Technik und Wirtschaft Berlin (Hrsg.) Adsorptionsverfahren für die Stofftrennung und im Umweltschutz. fhtw-transfer, Berlin, S 165–172
Otten W, Gail E, Frey T (1992) Einsatzmöglichkeiten hydrophober Zeolithe in der Adsorptionstechnik. Chemie Ingenieur Technik 64 (10): 915–925
Pratsch F, Jüntgen H (1978) Neuartige Molekularsiebe aus Kohlenstoff. Verfahrenstechnik 12 (6): 369–373
Reschke G, Mathews W (1995): Abluftreinigung und Lösungsmittel-Rückgewinnung durch Adsorption an Adsorberharzen. Chemie Ingenieur Technik 67 (1): 50–59
Rohm&Haas (1995) Amberlite® XAD Polymeric Adsorbents. Firmenschrift Pharma 003.4/95 A, Philadelphia, USA
Rohm&Haas (1997) Amberlite® XAD4 – Industrial Grade Polymeric Adsorbent. Produktinformation PDS 0556 A, Philadelphia, USA
Roland E, Kleinschmit P (1998) Zeolites. In: Ullmann F (Hrsg.) Encyclopedia of Industrial Chemistry, 6. Auflage (electronic release). Wiley-VCH, Weinheim
Ruthven DM (1984) Principles of adsorption and adsorption processes. John Wiley & Sons, New York [u.a.]
Ryu YK, Kim KL, Lee CH (2000) Adsorption and Desorption of n-Hexane, Methyl Ethyl Ketone, and Toluene on an Activated Carbon Fiber from Supercritical Carbon Dioxide. Industrial & engineering chemistry research (39): 2510–2518
Sakoda A, Nomura T, Suzuki M (1996) Activated Carbon Membrane for Water Treatments: Application to Decolorization of Coke Furnace Wastewater. Adsorption 3: 93–98
Salden A, Eigenberger G (1999) Multifunktionales Adsorber/Reaktor-Konzept zur Abluftreinigung. Chemie Ingenieur Technik 71 (9): 982–983
Sattler K (1995) Thermische Trennverfahren : Grundlagen, Auslegung, Apparate, 2. Auflage. VCH, Weinheim [u.a.]
Schaaf R (1984) Adsorberpolymere – selektive und regenerierbare Adsorbenzien für die Werkstoffrückgewinnung. Plaste und Kautschuk 31 (9): 326–329
Schröder H, Radeke KH (1995) Porenstrukturuntersuchungen von Adsorberpolymeren zum Einsatz in der Abwasserreinigung. Chemie Ingenieur Technik 67 (1): 93–96

Schulz T, Breithor A (1999) Neue Adsorptionsmittel und Prozesse in der Erdgasreinigung. (Vortrag im Rahmen des Seminars „Grundlagen der Adsorptionstechnik" im Haus der Technik in Essen am 1.–2.2.1999)

Seewald H. (1978) Technisch verfügbare Adsorbentien. Haus der Technik – Vortragsveröffentlichungen 404: 24–34

Seifert U, Guderian J, Wagner C (1998) Schadensanalytik und Sicherheitsempfehlungen zu Aktivkoks-Adsorbern für die Rauchgas-Endreinigung. VGB KraftwerksTechnik 2: 77–80

Shanley A (1997) Adsorbents keep their edge. Chemical Engineering 12: 61–64

Sievers W, Müller G (1995) Dynamische Simulation der Adsorption an polymeren Adsorbentien. Chemie Ingenieur Technik 67 (7): 897–901

Silica Verfahrenstechnik GmbH (1993) Adsorptionsmittel. Firmenschrift, Berlin

Silica Verfahrenstechnik GmbH (1994) Atmungsfilter – Breathers – Atmungstrockner. Firmenschrift, Berlin

Sommer C, Bürger H, Häusler KG, Popov G (1997) Charakterisierung von vernetzten Polymeren, 9. Die Angewandte Makromolekulare Chemie 246: 137–168

Sontheimer H, Frick BR, Fettig J, Hörner G, Hubele C, Zimmer G (1985) Adsorptionsverfahren zur Wasserreinigung, 1. Auflage. DVGW-Forschungsstelle am Engler-Bunte-Institut der Universität Karlsruhe (TH), Karlsruhe

Srivastava M, Singh H (1994) Carbon Molecular Sieves. Erdöl und Kohle –Erdgas – Petrochemie vereinigt mit Brennstoff-Chemie 47 (6): 242–245

Stieß M (1995) Mechanische Verfahrenstechnik 1, 2. Auflage. Springer, Berlin [u.a.]

Süd-Chemie AG (1996) TONSIL® – Hochaktive Bleicherden auf 4 Kontinenten weltweit präsent, Firmenschrift SC-0396-4 KD. München

Süd-Chemie AG (1999) Technische Informationen zu TONSIL® CO 616 G und TONSIL® Optimum 210 FF. München

Szostak R (1989) Molecular Sieves: Principles of Synthesis and Identification. Van Nostrand Reinhold, New York

Thomas WJ, Crittenden B (1998) Adsorption Technology and Design. Butterworth-Heinemann, Oxford

Toufar H (2000) Hochleistungsadsorbentien auf Zeolithbasis – Vom Labor zur Technik. (Vortrag im Rahmen des DECHEMA-Kolloquiums „Nanoporöse Materialien: Design – Struktur – Anwendung" in Frankfurt/Main am 26.10.2000)

Ulbig P (1999) Grundlagen der Adsorption. Begleitende Vorlesungsunterlagen an der Universität Dortmund

Vartapetyan RS, Voloshchuk AM, Pethukova GA, Radeke KH (1995) Die Anwendung von Aktivkohlen zur Wasser- und Luftreinigung. In: Fachhochschule für Technik und Wirtschaft Berlin (Hrsg.) Adsorptionsverfahren für die Stofftrennung und im Umweltschutz. fhtw-transfer, Berlin, S 100–108

VDI-Richtlinie 3674 (1998) Abgasreinigung durch Adsorption, Prozeßgas- und Abgasreinigung. VDI Verlag, Düsseldorf

Wagner C, Stein J, Seifert, U, Guderian J, Kümmel R (1997) Modellgestützte Sicherheitsbetrachtungen zu Aktivkoksadsorbern für die Rauchgasendreinigung in thermischen Abfallbehandlungsanlagen. Schlußbericht des VGB-Forschungsprojektes 144, VGB-TW 213, VGB-Kraftwerkstechnik GmbH, Essen

Yon CM, Gautam R (1992) Molecular Sieves for Emissions Control. Technisches Informationsblatt M-1268A der Firma UOP, USA für AIChE 1992 Annual Meeting

3 Grundlagen der Adsorption

Wie bei allen thermischen Trennverfahren ist die Triebkraft für die Adsorption ein von außen aufgeprägtes Ungleichgewicht. Das System versucht, im Laufe des Prozesses ausgehend von diesem Ungleichgewicht einen neuen Gleichgewichtszustand zu erreichen. Während die Lage dieses Gleichgewichtszustandes durch die Thermodynamik beschrieben wird, ist die Geschwindigkeit, mit der das neue Gleichgewicht angestrebt wird, durch die Kinetik bestimmt.

Die folgenden Abschnitte behandeln die Grundlagen beider Fachgebiete. Da der Fokus des Buches auf den technischen Aspekten der Adsorption liegt, handelt es sich um eine knappe Darstellung des notwendigen Basiswissens. Wer sich vertieft mit den Problemstellungen und Lösungskonzepten der Adsorptions-Thermodynamik auseinandersetzen will, dem seien die Darstellungen von v.Gemmingen et al. 1996, Ulbig 1999 sowie Valenzuela u. Myers 1989 empfohlen. Im Bereich der Kinetik ist die umfassendste Dokumentation des Wissens das Buch von Kärger u. Ruthven 1992.

3.1 Thermodynamik der Adsorption

Im Gegensatz zur traditionellen Trennung der Adsorptions-Thermodynamik in Flüssigphasen- und Gasphasenprozesse, die die Unterschiede zwischen beiden Varianten betont, soll im Folgenden eine einheitliche Sichtweise verfolgt werden, die die Gemeinsamkeiten hervorhebt. Dies erscheint gerechtfertigt, da in beiden Bereichen ähnliche Modellvorstellungen und (teilweise) identische Gleichungen verwendet werden. Nach einer knappen Darstellung der Spezifika der beiden Phasen (Abschn. 3.1.1 und 3.1.2) werden daher die Modelle und Berechnungsgleichungen gemeinsam diskutiert (Abschn. 3.1.3).

Auf eine detaillierte Diskussion der Messverfahren und der entsprechenden Messtechnik wird verzichtet. Für die hierzu notwendigen Informationen sei auf die Spezialliteratur (Bernadin 1985; Dreisbach et al. 1998, 2001; Eiden 1989; Hirsch u. Arlt 1998; Keller 1999; Keller et al. 1992; Quesel 1994; Quesel u. Kast 1998; Rave et al. 1998; Staudt 1994; Staudt et al. 1998) verwiesen.

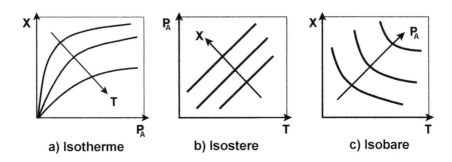

a) Isotherme b) Isostere c) Isobare

Abb. 3.1. Darstellung des thermodynamischen Gleichgewichts bei der Adsorption (Steinweg 1996)

Die Beschreibung des thermodynamischen Gleichgewichts kann prinzipiell auf drei Arten erfolgen, wie Abb. 3.1 zeigt (Steinweg 1996):

1. Über *Adsorptionsisothermen*, d.h. die Beziehung zwischen adsorbiertem Volumen (=Beladung des Adsorbens) und Partialdruck des Adsorptivs in der Gasphase/der Konzentration des Adsorptivs in der flüssigen Phase (s. Abb. 3.1.a).
2. Über *Adsorptionsisosteren*, d.h. die Auftragung des Drucks in Abhängigkeit der Temperatur bei einem konstanten adsorbierten Volumen (s. Abb. 3.1.b). Diese Kurven erlauben u.a. eine Bestimmung der Adsorptionsenthalpien (Abschn. 3.1.5)
3. Über *Adsorptionsisobaren*, d.h. die Beziehung zwischen dem adsorbierten Volumen und der Temperatur bei konstantem Druck (s. Abb. 3.1.c).

Die übliche Formulierung (insbesondere in der flüssigen Phase), die auch im vorliegenden Buch verwendet wird, erfolgt über Adsorptionsisothermen. Um die Einheitlichkeit der Darstellung zu gewährleisten, wird das Gleichgewicht wie folgt beschrieben:

- In der Gasphase ist die Isotherme die Darstellung der Adsorbensbeladung X_{Gl} [kg(Adsorpt)/kg(Adsorbens)] über dem Partialdruck des Adsorptivs in der Gasphase p_A [bar]. Die Beladung X_{Gl} umfasst ausschließlich die adsorbierten Moleküle. Die in der Gasphase in den Poren des Adsorbens gelösten Adsorptiv-Moleküle werden vernachlässigt.
- In der Flüssigphase ist die Isotherme die Funktion der Adsorbensbeladung q_{Gl} [kg(Adsorpt)/kg(Adsorbens)] in Abhängigkeit der Konzentration des Adsorptivs in der Flüssigphase c_A [g(Adsorptiv)/m³(Flüssigkeit)]. Die Beladung q_{Gl} umfasst sowohl die adsorbierte Adsorptivmenge als auch die in der Porenflüssigkeit gelösten Adsorptivmoleküle (s. Gl. 3.1). Dies ist wichtig, da gelegentlich in Veröffentlichungen über Flüssigphasen-Isothermen die Beladung X_{Gl}, d.h. ohne die Porenflüssigkeit, verwendet wird.

Bei der Verwendung alternativer Darstellungen (z.B. Gasphasenkonzentrationen in [g/m³] oder Beladungen in [mol(Adsorpt)/kg(Adsorbens)]) sind die Parameter der Isothermengleichungen auf die entsprechenden Einheiten umzurechnen. In der Flüssigphase muss deutlich sein, auf welche Masse sich die Beladung bezieht. Im Folgenden sind die Formeln für den Fall angegeben, dass sich die Beladung auf die trockene Adsorbensmasse bezieht.
Somit gilt für die Beladungen in der Flüssigphase folgender Zusammenhang:

$$q_{Gl}(T) = \frac{\varepsilon_P}{\rho_P} \cdot c_A + (1 - \varepsilon_P) \cdot X_{Gl}(T) \qquad (3.1)$$

3.1.1 Thermodynamik der Gasphasen-Adsorption

Das allgemein angewandte theoretische Konzept zur thermodynamischen Beschreibung des Gasphasen-Gleichgewichts wurde von Gibbs bereits 1876 entwickelt. Dieses Konzept leitet in vier Stufen eine allgemeingültige theoretische Adsorptionsisotherme her, die als Gibbs'sche Adsorptionsisotherme bezeichnet wird:
In der ersten Stufe geht Gibbs von folgenden Annahmen aus:
1. Es herrscht thermisches, mechanisches und chemisches Gleichgewicht zwischen den beteiligten Phasen.
2. Das Adsorbens ist thermodynamisch inert; d.h. es verändert sich durch den Adsorptionsvorgang nicht.
3. Die Oberfläche und die Struktur des Adsorbens hängen nicht vom Druck oder der Temperatur ab.
4. Die benetzte Oberfläche hängt nicht von der Art des adsorbierten Moleküls ab.

Aufbauend auf diesen Annahmen reduziert Gibbs das 3-Phasensystem Adsorbens-Adsorbat-fluide Phase thermodynamisch auf das 2-Phasen-System Adsorpt-fluide Phase. Diese Vernachlässigung des Volumens der adsorbierten Phase ermöglicht einerseits eine Analogie zur Thermodynamik von Flüssig-Dampf-Gemischen, hat aber andererseits den Nachteil, dass die Porenstruktur des Adsorbens nicht ausreichend berücksichtigt werden kann (Markmann 1999).
Letztlich kann man die Adsorption somit als Reduzierung der Oberflächenspannung an der benetzten Adsorbensfläche betrachten. Führt man als Ergänzung zu den „klassischen" intensiven thermodynamischen Zustandsgrößen

- Druck p,
- Temperatur T und
- chemisches Potential µ

den Spreitungsdruck π, d.h. die Differenz zwischen den Oberflächenspannungen im adsorbierten und nicht adsorbierten Zustand ($\pi = \sigma_{nicht-adsorbiert} - \sigma_{adsorbiert}$), ein und ergänzt die entsprechenden spezifischen extensiven Zustandsgrößen

- Volumen v,
- Entropie s und
- Stoffmenge n

um die benetzte spezifische Oberfläche a, kann man folgende Gleichung für die spezifische freie Enthalpie der Adsorpt-Phase (Index Ads) aufstellen:

$$dg_{Ads} = a_{Ads} \cdot d\pi - s_{Ads} \cdot dT + n_{Ads} \cdot d\mu \tag{3.2}$$

Für die fluide Phase (hier Gasphase Index G) gilt die „klassische" Gleichung für die freie Enthalpie:

$$dg_G = v_G \cdot dp - s_G \cdot dT + n_G \cdot d\mu \tag{3.3}$$

Im thermodynamischen Gleichgewicht muss die spezifische freie Enthalpie der fluiden Phase derjenigen der Adsorpt-Phase entsprechen; d.h. es gilt:

$$dg_{Ads} = dg_G \tag{3.4}$$

Setzt man die Gln. 3.2 und 3.3 in Gl. 3.4 ein, folgt direkt unter den oben genannten Annahmen:

$$a_{Ads} \cdot d\pi = v_G \cdot dp \tag{3.5}$$

Diese Gleichung wird als Gibbs'sche Isotherme bezeichnet. In der Literatur zur Gasphasenadsorption wird häufig eine modifizierte Form angegeben. Unter der Annahme, dass für die Gasphase das allgemeine Gasgesetz gilt, wird folgende integrale Gleichung verwendet:

$$a \cdot \pi = R \cdot T \cdot \int_0^p n \cdot d\ln p \tag{3.6}$$

Diese Gleichung dient insbesondere bei der Herleitung von Mehrkomponenten-Isothermen als Ausgangsbasis für verschiedene Modelle.

In der Praxis wird häufig eine rein phänomenologische Klassifizierung der Isothermenformen in fünf Standardtypen verwendet. Abb. 3.2 zeigt diese Klassifizierung nach Brunauer, Emmet und Teller, die auch als BET-Klassifizierung bezeichnet wird (Brunauer et al. 1949). Diese Einteilung ist von der IUPAC (International Union of Pure and Applied Chemistry) um eine 6. Isothermenform, die die stufenweise Adsorption an nicht-porösen Feststoffen repräsentiert, erweitert worden.

Isothermen des Typs I erreichen nach einem zunächst annähernd linearen Anstieg mit zunehmender Adsorptiv-Konzentration in der Gasphase einen Plateauwert, der als Maximalbeladung gedeutet werden kann. Eine solche Form kann mathematisch durch eine Langmuir-Gleichung (Abschn. 3.1.3) beschrieben werden.

Beim Typ II setzt nach Erreichen eines Zwischenplateaus und Überschreitung einer kritischen Gasphasenkonzentration mehrschichtige Adsorption, die bei weiterer Steigerung der Konzentration in Kondensation übergeht, ein. Eine mathematische Formulierung dieses Isothermen-Typs erlaubt z.B. die BET-Gleichung (Abschn. 3.1.3).

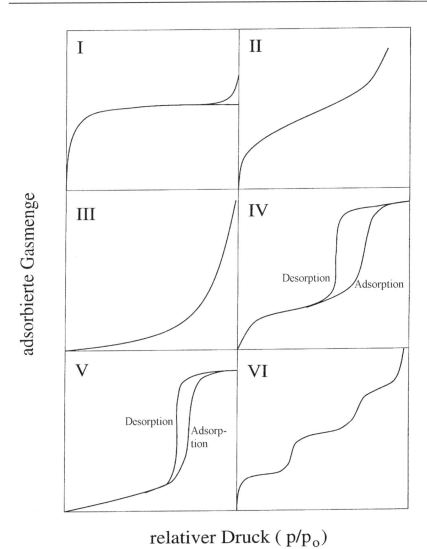

Abb. 3.2. Klassifizierung der Isothermentypen (Ulbig 1999)

Einen potential-funktionalen Zusammenhang zwischen Adsorbens-Beladung und Adsorptiv-Konzentration zeigen Isothermen des Typs III. Hier bietet sich eine mathematische Beschreibung über eine Freundlich-Gleichung (Abschn. 3.1.3) an.

Typ-IV-Isothermen folgen einem wellenförmigen Verlauf mit Zwischenplateau. Sie treten u.a. bei Wasserdampf-Silicagel-Systemen auf (Kast 1988). Mathematisch lassen sie sich auf mehreren Wegen beschreiben, eine Möglichkeit stellt die BET-Gleichung (Abschn. 3.1.3) dar.

Die s-förmige Isothermenform wird als Typ V bezeichnet. Sie stellt eine Kombination von Isothermen des Typs III (Freundlich) und I (Langmuir) dar. Beobachtet wurde sie z.B. bei dem System Wasserdampf-Aktivkohle (Kast 1988; Huggahalli u. Fair 1996).

Die Hysterese zwischen Ad- und Desorption bei den Isothermen der Typen IV und V resultiert aus der Kapillarkondensation (s. Abschn. 3.1.4).

Aus dieser Klassifizierung wurde eine Einteilung der Isothermen in günstige und ungünstige Formen abgeleitet. So werden Typ-I-Isothermen häufig als günstige Isothermen bezeichnet, da bereits bei geringen Gasphasenkonzentrationen hohe Adsorbens-Beladungen auftreten. Bei einer ganzheitlichen Betrachtung der Adsorption ist diese Aussage aber wertlos, da Isothermen des Typs I zwar für die Adsorption günstig sind, für die Desorption aber ungünstig, weil für eine signifikante Reduzierung der Beladung sehr kleine Gasphasenkonzentrationen eingestellt werden müssen. Aus diesem Grund werden im folgenden die Begriffe „günstig" und „ungünstig" nicht verwendet. Stattdessen werden die mathematischen Gleichungen bzw. physikalischen Gesetzmäßigkeiten zur Charakterisierung der Isothermen-Typen genutzt.

3.1.2 Thermodynamik der Flüssigphasen-Adsorption

Die Flüssigphasenadsorption unterscheidet sich von der Gasphasenadsorption neben den bereits in Kap. 1 diskutierten Unterschieden vor allem in dem Übergang von der Adsorbat- zur fluiden Phase. Während es sich in der Gasphase um eine klare Phasengrenze zwischen der adsorbierten/kondensierten (quasi-flüssigen) Phase und der Gasphase handelt, ist dieser Übergang bei der Flüssigphasenadsorption kontinuierlich (Abb. 3.3).

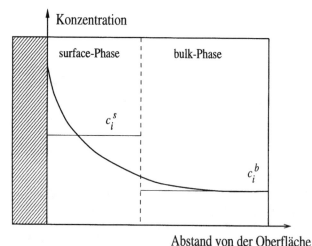

Abb. 3.3. Definition der Gibbs'schen Phasengrenze (Ulbig 1999)

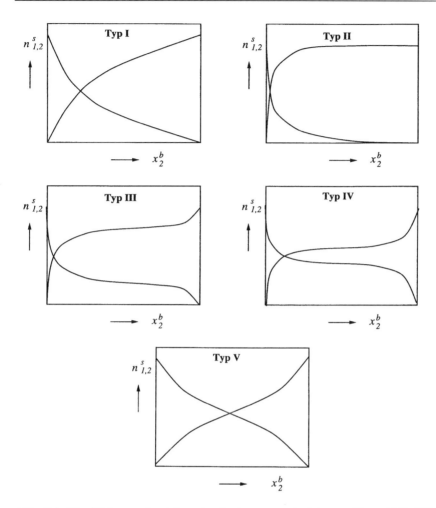

Abb. 3.4. Klassifizierung der Adsorptionsisothermen nach Schay u. Nagy 1961 (Ulbig 1999) $n^s_{1,2}$ Stoffmenge der Komponente 1,2 in der surface-Phase bezogen auf die Adsorbensmasse; x^b_2 Molanteil der Komponente 1,2 in der bulk-Phase

Dies führt zusammen mit dem Problem, dass die Konzentration im Adsorbat nicht direkt messbar ist, zu Schwierigkeiten bei der thermodynamischen Beschreibung des Adsorptionsprozesses. Um diese Schwierigkeit zu umgehen, definieren Gibbs und Verschaffelt eine (imaginäre) Grenzfläche, die das System analog zur Gasphase in eine Adsorbat- und eine fluide bulk-Phase teilt (Abb. 3.3).

Somit ist eine analoge Behandlung der Thermodynamik von Gas- und Flüssigphasenadsorption möglich; konsequenterweise werden die in den folgenden Abschnitten dokumentierten Gleichungen (leicht modifiziert) in beiden Anwendungsgebieten zur mathematischen Beschreibung der Thermodynamik genutzt.

Dabei ist zu beachten, dass die Flüssigphasenadsorption immer einen Mehrkomponentenprozess darstellt. Die Adsorption ist der Austausch eines an dem Adsorbens anliegenden Lösungsmittelmoleküls durch ein Adsorptiv-Molekül. Demzufolge handelt es sich in der Flüssigphase um einen Verdrängungsprozess, während man in der Gasphase von einer Absättigung von freien Adsorptionsplätzen sprechen kann.

Analog zu Brunauer, Emmet und Teller in der Gasphase entwickelten Schay u. Nagy 1961 eine Klassifizierung von Adsorptionsisothermen für die Flüssigphase, die in Abb. 3.4 dargestellt ist. Dabei ist zu beachten, dass es sich hier um individuelle Adsorptions-Isothermen, d.h. die Auftragung der adsorbierten spezifischen Stoffmenge als Funktion ihres Molanteils in der flüssigen bulk-Phase, handelt.

3.1.3 Einkomponenten-Isothermen

Den einfachsten Fall der Adsorption stellen Einkomponentenprozesse dar. In der industriellen Praxis tritt dieser Fall nur selten auf, in der Regel hat man es mit Mehrkomponentenprozessen zu tun. Häufig kann man jedoch davon ausgehen, dass sich bestimmte Komponenten inert verhalten (d.h. nicht adsorbiert werden) oder dass das Problem durch Definition einer Leitkomponente, die die ungünstigen (oder ähnlichen) Eigenschaften der anderen Komponenten bündelt, reduziert werden kann.

Im Folgenden werden die gebräuchlichsten Einkomponenten-Isothermen diskutiert.

Henry-Gleichung

Die strukturell einfachste Isothermengleichung ist die einparametrige Henry-Gleichung, die den gleichnamigen Beziehungen, wie sie z.B. aus der Absorption oder Extraktion bekannt sind, entspricht.

Unter den Annahmen, dass

- alle Adsorptionsplätze energetisch gleichwertig sind,
- alle Adsorptionsplätze besetzt werden können und
- keine Wechselwirkungen zwischen den Adsorpt-Molekülen auftreten

kann ein linearer Zusammenhang für das Gleichgewicht zwischen Adsorptiv-Partialdruck und der Beladung des Adsorbens formuliert werden:

$$X_{Gl}(T) = k_H(T) \cdot p_A \qquad (3.7)$$

Für die Flüssigphase lautet die entsprechende Gleichung:

$$q_{Gl}(T) = k_H^*(T) \cdot c_A \qquad (3.8)$$

Der Proportionalitätsfaktor $k_H(T)$ wird Henry-Konstante genannt. Ein typisches Henry-Isothermenfeld zeigt Abb. 3.5.

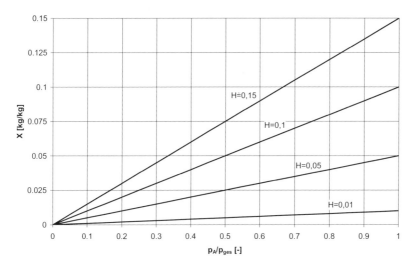

Abb. 3.5. Henry-Isothermen mit typischen Henry-Koeffizienten

Diese Isothermengleichung ist thermodynamisch nicht ableitbar (d.h. nicht aus z.B. der Gibbs'schen Isothermengleichung zu entwickeln) und daher im wissenschaftlichen Sinne mit Vorsicht zu betrachten. Da jedoch insbesondere in kleinen Konzentrationsbereichen eine lineare Regression der gemessenen Gleichgewichtsdaten ausreichend genau und eine 1-Parameter-Anpassung problemlos zu bewerkstelligen ist, wird sie trotz dieses Mangels sehr häufig verwendet.

Eine umfassende Darstellung der Problematik der Anwendung von Henry-Isothermen findet sich in v.Gemmingen 1998 und v.Gemmingen 2001.

Langmuir-Gleichung

Die sogenannte Langmuir-Gleichung stellt eine Zwei-Parameter-Gleichung dar, die thermodynamisch hergeleitet werden kann (Langmuir 1918). Obwohl diese Herleitung von einer Gasphasen-Adsorption ausgeht, wird die Gleichung auch in der Flüssigphase eingesetzt. Unter den Annahmen, dass:

- alle Adsorptionsplätze energetisch gleichwertig sind,
- alle Adsorptionsplätze besetzt werden können,
- keine Wechselwirkungen zwischen den Adsorpt-Molekülen auftreten,
- die fluide Phase dem idealen Gasgesetz gehorcht und
- eine monomolekulare Bedeckung der Adsorbensoberfläche stattfindet (d.h. es findet keine Kapillarkondensation statt)

gilt für ein dynamisches Gleichgewicht, dass die Adsorptions- und die Desorptionsgeschwindigkeit gleich sein müssen:

$$\dot{X}_{Adsorption} = \dot{X}_{Desorption} \qquad (3.9)$$

Die Adsorptionsgeschwindigkeit ist proportional zum Adsorptiv-Partialdruck in der fluiden Phase p_A und zum freien nicht besetzten Anteil der Adsorbensoberfläche $(1-\theta)$. Die Desorptionsgeschwindigkeit ist proportional zum belegten Oberflächenanteil θ und zur Anzahl der Adsorptiv-Moleküle, die bei einem (hypothetischen) Partialdruck des Adsorptivs in der Adsorpt-Phase p_{Ads} die Adsorptionsenthalpie Δh_{Ads} (statistisch betrachtet) aufbringen können. Die Proportionalitätskonstanten sind die jeweiligen Geschwindigkeitskonstanten k_1 und k_2. Somit folgt für Gl. 3.9 unmittelbar:

$$k_1 \cdot (1-\theta) \cdot p_{Ads} = k_2 \cdot \theta \cdot p_{Ads} \cdot \exp\left(\frac{-\Delta h_{Ads}}{R \cdot T}\right) \quad (3.10)$$

bzw. aufgelöst nach dem belegten Oberflächenanteil θ:

$$\theta = \frac{\dfrac{k_1}{k_2 \cdot p_{Ads} \cdot exp[-\Delta h_{Ads}/(R \cdot T)]} \cdot p_A}{1 + \dfrac{k_1}{k_2 \cdot p_{Ads} \cdot exp[-\Delta h_{Ads}/(R \cdot T)]} \cdot p_A} \quad (3.11)$$

Betrachtet man den belegten Oberflächenanteil θ als Verhältnis der realen Beladung des Adsorbens zur (theoretisch erreichbaren) maximalen monomolekularen Beladung, d.h.:

$$\theta(T) = \frac{X(T)}{X_{mon}(T)} \quad (3.12)$$

und fasst man die Vorfaktoren zu einer Konstanten b(T) zusammen, vereinfacht sich Gleichung 3.11 zur „klassischen" Langmuir-Gleichung (Langmuir 1918):

$$X_{Gl}(T) = X_{mon}(T) \cdot \frac{b(T) \cdot p_A}{1 + b(T) \cdot p_A} \quad (3.13)$$

mit den beiden Parametern $X_{mon}(T)$ und b(T).

Diese Herleitung ist streng thermodynamisch nicht korrekt, da aus der Temperaturabhängigkeit der Sättigungsbeladung $X_{mon}(T)$ nach van't Hoff eine beladungsabhängige Adsorptionsenthalpie folgt. Dies widerspricht der Annahme einer energetisch homogenen Oberfläche bei monomolekularer Bedeckung. Zur vertieften Diskussion dieser Problematik sei die Lektüre von v.Gemmingen et al. 1996 empfohlen. Die „fehlerhafte" Formulierung ist hier aber bewusst gewählt worden, da in der Praxis sehr häufig mit einer temperaturabhängigen Sättigungsbeladung gearbeitet wird.

Für die flüssige Phase lautet die analoge Gleichung:

$$q_{Gl}(T) = q^*_{mon}(T) \cdot \frac{b^*(T) \cdot c_A}{1 + b^*(T) \cdot c_A} \quad (3.14)$$

Abb. 3.6 zeigt ein typisches Beispiel für ein Isothermenfeld des Langmuir-Typs.

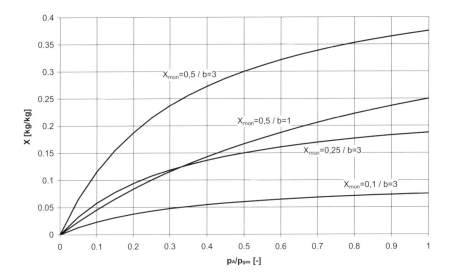

Abb. 3.6. Langmuir-Isothermen mit typischen Parametern

In der Praxis findet man diesen Isothermen-Typ sehr häufig. In der Literatur ist eine Vielzahl von Langmuir-Systemen dokumentiert; beispielhaft seien Olivier et al. 1996 (Propan und Propadien an Aktivkohle) und Scholl 1991 (Tetrachlorkohlenstoff an Aktivkohle) in der Gasphase und Mijangos u. Navarro 1995 (Phenol aus wässriger Lösung an makroporösen Adsorberpolymeren) und Wang u. Chang 1999 (Phenol aus wässriger Lösung an Aktivkohle) in der Flüssigphase genannt.

Bei der Anpassung der Gleichung an die Messwerte wird im Regelfall keine Rücksicht auf die thermodynamische Herleitung genommen, sondern der einfachste Weg beschritten (Sontheimer et al. 1985):

1. Der Endwert der Messwerte (bei hohen Konzentrationen) wird als „quasi-monomolekulare Beladung" X_{mon} eingesetzt.
2. Durch die ersten Messwerte und den Ursprung des Koordinatensystems wird eine Ausgleichsgerade gelegt. Dividiert man die Steigung dieser Geraden durch den Wert der nach (1.) bestimmten „quasi-monomolekularen Beladung" X_{mon}, erhält man den Wert für den zweiten Parameter b.

Diese Vorgehensweise folgt der mathematischen Analyse der Langmuir-Gleichung, die für kleine Werte des Adsorptiv-Partialdrucks p_A bzw. der Adsorptivkonzentration c_A in die Henry-Gleichung übergeht, während sie sich bei hohen Konzentrationen dem konstanten Wert X_{mon}/q_{mon} asymptotisch nähert.

Messwerte werden häufig mittels regressiver Methoden an Langmuir-Gleichungen angepasst; einen vergleichenden Überblick geben Schulthess u. Dey 1996.

BET-Gleichung

Wie im vorangegangenen Abschnitt gezeigt, beruht die Langmuir-Isotherme auf der Vorstellung, dass eine monomolekulare Bedeckung des Adsorbens stattfindet. Ausschließlich für Gasphasenprozesse erweiterten Brunauer, Emmet u. Teller 1938 sowie Brunauer 1943 dieses Modell durch die Annahme, dass die Adsorptionsenthalpie Δh_{Ads} aus zwei additiven Beiträgen besteht, der Bindungsenthalpie Δh_B und der Verdampfungsenthalpie Δh_V:

$$\Delta h_{Ads} = \Delta h_B + \Delta h_V \tag{3.15}$$

Nimmt man nun an, dass die erste Schicht an Adsorpt-Molekülen adsorbiert wird, d.h. die komplette Adsorptionsenthalpie Δh_{Ads} frei wird, während die weiteren Schichten (nur noch) kondensieren, d.h. die Verdampfungsenthalpie Δh_V freisetzen, gelangt man zu folgender Gleichung:

$$\frac{X_{Gl}(T)}{X_{mon}(T)} = \frac{b(T)\cdot\left(\dfrac{p_A}{p_{ges}}\right)}{1-\left(\dfrac{p_A}{p_{ges}}\right)} \cdot \frac{1-(N+1)\cdot\left(\dfrac{p_A}{p_{ges}}\right)^N + N\cdot\left(\dfrac{p_A}{p_{ges}}\right)^{N+1}}{1+(b(T)-1)\cdot\left(\dfrac{p_A}{p_{ges}}\right)-b(T)\cdot\left(\dfrac{p_A}{p_{ges}}\right)^{N+1}} \tag{3.16}$$

Um die Dimensionen des Faktors b(T) korrekt definieren zu können, ist es hierbei notwendig, auf die dimensionslose Darstellung des Drucks als relativen Partialdruck überzugehen.

Wie man nachweisen kann, geht Gl. 3.16 für N=1 in die Langmuir-Isotherme über. Interessanter ist die Grenzwertbetrachtung für N→∞, da sie dann in die BET-Isotherme übergeht:

$$X_{Gl}(T) = X_{mon}(T) \cdot \frac{\dfrac{p_A}{p_{ges}}}{1-\dfrac{p_A}{p_{ges}}} \cdot \frac{b(T)}{1+(b(T)-1)\cdot\dfrac{p_A}{p_{ges}}} \tag{3.17}$$

Diese Isotherme ermöglicht die Anpassung einer Vielzahl von Messwerten, kann jedoch den Vorgang der Kapillarkondensation (Abschn. 3.1.4) nicht vollständig beschreiben. Hierzu benötigt man die erweiterte Form mit einem zusätzlichen freien Parameter (Kast 1988).

BET-Isothermen in der klassischen Formulierung nach Gl. 3.16 sind in Abb. 3.7 dargestellt.

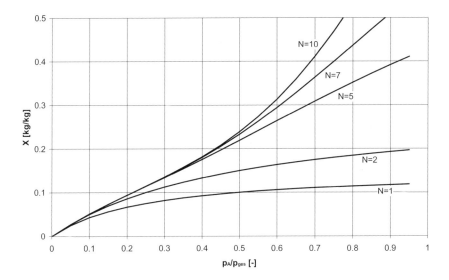

Abb. 3.7. BET-Isothermen mit den Parametern $X_{mon} = 0{,}15$ kg/kg und $b = 4$

Freundlich-Isotherme

Eine ebenso häufig wie die Langmuir-Gleichung anzutreffende Beziehung ist die Freundlich-Isotherme. Hierbei handelt es sich um eine empirische 2-Parameter-Gleichung, die keine thermodynamische Verankerung besitzt. In der üblichen Form lautet sie (Freundlich 1906; Sips 1948):

$$X_{Gl}(T) = k(T) \cdot p_A^{n(T)} \qquad (3.18)$$

bzw. für die flüssige Phase:

$$q_{Gl}(T) = k^*(T) \cdot c_A^{n^*(T)} \qquad (3.19)$$

Da der Exponent an die vorliegenden Messdaten angepasst werden muss, gibt es keine typische Form der Isothermen, sondern alle Potential-Funktionen werden unter dem Sammelbegriff „Freundlich-Isotherme" zusammengefasst. Abb. 3.8 zeigt ein Beispiel für ein entsprechendes Isothermenfeld.

In der mathematischen Analyse der Freundlich-Isothermen zeigt sich, dass sie für $n(T)=1$ in die Henry-Gleichung übergeht (s. mittlere Kurve in Abb. 3.8). Gleichzeitig kann man aus dieser Gleichung eine logarithmische Abhängigkeit zwischen der Adsorptionsenthalpie und der Beladung ableiten (Sontheimer et al. 1985; Kast 1988). In der industriellen Praxis wird die Freundlich-Isotherme häufig nur abschnittsweise verwendet, da sie für kleine Werte von c_A bzw. p_A nicht in die lineare Henry-Gleichung übergeht. Anwendungsbeispiele für Gasphasensysteme beschreibt Schadl 1986 (Wasser-Luft-Zeolith 5A) und für Flüssigphasensysteme Sontheimer et al. 1985 (p-Nitrophenol-Wasser-Aktivkohle).

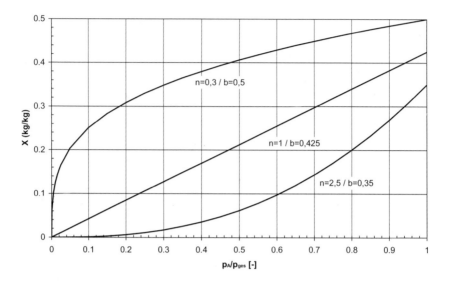

Abb. 3.8. Freundlich-Isothermenfeld mit den Parametern n(T) und b(T)

Alternative Isothermen-Gleichungen

Eine Kombination aus den Isothermen-Gleichungen von Freundlich und Langmuir bildete Toth, indem er die differentiellen Formen beider Gleichungen miteinander multiplizierte (Toth 1971). Die Lösung der resultierenden Differentialgleichung führt zu folgenden Beziehungen für die Gasphase:

$$X_{Gl}(T) = \frac{p_A^{A(T)}}{\left(1/K(T) + p_A^{B(T)}\right)^{\frac{A(T)}{B(T)}}} \quad (3.20)$$

bzw. Flüssigphase:

$$q_{Gl}(T) = \frac{c_A^{A^*(T)}}{\left(1/K^*(T) + c_A^{B^*(T)}\right)^{\frac{A^*(T)}{B^*(T)}}} \quad (3.21)$$

Abb. 3.9 zeigt ein entsprechendes Toth-Isothermenfeld mit verschiedenen Paramteren A, B und K.

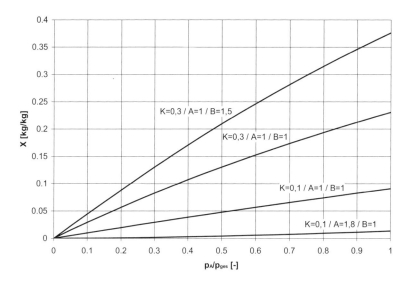

Abb. 3.9. Toth-Isothermenfeld mit den dimensionslosen Parametern A und B sowie K in [1/bar^B]

Die 3-Parameter-Gleichung der Toth-Isotherme geht für drei spezifische Parametersätze in bereits bekannte Gleichungen über. Im einzelnen handelt es sich um die Grenzfälle:

- für A=B=1 bzw. $A^*=B^*=1$ die Langmuir-Isotherme
- für A=B=1 und $p_A \ll 1/K$ bzw. $A^*=B^*=1$ und $c_A \ll 1/K^*$ die Henry-Isotherme
- für B=1 und $p_A \ll 1/K$ bzw. $B^*=1$ und $c_A \ll 1/K^*$ die Freundlich-Isotherme.

Anwendungsbeispiele für Gasphasenprozesse dokumentieren Sakuth et al. 1998 (Toluol-Zeolith DAY) und Sievers 1993 (CH_4, CO_2, CO, N_2 an Aktivkohle bzw. Zeolith 5A). Beispiele für Flüssigphasenprozesse, wo diese Gleichung selten benutzt wird, liefern Chatzopoulos et al. 1993 (Toluol-Wasser-Aktivkohle) und Sontheimer et al. 1985 (p-Nitrophenol-Wasser-Aktivkohle).

Eine andere Kombination von Langmuir und Freundlich-Gleichung entwickelte v.Gemmingen (v.Gemmingen et al. 1996). Durch eine Erweiterung des Exponenten um einen temperaturabhängigen Term erhielt er die GM-Gleichung

$$X_{Gl}(T) = X_{Mon}(T) \cdot \frac{b \cdot p_A^{1/[m+\varepsilon/(R \cdot T)]}}{1 + b \cdot p_A^{1/[m+\varepsilon/(R \cdot T)]}} \tag{3.22}$$

die für m = 1 und $\varepsilon = 0$ in die reine Langmuir- und für $\varepsilon = 0$ in die Langmuir-Freundlich-Isotherme übergeht.

Eine rein empirische Gasphasen-Isothermen-Gleichung, die gut zur Anpassung von Messwerten in engen Druckbereichen verwendet werden kann (Ulbig 1999), stellt die Temkin-Isotherme dar. Diese 2-Parameter-Gleichung folgt einem logarithmischen Zusammenhang zwischen Beladung und Gasphasenkonzentration:

$$X_{Gl}(T) = A(T) \cdot \ln[B(T) \cdot p_A] \quad (3.23)$$

Eine weitere häufig genutzte empirische Isothermengleichung wurde von Redlich u. Peterson entwickelt. Ihre 3-Parameter-Beziehung ähnelt formal der Langmuir-Gleichung:

$$X_{Gl}(T) = \frac{A(T) \cdot p_A}{1 + B(T) \cdot p_A^{n(T)}} \quad (3.24)$$

bietet aufgrund der erhöhten Anzahl an Parametern jedoch mehr Spielraum für eine Anpassung an Messdaten. Die analoge Flüssigphasen-Gleichung lautet:

$$q_{Gl}(T) = \frac{A^*(T) \cdot c_A}{1 + B^*(T) \cdot c_A^{n^*(T)}} \quad (3.25)$$

Abb. 3.10 zeigt die Variationsbreite dieses Gleichungstyps.

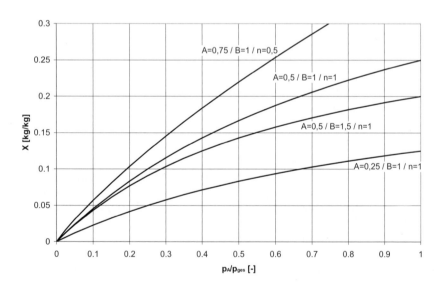

Abb. 3.10. Redlich-Peterson-Isothermenfeld mit den Parametern A [1/bar] und B [1/bar^n] sowie dem dimensionslosen Exponenten n

Neben den in den vorangegangenen Abschnitten beschriebenen Isothermen wurde eine Vielzahl von weiteren Gleichungen entwickelt. Beispielhaft seien die Konzepte von Frenkel-Hill-Halsey und Volmer sowie die diversen Modifikationen des Dubinin-Radushkevich-Ansatzes genannt, auf die an dieser Stelle nicht weiter eingegangen wird, da sie fast ausschließlich im Rahmen von Forschungsarbeiten verwendet werden. In der industriellen Praxis werden in erster Linie die in den vorangegangenen Abschnitten behandelten „klassischen" Isothermengleichungen verwendet.

3.1.4 Kapillarkondensation und Adsorptions-Desorptions-Hysterese

In der Gasphasenadsorption wird der Mechanismus der Adsorption häufig von einem Kondensationsprozess überlagert. Dieser als Kapillarkondensation bezeichnete Vorgang führt bei höheren Gasphasenkonzentrationen zu einem (fast) senkrechten Anstieg der Adsorptions-Isothermen (z.B. Typ-II-Isotherme). Ursache hierfür ist der sogenannte Kapillareffekt (Abb. 3.11).

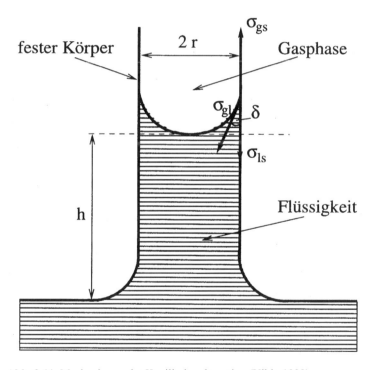

Abb. 3.11. Mechanismus der Kapillarkondensation (Ulbig 1999)

Durch die konkave Krümmung der Flüssigkeitsmenisken sinkt der Dampfdruck an der Grenzfläche, so dass Adsorptivmoleküle aus der Gasphase auskondensieren. Diese Dampfdruckabsenkung kann durch die Gleichung von Thompson Lord Kelvin quantifiziert werden (Crittenden 1998; Kast 1988; Thommes 1999):

$$ln\frac{p_A(r)}{p_{A0}} = \frac{2 \cdot \sigma_{gl} \cdot M_A}{R \cdot T \cdot \rho_A \cdot r} \qquad (3.26)$$

Wie man der Gleichung entnehmen kann, gewinnt dieser Effekt mit abnehmendem Porenradius r an Gewicht. Technisch bedeutsam wird er in Adsorbentien mit Porendurchmessern unter 100 nm und bei hohen Adsorptiv-Konzentrationen in der Gasphase (z.B. Adsorptionstrocknern, die mit sehr feuchter Luft beaufschlagt werden).

Eine Folge diese Effektes sind ausgeprägte Hysteresen zwischen adsorptiven und desorptiven Isothermen. Demzufolge treten diese Hysteresen im Bereich höherer Beladungen auf. Zwei typische Beispiele zeigt Abb. 3.12 (Degussa 1992).

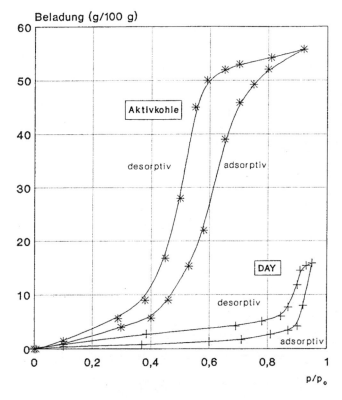

Abb. 3.12. Adsorptions-Desorptions-Hysterese bei einer Aktivkohle und einem dealuminierten Zeolith (DAY), die mit feuchter Luft beaufschlagt werden (DEGUSSA 1992)

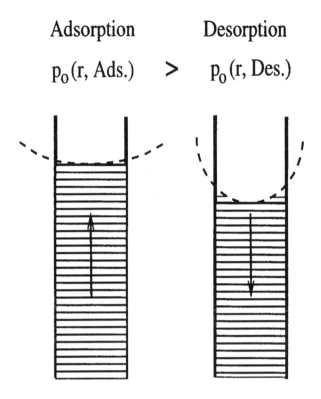

Abb. 3.13. Kapillarradien bei Adsorption und Desorption (Ulbig 1999)

Als Ursache für diesen Effekt werden zwei Gründe diskutiert:

- Zum einen treten bei der Desorption aufgrund der feuchten Wände der teilweise benetzten Poren kleinere Krümmungsradien im Vergleich zur Adsorption auf, wie Abb. 3.13 zeigt (Crittenden 1998; Ulbig 1999).
- Zum anderen ist ein Flaschenhals-Effekt zu beobachten. Bei stark verengten Zugangsporen spielen hinter diesen Poren gelegene große „Flaschenbäuche" für den Stoffaustausch und das thermodynamische Gleichgewicht keine Rolle. Theorien dieses Typs werden in der Literatur als Netzwerktheorien bezeichnet (Crittenden 1998; Kast 1988; Thommes 1999).

3.1.5 Beispiel für ein reales Einkomponenten-System

Um die Schwierigkeiten bei der praktischen Bestimmung einer Isothermengleichung zu zeigen, soll die Vorgehensweise am Beispiel eines realen Einkomponenten-Systems verdeutlicht werden. Die vollständige und detaillierte Dokumentation findet sich in Bathen et al. 1997 und Bathen 1998.

Basis sind Messungen und Daten des Adsorbens-Herstellers (Otten 1992) für das Stoffsystem Ethanol(Adsorptiv)-Zeolith DAY(Adsorbens)-Luft(Inertes Trägergas), die in Abb. 3.14 dargestellt sind.

Erkennbar ist ein komplexes Isothermenfeld, aus dem folgender Zusammenhang zwischen den Messdaten extrahiert werden kann:

- Bei niedrigen Temperaturen (20 °C) handelt es sich um klassische Langmuir-Isothermen (Abschn. 3.1.3)
- Im mittleren Temperaturbereich (54 °C / 60 °C) zeigen sich s-förmige Isothermen, die der Klasse V zugeordnet werden können (Abschn. 3.1.1)
- Mit steigender Temperatur (73 °C / 82 °C) gehen die s-förmigen Isothermen in flache Henry-Geraden über (Abschn. 3.1.3).

Diese Analyse legt eine abschnittsweise Formulierung der Isothermen-Gleichungen nahe. Ziel ist es jedoch im Allgemeinen, das vermessene Isothermenfeld durch *eine* geschlossene Gleichung zu beschreiben, da die Verwendung von abschnittsweise definierten Funktionen beim Einsatz von kommerziellen Simulations-Programmen häufig zu unbefriedigenden Ergebnissen führt.

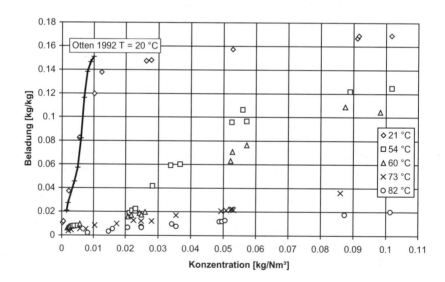

Abb. 3.14. Messdaten für das Isothermenfeld des Stoffsystems Ethanol-Luft-Zeolith DAY

Daher wurde auf der Basis eines Analogieschlusses zur Regelungstechnik eine empirische Gleichung entwickelt. Es handelt sich hierbei um einen Funktionstyp, der einem Verzögerungsglied 2. Ordnung entspricht (Bathen et al. 1997; Bathen 1998). Letztlich erhält man folgende Isothermengleichung:

$$X_{Gl}(T) = X_M(T) + \frac{X_M(T)}{b(T)-1} \cdot \exp\left(-\frac{c}{c^*}\right) + \frac{X_M(T) \cdot b(T)}{1-b(T)} \cdot \exp\left(\frac{c}{c^* \cdot b(T)}\right) \quad (3.27)$$

mit den empirisch zu bestimmenden Parametern c*, b(T) und $X_M(T)$.

Für Temperaturen zwischen 21 °C und 120 °C und Konzentrationen zwischen 0 g/m³ und 100 g/m³ bei einem Druck von 1,013 bar errechnet sich ein Isothermenfeld, das das geforderte Profil zeigt (Abb. 3.15). Zwischen 82 °C und 120 °C handelt es sich um extrapolierte Kurven. Der Fehler dieser Extrapolation ist aufgrund des engen Bereichs, in dem extrapoliert wurde (zwischen der 80 °C-Isotherme und der X-Achse), bei technischen Anwendungen tolerierbar.

Der Vergleich mit den Messwerten zeigt unter Berücksichtigung der Messgenauigkeit eine für die Prozesssimulation ausreichende Übereinstimmung mit der Isothermengleichung.

Wie dieses Beispiel zeigt, ist die Generierung eines Einkomponenten-Isothermenfeldes häufig mit erheblichen Schwierigkeiten verbunden. Eine Vorausberechnung ohne experimentelle Daten ist heutzutage (2001) noch nicht möglich; erste Ansätze hierzu z.B. über Gruppenbeitragsmodelle in der flüssigen Phase (Berti et al. 2000; Ulbig et al. 1996, 1998) oder kritische Daten und Hamacker-Konstanten in der Gasphase (Maurer u. Mersmann 1999; Maurer 2000) werden zurzeit in der Forschung diskutiert, sind aber noch nicht zur Industriereife gelangt. Datenbanken mit experimentellen Daten über Adsorptionsgleichgewichte existieren (Sander 2000; Sakuth et al. 1999; Valenzuela u. Myers 1989), sind aufgrund der Vielzahl der Adsorbens-Adsorptiv-Kombinationen noch nicht umfassend.

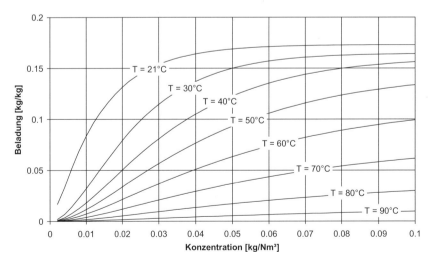

Abb. 3.15. Berechnetes Isothermenfeld (Bathen 1998)

3.1.6 Mehrkomponenten-Isothermen

Noch komplexer stellt sich die Problematik bei den industrie-relevanten Mehrkomponenten-Prozessen dar. Hier sind zwar eine Reihe von Modellen entwickelt worden, um entweder aus Reinstoffisothermen oder rein empirisch Mehrkomponenten-Isothermen zu berechnen, in praktischen Anwendungsfällen werden jedoch häufig die Grenzen der jeweiligen Modelle deutlich. Insbesondere die Beschreibung der Wechselwirkungen der adsorbierten Moleküle untereinander bereitet erhebliche Schwierigkeiten (v.Gemmingen et al. 1996).

Im Folgenden werden einige Modelle diskutiert; für eine vertiefte Auseinandersetzung sei die Spezialliteratur (Valenzuela u. Myers 1989; Reschke et al. 1990; Scholl u. Mersmann 1991; Sievers 1991; v.Gemmingen 1991; Scholl et al. 1992; v.Gemmingen et al. 1996; Maurer 1997; Sander et al. 1998; Sakuth et al. 1998; Ulbig 1999; Markmann 1999) empfohlen.

Erweiterungen von Einkomponenten-Isothermen

Eine Reihe von Modellen basiert auf den in den vorangegangenen Abschnitten diskutierten Einkomponenten-Gleichungen. Eine dieser Erweiterungen auf der Basis der klassischen Langmuir-Gleichung (Abschn. 3.1.3) für N Komponenten stellt die Multi-Langmuir-Gleichung dar (Markham u. Benton 1931):

$$X_i(T) = X_{\max,i}(T) \cdot \frac{b_i(T) \cdot p_i}{1 + \sum_{i=1}^{N}(b_i(T) \cdot p_i)} \qquad (3.28)$$

In der Flüssigphase lautet die analoge Beziehung:

$$q_i(T) = q_{\max,i}(T) \cdot \frac{b_i^*(T) \cdot c_i}{1 + \sum_{i=1}^{N}(b_i^*(T) \cdot c_i)} \qquad (3.29)$$

Thermodynamisch konsistent sind sie nur unter der Annahme, dass die Maximalbeladungen $X_{\max,i}(T)$ bzw. $q_{\max,i}(T)$ für alle N Komponenten gleich groß sind; in der Praxis wird diese Annahme jedoch häufig missachtet.

Aufbauend auf der in Abschn. 3.1.3 diskutierten Freundlich-Isothermen wurden zwei Mehrkomponenten-Modelle entwickelt:

- Multi-Freundlich I mit dem empirischen Konkurrenzfaktor a_{ij} (Rebhun 1983):

$$X_i(T) = k_i(T) \cdot p_i \cdot \left(\sum_{j=1}^{N} a_{ij}(T) \cdot p_j\right)^{n_i(T)-1} \qquad (3.30)$$

3.1 Thermodynamik der Adsorption

$$q_i(T) = k_i^*(T) \cdot c_i \cdot \left(\sum_{j=1}^{N} a_{ij}^*(T) \cdot c_j \right)^{n_i^*(T)-1} \quad (3.31)$$

- Multi-Freundlich II auf Basis der empirischen Gleichung von Fritz-Schlünder (Fritz u. Schlünder 1974) mit den Parametern k_i und n_i der Freundlich-Reinstoffisothermen und den experimentell zu ermittelnden Faktoren n_{ij}, a_{ij} und b_{ij} (hier für den binären Fall mit den beiden Komponenten i und j):

$$X_i(T) = \frac{k_i(T) \cdot p_i^{n_i(T)+n_{ij}(T)}}{p_i^{n_{ij}(T)} + a_{ij}(T) \cdot p_j^{b_{ij}(T)}} \quad (3.32)$$

$$q_i(T) = \frac{k_i^*(T) \cdot c_i^{n_i^*(T)+n_{ij}^*(T)}}{c_i^{n_{ij}^*(T)} + a_{ij}^*(T) \cdot c_j^{b_{ij}^*(T)}} \quad (3.33)$$

Ebenfalls recht häufig verwendet werden zwei Konzepte, die auf der Redlich-Peterson-Isotherme beruhen:

- Multi-Redlich-Peterson I wurde analog zur Multi-Freundlich-I-Isotherme aus der Fritz-Schlünder-Gleichung (Fritz u. Schlünder 1974) abgeleitet:

$$X_i(T) = \frac{k_{1i}(T) \cdot p_i}{1 + k_{2i}(T) \cdot p_i^{n_i(T)} + a_{ij}(T) \cdot p_j^{b_{ij}(T)}} \quad (3.34)$$

$$q_i(T) = \frac{k_{1i}^*(T) \cdot c_i}{1 + k_{2i}^*(T) \cdot c_i^{n_i^*(T)} + a_{ij}^*(T) \cdot c_j^{b_{ij}^*(T)}} \quad (3.35)$$

Die Parameter k_{1j}, k_{2j} und n_i stammen aus den Freundlich-Reinstoff-Isothermen, während es sich bei a_{ij} und b_{ij} um empirische Faktoren handelt.

- Multi-Redlich-Peterson II wurde aus der Kopplung einer Henry-Isotherme mit der Multi-Freundlich-II-Gleichung entwickelt (Reschke et al. 1990):

$$X_i(T) = \frac{k_{1i}(T) \cdot p_i}{1 + k_{2i}(T) \cdot p_i^{n_i(T)-b_{ii}(T)} \cdot (p_j^{b_{ii}(T)} + a_{ij}(T) \cdot p_j^{b_{ij}(T)})} \quad (3.36)$$

$$q_i(T) = \frac{k_{1i}^*(T) \cdot c_i}{1 + k_{2i}^*(T) \cdot c_i^{n_i^*(T)-b_{ii}^*(T)} \cdot (c_j^{b_{ii}^*(T)} + a_{ij}^*(T) \cdot c_j^{b_{ij}^*(T)})} \quad (3.37)$$

Die Parameter k_{1j}, k_{2j} und n_i entsprechen analog zu Redlich-Peterson I den Reinstoff-Isothermen-Parametern, während es sich bei a_{ij}, b_{ii} und b_{ij} wiederum um empirische Faktoren handelt.

Mehrkomponenten-Adsorptions-Modelle

Neben diesen Erweiterungen von Einkomponenten-Gleichungen wurden weitere Modelle entwickelt, die vertiefte Kenntnisse der Adsorptions-Thermodynamik erfordern. Hierzu zählen u.a. (Myers u. Ou 1983; Reschke et al. 1990; Sievers 1993; v.Gemmingen et al. 1996; Ulbig 1999; Markmann 1999):

- Multi-Dubinin-Astakhov
- Ideal Adsorbed Solution Theory (IAST)
- Simplified Competitive Adsorption (SCA)
- Real Adsorbed Solution Theory (RAST)
- Vacancy Solution Model (VSM)

Die meisten dieser Modelle haben ihre wesentliche Bedeutung im wissenschaftlichen Bereich und sollen daher an dieser Stelle nicht diskutiert werden.

Eine Sonderstellung nimmt die Ideal Adsorbed Solution Theory (IAST) ein, da sie die Basis weiterer Modelle bildet und industrielle Bedeutung erlangt hat. Auf eine thermodynamische Herleitung dieser Theorie soll hier verzichtet werden; sie kann u.a. in den Originalarbeiten von Myers u. Prausnitz 1965 für die Gasphase und Radke u. Prausnitz 1972 für die Flüssigphase nachgelesen werden.

Ziel dieser Methode ist es, auf der Basis der Reinstoffisothermen der einzelnen Komponenten (z.B. Langmuir, Freundlich, o.ä.) in der Form:

$$X_{i0} = f(p_{i0})$$
$$\text{bzw.} \quad q_{i0} = f(c_{i0}) \tag{3.38}$$

eine Mehrkomponenten-Isotherme zu berechnen (Im Folgenden werden Reinstoffparameter mit dem Index „0" bezeichnet).

Die Herleitung basiert auf folgenden Annahmen:

- die fluide und die adsorbierte Phase verhalten sich ideal (*ideal solution*),
- die adsorbierte Phase ist eine zweidimensionale Schicht, die im Gleichgewicht mit der fluiden Phase steht und
- der Grenzfläche A_{Grenz} (als extensiver Variable) ist der Spreitungsdruck π als intensive Variable zugeordnet (s. Abschn. 3.1.1).

Letztlich führen diese Annahmen zu einem Gleichungssystem, das in fünf Abschnitte strukturiert werden kann.

1. Der Spreitungsdruck bei der Adsorption des Gemisches entspricht dem Spreitungsdruck bei der Adsorption der Reinstoffe; d.h.:

$$\pi = \pi_1(p_{10}) = \pi_2(p_{20}) = \ldots = \pi_N(p_{N0})$$
$$\text{bzw.} \quad \pi = \pi_1(c_{10}) = \pi_2(c_{20}) = \ldots = \pi_N(c_{N0}) \tag{3.39}$$

Hieraus folgt ein dem Raoult'schen Gesetz ähnlicher Zusammenhang zwischen dem Partialdruck des Adsorptivs in der fluiden Phase bei der Gemisch- und der Reinstoff-Adsorption:

$$p_i(\pi) = p_{i0}(\pi) \cdot z_i$$
$$bzw. \quad c_i(\pi) = c_{i0}(\pi) \cdot z_i \tag{3.40}$$

2. Die notwendige Beziehung zwischen dem Spreitungsdruck und der Adsorbensbeladung für die Reinstoffadsorption liefert die in Abschn. 3.1.1 hergeleitete Gibbs'sche Adsorptionsisotherme:

$$\frac{\pi(p_{i0}) \cdot A_{Grenz}}{R \cdot T} = \int_0^{p_{i0}} \frac{X_{i0}}{p_{i0}} \cdot dp_{i0}$$

$$bzw. \quad \frac{\pi(c_{i0}) \cdot A_{Grenz}}{R \cdot T} = \int_0^{c_{i0}} \frac{q_{i0}}{c_{i0}} \cdot dc_{i0} \tag{3.41}$$

3. Die Summe der Stoffmengenanteile z_i muss definitionsgemäß eins ergeben:

$$\sum_{i=1}^{N} z_i = 1 \tag{3.42}$$

4. Die partiellen Beladungen müssen dem Produkt aus Stoffmengenanteil und Gesamtbeladung entsprechen:

$$X_i = z_i \cdot X_{ges}$$
$$bzw. \quad q_i = z_i \cdot q_{ges} \tag{3.43}$$

5. Für die Gesamtbeladung gilt:

$$X_{ges} = \left(\sum_{i=1}^{N} \frac{z_i}{X_{i0}} \right)^{-1}$$

$$bzw. \quad q_{ges} = \left(\sum_{i=1}^{N} \frac{z_i}{q_{i0}} \right)^{-1} \tag{3.44}$$

Mit den Gln. 3.38–3.44 steht somit ein Gleichungssystem zur Verfügung, das eine Vorausberechnung des Gemischverhaltens auf der Basis der Reinstoff-Isothermen ermöglicht. Die Lösung dieses Gleichungssystems muss im Allgemeinen iterativ erfolgen, wobei der Aufwand für die Berechnungen maßgeblich von der Komplexität der Reinstoff-Isothermen bestimmt wird. Verschiedene Autoren (u.a. Kast 1988; Kümmel u. Worch 1990; Sontheimer et al. 1985; Ulbig 1999) geben für Standardisothermen analytische Lösungen an.

3.1.7 Adsorptionsenthalpie

Neben den Isothermen und der Kinetik stellt die Adsorptionsenthalpie den dritten wesentlichen adsorptionsspezifischen Parameter für die Beschreibung von Adsorptionsprozessen dar. Insbesondere bei den stark nicht-isothermen Gasphasenprozessen ist die Kenntnis dieser Größe wichtig, um die Höhe der aus der Adsorption resultierenden Temperaturtönung erfassen zu können.

Wenn keine Adsorptionsdaten über einen Gasphasen-Prozess bekannt sind, kann folgende grobe Faustformel für eine erste Abschätzung verwendet werden (Ruthven 1984):

$$\Delta h_{Ads} \approx 1{,}5 - 2 \cdot \Delta h_V$$

v.Gemmingen et al. 1996 empfehlen abweichend einen etwas größeren Rahmen:

$$\Delta h_{Ads} \approx 1{,}2 - 3 \cdot \Delta h_V$$

Diese Abschätzung ist jedoch mit einiger Vorsicht zu verwenden, da die Verdampfungsenthalpie Δh_V nur Wechselwirkungen der Adsorptivmoleküle untereinander berücksichtigt; bei unterschiedlichen Adsorbentien kann die Adsorptionsenthalpie Δh_{Ads} des gleichen Adsorptivs jedoch erheblich schwanken (s. Abschn. 1.5.1).

Für die Flüssigphase geben Kümmel u. Worch 1990 als Größenordnung der Enhalpien Werte von 60–450 kJ/mol für Chemisorptionen und Werte <50kJ/mol für Physisorptionen an.

Eine Möglichkeit, die Adsorptionsenthalpie exakt zu bestimmen, ist die Analyse der Isothermen. Diese Methode wird sowohl in der Flüssig- als auch in der Gasphasenadsorption verwendet, obwohl sie ursprünglich nur für die Gasphasenadsorption über einen Ansatz, der der Clausius-Clapeyron-Gleichung bei Dampf-Flüssigkeits-Gleichgewichten ähnelt, hergeleitet wurde. Um das Verständnis für die Zusammenhänge zu vertiefen, soll diese Herleitung im Folgenden kurz skizziert werden:

Die Isotherme beschreibt das Gleichgewicht zwischen Gas- und Adsorbatphase, so dass für jeden Punkt auf einer Isotherme die freie Enthalpie $\Delta g = 0$ sein muss. Somit gilt:

$$d(\Delta g) = \Delta v \cdot dp - \Delta s \cdot dT = 0 \qquad (3.45)$$

Substituiert man die Entropie durch den Quotienten aus Adsorptions-Enthalpie und Temperatur

$$\Delta s = \frac{\Delta h_{Ads}}{T} \qquad (3.46)$$

und stellt Gl. 3.45 um, erhält man:

$$\frac{dp}{dT} = \frac{\Delta s}{\Delta v} = \frac{\Delta h_{Ads}}{T \cdot \Delta v} \qquad (3.47)$$

Geht man weiterhin von der Annahme aus, dass das Volumen der Adsorbatphase gegenüber dem Volumen der Gasphase vernachlässigbar ist, d.h.:

$$\Delta v = v_G - v_{Ads} \approx v_G \qquad (3.48)$$

und substituiert das Volumen der Gasphase nach dem idealen Gasgesetz, ergibt sich:

$$\frac{dp}{p} = \frac{\Delta h_{Ads} \cdot dT}{R \cdot T^2} \qquad (3.49)$$

bzw.:

$$\frac{d(\ln p)}{d(1/T)} = -\frac{\Delta h_{Ads}}{R} \qquad (3.50)$$

Für die Flüssigphase verwendet man die analoge Gleichung:

$$\frac{d(\ln c)}{d(1/T)} = -\frac{\Delta h_{Ads}}{R} \qquad (3.51)$$

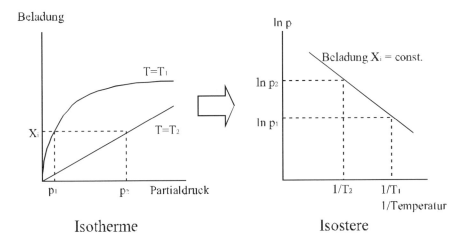

Abb. 3.16. Gewinnung von Isosteren aus Isothermen (Bathen 1998)

Gewinnt man aus den Isothermen gemäß der Anleitung in Abb. 3.16 die entsprechenden Isosteren (die hier eine Auftragung des logarithmierten Drucks über der inversen Temperatur darstellen), kann man auf der Basis von Gl. 3.50 aus der Geradensteigung dieser Isosteren direkt die Adsorptionsenthalpie bestimmen. Anwendungsbeispiele finden sich u.a. bei Bathen 1998 sowie Sievers 1993 in der Gasphase und Podlesnyuk et al. 1994 in der Flüssigphase.

In der Regel wird man keinen einheitlichen Wert für die Adsorptionsenthalpie erhalten, da diese von der Stärke der Wechselwirkungen zwischen Adsorbens und Adsorpt abhängt; sie ist sowohl für die Gas- (Abb. 3.17) als auch für die Flüssigphase (Abb. 3.18) stark beladungsabhängig.

Während in der Gasphase bei der Adsorption der ersten Moleküle der Maximalwert der Adsorptionsenthalpie freigesetzt wird, reduziert sich dieser Betrag mit fortschreitender Beladung. Ab einer bestimmten Schichtdicke geht die Adsorption in eine reine Kondensation über, so dass sich der Betrag der Adsorptionsenthalpie der Verdampfungsenthalpie annähert. Dieser Befund ist die Basis für die in Abschn. 3.1.3 beschriebene BET-Theorie. Aus dem Wendepunkt der Kurve in Abb. 3.17 kann die für die Langmuir-Isotherme (Abschn. 3.1.3) wichtige „monomolekulare Bedeckung" X_{mon} abgelesen werden.

Neben der Beladungsabhängigkeit kann in einigen technischen Prozessen auch die Temperaturabhängigkeit der Adsorptionsenthalpie eine gewisse Rolle spielen. Will man diese Einflüsse exakt aufschlüsseln, gelangt man zu einer Formulierung der Enthalpie über drei additive Anteile:

$$\Delta h_{Ads} = \Delta h_V + \Delta h_B + \Delta h_C \qquad (3.52)$$

Hierbei handelt es sich um:

- die Verdampfungsenthalpie Δh_V, die den Phasenwechsel Dampf-Flüssigkeit beschreibt,
- die Bindungsenthalpie $\Delta h_B(X)$, die die Beladungsabhängigkeit der Adsorption umfasst und
- die Konfigurationsenthalpie $\Delta h_C(T)$, die die Temperaturabhängigkeit der Adsorptionsenthalpie beschreibt.

Eine detaillierte Betrachtung dieser Zusammenhänge findet sich in v.Gemmingen et al. 1996.

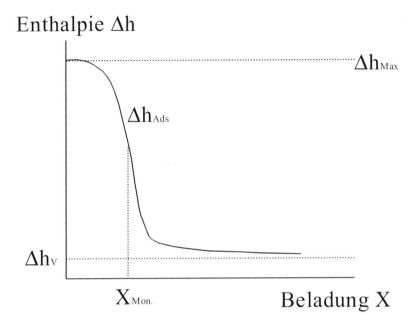

Abb. 3.17. Beladungsabhängigkeit der Adsorptionsenthalpie in der Gasphase

In der Flüssigphase (Abb. 3.18) nimmt die Enthalpie zwar mit steigender Beladung ebenfalls kontinuierlich ab, das Problem stellt sich aber komplexer dar. Es ist zu beachten, dass es sich hier bei der Adsorptionsenthalpie nicht um einen aus der Verdampfungs- und der Bindungsenthalpie additiv zusammengesetzten, sondern um einen komplexeren Parameter handelt. Er setzt sich aus drei Anteilen zusammen:

1. der „Netto"-Adsorptionsenthalpie des Adsorptivs Δh_{Ads},
2. der Lösungsenthalpie des Adsorptivs in der Trägerflüssigkeit Δh_{solvat} und
3. der Adsorptionsenthalpie $\Delta h_{Ads(Trägerfluid)}$ der Trägerflüssigkeit, die durch das Adsorptiv verdrängt wird.

Somit gilt für den mit der Isosterenmethode gewonnenen Wert für die Enthalpie:

$$\Delta h_{Ads(iso)} = \Delta h_{Ads} - \Delta h_{solvat} - \Delta h_{Ads(Trägerfluid)} \qquad (3.52)$$

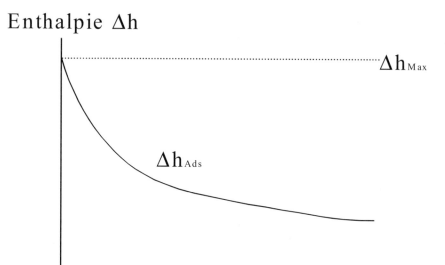

Abb. 3.18. Beladungsabhängigkeit der Adsorptionsenthalpie in der Flüssigphase

Zur detaillierten Analyse der Rolle der Adsorptionsenthalpie in der Flüssigphasenadsorption sei auf Aced u. Möckel 1991 verwiesen.

3.2 Kinetik der Adsorption

Im vorangegangenen Abschnitt wurde der Gleichgewichtszustand beschrieben, den ein Adsorptions-System anstrebt und der somit die Triebfeder für Adsorptionsprozesse darstellt. Im Folgenden wird der Frage nachgegangen, wie schnell dieser Annäherungsprozess stattfindet, d.h. welcher Kinetik die Adsorption unterliegt.

Wie bei der Beschreibung der Thermodynamik wird auch hier der Schwerpunkt auf die für die industrielle Adsorptionstechnik relevanten Modelle und Fakten gelegt; für eine vertiefte Auseinandersetzung sei auf das Buch von Kärger u. Ruthven 1992 und die Dissertationen von Lingg 1996, Scholl 1991, Steinweg 1995 sowie Wienands 1993 verwiesen.

3.2.1 Beschreibung der Phänomene

Der Stofftransport bei der Adsorption erfolgt in 4 Schritten (Abb. 3.19), wobei der erste Schritt (1→2), der konvektive bzw. diffusive Transport in der fluiden Phase, nicht der Kinetik der Adsorption zugerechnet wird. Dieser Teilschritt wird im folgenden Kap. 4 eingehend besprochen. Zur Stofftransport-Kinetik im engeren Sinne zählen:

- der Stofftransport durch die den Partikel umgebende Grenzschicht (2→3)
- der Stofftransport in den Poren des Adsorbens (3→4)
- die Adsorption (4)

Während der Adsorption (4) wird die Adsorptionsenthalpie (Abschn. 3.1.7) frei. Dieser Adsorptionsschritt (4) kann in technischen Systemen vernachlässigt werden, da er in der Regel sehr schnell erfolgt. Erst bei Adsorptionswärmen über 70 kJ/mol ist ein nennenswerter Beitrag zur Gesamtkinetik zu erwarten (v.Gemmingen et al. 1996). Die Abfuhr der entstehenden Wärme an die fluide Phase unterliegt der Wärmetransport-Kinetik, zu der folgende Teilschritte zählen:

- Energietransport im Adsorbens (4→5) und
- Energietransport durch die den Partikel umgebende Grenzschicht (5→6)

In der Flüssigphase kann der Wärmetransport in der Regel aufgrund der hohen Wärmekapazität der umgebenen Flüssigkeit vernachlässigt werden, während er in der Gasphasenadsorption eine erhebliche Bedeutung hat. Hinsichtlich des Stofftransports ergeben sich keine so gravierenden Unterschiede; in beiden Aggregatzuständen gibt es Prozesse, die durch die Diffusion in den Poren oder in der Grenzschicht limitiert sind.

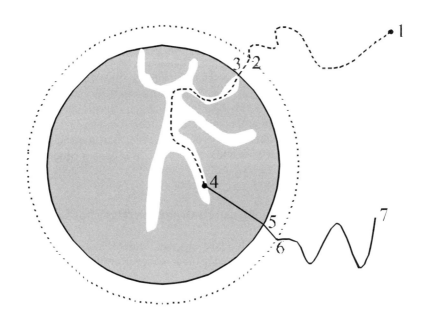

Abb. 3.19. Phänomenologie des Stofftransports

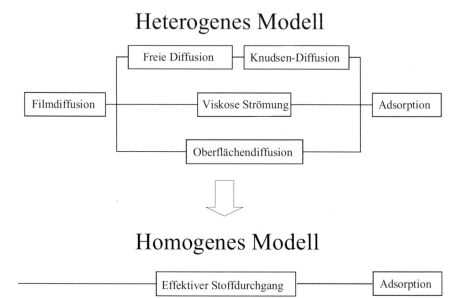

Abb. 3.20. Varianten zur Beschreibung der Stofftransportprozesse

Die mathematische Beschreibung dieser Phänomene ist analog zur Thermodynamik von einer weitgehenden Parallelität der Beschreibungsformen gekennzeichnet. Deshalb werden die Kinetik sowohl der Flüssig- als auch der Gasphasenadsorption im Folgenden gemeinsam behandelt.

Prinzipiell erfolgt die mathematische Darstellung der Kinetik auf zwei verschiedene Arten. Entweder wird der Transportprozess als ein globaler Stoff-/Wärmedurchgang (Abschn. 3.2.4) oder als Kombination von verschiedenen parallel und/oder sequentiell ablaufenden Mechanismen (Abschn. 3.2.2 u. 3.2.3) beschrieben. Abb. 3.20 verdeutlicht dies am Beispiel des Stofftransportes. In der Literatur werden diese Ansätze als homogenes bzw. heterogenes Modell bezeichnet (Kast 1988).

3.2.2 Stoff-/Wärmeübergang durch Grenzfilm (Heterogenes Modell I)

Der Übergang des Adsorptiv-Moleküls aus der fluiden Phase an die Oberfläche des Adsorbens wird als Stoffübergang über den (theoretischen) Grenzfilm beschrieben (Abb. 3.21).

Üblicherweise verwendet man einen Stoffübergangskoeffizienten und eine lineare Partialdruck-/Konzentrationsdifferenz, um die Kinetik dieses Vorgangs zu erfassen (Kast 1988; Sontheimer et al. 1985). Als Bezugsfläche setzt man im Allgemeinen die Oberfläche des Partikels ein. Die resultierende Gleichung lautet für die Gasphase (Kast 1988):

$$\dot{m}_{S\ddot{U}} = k_{Film} \cdot A_P \cdot (p_A - p_{AO}), \tag{3.53}$$

bzw. für die flüssige Phase (Sontheimer et al. 1985):

$$\dot{m}_{S\ddot{U}} = k_{Film}^* \cdot A_P \cdot (c_A - c_{AO}), \tag{3.54}$$

wobei c_{AO} die Konzentration bzw. p_{AO} den Partialdruck des Adsorptivs an der äußeren Oberfläche des Adsorbens-Partikels darstellt.

Für den Wärmeübergang wird die parallele Formulierung:

$$\dot{Q}_{W\ddot{U}} = -\alpha_P \cdot A_P \cdot (T - T_O) \tag{3.55}$$

mit dem Wärmeübergangskoeffizienten α_P und der Oberflächentemperatur T_O verwendet.

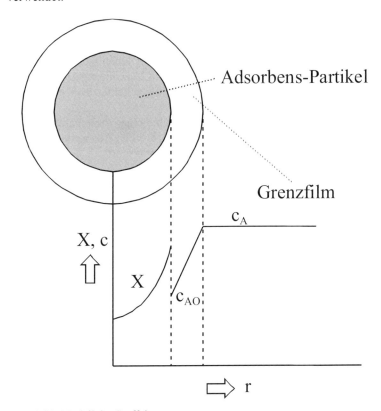

Abb. 3.21. Modell des Stoffübergangs

Der Wert der jeweiligen Koeffizienten wird aus Kennzahlenbeziehungen oder Experimenten gewonnen (Scholl 1991; Sontheimer et al. 1985). Ein typisches Beispiel für eine entsprechende Kennzahlenbeziehung liefern Kast 1988 und Sontheimer et al. 1985 (Die Definitionen der verwendeten Kennzahlen können Kap. 8 entnommen werden):

$$Sh = C \cdot \mathrm{Re}^m \cdot Sc^n \cdot Geo_1^o \cdot Geo_2^p \longrightarrow k_{Film}$$

$$Nu = C \cdot \mathrm{Re}^m \cdot \mathrm{Pr}^n \cdot Geo_1^o \cdot Geo_2^p \longrightarrow \alpha$$

Geht man von einer völligen Analogie von Stoff- und Wärmeübergang aus, erhält man folgende Gleichung für das Verhältnis der beiden Koeffizienten:

$$\frac{\alpha}{k_{Film}} = c_{PFluid} \cdot \rho_{Fluid} \cdot \left(\frac{\lambda_{Fluid}}{\rho_{Fluid} \cdot c_{PFluid} \cdot D_{12}} \right)^{1-n} \quad (3.56)$$

Für den Exponenten n gibt Kast 1988 Werte von ca. 0,33 für (die für Adsorptionsvorgänge anzunehmende) laminare Strömung an. In Abschnitt 4.6.4 sind die Ansätze von Wakao u. Funazkri für den Stoffübergang (Gl. 4.74) und von Wakao für den Wärmeübergang (Gl. 4.80) angegeben, die über einen weiten Reynoldszahlen-Bereich angewendet werden können. Weitere Kennzahlenbeziehungen, die ebenfalls die turbulente Strömungsform berücksichtigen, findet man in Kajszika 1998, Schadl 1986, Scholl 1991 und Sontheimer et al. 1985.

Obwohl die Berechnung des Wärme- und Stoffübergangs viele Parallelen aufweist, ist die Bedeutung beider Mechanismen für technische Adsorptionsprozesse sehr unterschiedlich. Während die Kinetik des Stofftransports in der Regel von Widerständen in den Poren des Adsorbens dominiert wird, d.h. der Stoffübergang eine untergeordnete Rolle spielt, ist der Wärmeübergang durch die Grenzschicht der dominierende Schritt beim Energietransport. In technischen Systemen versucht man, durch Erhöhung der Strömungsgeschwindigkeit die Limitierung durch Filmeffekte zu reduzieren. Dies ist jedoch nicht unbegrenzt möglich, da eine ausreichende Verweilzeit des Fluids im Adsorber gewährleistet werden muss.

3.2.3 Diffusion in Poren (Heterogenes Modell II)

Die Stofftransportkinetik wird in der Regel vom Stofftransport in den Poren dominiert. Hier finden teilweise parallel, teilweise nacheinander 5 verschiedene Mechanismen statt, die im Folgenden diskutiert werden. Im Einzelnen handelt es sich um:

1. Viskose Strömung (nur Gasphase)
2. Knudsen-Diffusion (nur Gasphase)
3. Freie Porendiffusion (Gas- und Flüssigphase)
4. Oberflächendiffusion (Gas- und Flüssigphase)
5. Interkristalline Diffusion (Gas- und Flüssigphase)

Während die ersten beiden Mechanismen ausschließlich in der Gasphase stattfinden, werden die anderen drei Phänomene in beiden Phasen beobachtet. Die mathematische Beschreibung der Mechanismen erfolgt über dem Fick'schen Gesetz analoge Gleichungen. Alternative Formulierungen über das Dusty-Gas-Gesetz (Scholl 1991) führen letzlich zu ähnlichen Gleichungen. Die Fick'schen Ansätze haben die allgemeine Form:

$$\dot{m} = -D \cdot A_{spez} \cdot \frac{\partial Y}{\partial r} \qquad (3.57)$$

mit einem Diffusionskoeffizienten D, der spezifischen Fläche A_{spez} und dem Gradienten dY/dr als Triebkraft. Die spezifische Fläche A_{spez} kann im Einzelfall der Porenquerschnitt oder die Porenoberfläche sein, als Potentialgröße Y werden je nach Mechanismus Totaldruck-, Partialdruck- oder Beladungs-/Konzentrations-Differenzen verwendet.

Der Diffusionskoeffizient D ist in der Regel keine konstante Größe, sondern eine Funktion verschiedener Einflussgrößen. Neben Betriebsparametern wie Temperatur und Stoffgrößen wie Molmasse des Adsorptivs tauchen in den Bestimmungsgleichungen Widerstands- oder Tortuositätsfaktoren μ_P auf. Diese beschreiben die Verlängerung des Diffusionsweges durch Umlenkungen, Erweiterungen, Verengungen, Verzweigungen u.ä. in den Porenkanälen. Die Bestimmung dieser Größe ist problematisch, weshalb bei der Übernahme von Werten aus der Literatur große Vorsicht geboten ist. Ein bekanntes Zitat lautet „in general it (μ_P) is a fudge factor of greater or less sophistication" (Steinweg 1995). Ein Beispiel für die Problematik der empirischen Bestimmung dieses Parameters liefern v.Gemmingen et al. 1996.

Tabelle 3.1. Experimentelle Werte für Tortuositätsfaktoren bei freier Gasdiffusion (Kast 1988)

Adsorbens	Adsorptiv	Widerstandsfaktor $\mu_{P,Diff}$
Zeolith 4A	Wasser	10,3
Zeolith 5A	i,n-Paraffine	5–6,5
Zeolith 5A	Benzol	4,0
Zeolith 13X	Wasser	8,0
Silicagel N	Wasser	3,6
Silicagel WS	Wasser	6,4
Silicagel WS	Methanol	7,7
Silicagel WS	Benzol	3,8
Aktivtonerde	Wasser	3,9–4,5
Aktivtonerde	Tetrachlorkohlenstoff	4–7
Aktivkohle	Wasser	7,0
Kohlenstoffmolekularsieb	Kohlendioxid	4,0

In der Gasphase hat sich folgende Vorgehensweise zur Abschätzung dieser Größe eingebürgert:
Für ein homogenes Adsorbens mit einer Gleichverteilung von Porenradien und -formen in allen Richtungen beträgt der Wert $\mu_P=3$. Da eine experimentelle Bestimmung der Widerstandsfaktoren für die einzelnen Diffusionsmechanismen nicht möglich ist, verwendet man Abschätzungsgleichungen, die in den jeweiligen Abschnitten aufgeführt sind. Grundlage dieser Gleichungen bilden die in Tab. 3.1 dokumentierten experimentellen Daten für Tortuositätsfaktoren bei freier Gasdiffusion (Kast 1988).

Wichtiges Kriterium für die Unterscheidung der Mechanismen der Knudsen- und der freien Diffusion in der Gasphase ist das Verhältnis von freier Weglänge der Moleküle zum Durchmesser der Poren, die sogenannte Knudsen-Zahl Kn:

$$Kn = \frac{\lambda_F}{d_{Pore}} \qquad (3.58)$$

Die freie Weglänge ist nach der kinetischen Gastheorie definiert als (Scholl 1991; Steinweg 1996):

$$\lambda_{F0} = \frac{k_B \cdot T_0}{\sqrt{2} \cdot \pi \cdot \sigma_G^2 \cdot p_0} \qquad (3.59)$$

mit der Boltzmann-Konstante k_B und dem gaskinetischen Stoßdurchmesser σ_G. Werte für die freie Weglänge diverser Gasmoleküle sind in Tab. 3.2 dokumentiert (Kast 1988).

Tabelle 3.2. Freie Weglängen von Gasmolekülen bei T=25 °C und p=1 bar (Kast 1988)

Komponente	Chemische Formel	Freie Weglänge λ_{F0}[nm]
Ethanol	C_2H_5OH	22,4
Chlor	Cl_2	29
Xenon	Xe	35,5
Kohlendioxid	CO_2	39,5
Wasser	H_2O	39,5
Chlorwasserstoff	HCl	43,4
Krypton	Kr	48,7
Stickstoff	N_2	61,8
Sauerstoff	O_2	64,5
Wasserstoff	H_2	115,8
Neon	Ne	126,3
Helium	He	184,2

Die Umrechnung der tabellierten Standardwerte ($T_0 = 25$ °C und $p_0 = 1$ bar) auf die jeweiligen Betriebsbedingungen erfolgt nach:

$$\lambda_F(T,p) = \lambda_{F0} \cdot \frac{p_0}{p} \cdot \frac{T}{T_0} \quad (3.60)$$

Viskose Strömung

Ausschließlich auf die Gasphase beschränkt ist der Mechanismus der viskosen Strömung. Er tritt auf, wenn auf das Porensystem in dem Adsorbens eine äußere Druckdifferenz aufgeprägt wird (z.b. Druckwechsel-Adsorption). Dann entsteht in den Poren, deren Porendurchmesser deutlich größer als die freie Weglänge der Adsorptiv-Moleküle ist ($d_{Pore} > 10\ \lambda_F$), eine laminare Strömung, die über das Hagen-Poisseuille'sche Gesetz beschrieben werden kann:

$$\dot{m} = -\frac{d_{Pore}^2}{32 \cdot v_G} \cdot A_{Pore} \cdot \frac{\partial p}{\mu_{P,lam} \cdot \partial r} \quad (3.61)$$

Definiert man einen laminaren Diffusionskoeffizienten D_{lam}:

$$D_{lam} = \frac{d_{Pore}^2}{32 \cdot v_G \cdot \mu_{P,lam}} \quad (3.62)$$

kann alternativ folgende Formulierung gewählt werden:

$$\dot{m} = -D_{lam} \cdot A_{Pore} \cdot \frac{\partial p}{\partial r} \quad (3.63)$$

Zu beachten ist, dass es sich bei dem Gradienten dp/dr um einen Totaldruckgradienten handelt. Für den in den Gleichungen verwendeten Tortuositätsfaktor gibt Kast 1988 folgende empirische Gleichung an:

$$\mu_{P,lam} = \mu_{P,Diff}^{2,6} \quad (3.64)$$

Knudsen-Diffusion

Auch der zweite Mechanismus, die Knudsen-Diffusion, ist ausschließlich auf die Gasphase beschränkt, da sie frei bewegliche Adsorptiv-Moleküle ohne Kontakt zu benachbarten Molekülen voraussetzt.

Dieser Mechanismus findet ausschließlich in Poren, deren Durchmesser deutlich kleiner als die freie Weglänge ist ($d_{Pore} < 0,1\ \lambda_F$ bzw. $Kn > 10$), statt. In diesem Fall dominieren die Stöße zwischen Porenwand und Adsorptiv-Molekül den Stofftransport. Nach der kinetischen Gastheorie kann dieser Mechanismus durch folgende Gleichung beschrieben werden:

$$\dot{m} = -\frac{4}{3} \cdot d_{Pore} \cdot \sqrt{\frac{M_A}{2\pi \cdot R \cdot T}} \cdot A_{Pore} \cdot \frac{\partial p_A}{\mu_{P,Kn} \cdot \partial r} \quad (3.65)$$

Definiert man analog zur viskosen Strömung einen (Knudsen-) Diffusionskoeffizienten D_{Kn}:

$$D_{Kn} = \frac{4}{3} \cdot \frac{d_{Pore}}{\mu_{P,Kn}} \cdot \sqrt{\frac{M_A}{2\pi \cdot R \cdot T}} \qquad (3.66)$$

vereinfacht sich Gl. 3.65 zu:

$$\dot{m} = -D_{Kn} \cdot A_{Pore} \cdot \frac{\partial p_A}{\partial r} \qquad (3.67)$$

In diesem Fall handelt es sich bei dem Gradienten dp_A/dr um einen Partialdruckgradienten. Für den entsprechenden Tortuositätsfaktor gibt Kast (1988) folgende empirische Gleichung an:

$$\mu_{P,Kn} = \mu_{P,Diff}^{1,7} \qquad (3.68)$$

Freie Porendiffusion

Ist der Porendurchmesser größer als die freie Weglänge ($d_{Pore} > 10\ \lambda_F$ bzw. Kn < 0,1) tritt freie Diffusion auf; d.h. die Stöße der Adsorptiv-Moleküle untereinander dominieren. In diesem Fall gilt für Gasphasenprozesse:

$$\dot{m} = -\frac{D_{12} \cdot M_A}{R \cdot T} \cdot A_{Pore} \cdot \frac{\partial p_i}{\mu_{P,Diff} \cdot \partial r} \qquad (3.69)$$

D_{12} ist der Diffusionskoeffizient der Komponente 1 in der Komponente 2. Tabellen mit Werten für diese Größe findet man z.B. in Kast 1988 oder VDI 1997. Tabelle 3.3 liefert eine Auswahl (für technische Adsorptionsprozesse) wichtiger Stoff-Kombinationen.

Tabelle 3.3. Diffusionskoeffizienten D_{12} für Gasphasenprozesse bei p=1 bar

Adsorptiv	Trägergas	Temperatur [°C]	Diffusionskoeffizient D_{12} [10^{-6} m²/s]
H_2	Luft	0	68
NH_3	Luft	0	19,3
H_2O	Luft	0	22,6
H_2O	Luft	50	30,5
H_2O	Luft	100	39,8
CO_2	Luft	0	13,6
C_6H_6	Luft	0	7,6
C_6H_6	Luft	45	10,2
CH_3OH	Luft	0	13,4
CH_3OH	Luft	50	18,3
H_2	CO_2	0	55,7
H_2	CO	0	65,3
H_2	CH_4	20	77
CO_2	CO	0	14,1

Definiert man wiederum einen (freien) Diffusionskoeffizienten D_{Diff}:

$$D_{Diff} = \frac{D_{12} \cdot M_A}{R \cdot T \cdot \mu_{P,Diff}} \qquad (3.70)$$

kann folgende Formulierung gewählt werden:

$$\dot{m} = -D_{Diff} \cdot A_{Pore} \cdot \frac{\partial p_i}{\partial r} \qquad (3.71)$$

In der flüssigen Phase verwendet man eine analoge Gleichung, bei der die Triebkraft über eine Konzentrations- oder Beladungsdifferenz definiert wird. Sie lautet (bezieht sich die Beladung auf die feuchte Adsorbensmasse, so ist ρ_S durch ρ_W zu ersetzen):

$$\dot{m} = -D_{Diff} \cdot A_{Pore} \cdot \frac{\partial c_i}{\partial r} \qquad (3.72)$$

Der Diffusionskoeffizient D_{Diff} liegt hier üblicherweise im Bereich von

$$D_{Diff} \approx 10^{-10} - 10^{-13} \, m^2/s \qquad (3.73)$$

(Sontheimer et al. 1985), es sind auch höhere Werte im Bereich von 10^{-9}–10^{-10} m²/s dokumentiert (Kümmel u. Worch 1990). Einzelne Datensätze finden sich u.a. in Kümmel u. Worch 1990 und Sontheimer et al. 1985.

Oberflächendiffusion

Parallel zu den Transportmechanismen, die im freien Porenraum stattfinden, werden Adsorpt-Moleküle in der sorbierten Phase transportiert. Maßgeblich für diesen Transport ist die Stärke der Bindungskräfte. Abb. 3.22 zeigt das entsprechende Potentialdiagramm (Steinweg 1996).

Während sie im Bereich der monomolekularen Bedeckung aufgrund der hohen Bindungskräfte fast vollständig zu vernachlässigen ist, kann sie im Bereich hoher Beladungen einen merklichen Beitrag zum Stofftransport leisten (Kast 1988; Schadl 1986; Scholl 1991; Steinweg 1996). So ist bei Aktivkohlen und Silicagelen ab relativen Feuchten über ca. 40% von ausgeprägter Oberflächendiffusion auszugehen (Kast 1988).

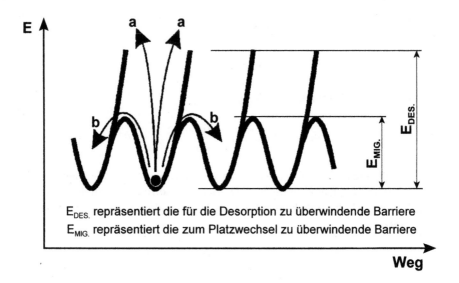

Abb. 3.22. Potentialdiagramm für die Bewegung sorbierter Moleküle im Potentialfeld des Adsorbens (Steinweg 1996)

Beschreibt man diesen Vorgang mathematisch über ein Fick'sches Modell:

$$\dot{m} = -D_S \cdot A_{Porenwand} \cdot \rho_P \cdot \frac{\partial X}{\partial r} \qquad (3.74)$$

können demzufolge zwei Grenzfälle unterschieden werden (Kast 1988):

- Kapillarkondensation: $D_S \to \infty$ (kapillare Strömung)
- Monomolekulare Bedeckung: $D_S \to 0$

Die Diffusionskoeffizienten sind stark von der Bindungsenergie der jeweiligen Adsorbens-Adsorptiv-Kombinationen abhängig. Für schwach gebundene Moleküle (z.B. Propan an Silicagel) liegen sie im Bereich von $D_S \sim 10^{-7}-10^{-8}$ m²/s; für starke Bindungen (z.B. Wasser an Zeolith NaX) fällt dieser Wert um zwei bis drei Größenordnungen auf $D_S \sim 10^{-10}-10^{-11}$ m²/s ab (Kast 1988).

Während die Oberflächendiffusion bei technischen Gasphasen-Adsorptionsprozessen eine untergeordnete Rolle spielt und in der Regel vernachlässigt werden kann, ist sie in der Flüssigphasen-Adsorption häufig von ausschlaggebender Bedeutung.

In der mathematischen Formulierung zeigt sich die schon bekannte Analogie zur Gasphase:

$$\dot{m} = -D_S \cdot A_{Porenwand} \cdot \rho_P \cdot \frac{\partial q}{\partial r} \qquad (3.75)$$

Die Werte für den Oberflächendiffusionskoeffizienten schwanken über drei bis vier Zehnerpotenzen. Kümmel u. Worch 1990 geben für verschiedene Adsorptive an Aktivkohlen und Polymerharzen folgenden Wertebereich an:

$$D_S \approx 10^{-11} - 10^{-15} m^2/s \qquad (3.76)$$

Sontheimer et al. 1985 tabellieren für wässrige Systeme an Aktivkohlen ebenfalls Werte im Bereich von 10^{-11}–10^{-15} m²/s.

Interkristalline Diffusion

Von der Oberflächendiffusion schwer zu unterscheiden ist die interkristalline Diffusion, die auch als aktivierte Spaltdiffusion bezeichnet wird. Sie findet in Mikroporen statt, deren Durchmesser den Durchmessern der Adsorptiv-Moleküle entspricht.

Entsprechend der Analogie zur Oberflächendiffusion wird folgende Gleichung zur mathematischen Beschreibung verwendet:

$$\dot{m} = -D_Z \cdot A_{Porenwand} \cdot \rho_P \cdot \frac{\partial X}{\partial r} \qquad (3.77)$$

Für die Diffusionskoeffizienten wird ein Bereich $D_Z \sim 10^{-10}$–10^{-19} m²/s angegeben (Kast 1988). Die Abhängigkeit von der Bindungsstärke entspricht derjenigen bei der Oberflächendiffusion.

In der Flüssigphase wird zwischen Oberflächen- und aktivierter Spaltdiffusion nicht unterschieden. Beide Phänomene werden in einem Koeffizienten zusammengefasst.

Überlagerung der Diffusions-Mechanismen

Die Trennung der einzelnen Diffusionsmechanismen ist nicht so eindeutig, wie Abb. 3.20 suggeriert. Insbesondere in Übergangsbereichen ist es nur sehr eingeschränkt möglich, *einen* dominierenden Mechanismus und somit *eine* physikalische Beschreibung des Stofftransports zu finden. So ist z.B. in der Gasphase der Übergang zwischen Knudsen- und freier Diffusion fließend. Im Allgemeinen gibt man einen Übergangsbereich:

$$0,1 \leq \frac{d_P}{\lambda} \leq 10 \qquad (3.78)$$

an (Kajszika 1998; Schadl 1986; Scholl 1991). Ist die Zuordnung beider Mechanismen zu unterschiedlichen Porenklassen möglich, kann von einer reziproken Überlagerung ausgegangen werden.

Dann gilt für den Gesamt-Diffusionskoeffizienten unter der Annahme äquimolarer Diffusion (Kajszika 1998; Kast 1988; Scholl 1991):

$$D_{ges} = \left(\frac{1}{D_{Kn}} + \frac{1}{D_{Diff}}\right)^{-1} \qquad (3.79)$$

Bei der Überlagerung von laminarer Strömung und Knudsen-Diffusion kann demgegenüber von einer additiven Überlagerung ausgegangen werden (Kast 1988; Scholl 1991):

$$D_{ges} = D_{Kn} + D_{lam} \qquad (3.80)$$

In der Flüssigphase werden die beiden relevanten Mechanismen, Oberflächen- und Porendiffusion, additiv überlagert, da sie gleichzeitig in denselben Poren stattfinden. Ist die treibende Kraft über den Beladungsgradienten definiert, lautet der resultierende Diffusionskoeffizient (Tien 1994):

$$D_{ges} = D_S + \frac{D_{Diff}}{\frac{\partial q}{\partial c_i} \cdot \rho_S} \qquad (3.81)$$

Ist der Konzentrationsgradient als treibende Kraft definiert, so lautet die additive Überlagerung entsprechend (Tien 1994):

$$D_{ges} = \frac{\partial q}{\partial c_i} \cdot \rho_S \cdot D_S + D_{Diff} \qquad (3.82)$$

3.2.4 LDF-Ansatz (Homogenes Modell)

In der industriellen Praxis sind die Kinetik und die zugrunde liegenden dominierenden Mechanismen für ein spezielles Stoffsystem in der Regel nicht bekannt. Da entsprechende (kostenintensive) Untersuchungen nicht möglich sind, wird der gesamte Stofftransport zwischen dem Adsorbens und der fluiden Phase über einen LDF-Ansatz (*L*inear-*D*riving-*F*orce) beschrieben (Abb. 3.23).

Man geht von einer gleichmäßigen, nicht vom Partikelradius abhängigen Beladung des Adsorbens aus und verlagert den gesamten Stofftransportwiderstand in den Grenzfilm. Somit werden die Adsorption, die Diffusion in den Poren des Adsorbens und der Transport durch die Grenzschicht mit einem Koeffizienten, einer spezifischen Oberfläche (in der Regel die Partikeloberfläche) und einer treibenden Konzentrationsdifferenz formuliert (Kast 1988; Ruthven 1984):

$$\frac{\partial X}{\partial t} = k_{eff} \cdot \frac{A_P}{\rho_P} \cdot (X - X_{Gl}) \qquad (3.83)$$

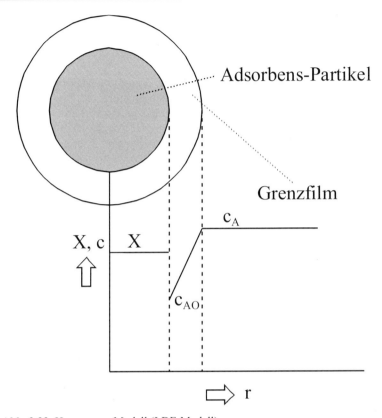

Abb. 3.23. Homogenes Modell (LDF-Modell)

Die hier verwendete Formulierung über die treibende Beladungsdifferenz ist weit verbreitet, sollte aber bei schnellen Adsorptions-Desorptions-Zyklen (z.B. PSA-Prozesse in Kap. 6) nur mit Vorsicht angewandt werden. Es kann bei diesen Prozessen sinnvoller sein, über eine treibende Partialdruckdifferenz anzusetzen (v.Gemmingen et al. 1996).

Für die Flüssigphase verwendet man folgende Beziehung:

$$\frac{\partial q}{\partial t} = k_{eff} \cdot \frac{A_P}{\rho_P} \cdot (q - q_{Gl}) \qquad (3.84)$$

Diese Vereinfachung gilt streng genommen nur für lineare Isothermen, wobei die sogenannte Glueckauf-Abschätzung gilt (Tien 1984):

$$k_{eff} = \frac{15 \cdot D_{ges}}{r_P^2} \qquad (3.85)$$

Auch bei anderen Isothermengleichungen liefert sie eine zufriedenstellende Übereinstimmung (Lingg 1996; Schweighart 1993). So hat sich für die Auslegung von Gasphasenprozessen folgende Vorgehensweise bewährt, die auf Gl. 3.85 aufbaut:

Der entscheidende Transportwiderstand ist in der Regel die Makroporendiffusion (Lingg 1996). Die viskose Strömung ist nur bei aufgeprägten Druckgradienten, z.b. Druckwechseladsorptionsprozessen, zu berücksichtigen (Kast 1988). Zur Berechnung von k_{eff} wird daher häufig ein modifizierter Ansatz nach Mersmann 1988 für makroporendiffusions-dominierte Prozesse verwendet. Dieser gibt für die instationäre Diffusion in einen kugelförmigen Partikel folgende Gleichung an:

$$k_{eff} = \frac{\rho_P}{A_{sp}} \cdot \frac{15}{r_P^2} \cdot \frac{D_P / \mu_{P,Diff}}{1 + \frac{\rho_P}{\varepsilon_P} \cdot \frac{\partial X}{\partial c_A}} \qquad (3.86)$$

Der in Gl. 3.84 eingeführte Makroporen-Diffusionskoeffizient D_P wird aus den Diffusionskoeffizienten für Gasdiffusion D_{Diff} und der Molekularbewegung nach Knudsen D_{Kn} bestimmt (Gl. 3.79).

3.2.5 Kinetik von Mehrkomponenten-Prozessen

Die Wechselwirkungen mehrerer gleichzeitig in den Poren des Adsorbens diffundierender Komponenten sind zurzeit (2001) noch wenig erforscht.

Man geht bei der Adsorberauslegung derzeit davon aus, dass diese Wechselwirkungen um eine Zehnerpotenz geringer sind als die Beiträge der Einzelkomponenten (v.Gemmingen et al. 1996). Dies ist bei schwach wechselwirkenden Komponenten gerechtfertigt, kann bei starker Wechselwirkung (z.B. zwei polare Lösungsmittel) aber nicht sicher vorausgesetzt werden.

Auf diesem Gebiet ist daher ein großer Forschungsbedarf zu konstatieren.

3.3 Dynamik der Adsorption

Die in den vorangegangenen beiden Abschnitten diskutierten Phänomene führen zu einer für Adsorptionsanlagen typischen Prozess-Dynamik. Für den Betreiber der Anlagen ist diese in Form von Durchbruchskurven sichtbar. Praktische Bedeutung hat die Dynamik u.a. bei der Regelung/Umtaktung und bei der Auslegung der Adsorber.

Im Folgenden werden am einfachen Beispiel der isothermen Gasphasenadsorption die grundlegenden Aspekte zusammengefasst. Die hier geschilderten Effekte und Abhängigkeiten lassen sich direkt auf isotherme Flüssigphasenprozesse übertragen. Da die Dynamik wesentlich von den jeweiligen Randbedingungen (z.B.

isotherme/nicht-isotherme bzw. isobare/nicht-isobare Prozessführung, Apparatetyp) abhängt, findet sich die detaillierte Diskussion in den entsprechenden Abschnitten der folgenden Kapitel.

3.3.1 Durchbruchskurve

Im einfachsten Fall (isotherm) wandert eine gekoppelte Konzentrations-und Beladungsfront durch den Adsorber. Die entsprechenden axialen Profile sind in Abb. 3.24 dargestellt.

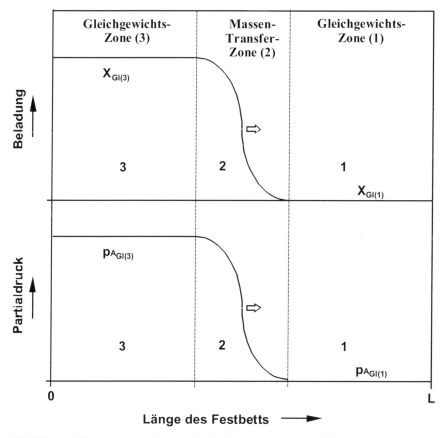

Abb. 3.24. Axiales Konzentrations- und Beladungsprofil in einem Adsorber

Aufgrund der sich einstellenden Profile kann der Adsorber in drei Zonen eingeteilt werden:
1. Gleichgewichts-Zone (1)
   Das Adsorbens ist in dieser Zone unbeladen. Gemäß der Gleichgewichts-Isotherme ist der Partialdruck des Adsorptivs in der Gasphase ebenfalls Null. Zu Beginn des Prozesses nimmt diese Zone den kompletten Adsorber ein, am Ende der Adsorption ist sie vollständig verschwunden.
2. Massen-Transfer-Zone (2)
   Im Verlauf der Adsorption wandert diese Zone durch den Adsorber und verdrängt die Gleichgewichts-Zone (1). Der Adsorptionsprozess findet ausschließlich in dieser Zone statt. Die Krümmung der Fronten wird wesentlich von der Isothermenform (Abschn. 3.3.2) und der Kinetik (Abschn. 3.3.3) bestimmt. Weitere Einflussfaktoren sind die Dispersion (Kap. 4) und die Prozessführung (Kap. 5).
3. Gleichgewichts-Zone (3)
   Das Adsorbens ist in dieser Zone gemäß der Isothermengleichung vollständig beladen. Der Partialdruck des Adsorptivs in der Gasphase entspricht dem Wert des Rohgases am Eintritt in den Adsorber. Am Ende des Prozesses nimmt diese Zone den kompletten Adsorber ein.

Der hier geschilderte Idealfall ist in realen Adsorbern in der Regel nicht anzutreffen. Das dargestellte Profil stellt sich erst nach einer gewissen Anlaufzeit und -strecke ein. Im Regelfall verändert sich dieses Profil im Verlauf der Adsorption erheblich; je nach Randbedingungen wird es steiler oder flacher. Ein stabiles Profil (engl. Constant Pattern Profile) stellt sich nur ein, wenn sich die aufsteilenden und abflachenden Effekte die Waage halten.

Im Folgenden werden zwei wichtige Einflussfaktoren diskutiert.

3.3.2 Einfluss der Thermodynamik

Aus der Gleichgewichtstheorie (s. Kap. 4) kann man die Wanderungsgeschwindigkeit der Konzentrationsfront herleiten. Es gilt:

$$u_c = \frac{u_c/\varepsilon_L}{1+\dfrac{1-\varepsilon_L}{\varepsilon_L} \cdot \rho_S \cdot \dfrac{\partial X}{\partial c}} \qquad (3.87)$$

Wichtig ist an dieser Stelle die Abhängigkeit der Geschwindigkeit von der reziproken Isothermensteigung; d.h. wird die Isotherme steiler, sinkt die Geschwindigkeit. Da die höhere Konzentration also langsamer durch das Festbett wandert als die niedrigere Konzentration, kommt es zu einer Abflachung der Durchbruchskurve. Im umgekehrten Fall der sinkenden Isothermensteigung steigt die Wanderungsgeschwindigkeit der hohen Konzentration im Vergleich zur niedrigen an; d.h. die Durchbruchskurve steilt sich auf. Diese Effekte führen zu der in Abb. 3.25 dargestellten Veränderung der Durchbruchskurven.

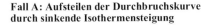
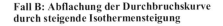
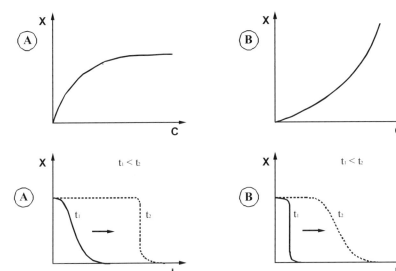

Abb. 3.25. Aufsteilung/Abflachung der Durchbruchskurven durch nichtlineare Isothermenformen.

Für eine detaillierte Betrachtung des Isothermen-Einflusses sei auf die nachfolgenden Kapitel sowie Kast 1988, Kümmel u. Worch 1990 und Basmadjian 1997 verwiesen.

3.3.3 Einfluss der Kinetik

Neben der Thermodynamik hat auch die Kinetik einen signifikanten Einfluss auf die Form der Durchbruchskurven. Mit steigender Hemmung des Stofftransports (=kleinen Diffusions- bzw. Stoffübergangskoeffizienten) verbreitert sich die Massen-Transfer-Zone, d.h. die Fronten werden flacher. Im umgekehrten (Extrem-) Fall der sofortigen Gleichgewichtseinstellung, d.h. unendlich schneller Kinetik, erhält man ein scharfes Rechteck-Profil. Abb. 3.26 zeigt qualitativ diese Zusammenhänge.

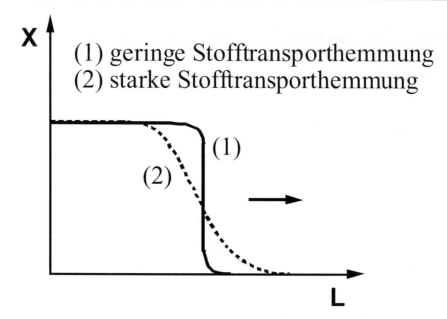

Abb. 3.26. Einfluss der Kinetik auf die Durchbruchskurve eines Adsorbers.

3.4 Zusammenfassung „Grundlagen"

Thermodynamik und Kinetik der Adsorption sind komplexe Vorgänge, die in vielen Bereichen (z.B. Mehrkomponenten-Adsorption, Überlagerung von Diffusionsmechanismen) noch nicht vollständig mathematisch beschreibbar sind. Es existieren physikalisch begründete Modellvorstellungen, die für eine Reihe von Anwendungsfeldern quantitative Aussagen ermöglichen. Dennoch ist man zurzeit (2001) noch auf die weitgehende experimentelle Bestimmung der Parameter angewiesen.

Gut zu beschreiben sind im Bereich der Thermodynamik insbesondere Einkomponenten-Prozesse. Hier existieren mit den Modellen von Langmuir, Freundlich, Brunauer-Emmet-Teller, Toth u.a. Gleichungen, an die die experimentellen Daten angepasst werden können. Für Mehrkomponenten-Systeme wurden ebenfalls eine Reihe von Gleichungssystemen entwickelt, jedoch ist die Bestimmung der notwendigen Modellparameter für die industrielle Anwendung häufig zu aufwendig bzw. nur schwierig zu realisieren.

Im Bereich der Kinetik unterscheidet man zwischen homogenen und heterogenen Modellen. Während homogene Modelle, die den Stofftransport über einen globalen Koeffizienten beschreiben, relativ weit verbreitet sind, werden heterogene Modelle, die eine detailliertere Beschreibung des Transports in den Grenzfilmen und den Poren ermöglichen, nur selten verwendet.

In beiden Gebieten zeigen sich viele Parallelen zwischen Flüssig- und Gasphasenprozessen; häufig werden identische Gleichungen verwendet. Die im Bereich der Thermodynamik und Kinetik diskutierten Phänomene führen zu einer für Adsorptionsanlagen typischen Prozess-Dynamik, die in Form von Durchbruchskurven sichtbar wird.

Literatur zu Kapitel 3

Aced G, Möckel HJ (1991) Liquidchromatographie. VCH-Verlag, Weinheim
Basmadjian D (1997) Little Adsorption Book. CRC Press, Boca Raton
Bathen D (1998) Untersuchungen zur Desorption durch Mikrowellenenergie. VDI-Fortschritt-Bericht Reihe 3, Nr. 548, VDI Verlag, Düsseldorf
Bathen D, Schmidt-Traub H, Simon M (1997) A Gas Adsorption Isotherm for Dealuminated Zeolites. Industrial & Engineering Chemistry Research 36 (9): 3993–3995
Bernadin FE (1985) Experimental design and testing of adsorption and adsorbates. In: Slejko FL (Hrsg.) Adsorption Technology: A Step Approach to Process Evaluation. Marcel Dekker, Inc., New York, Basel, S 37–90
Berti C, Ulbig P, Schulz S (2000) Correlation and Prediction of Adsorption from Liquid Mixtures on Solids by Use of G^E-Models. Adsorption 6 (1): 79–92
Binnewies M, Milke E (1999) Thermochemical Data of Elements and Compounds. Wiley-VCH-Verlag, Weinheim
Brunauer S (1943) The Adsorption of Gases and Vapours. Oxford University Press, Oxford
Brunauer S, Emmet PH, Teller E (1938) Adsorption of Gases in Multimolecular Layers Journal of the American Chemical Society 60: 309–319
Chatzopoulos D, Varma A, Irvine RL (1993) Activated Carbon Adsorption and Desorption of Toluene in the Aqueous Phase. AIChE Journal 39 (12): 2027–2044
Crittenden B, Thomas WJ (1998) Adsorption Technology and Design. Butterworth, Heinemann, Oxford
Daubert TE, Danner RP (1985) Data Compilation Tables of Pure Compounds. American Institute of Chemical Engineers Publishing, New York
Daszkowski T (1991) Strömung, Stoff- und Wärmetransport in schüttungsgefüllten Rohrreaktoren. Dissertation Universität Stuttgart
Degussa AG (1992) Technische Information Wessalith® DAY. Hanau
Delcroix JL (1988) Physical Science Data 32: Gas Phase Chemical Physics Database
Part A: Systems with one element
Part B: Systems with two elements
Part C: Systems with three or four elements.
Elsevier Science Publishing, Amsterdam
Dreisbach F, Müller H, Löhr M, Westkämper A (1998) Volumetrisch-gravimetrische Messung der Koadsorptionsgleichgewichte von CH_4/CO-Mischungen an Aktivkohle bei hohen Drücken. In: Staudt R (Hrsg.) Technische Sorptionsprozesse. VDI-Fortschritt-Berichte Reihe 3, Nr. 554, VDI Verlag, Düsseldorf, S 130–146
Dreisbach F, Lösch HW, Nakai K (2001) Messung von Wasser-Ethanol-Gemischisothermen an Aktivkohlefaser. Chemie Ingenieur Technik 73 (3): 246–252
Eiden U (1989) Über die Einzel- und Mehrstoffadsorption organischer Dämpfe auf Aktivkohle. Dissertation Universität Karlsruhe

Freundlich H (1906) Über die Adsorption in Lösungen. Zeitung der Physikalischen Chemie 57: 385–470

Fritz W, Schlünder E (1974) Simultaneous Adsorption Equilibria of Organic Solutes in Dilute Aqueous Solutions on Activated Carbon. Chemical Engineering Science 29 (5): 1279–1282

v.Gemmingen U (1991) Vergleich der Berechnungsmethoden für die Koadsorption aus der Gasphase. Chemie Ingenieur Technik 63 (1): 62–64

v.Gemmingen U, Mersmann A, Schweighart P (1996) Kap. 6 Adsorptionsapparate. in Weiß S (Hrsg.) Thermisches Trennen. Deutscher Verlag für Grundstoffindustrie, Stuttgart

v.Gemmingen U (1998) Anmerkungen zum Henry'schen Bereich adsorptiver Gleichgewichte. In: Staudt R (Hrsg.) Technische Sorptionsprozesse. VDI-Fortschritt-Berichte Reihe 3, Nr. 554, VDI Verlag, Düsseldorf, S 53–66

v.Gemmingen U (2001) Adsorptive Gleichgewichte bei kleinem Bedeckungsgrad. Chemie Ingenieur Technik 73 (4): 352–357

Hirsch R, Arlt W (1998) Phasengleichgewichte bei der Adsorption aus der Flüssigphase: Eine hochgenaue Messapparatur mit breitem Einsatzspektrum. In: Staudt R (Hrsg.) Technische Sorptionsprozesse. VDI-Fortschritt-Berichte Reihe 3, Nr. 554, VDI Verlag, Düsseldorf, S 215–244

Huggahalli M, Fair JR (1996) Prediction of Equilibrium Adsorption of Water onto Activated Carbon. Industrial & Engineering Chemistry Research 35: 2071–2074

Kärger J, Ruthven DM (1992) Diffusion in Zeolites and other Microporous Solids. John Wiley&Sons, New York

Kajszika HW (1988) Adsorptive Abluftreinigung und Lösungsmittelrückgewinnung durch Inertgasregenerierung. Dissertation TU München, Herbert Utz Verlag, München

Kast W (1988) Adsorption aus der Gasphase. VCH Verlagsgesellschaft, Weinheim

Keller JU, Staudt R, Tomalla M (1992) Volume-Gravimetric Measurements of binary gas adsorption equilibria. Berichte der Bunsen-Gesellschaft : physical chemistry, chemical physics 96 (1): 28–32

Keller JU (1999) Gasadsorption. Seminar „Grundlagen der Adsorptionstechnik", Haus der Technik Essen, 01.02.1999

Kümmel R, Worch E (1990) Adsorption aus wässrigen Lösungen. VEB Verlag für Grundstoffindustrie, Leipzig

L'Air Liquide (1976) Encyclopédie des gaz / Gas Encyclopedia. Elsevier Science Publishing, Amsterdam

Langmuir I (1918) The Adsorption of Gases on Plane Surfaces of Glass, Mica and Platinum. Journal of the American Chemical Society 40: 1361–1403

Lingg G (1996) Die Modellierung gasdurchströmter Festbettadsorber unter Beachtung der ungleichmässigen Strömungsverteilung und äquivalenter Einphasenmodelle. Dissertation TU München

Mijangos F, Navarro A (1995) Parametric Analysis of Phenol Adsorption onto Polymeric Adsorbents. Journal of Chemical Engeering Data 40: 875–879

Markham EC, Benton AF (1931) The Adsorption of Gas Mixtures by Silica. Journal of the American Chemical Society 53: 497–507

Markmann B (1999) Zur Vorhersagbarkeit von Adsorptionsgleichgewichten mehrkomponentiger Gasgemische. Dissertation TU München, Eigenverlag

Maurer RT (1997) Multimodel Approach to Mixed-Gas Adsorption Equilibria Prediction. American Institute of Chemical Engineers Journal 43 (2): 388–397

Maurer S, Mersmann A (1999) Der Einfluss des Feststoffs auf die Adsorptionsneigung verschiedener Adsorptive. Vortrag DECHEMA-GVC-Ausschuss „Adsorption", Münster, 06.05.1999

Maurer S (2000) Prediction of Single-Component Adsorption Equilibria. Dissertation TU München, Herbert Utz Verlag, München

Mersmann A, Börger GG, Scholl S (1991) Abtrennung und Rückgewinnung von gasförmigen Stoffen durch Adsorption. Chemie Ingenieur Technik 63 (9): 892–903

Meyer C (1995) Einfluss von Molekülgrössen auf Koadsorptionsprozesse aus der Gasphase. VDI-Fortschrittberichte Reihe 3, Nr. 378, VDI Verlag, Düsseldorf

Myers AL, Ou JD (1983) Adsorption from Gas Mixtures on Heterogeneous Surfaces. American Institute of Chemical Engineers Symposium Series 79 (230): 1–6

Myers AL, Prausnitz JM (1965) Thermodynamics of Mixed-Gas Adsorption. AIChE Journal 11 (1): 121–127

Olivier MG, Bougard J, Jadot R (1996) Adsorption of Propane, Propylene and Propadiene on Activated Carbon. Applied Thermal Engineering 16 (85): 383–387

Otten W (1989) Simulationsverfahren für die nicht-isotherme Ad- und Desorption im Festbett auf der Basis des Einzelkorns am Beispiel der Lösungsmitteladsorption. VDI-Fortschritt-Bericht Reihe 3, Nr. 186, VDI Verlag, Düsseldorf

Podlesnyuk VV, Marutovsky RM, Savchina LA, Radeke KH (1994) Zur Temperaturabhängigkeit der Adsorption organischer Wasserschadstoffe am Adsorberpolymer Wofatit EP 63. Chemische Technik 46 (6): 343–345

Quesel U (1994) Untersuchungen zum Ein- und Mehrkomponentengleichgewicht bei der Adsorption von Lösungsmitteldämpfen und Gasen an Aktivkohlen und Zeolithen. Dissertation TH Darmstadt

Quesel U, Kast W (1998) Gravimetrische Messung des Mehrkomponenten-Adsorptionsgleichgewichts mit Analyse des Desorbats. In: Staudt R (Hrsg.) Technische Sorptionsprozesse. VDI-Fortschritt-Berichte Reihe 3, Nr. 554, VDI Verlag, Düsseldorf, S 109–129

Radke CJ, Prausnitz JM (1972) Thermodynamics of multisolute adsorption from dilute liquid solutions. AIChE Journal 18 (7): 761–768

Rave H, Esch K, Mathweis D, Ohm M (1998) Oszillometrisch-gravimetrische Messung der Adsorptionsgleichgewichte reiner Gase an Aktivkohle. In: Staudt R (Hrsg.) Technische Sorptionsprozesse. VDI-Fortschritt-Berichte Reihe 3, Nr. 554, VDI Verlag, Düsseldorf, S 185–199

Rave H, Staudt R, Keller JU (1999) Measurement of gas-adsorption equilibria via rotational oscillations. Journal of Thermal Analysis and Calorimetrie 55 (2): 601–608

Rebhun M, Sheindorf C (1983) Prediction of Breakthrough Curves from Fixed-Bed-Adsorbers with Freundlich-type Multisolute Isotherms. Chemical Engineering Science 38 (2): 335–342

Reschke G, Stach H, Jaenchen J, Suckow M, Bordes E, Hannemann J (1990) Adsorption binärer Gemische an Aktivkohle. Zeitschrift für Physikalische Chemie (Leipzig) 271 (2): 277–287

Reschke G, Stach H, Winkler K, Hannemann J, Bordes E (1993) Studien zur Adsorption binärer und ternärer Gasgemische an Aktivkohle im Festbett – Teil 1: Anwendung des Modells der Gleichgewichtsdynamik. Chemische Technik (Leipzig) 45 (1): 30–36

Rivkin SL (1988) Thermodynamic Properties of Gases. Hemisphere Publishing, New York

Robens E, Keller JU, Massen CH, Staudt R (1999) Sources of error in sorption and density measurements. Journal of Thermal Analysis and Calorimetry 55 (2): 383–387

Ruthven DM (1984) Principles of Adsorption and Adsorption Processes. John Wiley & Sons, New York

Sakuth M, Schweer A, Sander S, Meyer J, Gmehling J (1990) Die Adsorptionsdatenbank – Datenbank und Softwarepaket für Adsorptionsgleichgewichte von Gasen und Dämpfen. Chemie Ingenieur Technik 70 (10): 1324–1327

Sakuth M, Meyer J, Gmehling J (1998) Measurement and prediction of binary adsorption equilibria of vapors on dealuminated Y-zeolites (DAY). Chemical Engineering and Processing 37: 267–277

Sander S, Schweer A, Gmehling J (1998) Messung und Modellierung ternärer Adsorptionsgleichgewichte. In: Staudt R (Hrsg.), Technische Sorptionsprozesse. VDI-Fortschrittberichte Reihe 3, Nr. 554, VDI Verlag, Düsseldorf, S 162–171

Sander S (2000) Experimentelle Bestimmung von Adsorptionsgleichgewichten und Evaluation von Adsorptionsgleichgewichtsmodellen. Dissertation Universität Oldenburg

Schadl J (1986) Vergleich der Kinetik der Ad- und Desorption am Einzelpellet und im adiabaten Festbett am Beispiel von H_2O und CO_2 an Molekularsieb 5A. Dissertation TU München

Schay G, Nagy LG (1961) Nouveaux aspects de l'interprétation des isothermes d'absorption de mélanges liquides binaires sur des surfaces solides. Journal de chimie physique et de physico-chimie biologique 58 (2): 149–158

Schöllner R, Schaller R (1994) Untersuchungen zur Kinetik der Diffusion von Ethen in 4A-Zeolithen. Journal für Praktische Chemie 336: 237–242

Scholl S (1991) Zur Sorptionskinetik physisorbierter Stoffe an festen Adsorbentien. Dissertation TU München

Scholl S, Mersmann A (1991) Zur binären Adsorption an Adsorbenseinzelkörnern. Forschungs-Journal Verfahrenstechnik 2: 32–34

Scholl S, Schachtl M, Sievers W, Schweighart P, Mersmann A (1992) Calculation methods for multicomponent adsorption equilibria. Chemical Engineering Technology 14 (5): 311–324

Schulthess CP, Dey DK (1996) Estimation of Langmuir Constants using Linear and Nonlinear Least Squares Regression Analyses. Soil Science Society of America Journal 60: 433–442

Schweighart PJ (1993) Adsorption mehrerer Komponenten in biporösen Adsorbentien. Dissertation TU München

Seerig A (1993) Untersuchungen zum Energie- und Stofftransport in feuchten porösen Stoffen. VDI-Fortschrittberichte Reihe 3, Nr. 304, VDI Verlag, Düsseldorf

Sievers W (1993) Über das Gleichgewicht der Adsorption in Anlagen zur Wasserstoffgewinnung. Dissertation TU München

Sievers W, Schweighart P, Mersmann A (1991) Mehrkomponenten-Adsorptionsgleichgewichte – Messtechnik und Rechenmodelle. Forschungs-Journal Verfahrenstechnik 3: 2–9

Sips R (1948) On the structure of catalyst surface. Journal of Chemical Physics 16 (5): 490–495

Sontheimer H, Frick BR, Fettig J, Hörner G, Hubele C, Zimmer G (1985) Adsorptionsverfahren zur Wasserreinigung. DGVW-Forschungsstelle Engeler-Bunte-Institut, Universität Karlsruhe

Staudt R (1994) Analytische und experimentelle Untersuchung von Adsorptionsgleichgewichten von reinen Gasen und Gasgemischen an Aktivkohlen und Zeolithen. Dissertation Universität Siegen

Staudt R, Gummersbach S, Kramer S, Dohrmann S (1998) Impedanzspektroskopische Untersuchungen zur Bestimmung von Adsorptionsgleichgewichten reiner Gase an porösen Stoffen. In: Staudt R (Hrsg.) Technische Sorptionsprozesse. VDI-Fortschritt-Berichte Reihe 3, Nr. 554, VDI Verlag, Düsseldorf, S 172–184

Steinweg B (1996) Über den Stofftransport bei der Ad- und Desorption von Schadstoffen an/von Aktivkohle im Bereich umweltrelevanter Gaskonzentrationen. Shaker Verlag, Aachen

Thommes M (1999) Aspekte der Charakterisierung mesoporöser Materialien durch Gasadsorption. Seminar „Grundlagen der Adsorptionstechnik", Haus der Technik Essen, 01.02.1999

Tien C (1994) Adsorption Calculations and Modeling. Butterworth-Heinemann, Boston

Toth J (1971) State Equations of the Solid-Gas Interface Layers. Acta chimica Academiae Scientiarum Hungaricae 69: 311–328

Ulbig P (1999) Grundlagen der Adsorption. Skriptum, Universität Dortmund

Ulbig P, Berti C, Schulz S (1998) Correlation and Prediction of Liquid-phase Adsorption Equilibria. Progress in Colloid and Polymer Science 111: 48–51

Ulbig P, Friese T, Schulz S (1996) Development of a Universal Group Contribution Model for Single-Component and Multicomponent Adsorption of Liquids on Various Adsorbents (UGCMA). Industrial & Engineering Chemistry Research 35 (6): 2032–2038

Valenzuela DP, Myers AL (1989) Adsorption Equilibrium Handbook. Prentice Hall, Englewood Cliffs

VDI-Wärmeatlas, 8. Auflage (1997) Springer-Verlag, Berlin

Wang RC, Chang SC (1999) Adsorption/desorption of phenols onto granular activated carbon in a liquid-solid fluidized bed. Journal of Chemical Technology and Biotechnology 74: 647–654

Wienands T (1993) Stofftransport in der Gas-, Kondensat- und Sorbatphase – Ihr Einfluss auf die Kinetik der Adsorption von Toluol an Aktivkohle. VDI-Fortschrittberichte, Reihe 3, Nr. 318, VDI Verlag, Düsseldorf

Yang RT (1987) Gas Separation by Adsorption Process. Butterworth Publishers, Stoneham, USA

4 Mathematische Beschreibung von Adsorption und Desorption

4.1 Zielsetzung der Modellierung

Ziel der Modellierung/Simulation von Adsorptionsprozessen ist die Vorausberechnung des realen Adsorberverhaltens. Hierbei ist die Durchbruchskurve, die die zeitliche Entwicklung der Austrittskonzentration am Adsorber darstellt, von besonderem Interesse. Prinzipiell handelt es sich um die Berechnung des dynamischen Verhaltens von vier Variablen:

- Beladung des Adsorbens (Adsorpt-Konzentrationen in der adsorbierten Phase),
- Konzentrationen der Adsorptive in der fluiden Phase,
- Temperatur des Adsorbats (Temperatur des Feststoffs) und
- Temperatur der fluiden Phase.

Ist mehr als eine adsorbierbare Komponente an dem Prozess beteiligt, ist es notwendig, für jedes der beteiligten Adsorptive, Konzentrationen in der adsorbierten und der fluiden Phase zu berechnen, so dass sich die Zahl der Zielgrößen entsprechend erhöht. So sind für zwei adsorbierbare Komponenten demzufolge sechs Variablen (zwei Beladungen, zwei Fluidkonzentrationen sowie Festbett- und Gasphasentemperatur) zu berechnen.

Die (mögliche) Komplexität und Dynamik von Adsorptionsprozessen wird an dem Beispiel aus Abb. 4.1 deutlich, das ein Adsorptions-Experiment mit dem Stoffsystem Ethanol-Aceton-Luft an einem Zeolithen zeigt. Dargestellt sind die Durchbruchskurven der beiden Lösungsmittel am Adsorberaustritt und die Temperatur in der Mitte des Festbetts (auf halber Schütthöhe). An den starken Schwankungen der Durchbruchskurve des Acetons während der Adsorption kann man u.a. die starken Wechselwirkungen der beiden Adsorptive untereinander ablesen, die eine Simulation erschweren.

In vielen Fällen ist es möglich, die Zahl der Variablen zu reduzieren, um Rechenzeit zu sparen. So können z.B. die meisten Flüssigphasenprozesse als isotherm betrachtet werden (Abschn. 4.6).

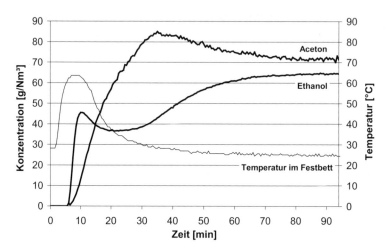

Abb. 4.1. Adsorptions-Experiment mit dem Stoffsystem Ethanol-Aceton-Luft an dem Zeolithen Wessalith® DAY (Die Konzentrationen wurden am Austritt des Festbettes gemessen, die Temperatur in der Mitte der Schüttung auf halber Schütthöhe.)

Häufig wird auch versucht, durch Definition von Leitkomponenten die Komplexität des Problems zu minimieren. Befinden sich beispielsweise die Komponenten Toluol, Benzol, Ethanol und Propanol in einem Abluftstrom, so müssten theoretisch neben den vier organischen Komponenten noch mindestens fünf Luftbestandteile (Stickstoff, Sauerstoff, Argon, Wasser und Restgase) und somit neun Stoffe, d.h. insgesamt $9 \cdot 2 + 2 = 20$ Variablen, berücksichtigt werden. Geht man aber davon aus, dass die gasförmigen Luftbestandteile nicht adsorbiert werden und Benzol und Toluol sowie Ethanol und Propanol ein ähnliches Adsorptionsverhalten zeigen, kann das Problem für eine erste Simulation auf ein Dreikomponentengemisch Benzol-Ethanol-Wasser in dem inerten Trägergas Luft reduziert werden. Die Zahl der Variablen sinkt somit von 20 auf $3 \cdot 2 + 2 = 8$.

Man sollte bei diesen Vereinfachungen jedoch immer im Gedächtnis behalten, dass es sich lediglich um Annäherungen an die realen Verhältnisse handelt. Häufig führen in der Adsorptionstechnik nicht beachtete Störstoffe niedriger Konzentration zu Problemen!

4.2 Ansätze zur Modellierung und Simulation

Die Modellierung von Adsorptionsprozessen kann prinzipiell über drei verschiedene Ansätze führen (Seidel-Morgenstern 1995; Tien 1994):

1. Gleichgewichtsmodelle:
   Bei diesen Modellen werden Stofftransportwiderstände und strömungsmechanische Nichtidealitäten (z.B. Dispersion) vernachlässigt und die sofortige Ein-

stellung eines temporären und lokalen Adsorptions-Gleichgewichts postuliert. Da bei technischen Adsorptionsprozessen der Einfluss dieser Faktoren in der Regel nicht zu vernachlässigen ist, eignen sie sich diese Modelle nur für grobe Auslegungen (Reschke et al. 1993).

2. Zellenmodelle:
Bei Zellenmodellen werden die Adsorberkolonnen in n gleiche Zellen (häufig auch theoretische Trennstufen genannt) unterteilt, in denen jeweils Gleichgewicht zwischen der fluiden und der festen Phase herrscht. Je nachdem, welchen Ansatz man wählt, werden verschiedene Verweilzeitverteilungen in den ideal durchmischten Zellen angesetzt. Weit verbreitet ist z.B. ein Modell, bei dem das Adsorberbett in eine Kaskade von n ideal durchmischten Rührkesseln eingeteilt wird und für jede Stufe die Bilanzgleichungen eines Rührkesselreaktors gelöst werden.
Prinzipiell sind diese Modelle zur Beschreibung von Adsorptionsprozessen geeignet, haben aber den Nachteil, dass in Mehrkomponenten-Prozessen für jede Komponente eine eigene Zahl von Zellen definiert werden muss, was sich numerisch nicht oder nur unter großem Aufwand realisieren lässt.

3. Kinetische Modelle:
Kinetische Modelle beruhen im Kern auf Differentialgleichungen, die sich aus den differentiellen Massen- bzw. Energiebilanzen für die fluide und die feste Phase ergeben. Je nach Grad der Detaillierung werden in diesen Differentialgleichungen zusätzliche Effekte berücksichtigt, welche von der Dispersion über einfache kinetische Ansätze bis hin zu detaillierten Modellen für den Stofftransport in den Poren des Adsorbens reichen.
Abb. 4.2 gibt einen Überblick über die verschiedenen Modellansätze und den jeweiligen Detaillierungsgrad.

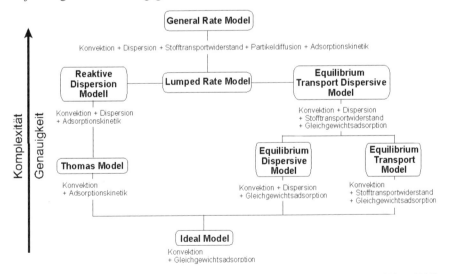

Abb. 4.2. Übersicht über verschiedene Modellansätze für Adsorptionsprozesse (Klatt 1999)

In der industriellen Praxis findet man häufig Adsorber, die auf der Basis von Gleichgewichtsmodellen simuliert und ausgelegt wurden. In zunehmendem Maße werden jedoch Zellenmodelle und kinetische Modelle eingesetzt, da sie eine exaktere Beschreibung der Prozesse und eine wirtschaftlichere Dimensionierung/Betrieb der Anlagen ermöglichen (Seidel-Morgenstern 1995).

Im Folgenden werden ausgehend von den in Abschn. 4.3 definierten Bilanzräumen je ein Modell zur Simulation von Adsorptions-Desorptionsverfahren für die Gasphase (Abschn. 4.5) und die Flüssigphase (Abschn. 4.6) hergeleitet. Aus didaktischen Gründen handelt es sich um kinetische Modelle, deren Herleitung anschaulicher ist und das Verständnis für den Prozess der Adsorption mit all seinen Begleiterscheinungen stärker fördert als die etwas unanschaulichen Zellenmodelle. Für eine vertiefte Auseinandersetzung mit den diversen Modellierungsansätzen sei die Lektüre der Bücher von Tien 1994 und Seidel-Morgenstern 1995 empfohlen.

Um ein mathematisches Modell der Adsorption entwickeln und computergestützt simulieren zu können, müssen Annahmen getroffen werden. Diese resultieren im Wesentlichen aus zwei Fragestellungen:

1. Wie genau soll der Prozess simuliert werden, d.h. welche Effekte müssen/können berücksichtigt bzw. vernachlässigt werden (Modellierungstiefe)?
2. Welchen speziellen Randbedingungen unterliegt der Prozess (Geometrie, Stoffdaten, Betriebsparameter)?

Hierbei ist insbesondere darauf zu achten, dass mit vertretbarem Aufwand das resultierende Gleichungssystem gelöst (PC-Leistung, Software) und die notwendigen Parameter ermittelt werden können.

Moderne dynamische Prozesssimulatoren, wie z.B. gPROMS®, SPEEDUP® oder der ASPEN® Custom Modeller, sind i.d.R. in der Lage Systeme gewöhnlicher Differentialgleichungen (ODE: Ordinary Differential Equation) zu lösen. Daher ist es zur Lösung von dynamischen Adsorptionsprozessen nötig, die auftretenden Systeme partieller Differentialgleichungen (PDE: Partial Differential Equation) in Systeme von ODEs umzuwandeln. Dazu geht man i.d.R. nach der Methode der „method of lines" vor, d.h. man wandelt die PDEs durch Ersatz der Ortsableitungen in ein System von ODEs um, die nur noch Zeitableitungen besitzen. Dazu können verschiedene numerische Verfahren angewendet werden, von denen hier lediglich die in der Adsorptionstechnik am häufigsten angewendeten Methoden kurz genannt werden sollen (Davis 1984; Dieterich et al. 1992; Finlayson 1980; Rice u. Do 1995):

1. Die Grundlage der *Finite-Differenzen-Methoden* ist die Approximation eines Differentialquotienten durch Differenzenquotienten, was auf verschiedene Arten erfolgen kann, z.B. über einen vorderen oder hinteren Differenzenquotienten und über zentrale Differenzenquotienten (Dieterich et al. 1992; Seidel-Morgenstern 1995). Vor allem Durchbruchs- und Retentionszeiten können mit ausreichender Genauigkeit berechnet werden, die Form der Durchbruchskurve oder von Elutionspeaks können mitunter jedoch nicht ausreichend approximiert werden (Ma et al. 1996). Um diesen Nachteil zu umgehen, wurden Verfahren mit veränderlichem Diskretisierungsgitter basierend auf finiten

Differenzen entwickelt, die auch für Prozesse mit steilen Konzentrationsfronten geeignet sind (Salden et al. 1999).
2. Der Grundgedanke *orthogonaler Kollokations-Methoden* ist, dass jede Lösung einer partiellen Differentialgleichung durch ein Polynom n-ten Grades beschrieben werden kann, wobei die Kollokationspunkte automatisch vorgegeben werden. Somit werden die örtlichen Verläufe der Konzentrationen in einem Festbett durch orthogonale Polynome approximiert. Ein entscheidender Vorteil dieser numerischen Verfahren ist, dass der Fehler bedeutend schneller abnimmt als im Gegenzug die Anzahl der Gleichungen steigt. Jedoch ist bei Adsorptionssystemen mit geringen Rückvermischungseffekten eine große Anzahl innerer Stützstellen erforderlich, um niedrige Rundungsfehler und das Unterdrücken von Oszillationen der Approximation zu gewährleisten (Seidel-Morgenstern 1995).
3. Um diese Probleme zu vermeiden, wird zunehmend die Methode der *orthogonalen Kollokation auf finiten Elementen* (OCFE) verwendet (Seidel-Morgenstern 1995; Ma et al. 1996), mit der auch Konzentrationsverläufe mit steilen Gradienten approximiert werden können, da die Lösungspolynome nur über einen Teil der Region definiert werden und somit Lösungspolynome mit einem geringeren Grad die Lösung in dem kleineren Gebiet gut beschreiben (Ma et al. 1996). Schnellere Rechenzeiten und genauere Approximationen können auch bei diesem Verfahren mit veränderlichen Diskretisierungsgittern erreicht werden (Kaczmarski et al. 1997).

4.3 Bilanzräume der Modellierung von Adsorptionsprozessen

Bevor die Bilanzen aufgestellt werden können, müssen die Bilanzräume definiert werden. Hierzu sind in Abb. 4.3 die vier Bilanzräume für die in Abschn. 4.5 und 4.6 folgenden Modelle dargestellt.

Die einzelnen Bilanzräume beschreiben:

1. die *Adsorberkolonne* mit dem Festbett der Länge L und dem Querschnitt A, die in n zylinderförmige Volumenelemente der Dicke dz unterteilt wird,
2. die *Volumenelemente der Kolonne* der Dicke dz (mit derselben Querschnittsfläche A wie die Kolonne), die sich aus einer konstanten Zahl an Einzelkörnern zusammensetzen,
3. die kugelförmigen *Einzelkörner* mit dem Durchmesser d_P und
4. die kugelschalenförmigen *Volumenelemente in den Einzelkörnern*, die den kleinsten Bilanzraum darstellen.

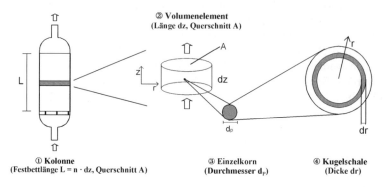

Abb. 4.3. Bilanzräume der Modellierung

4.4 Unterschiede von Gasphasen- und Flüssigphasen-Adsorption

Adsorptionsprozesse laufen in der Gas- und Flüssigphase prinzipiell gleich ab, weshalb sich die Modellierung der Gasphasen- (Abschn. 4.5) und der Flüssigphasen-Adsorption (Abschn. 4.6) stark ähnelt. Unterschiede resultieren aus den verschiedenen Phasenzuständen des Lösungsmittels, aus dem das Adsorptiv entfernt wird. Da es sich bei der Modellierung und Simulation von verfahrenstechnischen Prozessen immer um eine Optimierung zwischen notwendiger Modellierungstiefe und Rechenzeit handelt, werden spezifische Vereinfachungen getroffen, die zu unterschiedlichen Differentialgleichungssystemen in Gas- und Flüssigphase führen. Diese Unterschiede manifestieren sich in drei Punkten:

- Aufgrund der niedrigen Wärmekapazität von Gasen und der hohen Adsorptionsenthalpien tritt in Gasphasenprozessen eine nicht zu vernachlässigende Wärmetönung auf. Daher sind neben Massenbilanzen auch Energiebilanzen aufzustellen.
  In Flüssigphasen-Adsorptionsprozessen verändern sich die Temperaturen dagegen nur unwesentlich, da Flüssigkeiten höhere volumetrische Wärmekapazitäten aufweisen und die Adsorptionsenthalpien nicht so hoch wie in Gasphasenprozessen sind. Daher reichen i.d.R. Massenbilanzen aus, um Adsorptionsprozesse in Flüssigkeiten zu simulieren.
- Bei Gasphasenprozessen ist im Gegensatz zur Flüssigphase der Einfluss des Druckes nicht zu vernachlässigen:
  - Die Zustandsgleichungen von Gasen und somit z.B. der Volumenstrom des Fluids sind stark vom Druck abhängig (s. Abschn. 4.7.1).
  - Der Druck hat einen deutlichen Einfluss auf das Adsorptionsgleichgewicht (s. Abschn. 3.1). Bei PSA-Prozessen ist diese Abhängigkeit zu berücksichtigen.

- Durch Druckwechsel kann der dominierende Stofftransportmechanismus wechseln. Während bei TSA- und CSA-Prozessen die Kinetik von Knudsen- und freier Diffusion bestimmt wird, kann bei PSA-Prozessen die laminare Diffusion den Stofftransport dominieren (s. Abschn. 3.2).
- Bei der Beschreibung der Adsorptionskinetik haben sich verschiedene Modellierungstiefen bei Gasphasen- und Flüssigphasenprozessen durchgesetzt:
  - Bei Gasphasenprozessen ist i.d.R. ein linear driving force-Ansatz (LDF-Modell) ausreichend, um die Kinetik zu beschreiben (s. Abschn. 4.5). Ursache hierfür ist, dass der Einfluss der Isothermen auf die (nicht isothermen) Gasphasenprozesse sehr viel stärker ist als der Einfluss der Kinetik. Da die Messung von Isothermen sehr aufwändig ist, sind die zur Verfügung stehenden Isothermendaten häufig relativ ungenau. Bei dieser Ausgangslage ist eine vertiefte Modellierung der Kinetik nicht sinnvoll, da sie bei der Ungenauigkeit der Isothermenmessung nicht aussagekräftig ist.
  - Die Kinetik von Flüssigphasen-Adsorptionsprozessen wird häufig detaillierter anhand eines äußeren und inneren Stofftransportwiderstandes beschrieben (s. Abschn. 4.6). Dies ist sinnvoll, weil der Einfluss der Isothermen auf den (quasi-)isothermen Adsorptionsprozess niedriger ist. Dennoch wird auch hier häufig auf LDF-Ansätze zurückgegriffen, da v.a. bei kleinen Partikeln (z.B. in der Chromatographie) die Porendiffusion keinen großen Einfluss auf den Stofftransport hat.

4.5 Modell der Gasphasen-Adsorption

Zunächst soll ein dispersed plug flow-Modell (DPF-Modell) für die nichtisotherme Gasphasen-Adsorption hergeleitet werden, wobei aus Gründen der Übersichtlichkeit ein Einkomponenten-Prozess betrachtet wird. Die Beladungs- und Konzentrationsgradienten in den Adsorbenspartikeln sollen nicht berücksichtigt werden, so dass der Stoffübergangswiderstand durch einen linear driving force-Ansatz (LDF-Ansatz) beschrieben wird und eine differentielle Bilanzierung der Partikel (Bilanzraum 4 in Abb. 4.3) nicht notwendig ist. Das Modell ist für Adsorptionsprozesse unter Normaldruckbedingungen geeignet. Für die Modellierung von Druckwechselprozessen ist ein entsprechendes Modell in Abschn. 5.2.1 dokumentiert. Als Maß für die Adsorptivmenge in der fluiden Phase wird die Konzentration in [g/Nm³] verwendet, da diese Einheit in entsprechenden Richtlinien (z.B. TA Luft) gebräuchlich ist. Die Umrechnung der Partialdrücke kann nach dem jeweiligen thermodynamischen Gesetzmäßigkeiten (z.B. ideales Gasgesetz in Abschn. 4.7.1) erfolgen.

Es sind vier Zielgrößen zu simulieren (siehe Abschn. 4.1), nämlich die Konzentration des Adsorptivs in der adsorbierten und der fluiden Phase sowie die Temperaturen der festen und der fluiden Phase. Zur Berechnung dieser Größen werden zwei (isotherme Adsorption) bzw. vier Differentialgleichungen (nichtisotherme Adsorption), die aus entsprechenden Bilanzen resultieren, benötigt:

110   4 Mathematische Beschreibung von Adsorption und Desorption

1. Massenbilanz der festen Phase (Adsorbens + Adsorpt) → Abschn. 4.5.2
2. Energiebilanz der festen Phase (Adsorbens + Adsorpt) → Abschn. 4.5.3
3. Massenbilanz der fluiden Phase (Gasphase inkl. Adsorptiv) → Abschn. 4.5.4
4. Energiebilanz der fluiden Phase (Gasphase inkl. Adsorptiv) → Abschn. 4.5.5

4.5.1 Annahmen zur Modellbildung

Auf der Basis des hier entwickelten Modells sind nicht-isotherme Adsorptions-/ Desorptionsprozesse mit den heutzutage (2001) zur Verfügung stehenden PCs und der entsprechenden Software gut zu simulieren. Zur Bestimmung der notwendigen Parameter sei auf die Abschn. 4.7.2 und 4.7.3 sowie Kapitel 3 verwiesen. Im Einzelnen liegen dem Modell folgende Annahmen zugrunde:

1. Modelliert wird eine *nicht-isotherme Einkomponenten-Desorption*. Einflüsse durch konkurrierende Adsorptive werden vernachlässigt. Eine Erweiterung des Modells auf Gemisch-Adsorptions-Desorptions-Prozesse ist durch Ergänzung der entsprechenden Gemisch-Isothermen/-Kinetik möglich (siehe Kapitel 3).
2. *Radiale Effekte* werden *vernachlässigt*, d.h. radiale Strömungs-, Temperatur-, Beladungs- oder Konzentrationsgradienten werden in den Modellgleichungen nicht berücksichtigt. Diese Annahme ist in vielen technischen Prozessen zulässig, muss aber sorgfältig überprüft werden, da sie neben einer gleichmäßigen Durchströmung u.a. einen ausreichenden Kolonnendurchmesser voraussetzt. Als Faustformel kann das Kriterium, dass der Kolonnendurchmesser mindestens zehnmal größer als der Partikeldurchmesser sein sollte, gelten (vergl. Gl. 4.69) (Daszkowski 1991; Daszkowski u. Eigenberger 1992; Kast 1988; Papageorgiou u. Froment 1995).
Für Modellierungen, in denen eine radiale Diskretisierung der Adsorberkolonne durchgeführt werden muss, sei auf die Dissertationen von Daskowski 1991 und Lingg 1996 verwiesen.
3. Die *Systemgeometrie* wird als *konstant* betrachtet. Der Einfluss von Einbauten (z.B. Temperatursensoren) und Querschnittsveränderungen durch Fertigungstoleranzen, Verdichtung der Adsorbenspackung o.ä. wird vernachlässigt.
4. Die *Geometrie der Partikel* wird über *äquivalente Kugeln* beschrieben. Diese Vorgehensweise ist häufig notwendig, wenn eine Berücksichtigung der realen Partikelformen und -größenverteilung nicht möglich bzw. zu aufwändig ist. Die entsprechende Berechnung äquivalenter Kugeldurchmesser kann den Fachbüchern der mechanischen Verfahrenstechnik (z.B. Stieß 1995) entnommen werden.
5. Die *unbeladene Adsorbensschüttung* wird als *homogenes System* betrachtet. Die entsprechenden *Stoffwerte* (ε_L, ρ_S, c_{pS}) werden als *konstant* angenommen, wenn sie im betrachteten Temperatur-/Druckintervall keine gravierenden Abhängigkeiten zeigen.
6. Die *Wärmekapazität der Gasphase in den Adsorbensporen* wird *vernachlässigt*. Bei einer Partikelporosität von 0,69 und einem typischen Dichteverhältnis von Feststoff zu Gasphase von $3 \cdot 10^3$ (bei Normaldruck) ergibt sich unter der An-

nahme einer gleichen Wärmekapazität eine um drei Größenordnungen größere Wärmespeicherkapazität des Feststoffs.
7. *Konzentrations- und Temperaturgradienten in den Einzelpartikeln* werden *vernachlässigt*. Über die vorhandenen Gradienten können häufig nur qualitative Aussagen/Abschätzungen gemacht werden, so dass die Verwendung komplexerer Modelle (siehe Abschn. 3.2) einen stark spekulativen Charakter hat. Daher werden in dem vorliegenden Modell einfache Linear-Driving-Force-Ansätze (LDF) verwendet, die mit Hilfe *eines* globalen Koeffizienten und *einer* (globalen) treibenden Konzentrationsdifferenz zwischen fester und fluider Phase den Adsorptions-Desorptionsprozess beschreiben. Bei Vorhandensein genauerer Daten ist eine höhere Modellierungstiefe erstrebenswert, da viele Adsorptionsprozesse diffusionslimitiert sind. Für eine aufwändigere Modellierung mit kombinierter Film- und Porendiffusion sei an dieser Stelle auf die Dissertation von Otten (Otten 1989) verwiesen.
8. Die *Wärmeleitung in den Partikeln* wird analog zu Kast 1988 und Yang 1987 im Rahmen des *dispersiven Energietransports in der Gasphase* berücksichtigt. Diese Zusammenfassung ermöglicht eine gleichlautende Formulierung des Stoff- und des Energietransports und vereinfacht sowohl die Parameterbestimmung als auch die rechentechnische Umsetzung der Modelle erheblich (bei vernachlässigbarem Einfluss auf die Simulationsergebnisse).
9. Die *Gasphase* wird als *homogenes System* beschrieben, das hinsichtlich seiner Temperatur- und Druckabhängigkeit dem *idealen Gasgesetz* unterliegt. Diese Annahme ist gerechtfertigt, wenn die betrachteten Temperatur- und Konzentrationsbereiche von den kritischen Werten weit entfernt sind.
10. Soweit nicht gravierende Änderungen auftreten, werden *Stoffdaten als Mittelwert der entsprechenden Temperatur- und Konzentrationsintervalle* berechnet und als konstant angenommen.

4.5.2 Massenbilanz der festen Phase

Während der Adsorption wandert das Adsorptiv aus der fluiden Phase in die feste Phase und wird dort adsorbiert. Bei der Massenbilanz für die Schüttung (Abb. 4.4) stellt man daher dem instationären Speicherterm den adsorbierenden Massenstrom gegenüber. Somit ergibt sich:

$$\frac{\partial m_{sp}}{\partial t} = d\,\dot{m}_{Ads} \qquad (4.1)$$

Der Speicherterm kann durch folgende Gleichung substituiert werden:

$$\frac{\partial m_{Sp}}{\partial t} = m_S \frac{\partial X}{\partial t} = \rho_S\,(1-\varepsilon_L)\,A\,dz\,\frac{\partial X}{\partial t} \qquad (4.2)$$

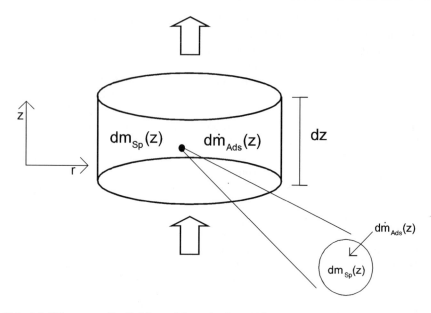

Abb. 4.4. Bilanzraum für die Massenbilanz der festen Phase

Für die Beschreibung der Adsorptionskinetik wird ein LDF-Ansatz, der in Abschn. 3.2 genauer erläutert wird, gewählt. Die Differenz zwischen der realen Beladung X und der Gleichgewichtsbeladung X_{Gl} stellt die Triebkraft der Adsorption, A_{sp} die volumenspezifische Oberfläche der Adsorbenspartikel und k_{eff} den effektiven Stoffdurchgangskoeffizienten dar:

$$d\dot{m}_{Ads} = k_{eff}\,(1-\varepsilon_L)\,A\,dz\,A_{sp}(X_{Gl}-X) \qquad (4.3)$$

Die erste Differentialgleichung des Modells erhält man durch Einsetzen von Gl. 4.2 und 4.3 in Gl. 4.1. Sie lautet:

$$\frac{\partial X}{\partial t} = \frac{k_{eff}\,A_{sp}}{\rho_S}(X_{Gl}-X) \qquad (4.4)$$

4.5.3 Energiebilanz der festen Phase

Die Energiebilanz für die Adsorbensschüttung (Abb. 4.5) besteht aus drei Anteilen: dem Akkumulations- oder Speicherterm, dem Wärmeübergang zwischen Partikel und Gasphase sowie dem Adsorptionsstrom.

Da es sich um ein ruhendes Festbett handelt und die Wärmeleitung in den Partikeln unter der dispersiven Wärmeleitung in der Gasphase subsummiert wird (Annahme 8), müssen in der Wärmebilanz der festen Phase keine axialen Terme berücksichtigt werden. Die Bilanzierung der Wärmeverluste durch die Wand erfolgt im Rahmen der Gasphasenbilanz, da der Lückengrad in Wandnähe gegen 1 strebt (vergleiche Abb. 4.13).

Die Bilanzierung des dargestellten Volumenelements führt zu folgender Gleichung:

$$\frac{\partial\, dQ_{Sp}}{\partial t} = -d\dot{Q}_{W\ddot{U}} + d\dot{Q}_{Ads} \tag{4.5}$$

Der Akkumulationsterm setzt sich aus drei Anteilen zusammen, der Wärmespeicherung durch den Feststoff, das Adsorptiv und die Wand der Kolonne:

$$\frac{\partial\, dQ_{Sp}}{\partial t} = \frac{\partial}{\partial t}((dm_S c_{pS} + dm_A c_{pA} + dm_{Wand} c_{pWand}) T_F) \tag{4.6}$$

Für die Stoffmenge des jeweiligen Anteils gilt:

$$dm_S = \rho_S\, dV_S = \rho_S\, A\, (1-\varepsilon_L)\, dz \tag{4.7}$$

$$dm_{Wand} = m_{Wand}\, \frac{dz}{L} \tag{4.8}$$

$$dm_A = X\, dm_S = X\, \rho_S\, A\, (1-\varepsilon_L)\, dz \tag{4.9}$$

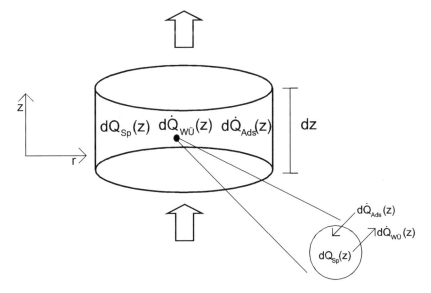

Abb. 4.5. Bilanzraum für die Energiebilanz der festen Phase

Setzt man Gl. 4.7–4.9 in Gl. 4.6 ein und wendet die Produktregel der Differentialrechnung an, so erhält man die endgültige Form des Akkumulationsterms:

$$\frac{\partial dQ_{Sp}}{\partial t} = \left(\rho_S A (1-\varepsilon_L)(c_{pS} + X c_{pA}) + \frac{m_{Wand}}{L} c_{pWand} \right) dz \frac{\partial T_F}{\partial t}$$
$$+ \rho_S A (1-\varepsilon_L) c_{pA} T_F \, dz \frac{\partial X}{\partial t} \quad (4.10)$$

Der Energieaustauschterm zwischen fluider und fester Phase aus Gl. 4.5 kann als Wärmeübergang beschrieben werden (s. Abschn. 3.2), so dass gilt:

$$d\dot{Q}_{W\ddot{U}} = \alpha_P \, dA_{Grenz} (T_F - T_G) = \alpha_P (1-\varepsilon_L) A_{sp} A \, dz (T_F - T_G) \quad (4.11)$$

Durch die Adsorption wird dem Adsorbens zum einen die Adsorptionsenthalpie und zum anderen ein konvektiver Energieanteil zugeführt, so dass der dritte Term aus Gl. 4.5 wie folgt ausgedrückt werden kann:

$$d\dot{Q}_{Ads} = \left(\frac{\Delta h_{Ads}}{M_A} + c_{pA} T_F \right) d\dot{m}_{Ads}$$
$$= \rho_S A (1-\varepsilon_L) \left(c_{pA} T_F + \frac{\Delta h_{Ads}}{M_A} \right) \frac{\partial X}{\partial t} dz \quad (4.12)$$

Setzt man die Gl. 4.10–4.12 in Gl. 4.5 ein und formt diese um, so erhält die Energiebilanz für die Schüttung ihre endgültige Form:

$$\frac{\partial T_F}{\partial t} - \frac{\Delta h_A}{M_A \cdot \left(c_{pS} + X c_{pA} + \dfrac{m_{Wand} c_{pWand}}{\rho_S A L (1-\varepsilon_L)} \right)} \frac{\partial X}{\partial t} =$$

$$- \frac{\alpha_P A_{Sp}}{\rho_S \cdot (1-\varepsilon_L) \cdot \left(c_{pS} + X c_{pA} + \dfrac{m_{Wand} c_{pWand}}{\rho_S A L (1-\varepsilon_L)} \right)} (T_F - T_G) \quad (4.13)$$

4.5.4 Massenbilanz der fluiden Phase

Die Massenbilanz für die Gasphase (Abb. 4.6) berücksichtigt neben einem Akkumulationsterm und axialen Transporttermen für die dispersiven und die konvektiven Stoffströme einen Austauschterm zwischen fluider und fester Phase, der analog zum Adsorptionsstrom in der Feststoffmassenbilanz (Abschn. 4.5.2) formuliert wird.

4.5 Modell der Gasphasen-Adsorption 115

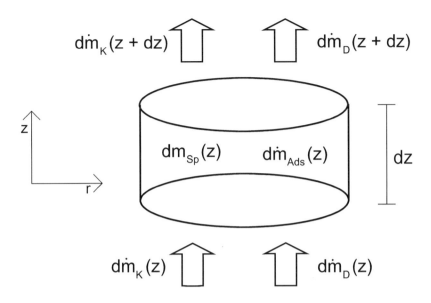

Abb. 4.6. Bilanzraum für die Stoffbilanz der Gasphase

Somit ergibt sich die folgende Gesamtbilanz:

$$\frac{\partial \, dm_{Sp}}{\partial t} = \dot{m}_K(z) - \dot{m}_K(z+dz) + \dot{m}_D(z) - \dot{m}_D(z+dz) - d\dot{m}_{Ads} \qquad (4.14)$$

Führt man für beliebige axiale Transportterme eine Reihenentwicklung nach Taylor durch (s. z.B. Bronštejn u. Semendjajev 1997) und bricht diese nach dem zweiten Term ab (Mittelwertsatz der Differentialrechnung), so führt dies zu folgender Vereinfachung:

$$\dot{m}(z+dz) = \dot{m}(z) + \frac{1}{1!} \frac{\partial \dot{m}}{\partial z} dz \qquad (4.15)$$

Im vorliegenden Fall ergibt sich mit der entsprechenden Substitution als Massenbilanz für die Gasphase:

$$\frac{\partial m_{Sp}}{\partial t} = -\frac{\partial \dot{m}_K}{\partial z} dz - \frac{\partial \dot{m}_D}{\partial z} dz - d\,\dot{m}_{Ads} \qquad (4.16)$$

Der Speicherterm berechnet sich zu:

$$\frac{\partial\,dm_{Sp}}{\partial t} = \varepsilon_L\,A\,dz\,\frac{\partial c_A}{\partial t} \qquad (4.17)$$

Der konvektive Term ist nach der Produktregel der Differentialrechnung zu entwickeln, da sich sowohl die Konzentration c_A (durch Adsorption) als auch der Volumenstrom V_G (durch Temperatur- und Druckänderung) über der axialen Koordinate z verändern.

$$\frac{\partial \dot{m}_K}{\partial z} = \frac{\partial}{\partial z}(c_A \dot{V}_G) = \dot{V}_G\,\frac{\partial c_A}{\partial z} + c_A\,\frac{\partial \dot{V}_G}{\partial z} \qquad (4.18)$$

Der Dispersionsterm, der alle von der Pfropfenströmung abweichenden strömungsmechanischen Effekte (z.B. durch Rückdiffusion, Schwankungen des Lückengrads,...) berücksichtigt, wird analog zum Fick'schen Gesetz der Diffusion über einen (axialen) Dispersionskoeffizienten D_{ax}, eine Austauschfläche, die dem Kolonnenquerschnitt A entspricht, und die Triebkraft $(\partial^2 c)/(\partial z^2)$ beschrieben. Somit ergibt sich folgender Ausdruck:

$$\frac{\partial \dot{m}_D}{\partial z} = -D_{ax}\,\varepsilon_L\,A\,\frac{\partial^2 c_A}{\partial z^2} \qquad (4.19)$$

Für den Adsorptionsstrom in Gl. 4.16 kann Gl. 4.3 mit dem LDF-Ansatz unverändert übernommen werden.
Das Einsetzen der Gln. 4.3, 4.17, 4.18 und 4.19 in Gl. 4.16 führt schließlich zur dritten Differentialgleichung:

$$\frac{\partial c_A}{\partial t} = D_{ax}\,\frac{\partial^2 c_A}{\partial z^2} - \frac{\dot{V}_G}{A\,\varepsilon_L}\,\frac{\partial c_A}{\partial z} - \frac{c_A}{A\,\varepsilon_L}\,\frac{\partial \dot{V}_G}{\partial z} - \frac{k_{eff}\,A_{Sp}\,(1-\varepsilon_L)}{\varepsilon_L}(X_{Gl} - X) \qquad (4.20)$$

4.5.5 Energiebilanz der fluiden Phase

Die Energiebilanz für die Gasphase (Abb. 4.7) ist komplexer als diejenige der Schüttung: Neben einem Akkumulationsstrom und axialen Transporttermen für die dispersiven und konvektiven Energieströme enthält sie Austauschterme zwischen fluider und fester Phase, die analog zur Feststoffbilanz formuliert werden. Zusätzlich sind Wärmeverluste durch die Kolonnenwand zu berücksichtigen.
Somit ergibt sich folgende Gesamtbilanz:

$$\frac{\partial\,dQ_{Sp}}{\partial t} = \dot{Q}_K(z) - \dot{Q}_K(z+dz) + \dot{Q}_D(z) - \dot{Q}_D(z+dz)$$
$$+ d\dot{Q}_{WÜ}(z) - d\dot{Q}_V(z) - d\dot{Q}_{Ads}(z) \qquad (4.21)$$

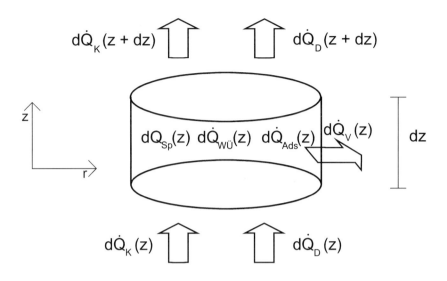

Abb. 4.7. Bilanzraum für die Energiebilanz der fluiden Phase

Führt man für die axialen Transportterme eine Reihenentwicklung nach Taylor durch und bricht diese nach dem zweiten Term analog Gl. 4.15 ab, so führt dies zu folgender Vereinfachung:

$$\frac{\partial dQ_{Sp}}{\partial t} = -\frac{\partial \dot{Q}_K}{\partial z} dz - \frac{\partial \dot{Q}_D}{\partial z} dz + d\dot{Q}_{WÜ} - d\dot{Q}_V - d\dot{Q}_{Ads} \qquad (4.22)$$

Der Speicherterm für die Gasphase kann in die Anteile für das Spülgas und das Adsorptiv zerlegt werden, so dass sich

$$\frac{\partial dQ_{Sp}}{\partial t} = \frac{\partial}{\partial t}((dm_G\, c_{pG} + dm_A\, c_{pA})T_G) \qquad (4.23)$$

$$= (dm_G\, c_{pG} + dm_A\, c_{pA})\frac{\partial T_G}{\partial t} + c_{pA} T_G \frac{\partial dm_A}{\partial t}$$

ergibt, mit der Annahme, dass die Gasmasse dm_G konstant bleibt. Unter der zusätzlichen Annahme, dass $dm_G\, c_{pG} \gg dm_A\, c_{pA}$ ist, erhält man schließlich:

$$\frac{\partial dQ_{Sp}}{\partial t} = dz\, A\, \varepsilon_L\, \rho_G\, c_{pG} \frac{\partial T_G}{\partial t} + c_{pA} T_G \frac{\partial dm_A}{\partial t} \qquad (4.24)$$

Für den konvektiven Term aus Gl. 4.22 kann man unter der Bedingung, dass $dm_G \gg dm_A$ ist, folgenden Term einsetzen:

$$\frac{\partial \dot{Q}_K}{\partial z} = \frac{\partial}{\partial z} (\dot{V}_G \, \rho_G \, c_{pG} \, T_G) \qquad (4.25)$$

Da bis auf die spezifische Wärmekapazität c_{pG} alle Parameter über der axialen Ortskoordinate nicht konstant sind (da sie in der Regel stark temperaturabhängig sind) muss die Produktregel der Differentialrechnung angewendet werden:

$$\frac{\partial \dot{Q}_K}{\partial z} = \rho_G \, c_{pG} \, T_G \frac{\partial \dot{V}_G}{\partial z} + \dot{V}_G \, c_{pG} \, T_G \frac{\partial \rho_G}{\partial z} + \dot{V}_G \, \rho_G \, c_{pG} \frac{\partial T_G}{\partial z} \qquad (4.26)$$

Der konvektive Strom wird von einem dispersiven Energiestrom überlagert. Unter dieser Bezeichnung werden im Wesentlichen drei Phänomene zusammengefasst:

- die Wärmeleitung in der Schüttung,
- die Wärmeleitung in der Gasphase und
- vom Modell der Pfropfenströmung abweichende strömungsmechanische Effekte (axiale Rückvermischung, Inhomogenitäten des Festbetts, ...).

Analog zu der Modellvorstellung von Kast 1988 und Yang 1987 wird die Dispersion vereinfachend nach dem Fourier'schen Ansatz formuliert, d.h

$$\frac{\partial \dot{Q}_D}{\partial z} = \frac{\partial}{\partial z} (-\lambda_D \, \varepsilon_L \, A \frac{\partial T_G}{\partial z}) = -\lambda_D \, \varepsilon_L \, A \frac{\partial^2 T_G}{\partial z^2} \qquad (4.27)$$

Diese Formulierung führt zu einer Analogie zum Dispersionsterm in der Massenbilanz (Abschn. 4.5.4), d.h. der dispersive Wärmeleitungskoeffizient λ_D entspricht dem axialen Dispersionskoeffizienten D_{ax} und die Temperatur T_G der Konzentration c_A in Gl. 4.19.

Der Verluststrom an die Umgebung wird als Wärmedurchgang mit der Temperaturdifferenz zwischen der Gasphase und der Umgebung als treibendem Gefälle modelliert. Da der Lückengrad in Wandnähe gegen eins geht (vergleiche Abb. 4.13), ist diese Verlagerung des Verlustterms in die Gasphase gerechtfertigt.

$$d\dot{Q}_V = k_{Wand} \, dz \, \pi \, D \, (T_G - T_U) \qquad (4.28)$$

Für den Adsorptionsterm können Gl. 4.12 und für den Wärmeübergangsterm Gl. 4.11 unverändert übernommen werden.
Setzt man die Einzelterme 4.11, 4.12, 4.24, 4.26, 4.27 und 4.28 in die Gesamtbilanz 4.22 ein und formt diese entsprechend um, so erhält man die letzte der insgesamt vier Differentialgleichungen des Modells:

$$\frac{\partial T_G}{\partial t} = \frac{\lambda_D}{\rho_G c_{pG}} \frac{\partial^2 T_G}{\partial z^2} - \frac{\dot{V}_G}{A\varepsilon_L} \frac{\partial T_G}{\partial z} - \frac{T_G}{A\varepsilon_L} \frac{\partial \dot{V}_G}{\partial z} - \frac{\dot{V}_G T_G}{\rho_G A\varepsilon_L} \frac{\partial \rho_G}{\partial z}$$
$$+ \frac{\alpha_p A_{Sp}(1-\varepsilon_L)}{\rho_G \varepsilon_L c_{pG}}(T_S - T_G) + \frac{4 k_W}{\rho_G \varepsilon_L c_{pG} D}(T_G - T_U) \quad (4.29)$$

4.5.6 Anfangs- und Randbedingungen

Zur Simulation eines Adsorptionsprozesses ist neben den beschriebenen Modellgleichungen ein Satz von Anfangs- und Randbedingungen erforderlich. Die Analyse der vier Differentialgleichungen, die den Kern des Modells ausmachen, zeigt, dass vier Anfangs- und sechs Randbedingungen zu formulieren sind.

Die vier Anfangsbedingungen resultieren aus zwei Postulaten:

- Zum Zeitpunkt t = 0 herrscht thermisches Gleichgewicht in allen Segmenten der Kolonne.

$$T_S(z, t = 0) = T_0 \quad (4.30)$$

$$T_G(z, t = 0) = T_0 \quad (4.31)$$

- Zum Zeitpunkt t = 0 herrscht stoffliches Gleichgewicht gemäß der Isothermengleichung in allen Segmenten der Kolonne (c_{A0} ist die Gleichgewichts-Gasphasenkonzentration zur Adsorbensbeladung X_0).

$$X(z, t = 0) = X_0 \quad (4.32)$$

$$c_A(z, t = 0) = c_{A,0} \quad (4.33)$$

Anfangsbedingungen für einen Adsorber mit frischem (völlig unbeladenem) Adsorbens bei Umgebungstemperatur wären also $T_G(t=0) = T_S(t=0) = 20°C$ und $X_0 = 0$ und $c_{A,0} = 0$.

Die sechs verwendeten Randbedingungen bestehen aus vier Gleichungen zur Charakterisierung des Gases am Eintritt in den Adsorber und zwei Bedingungen für das Ende des Festbetts.

- Für den eintretenden Gasstrom müssen der Volumenstrom, die Temperatur, die Dichte und die Adsorptiv-Konzentration festgelegt werden:

$$\dot{V}_G(z=0,t) = \dot{V}_{G,ein} \quad (4.34)$$

$$T_G(z=0,t) = T_{G,ein} \quad (4.35)$$

$$\rho_G(z=0,t) = \rho_{G,ein} \quad (4.36)$$

$$c_A(z=0,t) = c_{A,ein} \quad (4.37)$$

- Da sich bei der Simulation von isothermen Adsorptionsprozessen die Verwendung eines halboffenen Modells bewährt hat (Strube 1996), wird an dieser Stelle ebenfalls auf diese Modellvorstellung zurückgegriffen. Demzufolge wird die axiale Dispersion am Ende des Festbetts zu Null gesetzt:

$$\frac{\partial^2 c_A}{\partial z^2}(z = L, t) = 0 \qquad (4.38)$$

Bei einem nicht-isothermen Prozess muss der analog formulierte Term für die dispersive Wärmeleitung am Austritt aus dem Festbett ebenfalls verschwinden, so dass gilt:

$$\frac{\partial^2 T_G}{\partial z^2}(z = L, t) = 0 \qquad (4.39)$$

4.6 Modell der Flüssigphasen-Adsorption

Im Folgenden wird ein DPF-Ansatz mit zwei Stofftransportwiderständen (Film- und Oberflächendiffusion) für die Festbett-Adsorption aus der Flüssigphase vorgestellt. Im Gegensatz zu der Modellierung für die Gasphase reicht es in der Flüssigphase aus, isotherme Adsorptionsprozesse zu modellieren. Somit genügen zwei Differentialgleichungen zur Beschreibung des Systems:

1. Massenbilanz der festen Phase (Adsorbens + Adsorpt + Porenwasser):
Aufgrund der höheren Modellierungstiefe des Stofftransports im Adsorbenskorn, muss das Adsorbenspartikel differentiell bilanziert werden (Bilanzraum 4 in Abb. 4.3), wodurch eine zusätzliche Kopplungsbedingung zwischen den beiden Phasen erforderlich wird.
2. Massenbilanz der fluiden Phase (Flüssigphase inkl. Adsorptiv)

Ein großer Unterschied zur Modellierung des Adsorptionsprozesses in der Gasphase (ohne Kapillarkondensation) liegt darin, dass die Adsorptivmenge in den Poren nicht vernachlässigt werden kann, weshalb sich die über das gesamten Partikel gemittelte Beladung $\overline{q}$ aus im Porenwasser befindlicher und an den Porenwänden adsorbierter Adsorptivmenge zusammensetzt:

$$\overline{q} = \frac{1}{\pi/6 \, d_P^3} \int_0^{d_P/2} q(r) \cdot r^2 \, dr = \frac{\varepsilon_P}{\rho_W} \cdot \overline{c}_{A,Pore} + (1 - \varepsilon_P) \cdot \overline{X} \qquad (4.40)$$

4.6.1 Annahmen zur Modellbildung

Im Einzelnen liegen dem Modell folgende Annahmen zugrunde:
1. Modelliert wird eine *isotherme Einkomponenten-Desorption*. Einflüsse durch konkurrierende Adsorptive werden vernachlässigt. Durch Ergänzung der entsprechenden Gemisch-Isothermen/-Kinetik (s. Abschn. 3.1 und 3.2) ist eine Erweiterung des Modells auf Gemisch-Adsorptions-Desorptions-Prozesse möglich.
2. *Radiale Effekte in der Kolonne* werden *vernachlässigt*, d.h. radiale Strömungs-, Beladungs- oder Konzentrationsgradienten werden in den Modellgleichungen nicht berücksichtigt. Diese Annahme muss sorgfältig überprüft werden, da sie u.a. einen ausreichenden Kolonnendurchmesser voraussetzt. Als Faustformel gilt, dass der Kolonnendurchmesser mindestens zehnmal größer als der Partikeldurchmesser sein sollte (Kümmel u. Worch 1990).
3. Die *Systemgeometrie* wird als *konstant* betrachtet, wodurch der Einfluss von Einbauten und Querschnittsveränderungen durch Fertigungstoleranzen, Verdichtung der Adsorbenspackung o.ä. vernachlässigt wird.
4. Die *Geometrie der Partikel* wird über *äquivalente Kugeln* beschrieben. Die entsprechende Berechnung äquivalenter Kugeldurchmesser kann den Fachbüchern der mechanischen Verfahrenstechnik (z.B. Stieß 1995) entnommen werden.
5. Die *unbeladene Adsorbensschüttung* wird als *homogenes System* betrachtet. Die entsprechenden *Stoffwerte* (ε_L, ρ_S bzw. ρ_W) werden als *konstant* angenommen.
6. Die *Flüssigphase* wird als *homogenes System* mit konstanter Dichte ρ_{Fl} beschrieben.
7. Der *Stofftransportwiderstand in den Einzelpartikeln* ist *Porendiffusionslimitiert*. Dies trifft für die meisten Adsorptionsvorgänge in der Abwasseraufbereitung zu (Ma et al. 1996; Sontheimer et al. 1985; Weber 1985). Dabei ist der *Oberflächendiffusions-Koeffizient nicht von der Adsorbensbeladung abhängig* und beinhaltet adsorbensspezifische Kenngrößen wie z.B. die Tortuosität. Chatzopolous et al. 1993 konnten zeigen, dass diese Annahme nicht bei allen Fällen gerechtfertigt ist und dass bessere Simulations-Ergebnisse erhalten werden, wenn ein beladungsabhängiger Oberflächendiffusionskoeffizient berücksichtigt wird.
8. Die *Korn-Porosität ε_K und die Porendurchmesser d_{Pore}* sind über das gesamte Adsorbenspartikel *konstant*.
9. Die *Leerrohrgeschwindigkeit u_{LR}* ändert sich über die Länge der Adsorptionskolonne nicht. Diese Annahme gilt für die meisten Adsorptionsvorgänge in der flüssigen Phase, bei denen Spurenstoffe entfernt werden (Tien 1994).

4.6.2 Massenbilanz der festen Phase

Da dieses Modell darauf basiert, dass aufgrund der Korndiffusion keine linearen Konzentrations- bzw. Beladungsgradienten in den Adsorbenspartikel bestehen, müssen diese differentiell bilanziert werden. Mit der Annahme, dass die Konzentrations- bzw. Beladungsgradienten lediglich in radialer Richtung auftreten, werden Massenbilanzen um die infinitesimal dünnen Kugelschalen der Adsorbenspartikel gelegt (Abb. 4.8), wobei lediglich der Speicherterm der Kugelschale und der ein- sowie austretende Diffusionsstrom berücksichtigt werden müssen:

$$\frac{\partial m_{sp}(r)}{\partial t} = d\dot{m}_{Diff}(r+dr) - d\dot{m}_{Diff}(r) \qquad (4.41)$$

Multipliziert man die runde Klammer aus und vernachlässigt alle Glieder, die dr in zweiter oder dritter Potenz enthalten, so erhält man für den Speicherterm der Kugelschale mit der Dicke dr:

$$m_{Sp}(r) = 4\pi \cdot \rho_W \cdot q(r) \cdot r^2 \cdot dr \qquad (4.43)$$

Mit dem Ansatz der Porendiffusion (s. Abschn. 3.2.3) lassen sich die beiden diffusiven Stoffströme wie folgt ausdrücken:

$$\dot{m}_{Diff}(r) = 4\pi \cdot D_S \cdot \rho_W \cdot r^2 \cdot \left.\frac{\partial q}{\partial r}\right|_r \qquad (4.44)$$

$$\dot{m}_{Diff}(r+dr) = 4\pi \cdot D_S \cdot \rho_W \cdot (r+dr)^2 \cdot \left.\frac{\partial q}{\partial r}\right|_{r+dr} \qquad (4.45)$$

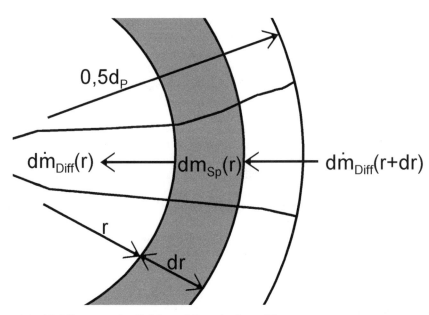

Abb. 4.8. Bilanzraum für die Massenbilanz der festen Phase

Führt man für den Ausdruck auf der rechten Seite von Gl. 4.45 eine Taylorentwicklung durch und bricht diese nach dem zweiten Glied ab, erhält man:

$$\dot{m}_{Diff}(r+dr) = 4\pi \cdot D_S \cdot \rho_W \cdot \left[r^2 \cdot \left.\frac{\partial q}{\partial r}\right|_r + \frac{\partial}{\partial r}\left(r^2 \cdot \left.\frac{\partial q}{\partial r}\right|_r\right)dr \right] \quad (4.46)$$

Somit erhält man die erste Differentialgleichung durch Einsetzen von Gl. 4.43, 4.44 und 4.46 in Gl. 4.41:

$$\frac{\partial q}{\partial t} = D_S \cdot \left[\frac{\partial^2 q}{\partial r^2} + \frac{2}{r} \cdot \frac{\partial q}{\partial r} \right] = D_S \cdot \left[\frac{1}{r^2} \cdot \frac{\partial}{\partial r}\left(r^2 \cdot \frac{\partial q}{\partial r} \right) \right] \quad (4.47)$$

Diese Modellvorstellung für den Stofftransport reicht in den meisten Fällen aus, um Adsorptionsprozesse zu modellieren. Je nach Stoffsystem kann es günstiger sein, Porendiffusion als geschwindigkeitsbestimmenden Schritt im Korn anzunehmen, wie z.B. bei Garcia et al. 1999 und Kaczmyrski et al. 1997. Eine höhere Modellierungstiefe wird erreicht, wenn Poren- und Oberflächendiffusion als parallele Stofftransportvorgänge berücksichtigt werden, wie z.B. Fritz 1975, Sievers u. Müller 1995, Yoshida et al. 1994 und Yusubov et al. 1994. In generellen Adsorptionsmodellen werden neben dem äußeren Stoffübergang im Grenzfilm sowie Poren- und Oberflächendiffusion Adsorptionskinetiken implementiert, wie z.B. bei Ma et al. 1996. Bei nicht-linearen Isothermen können so die verschiedenen Formen der Durchbruchskurven besser dargestellt werden, da Porendiffusion eine symmetrische Verbreiterung und Oberflächendiffusion ein „Tailing" der Durchbruchskurve zur Folge hat (Ma et al. 1996). Der Aufwand dieser Modellierungsansätze ist jedoch erheblich. Meist geht die Genauigkeit der Modellierung in den Ungenauigkeiten der Gleichgewichtsbestimmung oder in Vereinfachungen bei der Bestimmung der Diffusionskoeffizienten unter (Sievers u. Müller 1995).

4.6.3 Massenbilanz der flüssigen Phase

Analog zur Massenbilanz für die Gasphase wird bei der Bilanzierung der flüssigen Phase neben einem Akkumulationsterm und axialen Transporttermen für die dispersiven und die konvektiven Stoffströme ein Austauschterm zwischen flüssiger und fester Phase berücksichtigt:

$$\frac{\partial\, dm_{Sp}}{\partial t} = \dot{m}_K(z) - \dot{m}_K(z+dz) + \dot{m}_D(z) - \dot{m}_D(z+dz) - d\dot{m}_{Ads} \quad (4.48)$$

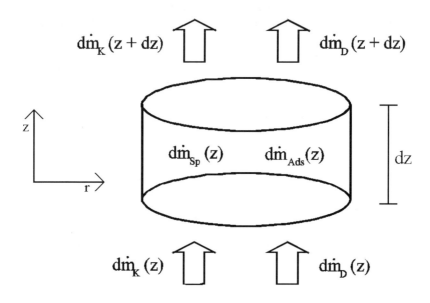

Abb. 4.9. Bilanzraum für die Massenbilanz der flüssigen Phase

Es ergibt sich nach Anwendung einer Taylorreihenentwicklung und des Mittelwertsatzes der Differentialgleichung (Gl. 4.15):

$$\frac{\partial m_{Sp}}{\partial t} = -\frac{\partial \dot{m}_K}{\partial z}dz - \frac{\partial \dot{m}_D}{\partial z}dz - d\dot{m}_{Ads} \qquad (4.49)$$

Da im Gegensatz zur Gasphase ein isothermer Adsorptionsvorgang beschrieben wird und zusätzlich die Massenabnahme aufgrund der Adsorption im Festbett vernachlässigbar ist, muss keine Veränderung des Volumenstroms berücksichtigt werden. Somit ergibt sich für den konvektiven Term:

$$\frac{\partial \dot{m}_k}{\partial z} = A\, u_{LR} \frac{\partial c_A}{\partial z} \qquad (4.50)$$

Für die Ausdrücke, die den Speicher- und den Dispersionsterm beschreiben, können Gl. 4.17 und 4.19 unverändert aus der Gasphase übernommen werden:

$$\frac{\partial dm_{Sp}}{\partial t} = \varepsilon_L\, A\, dz\, \frac{\partial c_A}{\partial t} \qquad (4.51)$$

$$\frac{\partial \dot{m}_D}{\partial z} = -D_{ax}\,\varepsilon_L\,A\,\frac{\partial^2 c_A}{\partial z^2} \qquad (4.52)$$

Der Adsorptionsmassenstrom wird durch den äußeren Stofftransport (s. Abschn. 3.2 u. 4.6.4) bestimmt:

$$d\dot{m}_{Ads} = k_{Film}\cdot(1-\varepsilon_L)\cdot A_{sp}\cdot A\cdot\left(c_A - c_{A,Gl}(r = {}^{d}\!/_2)\right)\cdot dz \qquad (4.53)$$

Durch Einsetzen der Gln. 4.50–4.53 in Gl. 4.49 erhält man die zweite benötigte Differentialgleichung:

$$\frac{\partial c_A}{\partial t} = D_{ax}\frac{\partial^2 c_A}{\partial z^2} - \frac{u_{LR}}{\varepsilon_L}\frac{\partial c_A}{\partial z} - \frac{k_{Film}\,A_{sp}\,(1-\varepsilon_L)}{\varepsilon_L}\left(c_A - c_{A,Gl}(r = {}^{d}\!/_2)\right) \qquad (4.54)$$

4.6.4 Anfangs- und Randbedingungen

Wie bei der Modellierung von Gasphasen-Adsorptions-Prozessen sind neben den beschriebenen Modellgleichungen ein Satz von Anfangs- und Randbedingungen erforderlich. Da das Adsorptionssystem im vorliegenden Modell von zwei Differentialgleichungen beschrieben wird, sind zwei Anfangs- und vier Randbedingungen erforderlich.

Die zwei Anfangsbedingungen ergeben sich daraus, dass zum Zeitpunkt t = 0 stoffliches Gleichgewicht gemäß der Isothermengleichung in allen Segmenten der Kolonne (c_{A0} ist die Gleichgewichts-Flüssigphasenkonzentration zur Adsorbensbeladung q_0) herrscht.

$$q(z, t = 0) = q_0 \qquad (4.55)$$

$$c_A(z, t = 0) = c_{A,0} \qquad (4.56)$$

Anfangsbedingungen für einen Adsorber mit frischem (völlig unbeladenem) Adsorbens bei Umgebungstemperatur wären also $q_0=0$ und $c_{A,0}=0$.

Es müssen zwei Randbedingungen für Gl. 4.47 aufgestellt werden:

- Aus der Symmetrie der Beladung der Partikel folgt:

$$\left.\frac{\partial q}{\partial r}\right|_{r=0} = 0 \qquad (4.57)$$

- Die zweite Randbedingung folgt aus der Forderung, dass der aus der flüssigen in das Adsorbens eintretende Massenstrom gleich dem Diffusionsmassenstrom am äußeren Kornrand im Adsorbens sein muss. Dies ist gleichbedeutend mit der adsorbierenden Masse, also der zeitlichen Änderung der mittleren Adsorbensbeladung. Somit erhält man:

$$\left.\frac{\partial \overline{q}}{\partial t}\right|_{r=d_r/2} = k_{Film} \cdot \frac{(1-\varepsilon_L)}{\rho_W} \cdot A_{sp} \cdot \left(c_A - c_{A,Gl}(r = d_r/2)\right) \quad (4.58)$$

Die zwei weiteren Randbedingungen charakterisieren den Flüssigkeitsstrom am Eintritt und am Ende des Festbetts:

- Für den eintretenden Flüssigkeitsstromstrom muss die Adsorptiv-Konzentration festgelegt werden:

$$c_A(z = 0, t) = c_{A,ein} \quad (4.59)$$

- In diesem Ansatz wird ein halboffenes Modells angewendet, das sich bei der Simulation von chromatographischen Trennprozessen bewährt hat, wonach die axiale Dispersion am Ende des Festbetts zu Null gesetzt wird (Strube 1996):

$$\frac{\partial^2 c_A}{\partial z^2}(z = L, t) = 0 \quad (4.60)$$

4.7 Hilfsgleichungen

Um mit dem in den vorangegangenen Abschnitten hergeleiteten Gleichungssystem Berechnungen durchführen zu können, benötigt man eine Reihe von Parametern. Neben Gleichungen zur thermodynamischen Beschreibung des Adsorptionsgleichgewichts (Abschn. 3.1) und der Adsorptionskinetik (Abschn. 3.2), handelt es sich um zwei Klassen von Daten:

1. Anlagenspezifische Parameter:
   - Geometriedaten (Durchmesser, Höhen, Einbauten, ...)
   - Betriebsdaten (Fluidgeschwindigkeiten, Eingangskonzentrationen, ...)
   - Lückengrad der Schüttung
   - Dispersionskoeffizienten
   - Wärmeübergangskoeffizienten
   - Wärmedurchgangskoeffizienten der Behälterwände,...

2. Stoffspezifische Parameter
   - Dichten
   - Wärmekapazitäten
   - Wärmeleitfähigkeitskoeffizienten
   - Viskositäten,...

Diese Einteilung in zwei Klassen ist allerdings absolut zu verstehen, da einige Parameter beiden Klassen zuzuordnen sind (z.B. Dispersionskoeffizienten haben eine anlagenspezifische und eine stoffspezifische Komponente (s.u.)).

Im Folgenden werden Hilfsgleichungen zur Beschreibung der Thermodynamik des Adsorptionssystems, der Strömungsmechanik und weiterer Modellparameter, wie Dispersions-, Stoffübergangs- und Wärmeübergangskoeffizienten, angegeben.

4.7.1 Thermodynamik des Fluids

Bei Flüssigphasen-Adsorptionsprozessen können Änderungen der thermodynamischen Zustandgrößen in der Regel vernachlässigt werden, da es sich meistens um isotherme Adsorptionsprozesse bei lediglich geringen Druckverlusten handelt.

Vor allem in der Gasphase ist die Thermodynamik des Fluids von Bedeutung. Sie hängt stark vom Mischungsverhalten der an der Gasphase beteiligten Komponenten ab. In den Fällen, in denen man sich weit entfernt vom kritischen Punkt befindet, ist es häufig sinnvoll, die Gasphase vereinfachend über das ideale Gasgesetz zu beschreiben (s. z.B. Elsner 1988), d.h.:

$$p \cdot V = n \cdot R \cdot T \tag{4.61}$$

Dies gilt z.B. für viele Prozesse in der Umwelttechnik, in denen ein Abgasstrom unter Umgebungsbedingungen mit einem organischen Lösungsmittel im Konzentrationsbereich unter 20 g/Nm³ (Nm³ – Norm-Kubikmeter: Gasvolumen bei p = 1,01325 bar und $\vartheta = 0°C$) verunreinigt ist.

Bei komplexeren Systemen sei die thermodynamische Spezial-Literatur empfohlen (z.B. Binnewies u. Milke 1999; Daubert u. Danner 1985; Delcroix 1988; L'Air Liquide 1976; Rivkin 1988 und VDI-Wärmeatlas 1997).

4.7.2 Thermodynamik der Adsorbentien

Die Thermodynamik der Adsorbentien spielt in der Regel eine untergeordnete Rolle. Häufig ist es ausreichend, die entsprechenden Stoffgrößen in den betrachteten Druck- und Temperaturintervallen als konstant anzunehmen. Werte für diese Stoffdaten werden von den Herstellern der Adsorbentien zur Verfügung gestellt; Größenordnungen für die einzelnen Adsorbens-Klassen können den entsprechenden Abschnitten in Kapitel 2 entnommen werden.

4.7.3 Druckverlust in durchströmten Festbetten

Die Beschreibung der Strömungsmechanik in den Adsorbensschüttungen kann im Allgemeinen für technische Adsorber über Druckverlustgleichungen erfolgen.

Die allgemeine Gleichung für den Druckverlust in Schüttungen lautet:

$$\Delta p = \xi \cdot \frac{\rho_{Fluid}}{2} \cdot \frac{L}{d_H} \cdot \left(\frac{u_{LR}}{\varepsilon_L}\right)^2 \tag{4.62}$$

mit der Definition des hydraulischen Durchmessers d_H:

$$d_H = \frac{2}{3} \cdot \frac{\varepsilon_L}{1-\varepsilon_L} \cdot d_P \qquad (4.63)$$

Für den Widerstandsbeiwert ξ können verschiedene Gleichungen verwendet werden. Kast 1988 empfiehlt folgende empirische Gleichung für kugelförmige Adsorbenzien:

$$\xi = 2{,}2 \cdot \left(\frac{64}{Re_H} + \frac{1{,}8}{Re_H^{0,1}} \right) \qquad (4.64)$$

Häufig liefert auch die einfachere Gleichung nach Ergun brauchbare Ergebnisse (Kast 1988, Ruthven 1984):

$$\xi = \frac{133{,}3}{Re_H} + 2{,}33 \qquad (4.65)$$

Alternativ zur Berechnung mit oben genannten Gleichungen können die Druckverluste aus Diagrammen mit experimentellen Daten, die von den Adsorbens-Herstellern bereitgestellt werden, abgelesen werden. Abb. 4.10 zeigt ein entsprechendes Diagramm für die Durchströmung eines Kornaktivkohle-Festbettes mit Wasser (Chemviron 1999) und Abb. 4.11 für den Druckverlust eines Gasstromes durch ein Zeolith-Festbett (Degussa 1992).

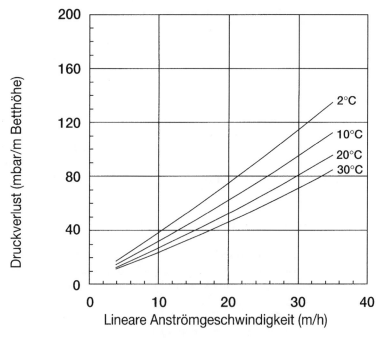

Abb. 4.10. Druckverlust als Funktion von Anströmgeschwindigkeit und Temperatur für ein von Wasser durchströmtes Kornaktivkohle-Festbett aus Filtrasorb®400 (Chemviron 1999)

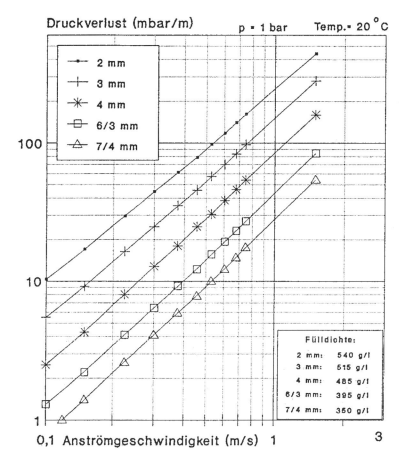

Abb. 4.11. Druckverlust als Funktion der Anströmgeschwindigkeit eines Gases und der Partikelgröße für ein Festbett aus dem Zeolithen Wessalith® DAY (Degussa 1992)

4.7.4 Modellparameter

Strategie der Modellparameterbestimmung

Bei der Bestimmung der für das vorgestellte Adsorptionsmodell notwendigen Parameter ist es wichtig, auf die Konsistenz des erzeugten Parametersatzes zu achten. Problematisch für einen Scale Up ist es z.B. wenn anlagenspezifische Parameter wie Toträume in den Leitungen in die Bestimmung adsorptionsspezifischer Parameter wie der Adsorptionsisotherme einfließen. Die so bestimmte Isotherme ist dann eine anlagenspezifische Größe und keine ausschließlich thermodynamische mehr!

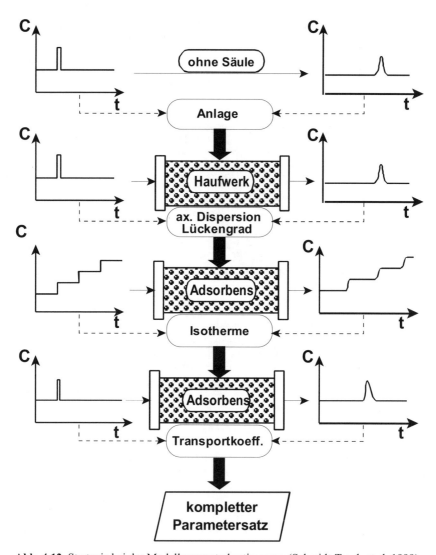

Abb. 4.12. Strategie bei der Modellparameterbestimmung (Schmidt-Traub et al. 1999)

Um dieser Problematik zu entgehen, schlagen Schmidt-Traub et al. 1999 eine experimentelle Strategie zur Modellparameterbestimmung vor, wie sie in Abb. 4.12 dargestellt ist.

Diese ursprünglich für die Flüssigphase entwickelte Methodik gibt folgende Reihenfolge vor:

1. Bestimmung der Toträume in der nicht-befüllten Anlage (z.B. über Tracer-Versuche)

2. Bestimmung des Lückengrades und der axialen Dispersion in der Adsorbensschüttung (z.b. über nicht-porengängige Tracer)
3. Bestimmung der Adsorptions-Isotherme
4. Bestimmung der Adsorptions-Kinetik

Da die Bestimmung der adsorptionsspezifischen Parameter in den Abschn. 3.1 und 3.2 ausführlich diskutiert wird, wird in den folgenden Abschnitten der Schwerpunkt auf Methoden zur Bestimmung des Lückengrades und der Dispersions- und Durchgangskoeffizienten gelegt.

Bestimmung der strömungstechnischen Parameter

Die experimentelle Bestimmung des Lückengrads kann im Wesentlichen auf zwei Arten durchgeführt werden:

1. Direkte Messung durch die Zugabe einer nicht in die Poren eindringenden Flüssigkeit und Auslitern des Volumens der Flüssigkeit. Hierbei ist zu beachten, dass die blasenfreie Befüllung der Schüttung (Haften in der Mitte der Schüttung noch Gasblasen an dem Adsorbens?) und die Erfassung des Volumens der Flüssigkeit (Wie hoch ist der Überstand der Flüssigkeit über der Schüttung?) problematisch sind.
2. Analyse von Durchbruchskurven nach der Aufgabe von nicht adsorbierbaren Stoffen (Tracer), wie z.B. Dextran. Aus der Retentionszeit, die mittels des ersten Moments µ des Tracersignals abgeschätzt werden kann

$$\mu = \frac{\int_0^\infty c_{Tracer} \cdot t \, dt}{\int_0^\infty c_{Tracer} \, dt}, \quad (4.66)$$

kann hierbei der Lückengrad und aus der Aufweitung des Signals über das zweite Moment bzw. die Varianz des Konzentrationsverlaufes σ

$$\sigma^2 = \frac{\int_0^\infty c_{Tracer} (t-\mu)^2 \, dt}{\int_0^\infty c_{Tracer} \, dt} \quad (4.67)$$

der axiale Dispersionskoeffizient D_{ax} berechnet werden (Altenhöner et al. 1997):

$$D_{ax} = \frac{\sigma^2}{\mu^2} \cdot \frac{L \cdot u_{LR}}{2} \quad (4.68)$$

Dieses Verfahren ist nur in der Flüssigphasen-Adsorption anwendbar.

Typische Werte für Lückengrade in technischen Anlagen mit großen Durchmessern sind in Tabelle 4.1 aufgeführt.

Tabelle 4.1. Lückengrade in technischen Schüttungen (Kast 1988)

Partikelform	Kugel	Zylinder
Lückengrad (Durchschnitt)	0,37–0,40	~ 0,25
Lückengrad (Randbereich)	~ 0,5	~ 0,4

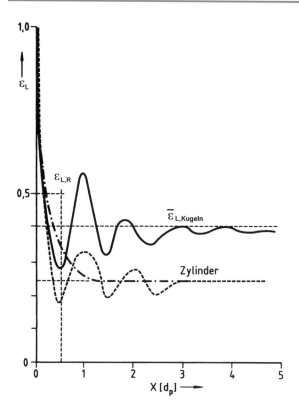

Abb. 4.13. Lückengrad in Schüttungen als Funktion des Wandabstands X (Kast 1988)

Da der Lückengrad in den Randbereichen deutlich erhöht ist und nach ca. drei Partikelschichten seinen Mittelwert erreicht (Abb. 4.13), sollte, um Randgängigkeit und damit ausgeprägte Bypassströmungen zu vermeiden, für das Verhältnis Schüttungsdurchmesser zu Partikeldurchmesser gelten (Daszkowski 1991; Daszkowski u. Eigenberger 1992; Papageorgiou u. Fromet 1995):

$$D/d_P > 10 \qquad (4.69)$$

Alternativ zur oben genannten experimentellen Ermittlung über Tracer-Versuche kann der axiale Dispersionskoeffizient auch aus empirischen Kennzahlenbeziehung abgeleitet werden. Hierbei existieren verschiedene Ansätze für die Gas- und die Flüssigphase, da in Flüssigkeiten im Gegensatz zur Gasphase die

molekulare Diffusion bei kleinen Reynoldszahlen keinen Einfluss auf die axiale Dispersion hat.
In der Gasphase ist der Ansatz von Wakao weit verbreitet (Kast 1988; Ruthven 1984; Yang 1987):

$$\frac{1}{Pe} = \frac{d_1}{Re_P \cdot Sc} + \frac{1}{Pe_\infty} \cdot \left(1 + \frac{d_2}{Re_P \cdot Sc}\right)^{-1} \quad (4.70)$$

Für einen Adsorptions-Desorptionsprozess in porösen Partikeln mit laminaren Strömungsverhältnissen ergibt sich folgender Parametersatz:

- d_1 = 20 (Kast 1988; Ruthven 1984; Schweighart 1994; Yang 1987)
- d_2 = 0 (Ruthven 1984; Schweighart 1994)
- Pe_∞ = Pe (Re_∞ = Re($u_{LR} \to \infty$)) = 2 (Kast 1988; Ruthven 1984; Schweighart 1994; Yang 1987),

so dass man nach Substitution der dimensionslosen Kennzahlen folgende Gleichung für den axialen Dispersionskoeffizienten erhält:

$$D_{ax} = \underbrace{\frac{20}{\varepsilon_L} \cdot D_{A,Fluid}}_{\text{molekulare Diffusion}} + \underbrace{0{,}5 \cdot \frac{\dot{V}_G \cdot d_P}{A \cdot \varepsilon_L}}_{\text{Strömung}} \quad (4.71)$$

Deutlich werden die zwei Anteile der Dispersion, nämlich die molekulare Diffusion und der strömungsabhängige, anlagenspezifische Term.
In der Flüssigphase wird häufig der Ansatz von Chung und Wen angewendet, um die axiale Dispersion zu berechnen (Chung u. Wen 1968; Wen u. Fan 1975):

$$Pe = \frac{0{,}20}{\varepsilon_L} + \frac{0{,}11}{\varepsilon_L} \cdot Re_P^{0,48} \quad (4.72)$$

Durch Substitution der dimensionslosen Kennzahlen erhält man schließlich:

$$D_{ax} = \frac{L \cdot u_{LR}}{0{,}2 + 0{,}11 \left(\dfrac{v}{u_{LR} \cdot d_P}\right)^{0,48}} \quad (4.73)$$

Der Stoffübergangskoeffizient kann mit dem Ansatz von Wakao u. Funazkri 1978 berechnet werden. Für Gase und Flüssigkeiten geben sie folgende Kennzahlenbeziehung an:

$$Sh = 2 + 1{,}1 \cdot Sc^{1/3} \cdot Re_P^{0,6} \quad \text{für } \varepsilon_L = 0{,}4 \text{ und } 3 < Re_P < 10.000 \quad (4.74)$$

Durch Substitution der dimensionslosen Kennzahlen erhält man für den Stoffübergangskoeffizienten:

$$k_{Film} = \frac{2 \cdot D_{A,Fluid}}{d_P} + \frac{1{,}1 \cdot D_{A,Fluid}^{2/3} \cdot u_{LR}^{0,6}}{d_P^{0,4} \cdot v^{4/15}} \quad (4.75)$$

Bestimmung der wärmetechnischen Parameter

Die Berechnung des dispersiven Wärmeleitungskoeffizienten sollte in Analogie zum axialen (Stofftransport-)Dispersionskoeffizienten erfolgen. Kast 1988 und Yang 1987 geben hier folgende Kennzahlbeziehung an:

$$\frac{1}{Pe_x} = \frac{\lambda_{eff}/\lambda_G}{Re_P \cdot Pr} + \frac{5}{K_{Rad}} \qquad (4.76)$$

mit der Geometrie-Kennzahl K_{Rad}:

$$K_{Rad} = 8 \cdot \left[2 - \left(1 - 2\frac{d_P}{D}\right)^2 \right] \qquad (4.77)$$

und der auf den Mischungsweg bezogene Pecletzahl Pe_x:

$$Pe_x = \frac{u_{LR} \cdot x \cdot \rho_G \cdot c_{pG}}{\lambda_G}, \qquad (4.78)$$

wobei der Mischungsweg von der Adsorbensform abhängt. Für kugelförmige Adsorbentien gilt:

$$x = 1{,}15 \cdot d_P, \qquad (4.79)$$

Durch Substitution der dimensionslosen Kennzahlen erhält man schließlich:

$$\lambda_D = \lambda_{eff} + \frac{23}{32} \frac{\dot{V}_G \cdot \rho_G \cdot c_{pG} \cdot d_P}{A\left[2 - \left(1 - 2\frac{d_P}{D}\right)^2\right]} \qquad (4.80)$$

Die Berechnung der Leitfähigkeit der nicht durchströmten Schüttung λ_{eff} kann nach dem im VDI-Wärmeatlas 1997 angegebenen Berechnungsschema erfolgen.

Für die Ermittlung der Wärmeübergangskoeffizienten Fluid–Schüttung stehen eine Reihe von empirischen Kennzahlbeziehungen zur Verfügung. Für Gase und Flüssigkeiten liefert der Ansatz von Wakao gute Ergebnisse für mikroporöse Materialien (Ruthven 1984):

$$Nu = 2 + 1{,}1 \cdot Re_P^{0,6} \cdot Pr^{1/3} \quad \text{für } \varepsilon_L = 0{,}4 \text{ und } 3 < Re_P < 10.000 \qquad (4.81)$$

Die Substitution der Kennzahlen führt zu folgender Beziehung:

$$\alpha_P = \frac{2 \cdot \lambda_{Fluid}}{d_P} + 1{,}1 \cdot \lambda_{Fluid}^{0,67} \cdot d_P^{-0,4} \cdot u_{LR}^{0,6} \cdot v^{-0,27} \cdot \rho_{Fluid}^{0,33} \cdot c_{pFluid}^{0,33} \qquad (4.82)$$

4.8 Kommerzielle Softwareprogramme

Kommerzielle Softwareprogramme zur Berechnung von Adsorptionsprozessen bieten die Möglichkeit, das dynamische Verhalten von Adsorbern zu berechnen und somit die Bau- und Betriebsweise zu optimieren. Zurzeit (2001) sind zwei Produkte kommerziell erhältlich:

- ADSIM® von AspenTech® aus Houston, USA (AspenTech 1999, 2001):
  Dieses Windows®-basierte Programm ermöglicht dem Benutzer, Vielkomponenten-Adsorptionsprozesse im Festbett für Gas- und Flüssigphasen-Anwendungen Fließbild-basiert zu modellieren und simulieren. Dazu werden die Massen- und Energiebilanzen der fluiden und festen Phase gelöst. Sowohl Gas- als auch Flüssigphasenadsorber können isotherm oder nicht-isotherm berechnet werden; die Berücksichtigung von Dispersionseffekten ist optional. Adsorptionsgleichgewichte können mit diversen Ein- und Mehrkomponentenisothermen ausgedrückt werden. Stofftransportvorgänge werden mit linearen oder quadratischen Summenstofftransportwiderständen berücksichtigt; bei Gasphasenprozessen können Stofftransportwiderstände explizit im Fluidfilm, in den Mikro- und den Makroporen angegeben werden.
  Benötigte Stoffgrößen werden mit Aspen Properties®, einer Stoffdatenbank inkl. Stoffdatenschätzer, generiert.
- AdDesignS® von CenCITT (National Center for Clean Industrial and Treatment Technologies), Houghton, USA (CenCITT 1999, 2001)
  Diese Windows®-basierte Simulationssoftware berechnet Gas- und Flüssigphasen-Adsorptionsprozesse für Vielstoffgemische in Festbetten anhand von isothermen Gleichgewichts- und kinetischen Modellen.
  Adsorptionsgleichgewichte können entweder aus einer integrierten Datenbank entnommen, mittels einer speziellen Software IPES® abgeschätzt oder explizit durch diverse Ein- und Mehrkomponentenisothermengleichungen eingegeben werden. Stofftransportvorgänge werden im Film über einen linearen Ansatz und in den Partikeln anhand von paralleler Poren- und Oberflächendiffusion berücksichtigt. Der Einfluss von natürlichen Wasserinhaltsstoffen (NOM – Natural Organic Matter) bzw. von Adsorbensfouling auf das Adsorptionsgleichgewicht und die Kinetik bei Adsorptionsprozessen in wässriger Phase kann durch Korrelationen berücksichtigt werden.
  AdDesignS® ist mit verschiedenen Datenbanken verknüpft, die Angaben zu Adsorbentien, kommerziell erhältlichen Adsorbern, Adsorptionsgleichgewichten (s.o.) und kinetischen Adsorptionsparametern beinhalten.

Literatur zu Kapitel 4

Altenhöner U, Meurer M, Strube J, Schmidt-Traub H (1997) Parameter estimation for the simulation of liquid chromatography. Journal of Chromatography A 769: 59–69
AspenTech® (1999) Aspen ADSIM™ – Adsorption/Ion Exchange, User Guide and Refernence, Release 10.1. Houston, USA
AspenTech® (2001) Internetseite am 15.3.2001: http://www.aspentech.com/
Binnewies M, Milke E (1999) Thermochemical Data of Elements and Compounds. Wiley-VCH-Verlag, Weinheim

Bronštejn IN, Semendjaev K.A. (1997) Taschenbuch der Mathematik, 3., überarbeitete und erweiterte Auflage der Neubearbeitung. Harri Deutsch, Frankfurt/Main

CenCITT – National Center for Clean Industrial and Treatment Technologies (1999) Manual – Adsorption Design Software for Windows (AdDesignS^{TM}). Houghton, USA

CenCITT – National Center for Clean Industrial and Treatment Technologies (2001) Internetseite am 15.3.2001: http://www.cpas.mtu.edu/etdot/

Chatzopoulos D, Varma A, Irvine RL (1993) Activated Carbon Adsorption and Desorption of Toluene in the Aqueous Phase. AIChE Journal 39 (12): 2027–2044

Chemviron Carbon (1999) Filtrasorb® 300 und 400 – Agglomeriete auf Steinkohle basierende Kornaktivkohle, Technische Information DW-3-4-g. Ausgabe 12/99, Feluy, Belgien

Chung SF, Wen CY (1968) Logitudinal Dispersion of Liquid Flowing Through Fixed and Fluidized Beds. AIChE Journal 14 (6): 857–866

Daszkowski T (1991) Strömung, Stoff- und Wärmetransport in schüttungsgefüllten Rohrreaktoren. Dissertation Universität Stuttgart

Daszkowski T, Eigenberger G (1992) A Reevaluation of Fluid Flow, Heat Transfer and Chemical Reaction in Catalyst Filled Tubes. Chemical Engineering Science 47 (9–11): 2245–2250

Daubert TE, Danner RP (1985) Data Compilation Tables of Pure Compounds. AIChE Publishing, New York

Davis ME (1984) Numerical Methods and Modeling for Chemical Engineers. John Wiley and Sons, New York

Degussa AG (1992) Technische Information Wessalith DAY. Hanau

Delcroix JL (1988) Physical Science Data 32: Gas Phase Chemical Physics Database
Part A: Systems with one element
Part B: Systems with two elements
Part C: Systems with three or four elements.
Elsevier Science Publishing, Amsterdam

Dieterich E, Sorescu G, Eigenberger G (1992) Numerische Methoden zur Simulation verfahrenstechnischer Prozesse. Chemie Ingenieur Technik 64 (2): 136–147

Elsner N (1988) Grundlagen der Technischen Thermodynamik. Akademie-Verlag, Berlin

Finlayson BA (1980) Nonlinear analysis in chemical engineering. McGraw-Hill, New York [u.a.]

Fritz W (1978) Konkurrierende Adsorption von zwei organischen Wasserinhaltsstoffen an Aktivkohlekörnern. Dissertation an der Universität Karlsruhe

Garcia A, Ferreira L, Leitão A, Alírio R (1999) Binary Adsorption of Phenol and m-Cresol Mixtures onto a Polymeric Adsorbent. Adsorption 5: 359–368

Kaczmarski K, Mazzotti M, Storti G, Morbidelli M (1997) Modelling fixed-bed adsorption columns through orthogonal collocation on moving finite elements. Computers & chemical engineering 21 (6): 641–660

Kast W (1988) Adsorption aus der Gasphase. VCH Verlagsgesellschaft, Weinheim

Klatt KU (1999) Modellierung und effektive numerische Simulation von chromatographischen Trennprozessen im SMB-Betrieb. Chemie Ingenieur Technik 71 (12): 555–566

Kümmel R, Worch E (1990) Adsorption aus wäßrigen Lösungen, 1. Auflage. VEB Deutscher Verlag für Grundstoffindustrie, Leipzig

L'Air Liquide (1976) Encyclopédie des gaz / Gas Encyclopedia. Elsevier Science Publishing, Amsterdam

Lingg G (1996) Die Modellierung gasdurchströmter Festbettadsorber unter Beachtung der ungleichmäßigen Strömungsverteilung und äquivalenter Einphasenmodelle. Dissertation an der TU München

Ma Z, Whitley RD, Wang NHL (1996) Pore and Surface Diffusion in Multicomponent Adsorption and Liquid Chromatography Systems. AIChE Jounal 42 (5): 1244–1262

Otten W (1989) Simulationsverfahren für die nicht-isotherme Ad- und Desorption im Festbett auf der Basis des Einzelkorns am Beispiel der Lösungsmitteladsorption. VDI-Fortschritt-Bericht Reihe 3, Nr. 186, VDI Verlag, Düsseldorf

Papageorgiou JN, Froment GF (1995) Simulation-Models Accounting for Radial Voidage Profiles in Fixed-Bed Reactors. Chemical Engineering Science 50 (19): 3043–3056

Reschke G, Stach H, Winkler K, Hannemann J, Bordes E (1993) Studien zur Adsorption binärer und ternärer Gasgemische an Aktivkohle im Festbett – Teil 1: Anwendung des Modells der Gleichgewichtsdynamik. Chemische Technik (Leipzig) 45 (1): 30–36

Rice RG, Do DD (1995) Applied mathematics and modeling for chemical engineers. John Wiley & Sons, Inc., New York [u.a.]

Rivkin SL (1988) Thermodynamic Properties of Gases. Hemisphere Publishing, New York

Ruthven DM (1984) Principles of Adsorption and Adsorption Processes. John Wiley & Sons, New York

Salden A, Frauhammer J, Eigenberger G (1999) Solving Chemical Engineering Problems with Front Propagation Using an Adaptive Moving Grid Method. In: Keil F, Mackens W, Voß H, Werther J (Hrsg.) Scientific Computing in Chemical Engineering I. Springer-Verlag, Berlin [u.a.]

Schmidt-Traub H, Jupke A, Epping A (1999) DECHEMA-Kurs: Design and Operation of Preparative and Production Scale Chromatographic Processes. Universität Dortmund

Schweighart PJ (1994) Adsorption mehrerer Komponenten in biporösen Adsorbentien. Dissertation TU München

Seidel-Morgenstern A (1995) Mathematische Modellierung der präparativen Flüssigkeitschromatographie. Deutscher Universitätsverlag, Wiesbaden

Sievers W, Müller G (1995) Dynamische Simulation der Adsorption an polymeren Adsorbentien. Chemie Ingenieur Technik 67 (7): 897–901

Sontheimer H, Frick BR, Fettig J, Hörner G, Hubele C, Zimmer G (1985) Adsorptionsverfahren zur Wasserreinigung, 1. Auflage. DVGW-Forschungsstelle am Engler-Bunte-Institut der Universität Karlsruhe (TH), Karlsruhe

Stieß M (1995) Mechanische Verfahrenstechnik, Band 1, 2. Auflage. Springer-Verlag, Berlin

Strube J (1996) Simulation und Optimierung kontinuierlicher Simulated-Moving-Bed-Prozesse. Dissertation Universität Dortmund

Tien C (1994) Adsorption Calculations and Modeling. Butterworth-Heinemann, Boston

VDI-Wärmeatlas, 8. Auflage (1997) Abschnitte Da-Dc. Springer-Verlag, Berlin

Wakao N, Funazkri T (1978) Effect of fluid dispersion coefficients on particle-to-fluid mass transfer coefficients in packed beds. Chemical Engineering Science 33: 1375–1384

Weber WJ (1985) Adsorption theory, concepts, and models. In: Slejko FL (Hrsg.) Adsorption Technology: A Step Approach to Process Evaluation. Marcel Dekker, Inc., New York, Basel, S 1–35

Wen CY, Fan LT (1975) Models for Flow Systems and Chemical Reactors. Marcel Dekker, Inc., New York

Yang RT (1987) Gas Separation by Adsorption Process. Butterworth Publishers, Stoneham, USA

Yoshida H, Yoshikawa M, Kataoka T (1994) Parallel Transport of BSA by Surface and Pore Diffusion in Strongly Basic Chitosan. AIChE Journal 40 (12) 2034–2044

Yusubov FV, Zeinalov RI, Ibragimov CS (1994) Mathematical modeling and study of diffusion parameters of liquid-phase adsorption in a fixed bed. Russian Journal of Applied Chemistry 67 (5, Part 2): 769–771

5 Technische Desorptionsverfahren

Die Desorption, d.h. die Umkehrung der Adsorption, stellt in vielen technischen Anwendungsfällen den kostenbestimmenden Verfahrensschritt dar. Trotzdem wird diesem Prozess insbesondere in der Forschung und in Lehrbüchern nur geringe Bedeutung beigemessen. Im folgenden Kapitel soll daher der Versuch unternommen werden, die technisch relevanten Desorptionsverfahren umfassend darzustellen.

5.1 Grundprinzipien der Desorption

Alle Desorptionsverfahren beruhen auf dem Prinzip von LeChatelier (Prinzip des kleinsten Zwanges); d.h. durch Aufprägen eines äußeren Zwanges wird das System, im vorliegenden Fall das thermodynamische Gleichgewicht zwischen Beladung des Adsorbens und Konzentration des Adsorptivs in der fluiden Phase, in die gewünschte Richtung verschoben.

Da die Adsorption bei hohen Drücken, niedrigen Temperaturen und hohen Adsorptiv-Konzentrationen in der fluiden Phase bevorzugt wird, kann die Desorption prinzipiell auf drei Wegen forciert werden:

1. Absenken des Systemdrucks → Druckwechsel-Desorption (engl. PSA – **P**ressure **S**wing **A**dsorption)
2. Erhöhung der Temperatur → Temperaturwechsel-Desorption (engl. TSA – **T**emperature **S**wing **A**dsorption)
3. Änderung der Zusammensetzung der fluiden Phase → Konzentrationswechsel-Desorption (engl. CSA – **C**omposition **S**wing **A**dsorption)

Entsprechend diesen Grundprinzipien lassen sich die Desorptionsverfahren in drei Klassen einteilen (Abb. 5.1), wobei zu berücksichtigen ist, dass einige Verfahren mehrere Effekte gleichzeitig nutzen (bei der Wasserdampfdesorption dient der Dampf gleichzeitig der Verdrängung des Adsorptivs und der Energiezufuhr/Temperaturerhöhung).

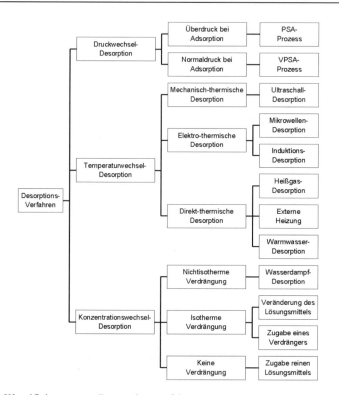

Abb. 5.1. Klassifizierung von Desorptionsverfahren

Die Vielzahl der abgeleiteten Verfahren täuscht jedoch über die Anwendungspotentiale in der industriellen Praxis. Aufgrund der spezifischen Randbedingungen kommen in der Regel nur wenige Verfahren zur Lösung einer konkreten Problemstellung in Frage.

So werden in der Gasphase fast ausschließlich Druckwechsel- und Temperaturwechselverfahren eingesetzt. Konzentrationswechsel treten in der Regel nur als Begleiterscheinung der thermischen Verfahren auf. In der flüssigen Phase dominieren demgegenüber Konzentrationswechselverfahren, da der Druckeinfluss minimal ist und thermische Verfahren auf Grund der großen Wärmekapazitäten sehr kostenintensiv sind (Ciprian 1998).

Im Folgenden wird daher neben der Beschreibung der Desorptionsverfahren ein besonderer Schwerpunkt auf die Auswahlkriterien und verfahrenstechnischen Grenzen der einzelnen Verfahren gelegt. Die technische Realisierung und Beispielprozesse werden in Kap. 6 (Gasphase) und Kap. 7 (Flüssigphase) dokumentiert.

5.2 Desorption in Gasphasen-Adsorptions-Prozessen

Jedes der drei genannten Verfahrensprinzipien (Druck-, Temperatur-, und Konzentrationswechsel) wird in industriellen Gasphasenprozessen eingesetzt.
In der Isothermendarstellung (Abb. 5.2) erkennt man die unterschiedlichen Mechanismen:
Während reine Druckwechsel- (PSA) und Verdrängungs-(CSA)-Verfahren (0→1) auf dem Prinzip beruhen, den Partialdruck des Adsorptivs in der Gasphase möglichst isotherm zu reduzieren und so das Adsorptionsgleichgewicht in Richtung Desorption zu verschieben, wird diese Gleichgewichtsverschiebung bei den reinen Temperaturwechselverfahren (TSA) (0→2) mit einer Verringerung der Beladung durch einen Sprung auf eine andere Isotherme erreicht. Neben diesen „reinen" Verfahren gibt es Mischverfahren, die beide Effekte nutzen, so z.B. das Spülen mit einem heißen Gas (0→3).
Der große Unterschied zwischen den in der Gasphase dominierenden PSA- und TSA-Prozessen liegt darin begründet, dass bei Druckwechsel-Verfahren (teure) mechanische Energie, bei Temperaturwechsel-Verfahren (billigere) thermische Energie in das System eingebracht wird. Als Anhaltswert kann die Äquivalenz von 1.000 kg Dampf bei 6 bar und einer elektrischen Leistung von 150 kWh dienen (Mersmann et al. 2000).

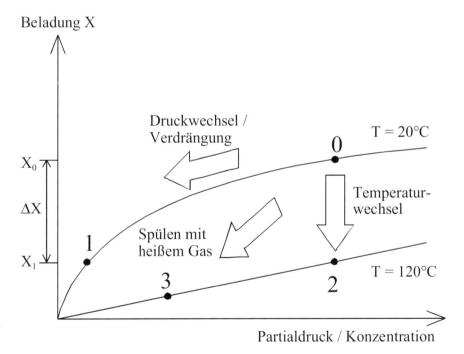

Abb. 5.2. Prinzip der Desorptionsverfahren in der Isothermendarstellung

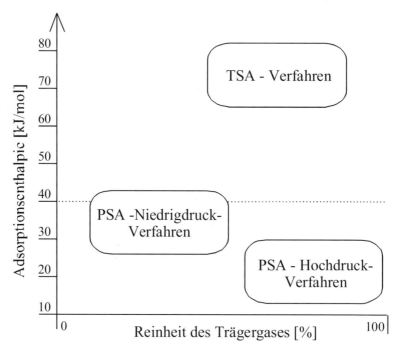

Abb. 5.3. Einsatzbereiche von PSA- und TSA-Verfahren in Abhängigkeit von der Reinheit des Trägergases und der Adsorptionsenthalpie des Adsorptivs (Mersmann et al. 2000)

Aus diesem Grund werden Druckwechselprozesse in der Regel bei Stoffsystemen mit geringen Adsorptionsenthalpien eingesetzt. Bei hohen Adsorptionswärmen kühlt die Schüttung aufgrund der Desorption aus und das Gleichgewicht wird in Richtung Adsorption verschoben (s.o.). Mersmann et al. 2000 geben die in Abb. 5.3 dargestellten groben Einsatzbereiche für die beiden Desorptionsverfahren an.

5.2.1 Druckwechsel-Desorption

Die Druckwechsel-Desorption ist ein in der Gasphasentechnik häufig eingesetztes Verfahren. Hauptanwendungsgebiete sind (Petzolt et al. 1997 Ruthven et al. 1994; Yang 1987):

- Luftzerlegung (Gewinnung von Sauerstoff und/oder Stickstoff)
- Luftaufbereitung (Adsorption von Wasser und Kohlendioxid)
- Wasserstoff-Aufkonzentrierung (Abgase aus Reformern und Ethylen-Anlagen)
- Paraffin-Trennung (Raffinerien)
- Lösungsmittel-Rückgewinnung (temperaturempfindliche Stoffe)

Verfahrensvarianten

Zunächst kann man Druckwechselverfahren in P-(Purification)- und R-(Recovery)-Prozesse einteilen (v.Gemmingen 1993; v.Gemmingen et al. 1996). Bei P-Prozessen werden die unerwünschten Komponenten zurückgehalten, d.h. das Produkt wird nicht adsorbiert. Daher kann dieses mit hohen Drücken bei hohen Reinheiten und Ausbeuten unter geringem Energieverbrauch gewonnen werden. Ein typisches Beispiel für einen P-Prozess stellen die in Kap. 6 beschriebenen Wasserstoff-Rückgewinnungsverfahren dar.

Demgegenüber zeichnen sich R-Prozesse, bei denen das gewünschte Produkt adsorbiert wird, durch einen geringen Druck des Produktstroms bei mittleren Reinheiten und Ausbeuten unter höherem Energieverbrauch aus. Ein typisches Beispiel ist die Abtrennung von Methan und Kohlendioxid aus Erdgasen.

Je nach eingestelltem Druck unterscheidet man zudem zwischen PSA- (**P**ressure **S**wing **A**dsorption) und VSA-Prozessen (**V**acuum **S**wing **A**dsorption). Für die entsprechenden Druckstufen gelten die in Tabelle 5.1 aufgeführten Bereiche (Löhr 2000).

Im Bereich der Sauerstoff-Gewinnung werden neben diesen beiden „reinen" Verfahren auch Kombinationsverfahren aus PSA und VSA, in der Literatur auch als VPSA (**V**acuum **P**ressure **S**wing **A**dsorption) bezeichnet, betrieben. Tabelle 5.2 zeigt die drei Varianten und die (leicht) veränderten Druckstufen dieser Verfahren (Reiß 1983).

Tabelle 5.1. Druckstufen bei Druckwechseladsorptionsprozessen (Löhr 2000; Hofmann et al. 1999)

Verfahren	PSA	VSA
Druck Adsorption [bar]	3–5	1,2–1,6
Druck Desorption [bar]	~ 1	0,2–0,5

Tabelle 5.2. Verfahrensvarianten bei der Sauerstoff-Gewinnung (Reiß 1983)

Verfahren	PSA	Kombination PSA-VSA	VSA
Druck Adsorption [bar]	3–4	2–4	~ 1
Druck Desorption [mbar]	~ 1000	50–500	50–250
Zykluszeit [min]	1–3	1–3	0,5–1,5

Prozessführung

Das Hauptproblem der Druckwechsel-Verfahren liegt in der Tatsache, dass die Desorption ein endothermer Verfahrensschritt ist; d.h. bei einer durch eine Druckabsenkung ausgelösten Desorption kühlt die Adsorbensschüttung ab. Diese Kühlung verschiebt das Gleichgewicht zurück in Richtung Adsorption. Dass dieser Effekt nicht vernachlässigbar ist, zeigen Simulationen von Unger u. Eigenberger 1997 sowie Berechnungen von Hofmann et al. 1998. Geht man bei einer Luftzerlegung an einem Zeolith (mit einer spezifischen Wärmekapazität von ca. 0,92 kJ/(kg·K)) davon aus, dass die Adsorptionsenthalpie von Stickstoff ca. 25 kJ/mol und diejenige von Sauerstoff ca. 15 kJ/mol betragen, ergeben sich bei üblichen Betriebsbedingungen Temperaturschwankungen von 4–6 °C, die die Effizienz des Prozesses deutlich reduzieren. Ein isothermer Adsorber würde bei gleicher Zeolith-Menge ca. 20 % mehr Leistung liefern (Hofmann et al. 1998; Hofmann et al. 1999). Berichte von v.Gemmingen 1993 u. v.Gemmingen et al. 1996 dokumentieren Temperaturschwankungen von -10°C bis 50°C in großen (nahezu adiabaten) PSA-Adsorbern.

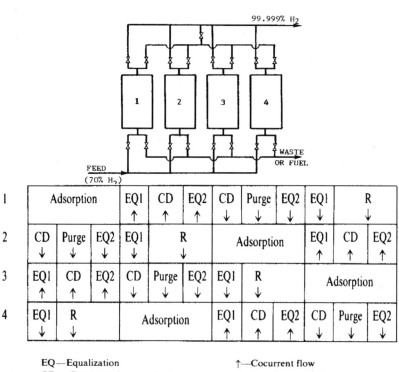

Abb. 5.4. Prozessführung in einer 4-Bett-PSA-Anlage (Yang 1987; Ruthven et al. 1994)

Um dennoch annähernd isotherm arbeiten zu können, werden PSA-Adsorber im Vergleich zu TSA-Adsorbern (siehe Abschn. 5.2.2) extrem schnell getaktet und mit geringen Durchsätzen pro Zyklus beaufschlagt. Typische Zykluszeiten (Adsorption-Desorption-Druckaufbau-Adsorption-...) liegen bei diesen Anlagen im Bereich zwischen 30 s und wenigen Minuten, während bei TSA-Festbett-Adsorbern häufig allein die Adsorptionsphase mehrere Stunden beträgt (s. Kap. 6).

Versuche, die Abkühlung durch Erhöhung der spezifischen Wärmekapazität der Schüttung zu vermindern (z.B. durch Zugabe inerter Partikel mit hoher Wärmekapazität (Eisen-Kügelchen o.ä.)), sind in der Literatur dokumentiert (Yang 1987; Unger u. Eigenberger 1999), konnten sich aber in der Praxis nicht durchsetzen.

In einigen Fällen greift man auf kombinierte TSA-PSA-Verfahren zurück (Boger et al. 1997), um die Abkühlung zu kompensieren.

Trotz aller Bemühungen sind PSA-Adsorber daher in der Regel auf Prozesse beschränkt, die sich durch geringe Adsorptionsenthalpien und somit geringe Wärmetönungen auszeichnen. Prozesse, in denen kleine Grenzwerte eingehalten werden müssen, z.B. in der Abluftreinigung, erfordern aber eine hohe Affinität zwischen Adsorbens und Adsorptiv (d.h. hohe Adsorptionsenthalpien), um eine vollständige Entfernung des Adsorptivs aus der Gasphase sicherstellen zu können.

Dennoch finden sich auch hier Ausnahmen. So beschreiben Petzolt et al. 1997 eine Anlage zur Abluftbehandlung von Tanklagern, deren Kernstück ein PSA-Verfahren darstellt (siehe Kap. 6). Verfahren dieser Art kommen zum Einsatz, wenn die Adsorptive sehr temperaturempfindlich sind. Im beschriebenen Fall handelt es sich z.B. um Styrol-Dämpfe, die zur Polymerisation neigen (Petzolt et al. 1997).

Da die mechanische Energie, die für die Kompression/Entspannung des Gases eingesetzt wird, den Hauptkostenfaktor darstellt, wird versucht, durch Pendeln zwischen parallel geschalteten Adsorbern einen optimalen Druckausgleich zu realisieren. Hierbei ist zu beachten, dass mit zunehmender Zahl der Druckausgleiche zwar die Ausbeute steigt, jedoch die Kapazität der Anlagen sinkt. Die Druckausgleiche führen gleichzeitig zu relativ komplexen Verschaltungen und einer ebenso komplexen Prozessführung. Abb. 5.4 dokumentiert dies am Beispiel einer 4-Bett-PSA-Anlage (Yang 1987; Ruthven et al. 1994). Weitere Beispiele sind in Kap. 6 aufgeführt.

Im in Abb. 5.4 dargestellten Prozess kann man den Betriebszyklus eines PSA-Adsorbers in neun Phasen unterteilen. Im Folgenden soll dies am Beispiel von Adsorber 1 diskutiert werden (Yang 1987; Ruthven et al. 1994):

1. Adsorption
   Die Zielkomponente(n) werden adsorbiert.
2. Druckausgleich im Gleichstrom (Equalization 1)
   Bevor die Zielkomponente durchbricht, wird die Adsorption beendet und ein Druckausgleich mit Adsorber 2 im Gleichstrom zur Adsorption durchgeführt.
3. Entspannung im Gleichstrom (Cocurrent Depressurization)
   Anschließend wird der Adsorber im Gleichstrom zur Adsorption entspannt. Hierdurch wird ein Teil der (mit den Störstoffen angereicherten) Gasphase aus

dem Adsorber entfernt, so dass die Reinheit bezogen auf die Zielkomponente ansteigt.
4. Druckausgleich im Gleichstrom (Equalization 2)
Vor Entnahme des Produktstroms wird ein weiterer Druckausgleich mit Adsorber 3 im Gleichstrom zur Adsorption durchgeführt.
5. Entspannung im Gegenstrom (Countercurrent Depressurization)
Der Produktstrom wird im Gegenstrom zur Adsorption in hoher Reinheit abgezogen. Die Desorption ist nicht vollständig, sondern findet nur bis zu einer (wirtschaftlich begründeten) Restbeladung statt.
6. Spülen (Purge)
Nach dem Ende der Desorption wird der Adsorber mit einem Spülgas durchströmt. Um eine vollständige Spülung sicherzustellen, empfiehlt Yang 1987, den Volumenstrom des Spülgases größer/gleich dem Feedvolumenstrom bei den entsprechenden Drücken zu wählen.
7. Druckaufbau im Gegenstrom (Equalization 2)
Nach Beendigung der Spülphase wird das Druckniveau durch einen Druckausgleich mit Adsorber 4 wieder angehoben.
8. Druckaufbau im Gegenstrom (Equalization 1)
Anschließend erfolgt ein weiterer Druckausgleich mit Adsorber 2.
9. Zusätzlicher Druckaufbau (Repressurization)
Zum Abschluss des Zyklusses wird mit weiterem Spülgas der Betriebsdruck für die Adsorption im Adsorber aufgebaut.

Da in PSA-Systemen regelmäßig größere Gasmengen zwischen den Adsorbern hin- und herpendeln, ist die Gefahr der Anreicherung von Störstoffen gegeben. Um dies zu vermeiden, ist darauf zu achten, dass bei wechselnder Zusammensetzung der Spülgase das Gas mit der niedrigsten Störstoff-Konzentration beim höchsten Druck und das Gas mit der höchsten Konzentration beim niedrigsten Druck aufgegeben werden (Ruthven et al. 1994).

Simulation von PSA-Prozessen

Die mathematische Beschreibung von Druckwechseladsorptionsprozessen ist komplexer als die Bilanzierung von TSA-Prozessen, die mit den in Kap. 3 hergeleiteten Gleichungen modelliert werden können.

Ein Beispiel für eine Modellierung liefern Hofmann et al. 1998; Hofmann et al. 1999 sowie Löhr 2000, mit dem System MAUS (**M**odular **A**dsorption **U**nit **S**imulator). Dieses System basiert im Kern auf 5 Bilanzgleichungen (für ein Zweikomponentensystem), die unter folgenden Annahmen hergeleitet wurden:

1. Die Gasphase verhält sich ideal.
2. Axiale bzw. radiale Diffusion und Dispersion werden vernachlässigt.
3. Wärmeleitung in der Schüttung wird vernachlässigt.
4. Ein polytropes Festbett wird vorausgesetzt.

Die erste Bilanzgleichung ist die Gesamtmassenbilanz für die Gasphase:

$$\frac{\varepsilon_L \cdot A}{R} \cdot \left(\frac{1}{T} \frac{\partial p}{\partial t} - \frac{p}{T^2} \frac{\partial T}{\partial t} \right) + \rho_F \cdot A \cdot \sum_{i=1}^{k} \left(\frac{\partial X_i}{\partial t} \right) = -\frac{\partial \dot{n}}{\partial z} \quad (5.1)$$

Für die einzelnen Komponenten sind Komponentenbilanzen für die Gasphase aufzustellen, wobei bei n Komponenten (n-1) Bilanzgleichungen zu formulieren sind.

$$\frac{\varepsilon_L \cdot A}{R} \cdot \left(\frac{y_i}{T} \frac{\partial p}{\partial t} - \frac{p \cdot y_i}{T^2} \frac{\partial T}{\partial t} + \frac{p}{T} \frac{\partial y_i}{\partial t} \right) + \rho_F \cdot A \cdot \left(\frac{\partial X_i}{\partial t} \right) = -\frac{\partial (\dot{n} \cdot y_i)}{\partial z} \quad (5.2)$$

Für die zeitliche Änderung der Adsorbensbeladung schlagen Hofmann et al. 1998 und Löhr 2000 Ansätze nach dem LDF-Modell vor (siehe Abschn. 4.5). Im Gegensatz zur Gasphasenbilanz ist hier für jede der n Komponenten eine Bilanz zu erstellen, da eine Gesamtbeladungs-Bilanz wenig Sinn macht.

$$\frac{\partial X_i}{\partial t} = k_i \cdot (X_{iGl} - X_i) \quad (5.3)$$

Der Index Gl zeigt an, das es sich um einen Gleichgewichtswert gemäß der Isothermengleichung handelt. Die Isothermenbestimmung erfolgt bei Hofmann et al. 1999 auf der Basis von Einzelisothermen, die über Modelle wie IAST, PRAST usw. verknüpft werden (s. Abschn. 3.1).

Da eine isotherme Modellierung des Prozesses zu großen Fehlern führt (s.o.), muss eine Energiebilanzierung durchgeführt werden. Hofmann et al. 1998 schlagen eine Gesamtenergiebilanz vor, d.h. sie differenzieren nicht nach Gasphasen- und Feststofftemperatur und bilanzieren die Verluste pauschal als Wandverluste $\dot{Q}_W$. Somit ergibt sich als Energiebilanz:

$$\left(\frac{p \cdot \varepsilon_L \cdot A}{R \cdot T} \sum_{i=1}^{k} (y_i \cdot c_{pGi}) + \rho_F \cdot A \cdot c_{pS} + \rho_F \cdot A \cdot \sum_{i=1}^{k} (X_i \cdot c_{pGi}) \right) \cdot \frac{\partial T}{\partial t}$$
$$-\varepsilon_L \cdot A \cdot \frac{\partial p}{\partial t} + \rho_F \cdot A \cdot \sum_{i=1}^{k} \left(\frac{\partial X_i}{\partial t} \right) \cdot \Delta h_{Ads} = -\left[\sum_{i=1}^{k} (n \cdot y_i \cdot c_{pi}) \right] \frac{\partial T}{\partial z} + \dot{Q}_W \quad (5.4)$$

Ergänzt werden Gleichungen zur Beschreibung der Strömungsmechanik des Prozesses. Dies ist notwendig, da in den Adsorbern Geschwindigkeiten bis zu 1 m/s und (daraus resultierend) Druckverluste von 50 mbar/m auftreten (Hofmann et al. 1999). Hofmann et al. 1998 und Löhr 2000 verwenden z.B. die Gleichung von Ergun, um den Druckverlust zu berechnen (vergl. Gln. 4.62 – 4.65):

$$\frac{\partial p}{\partial z} = f_1 \cdot u_{LR} + f_2 \cdot u_{LR}^2 \quad (5.5)$$

mit dem laminaren Beiwert f_1:

$$f_1 = 150 \cdot \eta \cdot \frac{(1-\varepsilon_L)^2}{\varepsilon_L^3 \cdot d_P^2} \tag{5.6}$$

und dem turbulenten Beiwert f_2:

$$f_2 = 1{,}75 \cdot \rho_G \cdot \frac{1-\varepsilon_L}{\varepsilon_L^2 \cdot d_P} \tag{5.7}$$

Weitere Simulationsmodelle für Druckwechseladsorber sind in Schachtl u. Mersmann 1990, Kumar 1994 (simuliert den oben genannten 4-Bett-PSA-Prozess), v.Gemmingen 1993 (Programmpaket ADLIN) und Farooq et al. 1997 beschrieben. Für ein vertieftes Studium aller Aspekte von PSA-Prozessen sei das umfangreiche Buch von Ruthven et al. 1994 empfohlen.

5.2.2 Temperaturwechsel-Desorption

Die Temperaturwechsel-Desorption (engl. TSA = **T**emperature **S**wing **A**dsorption) ist das Standardverfahren zur Regeneration von Adsorber-Festbetten, bei denen die Adsorption durch eine starke Wechselwirkung zwischen Adsorbens und Adsorptiv, d.h. eine hohe Adsorptionsenthalpie, gekennzeichnet ist. Dies gilt für (fast) alle Trocknungsprozesse und Verfahren zur Abgas-/Abluftreinigung, da die hier verlangten niedrigen Schadstoff-Konzentrationen im Abgas nur durch starke Wechselwirkungen zu erzielen sind.

Die notwendige Energiezufuhr kann auf mehreren Wegen realisiert werden:

1. Spülen mit einem heißen Inertgas
2. Spülen mit Wasserdampf (siehe Abschnitt 5.2.3)
3. Heizen durch Heizelemente (Wandheizung, eingebaute Wärmetauscher usw.)
4. Einleitung von elektrischem Strom
5. Bestrahlung mit Mikrowellen
6. Bestrahlung mit Infrarot-Strahlen (kleine Glasadsorber im Laborbetrieb)

Spülen mit heißem Inertgas

Die überwiegende Zahl der TSA-Adsorber wird durch heiße Spülmedien regeneriert. Als Trägerstoffe findet man neben Wasserdampf hauptsächlich inerte Gase, von denen drei industriell relevant sind (Huang u. Fair 1989; Kast 1988; Knaebel 1999):

- In Trocknungsprozessen verwendet man in der Regel Luft (z.B. bei Lufttrocknern wird ein Teil der getrockneten Luft zur Regeneration wieder zurückgeführt).
- Sind brennbare Komponenten vorhanden (z.B. organische Lösungsmittel), wird aus sicherheitstechnischen Gründen (Explosionsschutz) Stickstoff verwendet.
- In einigen Sonderfällen wird Stickstoff durch Helium ersetzt.

Neben diesen Standardgasen findet man gelegentlich Prozesse, in denen (ähnlich Lufttrocknern) ein Teil des erzeugten Reingases für die Regeneration zurückgeführt und erwärmt wird. Dies hängt von den jeweiligen Rahmenbedingungen ab und ist in jedem Einzelfall zu prüfen.

Da die Wasserdampfdesorption eine Kombination aus Temperaturwechsel- und Verdrängungs-Desorption darstellt, soll sie im folgenden Abschnitt 5.2.3 gesondert behandelt werden.

Die Temperaturen, mit denen die Spülgase in die Adsorber eingespeist werden, variieren von Prozess zu Prozess. Der Energiebedarf für die Desorption muss nach folgender Gleichung gedeckt werden, wenn keine Phasenänderung des Spülgases stattfindet:

$$\dot{Q}_{Des} = \dot{m}_G \cdot c_{pG} \cdot (T_{ein} - T_{aus}) \tag{5.8}$$

Da die spezifische Wärmekapazität der Spülgase gering ist und große Spülgas-Mengenströme eine häufig unerwünschte Verdünnung des Desorbats bedeuten, tendiert man in der Praxis dazu, höhere Temperaturen einzusetzen. Die obere Grenze für die Temperatur ist dabei durch prozessspezifische Randbedingungen wie die Temperaturstabilität des Adsorptivs gegeben. Beispiele für Zersetzungsreaktionen finden sich bei Bieck 1999, der u.a. Ketone, Alkohole und Tetrahydrofuran an Aktivkohle untersuchte. Typische Werte für die Regenerationstemperatur bei Lösungsmittelrückgewinnungsprozessen liegen zwischen 120°C und 200°C (Knaebel 1999).

Zur Bestimmung der optimalen Desorptionstemperatur entwickelten Basmadjian et al. 1975 (1+2) ein Modell, das interessante Einblicke in den Desorptionsprozess erlaubt und deshalb kurz vorgestellt wird.

Unter der Annahme einer unendlich schnellen Kinetik, d.h. auf der Basis des Gleichgewichtsmodells (s. Kap. 4), kann man Wanderungsgeschwindigkeiten für die Konzentrationsfront

$$u_c = \frac{u_{LR}/\varepsilon_L}{1+\frac{1-\varepsilon_L}{\varepsilon_L} \cdot \rho_S \cdot \frac{\partial X}{\partial c_A}} \tag{5.9}$$

und die Temperaturfront

$$u_T = \frac{u_{LR}/\varepsilon_L}{1+\frac{1-\varepsilon_L}{\varepsilon_L} \cdot \frac{\rho_S}{\rho_G} \cdot \frac{c_{pS}}{c_{pG}}} \tag{5.10}$$

herleiten. Ein Vergleich der beiden Ausdrücke zeigt, dass die Wanderungsgeschwindigkeiten übereinstimmen, wenn folgende Bedingung erfüllt ist:

$$\frac{\partial X}{\partial c_A} = \frac{c_{pS}}{c_{pG} \cdot \rho_G} \tag{5.11}$$

(Die Konzentration ist über eine entsprechende Gleichung, z.B. das ideale Gasgesetz, in einen Partialdruck umzurechnen)

In Worten bedeutet dies:

Die Temperatur- und die Konzentrationsfront wandern gleich schnell durch den Adsorber, wenn die Isothermensteigung dem Quotienten aus den Wärmekapazitäten des Feststoffs und der Gasphase entspricht. Berücksichtigt man, dass

- eine vorauseilende Konzentrationsfront bedeutet, dass dem Prozess zu wenig Energie zugeführt und somit die Desorptionszeit verlängert wird und
- eine vorauseilende Temperaturfront (ist nur theoretisch möglich, da die Temperaturerhöhung immer eine Desorption zur Folge hat!) bedeutet, dass dem Prozess zu viel Energie zugeführt und diese somit verschwendet wird,

lässt sich eine optimale Desorptionstemperatur bestimmen. Diese „charakteristische Temperatur" (Basmadjian et al. 1975 (1+2)) ist diejenige, deren Adsorptions-Isotherme obengenannte Bedingung erfüllt.

Streng genommen gilt diese Herleitung nur für Isothermen des Henry-Typs (Abschn. 3.1.3). Mehrere Forschungsarbeiten (u.a. Kumar u. Dissinger 1986 und Yang 1987) konnten jedoch experimentell zeigen, dass auch bei nichtlinearen Isothermen ein Minimum des Energiebedarfs für die Desorption auftritt, wenn die Desorptionstemperatur in der Nähe der charakteristischen Temperatur liegt.

Tabelle 5.3 zeigt die charakteristischen Temperaturen für verschiedene Stoffsysteme (Mersmann et al. 2000).

Theoretisch lässt sich somit eine optimale Desorptionstemperatur bestimmen, aber in der industriellen Praxis treten erhebliche Schwierigkeiten auf, da

1. eine sofortige Einstellung des Adsorptionsgleichgewichts (= unendlich schnelle Kinetik) selten auftritt,
2. fast immer Mehrkomponenten-Systeme vorliegen, die aus sich gegenseitig beeinflussenden Adsorptiven bestehen und
3. in den seltensten Fällen (insbesondere bei Gemischen) die benötigten exakten Isothermendaten zur Verfügung stehen.

Zudem handelt es sich bei industriellen Adsorbern in der Regel um (annähernd) adiabate Systeme. Daher wirken sich die aus der Adsorptionswärme resultierenden thermischen Effekte deutlich aus. Sie führen sowohl in der Adsorption als auch bei der Heißgasdesorption zu charakteristischen Plateaus, wie sie in Abb. 5.5 dargestellt sind.

Tabelle 5.3 Charakteristische Temperaturen für verschiedene Stoffsysteme (Mersmann et al. 2000)

Stoffsystem	Charakteristische Temperatur
CO_2-CH_4-Molekularsieb	110 °C
H_2O-Luft-Silica-Gel	121 °C
C_3H_8-N_2-Aktivkohle	146 °C
Aceton-Luft-Aktivkohle	149 °C
H_2S-CH_4-Molekularsieb 5A	204 °C
H_2O-Luft-Molekularsieb	> 315 °C

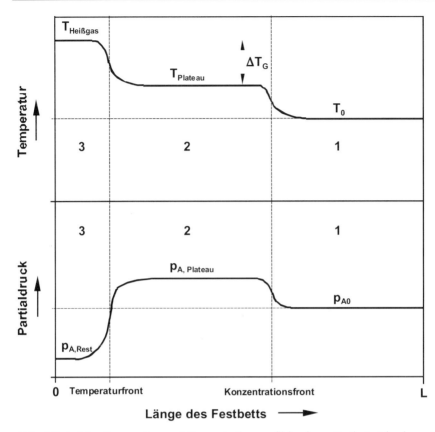

Abb. 5.5. Axiales Temperatur- und Konzentrationsprofil in einem Festbett-Adsorber während einer Heißgasdesorption

Im Detail zeigt diese Abbildung die axialen Temperatur- und Konzentrationsprofile während einer Heißgasdesorption. Das heiße Inertgas wird von links (L=0) in das Festbett (Länge L) eingebracht.

Es bilden sich analog zu den in Abschn. 3.3 beschriebenen Profilen drei Zonen aus, wobei sich die mittlere Zone (2) von dem in Abschn. 3.3 diskutierten idealen Profil unterscheidet. Im Laufe der Desorption wandern diese Fronten von links nach rechts durch den Adsorber. In der Zone (1) befindet sich das Festbett in dem Gleichgewichtszustand, der zu Beginn der Desorption im gesamten Festbett herrschte (T_0 und p_{A0} sind über die Isothermengleichung miteinander verknüpft). Zone (3) hat bereits den Gleichgewichtszustand erreicht, der am Ende der Desorption im gesamten Festbett herrscht ($T_{Heißgas}$ und $p_{A,Rest}$ korrelieren über die Isothermengleichung).

Zwischen den beiden Zonen bildet sich ein Plateau (2) aus, das charakteristisch für TSA-Prozesse ist. Ursache ist die für die Desorption aufzubringende Energie. Der permanente Energieentzug verlangsamt die Temperaturfront, so dass diese hinter der vorlaufenden Konzentrationsfront zurückbleibt. Zwischen den beiden

Fronten stellt sich ein Zwischengleichgewicht ein, dass durch die folgenden Gleichungen beschrieben werden kann (v.Gemmingen et al. 1996):

$$\Delta T_G = -f \cdot \frac{y_{A0}}{1 + f \cdot y_{A0}/y_r} \cdot \frac{\Delta h_{Ads}}{c_{ps} \cdot \rho_s} \quad (5.12)$$

$$p_A = \frac{y_{A0}}{1 + f \cdot y_{A0}/y_r} \cdot p_{ges} \quad (5.13)$$

Die Gleichgewichtsbeladung X_{Gl} kann aus der entsprechenden Isothermengleichung und den Werten für $p_{A,Plateau}$ und $T_{Plateau}$ bestimmt werden. y_{A0} ist der Stoffmengenanteil des Adsorptivs in der Gasphase zu Beginn der Desorption, d.h.:

$$y_{A0} = p_{A0} / p_{ges} \quad (5.14)$$

Die charakteristische Konzentration y_r kann nach folgender Gleichung berechnet werden:

$$y_r = \frac{c_{pS} \cdot \rho_S \cdot R \cdot T^2}{\Delta h_{Ads}^2} \quad (5.15)$$

Der Parameter f ergibt sich aus dem Verhältnis der Durchbruchszeiten der Konzentrations- und der Temperaturfront:

$$f = \frac{1}{1 - t_{Temp.}/t_{Konz.}} \quad (5.16)$$

Praktische Bedeutung haben die Haltepunkte für Adsorptionsprozesse vor allem in zwei Punkten:

1. Die Desorbat-Konzentration kann bei gegebener Regenerationstemperatur bis maximal zum Wert $p_{A,Plateau}$ gesteigert werden, da für die Desorption maximal die Energie oberhalb der Plateau-Temperatur $T_{Plateau}$ (=Exergie) zur Verfügung steht.
2. Da die Haltepunkte spezifisch für jeden Prozess sind, werden sie häufig zur Überwachung der Effizienz der Desorption genutzt.

Eine eingehende Diskussion insbesondere der Thermodynamik der Haltepunkte findet sich in v.Gemmingen et al. 1996 und Basmadjian 1997.

In der industriellen Praxis wird neben den beiden vorgestellten Methoden für einfache Überschlagsrechnungen bzw. bei sehr unsicherer Datenbasis das Verfahren der „Einfachen Massen-/Energiebilanzen" (Abschn. 6.3) verwendet. Bei umfangreicher Datenbasis setzt man Simulationen auf der Basis des Modells/der Differentialgleichungen aus Kap. 4 ein. Beispiele für entsprechende Simulationen liefern Eiden u. Schlünder 1992 sowie Bathen 1998. Einfachere Simulationen finden sich bei Friday u. Le Van 1982 und 1985. Eine Methode zur semi-empirischen Bestimmung der optimalen Desorptionstemperatur beschreibt Kajszika 1998.

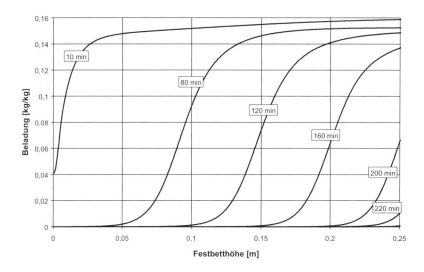

Abb. 5.6. Typisches axiales Beladungsprofil eines Festbett-Adsorbers (Adsorbens: Wessalith DAY/Adsorptiv: Ethanol/Spülgas: Luft) während einer Heißgas-Desorption. Zu Beginn der Desorption ist das Adsorbens gleichmäßig mit 0,16 kg/kg beladen (Bathen 1998). Die Haltepunkte sind hier nicht zu erkennen, da die Plateautemperatur bei diesem Stoffsystem im Bereich der Umgebungstemperatur liegt.

Den typischen Verlauf eines mit diesen Gleichungen (s. Kap. 4) simulierten axialen Beladungsprofiles während einer Heißgasdesorption zeigt Abb. 5.6 (Bathen 1998).

Alternative Heizverfahren

Der Nachteil der Heißgas-Desorption ist die geringe Wärmekapazität der verwendeten Spülgase. Da zudem die Desorptionstemperatur nicht beliebig gesteigert werden kann, muss die notwendige Desorptionsenergie über die Spülgasmenge zugeführt werden. Die notwendigen relativ großen Spülgasmengen führen zu einer entsprechenden Verdünnung des Desorbats und einer aufwendigen Ausführung der nachgeschalteten Apparate bzw. Unit-Operations. Da es sich häufig um kostenintensive Apparate wie Verdichter, Kondensatoren oder Brennkammern handelt, ist die Verringerung der Spülgasmengen wirtschaftlich sehr interessant. Daher werden neben dem Einsatz von Wasserdampf (s. Abschn. 5.2.3) alternative Heizmethoden eingesetzt bzw. untersucht.

Bei kleinen Systemen bietet sich der Einsatz von Wandheizungen an, die die notwendige Energie über Wärmeleitung im Adsorbens verteilen (Boger et al. 1997; v.Gemmingen 2000). Problematisch ist die notwendige Überhitzung der Wände, die Reaktionen der Adsorptive auslösen kann. Größere Adsorber lassen sich auf diese Weise nicht regenerieren, da die Wärmeleitungseigenschaften der meisten Adsorbentien denen von Dämmstoffen entsprechen. Der Einbau von Heizelementen im Inneren der Schüttungen könnte diese Problematik verringern und wird häufiger diskutiert (Boger et al. 1997), aber in der industriellen Praxis nicht gerne gesehen, da es zu Problemen

- mit lokalen Überhitzungen,
- unerwünschten Kurzschlussströmungen sowie
- beim Befüllen der Adsorber

kommt.

Eine Alternative stellen Heizmethoden dar, bei denen die Energie im Inneren der Adsorbensschüttung generiert wird. Bei elektrisch leitfähigen Adsorbentien (modifizierte Aktivkohlen) besteht die Möglichkeit, elektrischen Strom durchzuleiten und das System über die resultierenden Ohm'schen Verluste volumetrisch aufzuwärmen. Abb. 5.7 zeigt ein entsprechendes Verfahren der Firma KCH (Fachinger 1997).

Durch Aufprägen von Wechselspannungen von 15 V – 40 V kann eine Desorptionstemperatur zwischen 70°C und 250°C (je nach Adsorptiv) eingestellt werden. Die benötigte Stickstoffmenge reduziert sich im Vergleich zur konventionellen Heißgasdesorption auf 10% - 20% (Chmiel u. Schippert 1999). Zwei weitere Systeme, die nach demselben Prinzip arbeiten, werden von Moog u. Chmiel 2001 und Corning Inc. 1995 beschrieben.

Problematisch ist bei diesen Verfahren die Einspeisung des elektrischen Stroms (Überhitzung der Einspeisungsstellen). Zudem muss die Leitfähigkeit des Adsorbens durch Modifikationen (z.B. Beimengung von Graphit) erhöht werden (Hauck et al. 1997).

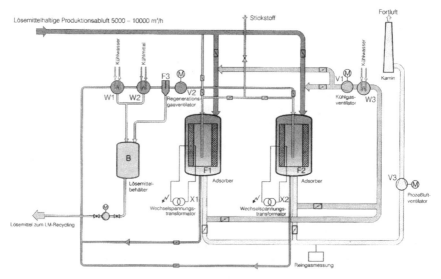

Abb. 5.7. Elektrosorp-Anlage (Fachinger 1997)

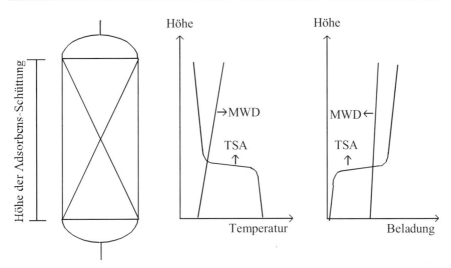

Abb. 5.8. Vergleich der axialen Temperatur- und Beladungs-Profile bei Heißgas-(TSA) und Mikrowellen-Desorption (MWD) nach Bathen 1998

Eine andere Möglichkeit, Wärme im Inneren des Adsorbens zu generieren, ist der Einsatz von elektromagnetischen Wellen, im speziellen Mikrowellen. Der Einsatz dieser Technologie ermöglicht einen volumetrischen Energieeintrag und dementsprechend eine volumetrische Desorption im Vergleich zu den ausgeprägten Frontverläufen bei der Heißgasdesorption (Abb. 5.8). Dies führt zu einer Reduzierung der Spülgasmengen und einer Erhöhung der Desorbatkonzentrationen.

Problematisch sind die limitierte Eindringtiefe der Mikrowellen, die im Regelfall unter 1 m liegt und der Scale Up sowie die Auslegung dieser Anlagen. Zurzeit (2001) wird in diesem Bereich intensiv geforscht (Price u. Schmidt 1998, Bathen 1998; Coss u. Cha 2000): erste Industrieanlagen sind bereits in Betrieb gegangen (Strack et al. 1995; Arrow Pneumatics 2000).

5.2.3 Verdrängungs-Desorption

Eine industriell weit verbreitete Alternative zu klassischen TSA-Prozessen mit heißen Inertgasen stellt der Einsatz von Wasserdampf dar. Durch die höhere Energiedichte von ca. 2200 kJ/kg (Kondensationswärme) im Vergleich zu ca. 100 kJ/kg (Abkühlung von Stickstoff von 140°C auf 40°C) bietet dieses Verfahren die Möglichkeit, effizienter Energie in den Adsorber einzubringen. Es ist insbesondere dann zu empfehlen, wenn die Abtrennung des Adsorptivs vom Dampf/Wasser im Desorbat einfach möglich ist.

Prozessführung

Da es sich bei diesen Verfahren um eine Kombination von Verdrängungs- und Temperaturwechsel-Desorption handelt, ist eine zusätzliche Trocknung des Adsorbens notwendig. Technisch gesehen handelt es sich bei diesem Verfahrensschritt um die Desorption des Verdrängungsmittels Wasser. Günther 1996 gibt folgenden relativen Energiebedarf für die einzelnen Prozessschritte an:

- Adsorption: 3 %
- Desorption: 73 %
- Trocknung: 24 %

Der Dampfverbrauch liegt bei 2-8 kg Dampf/kg Lösungsmittel, was einer Dampfbelastung von ca. 0,5 kg Dampf/kg Adsorbens entspricht. In schlecht ausgelegten Adsorbern wird über einen Dampfbedarf von bis zu 20 kg Dampf/kg Lösungsmittel berichtet (Schweiger u. Le Van 1993).

Um eine frühzeitige Kondensation am Kopf des Apparates zu vermeiden, wird überhitzter Dampf mit ca. 130°C bei 1 bar (abs) eingespeist (Figuera 1987; Küntzel et al. 1999, Zumkeller 1996; Zumkeller u. Bart 1996).

In der Regel werden keine reinen Dämpfe verwendet, sondern aus Korrosionsschutzgründen Sulfit- und Phosphatsalze zur Sauerstoffbindung zugesetzt. Diese (notwendige) Maßnahme kann jedoch die Regeneration verschlechtern und die mechanische Festigkeit von Aktivkohlen senken (Müller 1983; Erpelding 1996).

Im Vergleich zu konventionellen Inertgas-Verfahren zeigen sich folgende Vor- und Nachteile, die im Einzelfall gegeneinander abzuwägen sind:

Vorteilhaft sind die hohe Energiedichte, die eine schnelle Desorption ermöglicht, und die Reduzierung der Gefahr von Adsorberbränden bei Aktivkohle-Betten (s. Kap. 2).

Nachteile ergeben sich dadurch, dass ein zusätzlicher nicht inerter Stoff (Wasser) in den Prozess eingeschleust wird. Dies erfordert eine Trocknung des Adsorbers. Da die Trocknungsluft den Grenzwerten (z.B. TA Luft) genügen muss, kann eine Aufbereitung notwendig werden, d.h. die Trocknungsluft muss der Zuluft des Adsorbers beigemischt werden, so dass dieser Recycling-Strom den Massenstrom des zu behandelnden Gases erhöht (Erpelding 1996; Zumkeller 1996; Zumkeller u. Bart 1996).

Zusätzlich kann es zu einer Reduzierung der Adsorptionsleistung kommen, wenn Wasser und Lösungsmittel um dieselben Adsorptionsplätze konkurrieren. Bei Aktivkohlen kann dieser Effekt zu einer Reduktion um bis zu 33 % – 66 % führen (Börger 1992). Um dies zu verhindern, werden in der Regel Dampf-Leerrohrgeschwindigkeiten > 1 m/s (Börger u. Jonas 1986) und in neueren Forschungsarbeiten eine zusätzliche Beheizung des Apparatekopfes (Erpelding et al. 1995; Zumkeller 1996; Zumkeller u. Bart 1996) empfohlen.

Des Weiteren ist zu berücksichtigen, dass das Desorbat ein Wasserdampf-Adsorptiv-Gemisch ist. Dies verursacht zusätzliche Kosten, da das Wasser in einem nachgeschalteten Kondensator in der Regel mit auskondensiert werden muss. Zudem kann die Trennung des Gemisches sehr aufwändig werden (z.B. bei polaren Stoffen oder azeotropen Gemischen). Sollte das Gemisch nach dem Kondensator nicht vollständig aufgetrennt werden, tritt unter Umständen ein Abwasserproblem auf (Fell 1998; Nitsche 1991; Schäfer et al. 1991).

In der industriellen Praxis werden Wasserdampfverfahren daher insbesondere bei der Regeneration von Adsorbern eingesetzt, die mit unpolaren Adsorptiven beladen sind. In diesen Fällen reduziert sich die Stofftrennung nach dem nachgeschalteten Kondensator auf eine einfache Phasentrennung (s. Kap. 6).

Charakteristisch für die Wasserdampf-Desorption ist die Kombination aus Temperaturerhöhung und Verdrängung, die in den folgenden drei Abbildungen 5.9–5.11 verdeutlicht wird. Der Effekt der Verdrängung ist um so ausgeprägter, je polarer das zu verdrängende Adsorptiv ist. Im vorliegenden Fall (Adsorptiv: Toluol) ist dieser Effekt gering (Erpelding 1996).

Durch den von oben einströmenden Dampf wird die Schüttung zunächst relativ schnell aufgeheizt (Abb. 5.10), wobei ein Teil des adsorbierten Toluols bereits desorbiert (Abb. 5.9). Mit zunehmender Dauer kondensiert immer mehr Dampf (zunächst in den oberen Schichten) bis sich eine „Wasserfront" durch den Adsorber wälzt (Abb. 5.11). Diese „Wasserfront" ist nicht mit der Massentransferzone bei TSA-Prozessen zu verwechseln; die Desorption findet bei der Wasserdampfdesorption annähernd gleichmäßig im gesamten Adsorber statt (Zumkeller 1996; Zumkeller u. Bart 1996). Bei längerer Versuchsdauer wird durch die weitere Energiezufuhr durch den nachströmenden überhitzten Dampf bereits kondensiertes Wasser wieder verdampft, so dass die Wasserbeladung im oberen Teil der Kolonne wieder fällt; d.h. es findet eine partielle Trocknung statt (Erpelding 1996).

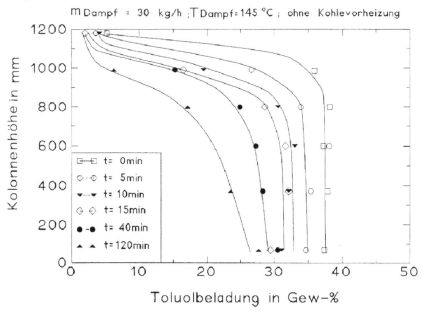

Abb. 5.9. Axiale Toluolbeladungs-Profile zu verschiedenen Zeiten während der Wasserdampf-Desorption (Erpelding 1996)

158   5 Technische Desorptionsverfahren

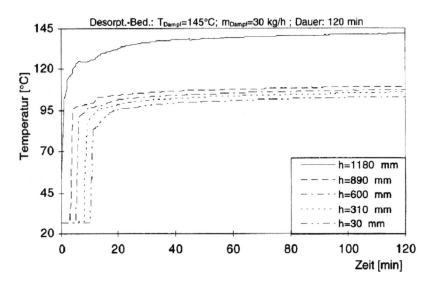

Abb. 5.10. Zeitabhängige Temperatur-Profile auf verschiedenen Kolonnenhöhen während der Wasserdampf-Desorption (Erpelding 1996)

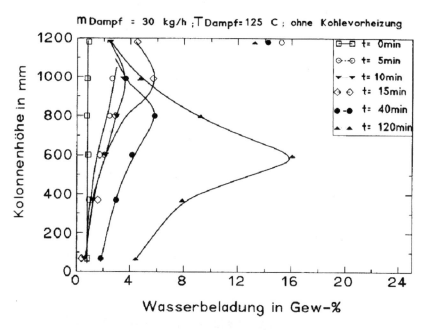

Abb. 5.11. Axiale Wasserbeladungs-Profile zu verschiedenen Zeiten während der Wasserdampf-Desorption (Erpelding 1996)

Börger u. Jonas 1986 und Börger 1992 konnten in experimentellen Untersuchungen nachweisen, dass eine gleiche Stromführung von Heizdampf (Desorption) und Spülluft (Trocknung) im Gegenstrom zur Adsorptionsluft vorteilhaft ist. Der Grund ist in der konkurrierenden Adsorption von Wasser und Lösungsmittel zu suchen. In Zonen hoher Feuchte können die Grenzwerte der TA Luft nicht eingehalten werden, so dass dafür Sorge zu tragen ist, dass die Zone, die bei der Adsorption den Reingasaustritt darstellt, bei der Desorption vollständig vom Lösungsmittel befreit und bei der Trocknung vollständig entfeuchtet wird (Börger 1992; Zumkeller 1996; Zumkeller u. Bart 1996).

Wie groß der Einfluss der Trocknung auf den nachfolgenden Adsorptionszyklus ist, zeigt Abb. 5.12, bei der die (Adsorptions-)Durchbruchskurven in einem Adsorber mit und ohne vorhergehende Trocknung dargestellt sind (Küntzel et al. 1999).

Man erkennt, dass die Austrittskonzentration des Adsorptivs Toluol ohne Trocknung zu keinem Zeitpunkt den Wert Null erreicht und der Durchbruch früher erfolgt. Diese Ergebnisse wurden an anderen Stoffsystemen von Zumkeller 1996 und Zumkeller u. Bart 1996 bestätigt.

Um Energie zu sparen, werden die Adsorber in der Industrie in der Regel nicht vollständig getrocknet, sondern eine gewisse Restfeuchte belassen. Diese Restfeuchte wird zu Beginn des nachfolgenden Adsorptionsschritts vom adsorbierenden Adsorptiv verdrängt, so dass unter Umständen Wasserdampfschwaden in der Reinluft zu beobachten sind.

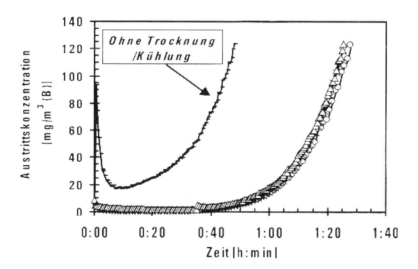

Abb. 5.12. Adsorptions-Durchbruchskurven mit und ohne vorhergehende Trocknung im Anschluss an die Wasserdampfdesorption am Beispiel des Stoffsystems Toluol (Adsorptiv), Stickstoff (Trägergas) und Wessalith DAY (Adsorbens) (Küntzel et al. 1999)

In neueren Arbeiten wird untersucht, ob eine Zusammenlegung von Trocknung und Kühlung in einem Arbeitszyklus (mit dem Ziel der Energieeinsparung) möglich ist. Es zeigt sich, dass bei Verwendung von kalter Luft als Trocknungsmittel die Trocknungsgeschwindigkeiten zu gering werden. Zudem muss die Luft vorkonditioniert werden, da bei einer relativen Feuchte über 50% keine effiziente Trocknung möglich ist (Gu et al. 1998; Zumkeller 1996; Zumkeller u. Bart 1996).

Simulation der Verdrängungs-Desorption

Die Modellierung und Simulation von Wasserdampfdesorptionen basiert im Kern auf den in Kap. 4 hergeleiteten Differentialgleichungen. Diese müssen um die Kondensation des Wasserdampfes erweitert werden. Zusätzlich ist zu berücksichtigen, dass bei diesem Prozess die nicht-isotherme Desorption durch die konkurrierende Adsorption/Verdrängung zwischen Wasser und Adsorptiv überlagert ist. Dies erfordert eine genaue Kenntnis der Wechselwirkungsisothermen (s. Abschn. 3.3) und eine Erweiterung der Massenbilanzen um Komponentenbilanzen für Wasser. Weiter erschwert wird die Simulation durch die Art des Energieeintrags, die einen Phasenwechsel beinhaltet. Dieser Phasenwechsel führt zu Schwierigkeiten u.a. bei der Beschreibung der Fluiddynamik in den Adsorbern. Je nach Art des Adsorptivs kann es zudem zur Bildung von Heteroazeotropen kommen. Für eine vertiefte Auseinandersetzung mit dieser Thematik sei die Lektüre von Erpelding 1996 sowie Schweiger u. LeVan 1993 empfohlen.

Extraktive Desorption

In einigen Spezialfällen ist die Desorption von aus der Gasphase adsorbierten Stoffen durch eine Flüssig-Extraktion kostengünstiger zu realisieren als mit den o.g. Standardverfahren in der Gasphase.

So beschreibt Mc Laughlin 1995 die Rückgewinnung von Styrol-Monomeren aus der Fiberglas-Produktion durch einen entsprechenden Prozess. Da dieses Verfahren im folgenden Abschnitt „Desorption in der flüssigen Phase" eingehend diskutiert wird, soll an dieser Stelle auf eine weiterführende Analyse verzichtet werden.

5.2.4 Reaktivierung

Sind in einem Abgas schwersiedende oder polymerisierende Komponenten enthalten, werden diese bevorzugt adsorbiert und sind mit den o.g. Standardverfahren nicht zu desorbieren. Nach einigen Zyklen reichern sich diese Komponenten an und verblocken den Adsorber. Salden u. Eigenberger 1999 haben zur Lösung dieser Problematik ein Verfahren entwickelt, bei dem die Atmosphäre im Adsorber entweder durch eine elektrische Heizwendel am Austritt oder durch Erhitzung des Spülgases am Eintritt in den Adsorber gezündet wird. Die resultierende Oxidationsfront zerstört auf ihrem Weg durch das Festbett die adsorbierten Hochsieder.

Untersucht wurde das Verfahren am Stoffsystem Styrol-Luft-Wessalith DAY (Salden u. Eigenberger 1999).

5.3 Desorption in Flüssigphasen-Adsorptions-Prozessen

Die Wiederherstellung der Adsorptionskapazität in der Flüssigphase beladener Adsorbentien hängt stark von der Art des eingesetzten Adsorbens ab. In der Flüssigphase eingesetzte Aktivkohlen und Bleicherden werden in der Regel in Öfen reaktiviert (s. Kap. 2), wobei im Vergleich zu Gasphasen-Aktivkohlen ein Trocknungsschritt hinzu kommt. Trotz der Adsorbensverluste von 5–15% pro Reaktivierungsschritt stellt dieses Verfahren aufgrund des niedrigen Anschaffungspreises bei Aktivkohlen und Bleicherden eine wirtschaftliche Variante dar.

Bei teuren Adsorbentien wie Adsorberpolymeren oder Zeolithen ist der Wertverlust, der bei einer Reaktivierung auftritt, zu hoch, um sie wirtschaftlich durchzuführen. Daher gibt es folgende Alternativen zur Regenerierung von Flüssigphasen-Adsorbern:

1. thermische Desorption,
2. Desorption mit Wasserdampf (Desorption in der Gasphase),
3. Desorption durch Extraktion,
4. Desorption durch pH-Wert-Verschiebung und
5. Desorption durch Änderung des Salzgehaltes.

Diese Verfahren sind Stand der Technik und großtechnisch realisiert (s. Kap. 7). Sie bieten den Vorteil, dass die Regenerierung des Adsorbens im Apparat durchgeführt werden kann. Weisen die Adsorber Standzeiten von einigen Stunden bis Tagen auf, ist dies grundlegende Voraussetzung für die Wirtschaftlichkeit eines Adsorptionsverfahrens. Ein weiterer Vorteil der in situ-Regenerierung liegt in der Einsparung der Kosten, die beim Austausch des Adsorbens/des Adsorbers entstehen (Himmelstein et al. 1973).

Wenn die Adsorptionsfilter Standzeiten von mehreren Wochen aufweisen (z.B. in der Abwasserreinigung), stellt eine Regenerierung/Reaktivierung der Adsorbentien außerhalb der Anlage die wirtschaftlichere Alternative dar. In diesen Fällen wird je nach Größe und technischen Randbedingungen das Adsorbens aus dem Adsorber ausgeräumt oder mitsamt Behälter zur Regeneration/Reaktivierung gegeben. Dies wird vor allem bei kleinen Adsorbern von Service-Firmen durchgeführt (s. Kap. 7).

Ergänzend zu diesen industriellen Standardverfahren wird zurzeit an alternativen Regenerierungs- und Reaktivierungsverfahren, wie

- Desorption durch Ultraschall,
- extraktive Desorption mit oberflächenaktiven oder überkritischen Substanzen,
- chemische Reaktivierung oder
- biologische Reaktivierung,

die sich in verschiedenen Stadien der Forschung/Entwicklung befinden, gearbeitet.

5.3.1 Temperaturwechsel-Desorption

Thermische Desorption

Die thermische Desorption kann mit heißen Gasen oder Flüssigkeiten erfolgen. Hierbei wird ausgenutzt, dass bei hohen Temperaturen die Desorption als endothermer Vorgang begünstigt wird und bei vielen Adsorptiven die Löslichkeit der Adsorptive in der Trägerflüssigkeit (z.B. Wasser) mit der Temperatur zunimmt, was das Adsorptionsgleichgewicht in Richtung kleinerer Beladungen verschiebt (s. Abb. 5.13).

Heiße Gase werden als Regenerationsmittel (fast) ausschließlich in Prozessen zur Entfernung von Wasser aus organischen Flüssigkeiten/verflüssigten Gasen („Trocknung") eingesetzt. Diese Verfahren werden in Abschn. 7.2.1 ausführlich beschrieben; das Prinzip der Heißgasdesorption findet sich in Abschn. 5.2.2.

Für viele leichtflüchtige Schadstoffe, die aus wässriger Phase adsorbiert wurden, ist die thermische Desorption mit heißen Flüssigkeiten die einfachste Desorptionsvariante. Martin u. Ng (Martin u. Ng 1984, 1985) konnten experimentell zeigen, dass die Effektivität der Heißwasserdesorption von der Adsorptionsneigung des Adsorptivs zum jeweiligen Adsorbens abhängt.

Je niedriger die Adsorptionskapazitäten des Adsorbens für ein Adsorptiv bzw. je höher die Löslichkeit des Adsorptivs in Wasser ist, desto niedriger ist die Effektivität der Heißwasserdesorption. Diese zunächst widersprüchlich erscheinende Beobachtung wird von Weber 1972 dadurch erklärt, dass sich bei stark löslichen Adsorptiven stärkere Bindungen zwischen Adsorbensoberfläche und Adsorptiv ausbilden als bei schwach löslichen, weshalb eine solch starke Bindung in einer nachfolgenden Heißwasserdesorption um so schwerer aufzubrechen ist.

Stark lösliche organische Adsorptive mit OH^--Gruppen (z.B. Phenol) bilden aufgrund ihrer Wasserstoffbrückenbindung mit Wasser eine Ausnahme, weshalb sie gut mit heißem Wasser regenerierbar sind (Martin u. Ng 1984). So kann die Adsorptionskapazität von Aktivkohle, die mit Phenol, Nitrobenzol, Benzaldehyd und 2-Nitrophenol beladen ist, auf mehr als 65 % wiederhergestellt werden; bei schlecht adsorbierenden Adsorptiven wie Benzylalkohol, Anilin, Chlorphenol, Cresol, Naphthol oder Metoxyphenol ist die Desorption nicht befriedigend (< 50 %) (Martin u. Ng 1984, 1985).

Ein häufiges Problem vor allem bei schwerflüchtigen Adsorptiven liegt darin, dass die Adsorptionskapazität der Adsorbentien nicht vollständig wiederhergestellt werden kann (Tolzmann u. Weiß 1998). Zusätzlich ist bei nachgeschalteten biologischen Prozessschritten (z.B. Wasseraufbereitung) darauf zu achten, dass die Desorptionsverfahren biologisch verträglich sind, was bei heißem Wasser kritisch ist (Winkler et al. 1996).

Um die Spülfluidmenge möglichst niedrig zu halten, wird der Temperaturwechsel in der Regel mit anderen Desorptionsverfahren kombiniert (Wagner 2000), z.B. bei der Desorption mit Natronlauge bei erhöhten Temperaturen (Fox 1978, Fox u. Kennedy 1985).

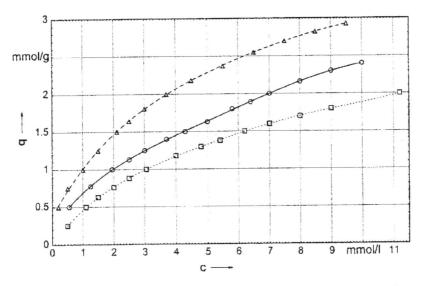

Abb. 5.13. Adsorptionsisothermen von Phenol an dem Adsorberpolymer Wofatit® EP63 bei verschiedenen Temperaturen (8 °C: Δ / 20°C: ○ / 28°C: □) (Podlesnuyk et al. 1994)

Desorption durch Ultraschall

Als Ultraschall bezeichnet man mechanische Schwingungen, d. h. Schwingungen des Druckes bzw. der Dichte um einen Gleichgewichtswert, deren Frequenzen oberhalb des menschlichen Hörvermögens (ca. 20 kHz) liegen. Bei hohen Schallintensitäten tritt akustische Kavitation auf. Dabei wird während der Unterdruckphase des Schalldrucks die lokale Zugfestigkeit einer Flüssigkeit überschritten, wodurch sich Gasblasen in den Flüssigkeiten ausbilden. Diese kollabieren in der Überdruckphase, wobei extreme thermodynamische (Temperaturen über 5000 K und Drücke über 500 bar) und fluiddynamische Bedingungen (Geschwindigkeiten bis zu 500 m/s) in der direkten Blasenumgebung entstehen (Mason u. Lorimer 1988; Suslick 1988).

In den letzten Jahren wurde die Desorption unter Ultraschalleinfluss systematisch untersucht. Motivation ist die chemikalienfreie Regeneration von Adsorberpolymeren. Bäßler 1997 untersuchte die Desorption organischer Störstoffe von Adsorberpolymeren, die zur Regeneration von Nickelelektrolyt- und Zinkelektrolytlösungen eingesetzt werden. Rege et al. 1998 desorbierten Phenol durch Ultraschall von Aktivkohlen und Adsorberpolymeren.

Aktuelle Arbeiten von Breitbach u. Bathen fokussieren sich auf den Einfluss der Ultraschall-Frequenz und -Intensität auf adsorptive Prozesse (Breitbach et al. 2000). Hierbei können drei Effekte nachgewiesen werden:

1. Die Diffusion in den Poren und somit die Desorptionskinetik werden durch Ultraschall beschleunigt (Breitbach et al. 2000). Bei der Desorption ohne Be-

schallung ist die Porendiffusion der geschwindigkeitsbestimmende Schritt wohingegen bei Beschallung mit Ultraschall die Desorptionsgeschwindigkeit durch Oberflächenreaktionen bestimmt ist (Rege et al. 1998).
2. Die thermischen Effekte des Ultraschalls und der akustischen Kavitation begünstigen die endotherme Desorption (Breitbach et al. 2000).
3. Durch die bei den Blasenimplosionen entstehenden Druckwellen wirken Kräfte auf die Adsorbenskörner, die diese bei ungünstigen mechanischen Eigenschaften zerstören können.

5.3.2 Verdrängungs-Desorption

Wasserdampfdesorption

Die Desorption mit Wasserdampf entspricht für in der Flüssigphase beladene Adsorbentien den Ausführungen aus Abschn. 5.2.2 und soll hier nicht weiter behandelt werden. Dem eigentlichen Desorptionsschritt geht ein Trocknungsschritt voraus, in dem Zwischenkorn-, Haftkorn- und Porenwasser verdampfen.

Diese Regenerierungsvariante ist für Adsorbate mit einem Siedepunkt < 120°C die kostengünstigste Desorptionsmöglichkeit (McLaughlin 1995). Probleme treten bei hochsiedenden Adsorptiven auf, da die Adsorptionskapazität nicht vollständig wiederhergestellt wird (Tolzmann u. Weiß 1998).

Desorption durch Extraktion

Die extraktive Desorption wird sowohl für in der Gasphase als auch in der Flüssigphase beladene Adsorbentien angewendet; sie ist unwesentlich teurer als eine Desorption mit Wasserdampf, wobei auch Stoffe desorbieren, die durch Wasserdampf nicht von der Adsorbensoberfläche entfernt werden können. Im Vergleich zur thermischen Reaktivierung ist sie um 10 % kostengünstiger (Mc Laughlin 1995). Die Machbarkeit dieser Regenerierungsvariante hängt vom eingesetzten Adsorbens und Adsorptiv sowie der Art und Menge des eingesetzten Lösemittels ab (McLaughlin 1995). Je größer ein Adsorptivmolekül ist und je kleiner die Bindungskräfte zum Adsorbens sind, desto einfacher ist das Adsorbens zu regenerieren (Chiang et al. 1997; Streat et al. 1998).

Vor allem bei Adsorberpolymeren ist die extraktive Desorption eine verbreitete Variante. Bei Aktivkohlen ist eine effektive Desorption möglich, wenn keine irreversibel adsorptiven Bindungen zwischen Adsorbat und Adsorbens bestehen, die bei Aktivkohlen aufgrund der oxidischen Oberflächengruppen und diverser Metalle, wie z.B. Fe, Mn und Zn, häufig auftreten (Chatzopoulos et al 1993; Grant u. King 1990; Kilduff u. King 1997). Durch Hitzebehandlung (1000°C) und Oxidation von Aktivkohlen können Oberflächenreaktionen gehemmt (jedoch nicht komplett verhindert) werden, was die extraktive Desorption verbessert (Kilduff u. King 1997). Meist tritt aufgrund der Irreversibilitäten nach dem ersten Regenerierungszyklus eine Abnahme von bis zu 25 % der Adsorptionskapazität im Vergleich zur frischen Aktivkohle auf, in folgenden Zyklen bleibt diese Adsorptionskapazität jedoch stabil (Martin u. Ng 1984, 1985, 1987; McLaughlin 1995).

Um die Adsorptionskapazität der Adsorbentien durch eine Extraktion des Adsorpts wieder herzustellen, muss die Affinität des Adsorpts zum Extraktionsmittel größer sein als zum Lösemittel, in dem das Adsorptiv gelöst ist. Dazu werden zwei verschiedene Effekte ausgenutzt (Fox 1978; Fox u. Kennedy 1985):

1. Da das Adsorpt im Extraktionsmittel gut löslich ist, ist die Triebkraft des Adsorpts, in Lösung zu gehen, größer als die physikalischen Bindungskräfte zur Adsorbensoberfläche.
2. Aufgrund ihrer hohen Konzentration während der Desorption adsorbieren Extraktionsmittelmoleküle auf der Adsorbensoberfläche und verdrängen die vorher adsorbierten Adsorptivmoleküle.

Die Art des Extraktionsmittels hängt vom eingesetzten Adsorbens und Adsorptiv ab und ist in Vorversuchen zu bestimmen. Auswahlkriterien sind (Fox u. Kennedy 1985; McLaughlin 1995):

- gute Löslichkeit der Adsorptive in dem Extraktionsmittel,
- moderate Adsorptionsenergie des Extraktionsmittels am Adsorbens,
- einfaches Entfernen des Extraktionsmittels aus dem Adsorber (Auswaschen oder Austreiben mit Dampf) und niedrige Verunreinigungen im folgenden Adsorptionsschritt durch Reste an Extraktionsmittel,
- niedriger Preis und
- gute Umweltverträglichkeit

Werden organische Moleküle aus wässrigen Lösungen adsorbiert, so kommen für die extraktive Desorption organische Lösemittel in Betracht, wie z. B. Alkohole und Aceton. Die Anwendung von Toluol und Kohlenwasserstoff-Gemischen ist sinnvoll, wenn eine möglichst vollständige Regenerierung notwendig ist.

Um die Unterschiede verschiedener Extraktionsmittel zu zeigen, sind in Abb. 5.14 die Desorptionskurven von Dichlorethan (DCE) von Lewatit®-Adsorberpolymeren für drei organische Extraktionsmittel dargestellt. In diesem Fall stellt Aceton das effektivste Desorptionsmittel dar, da die geringste Menge benötigt wird (Bayer 1997).

Mit abnehmendem Molgewicht des Extraktionsmittels nimmt die Effizienz der Desorption innerhalb einer organischen Verbindungsklasse, z.B. Karbonsäuren, Amine oder Alkohole, zu. Dies ist darauf zurückzuführen, dass kleinere Moleküle besser in Mikroporen hinein diffundieren können, um dort die adsorbierten Substanzen zu desorbieren (Martin u. Ng 1984, 1985). Dies wird aus Abb. 5.14 deutlich, wenn man die Desorptionskurven von Methanol und 2-Propanol miteinander vergleicht. Daher ist bei der Auswahl des Extraktionsmittels darauf zu achten, dass das Molgewicht des Extraktionsmittels kleiner als das des Adsorptivs ist (Martin u. Ng 1984).

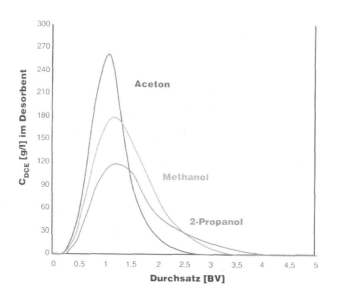

Abb. 5.14. Desorptionskurven von DCE für verschiedene Extraktionsmittel (Bayer 1997)
BV Bettvolumen

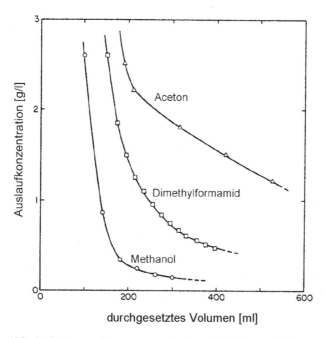

Abb. 5.15. Auswaschkurven verschiedener Extraktionsmittel aus einem Festbett aus Aktivkohle CAL der Firma Calgon Corp., USA (Cooney et al. 1983)

Ein anderes wichtiges Kriterium ist die Art der Zugabe des Extraktionsmittels: Ist das Extraktionsmittel gut in Wasser löslich, wie z.b. Karbonsäuren und Alkohole, sollte es bei der Desorption nicht als wässrige Lösung zugegeben werden, weil dadurch die Effektivität der Desorption sinkt. Dies liegt daran, dass die Moleküle Bindungs-Cluster mit Wassermolekülen eingehen, die in der Folge nicht so weit in die Mikroporen des Adsorbens eindringen können, um dort das Adsorpt zu desorbieren. Bei schwerer wasserlöslichen Extraktionsmitteln findet demgegenüber keine Clusterbildung statt (Martin u. Ng 1987).

Zudem ist eine gute Auswaschbarkeit des Extraktionsmittels nach dem Desorptionsschritt erforderlich, was entscheidend von der Adsorbierbarkeit des Extraktionsmittels am Adsorbens abhängt (Bayer 1997; Cooney et al. 1983; Chinn u. King 1999). In Abb. 5.15 ist beispielhaft zu erkennen, dass Methanol und Dimethylformamid schneller aus einem Aktivkohlefestbett von Wasser verdrängt werden als Aceton, was dieses ungeeignet für den Prozess erscheinen lässt. Chinn u. King 1999 zeigen, dass aufgrund dieses Effekts in aufeinanderfolgenden Beladungs-Regenerations-Zyklen (Aktivkohle-Phenol) die Beladungskapazität bei der Desorption mit Aceton um 30 % absinkt, während mit Methanol lediglich 15 % der Adsorptionskapazität verloren gehen.

Alternativ kann das Adsorbens mittels Dampfstrippung (100–160°C) vom Extraktionsmittel befreit werden, was sich vor allem bei Desorptionsmitteln mit niedrigen Siedetemperaturen anbietet, wie z. B. für Aceton (Bayer 1997). Experimentelle Untersuchungen belegen, dass bei einem Austreiben des Acetons mit 5 bar-Sattdampf lediglich eine 15 %-ige Einbuße der Adsorptionskapazität festzustellen ist (Chinn u. King 1999; Sutkino u. Himmelstein 1983). Diese Verfahrensalternative ist jedoch teurer als ein Auswaschen mit Wasser bei Raumtemperatur, da zusätzliche Energiekosten von ca. 0,65–1,30 kWh pro kg aufgebracht werden müssen, wohingegen die Kosten für Kühlwasser und Umwälzung beim Auswaschen vernachlässigt werden können (Cooney et al. 1982; McLaughlin 1995).

Im anschließenden Adsorptionsschritt kommt es in der ersten Phase zu einem „Ausbluten" von noch im Adsorberfestbett adsorbiertem Extraktionsmittel, welches vom Dampf nicht entfernt wurde. Für in der Gasphase verwendete Adsorbentien bewegt sich dies im ppm-Bereich. Die Stärke des Ausblutens von Flüssigphasen-Adsorbentien hängt vom Adsorptiv und der Dampfbehandlung ab:

- leichtflüchtige und schlecht adsorbierende Adsorptive, wie Methanol und Ethanol, treten lediglich im ersten Bettvolumen nach der Desorption auf,
- Aceton ist in den ersten 10–100 Bettvolumina mit einer Konzentration von ca. 10 ppm vorhanden und
- Toluol zeigt ein kontinuierliches Bluten von einigen ppm. Um dies zu verhindern, kann Toluol nach der extraktiven Desorption zunächst mit Methanol verdrängt werden, welches anschließend durch Dampf ausgetrieben wird (McLaughlin 1995).

Die extraktive Desorption kann entweder in separaten Regenerierungskesseln oder im Adsorber (in situ) erfolgen, was vor allem bei großen Adsorbern (>220 t/a Adsorbens) wirtschaftlich sinnvoll ist (McLaughlin 1995).

Bei der in situ-Desorption gliedert sich die Desorption in drei Teilschritte (Bayer 1997; Fox u. Kennedy 1985):

1. Rückspülung
Nach der Beladung muss das Adsorbensbett zunächst rückgespült werden, um es von Luftblasen, Ablagerungen und Adsorbenssplittern zu befreien. Hierzu wird das Bett von unten nach oben (im Gegenstrom zur Adsorption) durchströmt. Wegen der daraus resultierenden Bettausdehnung werden die Adsorber mit einem Rückspülraum oberhalb des Bettes von 15 % des Festbettvolumens bei Aktivkohle und bis ≥ 100 % bei Adsorberpolymeren dimensioniert (Bayer 1996; Jakobi 2000).
2. Extraktion
Vor der Desorption muss das Zwischenraumwasser abgelassen werden, um eine bessere Trennung von Lösungs- und Extraktionsmittel zu erreichen. Anschließend wird mit 1,5 BV–3 BV (Ferraro 1987; Rohm&Haas 1991) Extraktionsmittel bei einer spezifischen Belastung von ≤ 5 BV/h (Bayer 1997) desorbiert (BV = Bett-Volumina). Der Volumenstrom ist so gewählt, dass bei minimalem Druckverlust eine maximale Aufkonzentrierung des Adsorptivs im Extraktionsmittel („focussing") stattfindet, was im Volumenstrombereich 3–15 BV/h der Fall ist (Chinn u. King 1999). Bei Aktivkohle kann eine Aufkonzentrierung vom 3–6-fachen der Ausgangskonzentration (Chinn u. King 1999), bei Adsorberpolymeren eine höhere Aufkonzentrierung bis zu > 100 (Klein et al. 1995; Streat et al. 1998) erreicht werden. Weitere Untersuchungen belegen, dass höhere Aufkonzentrierungen durch kugelförmige Partikel mit einer engen Partikelgrößenverteilung erreicht werden (Chinn u. King 1999).
Das Adsorptiv/Extrakt/Lösungsmittelgemisch kann destillativ (bei kleinen Anlagen absatzweise, bei größeren Anlagen kontinuierlich) aufbereitet oder (bei in Wasser unlöslichen Extraktionsmitteln) dekantiert werden, wodurch ein Großteil des Extraktionsmittels wiederverwendet werden kann.
Bei der Verwendung von Adsorberpolymeren kann das Adsorbens je nach Extraktionsmittel während des Desorptionsschrittes um bis zu 40 % anschwellen, was bei der Dimensionierung berücksichtigt werden muss (Bayer 1997; Fox u. Kennedy 1985; Gusler u. Chen 1994).
3. Spülen
Nachdem der Adsorber vollständig regeneriert ist, wird das Desorptionsmittel abgelassen. Anschließend wird das verbliebene Extraktionsmittel mit ca. 5 BV Lösungsmittel (Ferraro 1987) bei einer spezifischen Belastung von ca. 5 BV/h ausgewaschen oder mittels Dampfstrippung vom Desorbens gereinigt (Bayer 1997). Bei einer Dampfstrippung muss der Adsorber durch ein anschließendes Spülen mit Wasser (oder bei Gasphasenanwendungen mit kalter Luft) abgekühlt werden (McLaughlin 1995).

Tabelle 5.4. Vor- und Nachteile der extraktiven Desorption (Cooney et al. 1983)

Vorteile	Nachteile
1. Möglichkeit der in situ-Regeneration: • kein Abrieb / geringe Verluste • kein Adsorbenstransport • keine Probleme beim Handling 2. Regenerierung mehrerer Adsorber in einer Anlage möglich: • einfaches Umrüsten der Anlagen auf extraktive Desorption • Einsatz von billigen und leicht abtrennbaren Extraktionsmitteln • Wiedergewinnung und Aufkonzentrierung des Adsorptivs möglich	1. passendes Extraktionsmittel muss in Vorversuchen bestimmt werden 2. irreversible Bindungen (meist bei Aktivkohlen) werden nicht aufgebrochen, so dass Adsorptionskapazität nach dem 1. Zyklus um bis zu 25 % sinken kann 3. Destillation notwendig: • nach der Desorption: Extraktions-/Lösemittelgemisch • nach dem Auswaschen: Extraktionsmittel/Waschwasser 4. Explosionsschutz notwendig

Bei den o.g. Schritten kann es während der Phasenwechsel (organisch/anorganisch) durch freiwerdende Mischwärmen zu Temperaturerhöhungen im Bett und durch die damit verbundene sinkende Gaslöslichkeit zu Luftblasen im Bett kommen. Daher sollte der Adsorber zu Beginn dieser Schritte von unten nach oben geflutet werden, um die Blasen mit der Strömung auszutragen (Bayer 1997; Fox u. Kennedy 1985).

Die Vor- und Nachteile der extraktiven Desorption sind zusammenfassend nochmals in Tabelle 5.4 aufgelistet (McLaughlin 1995).

Extraktive Desorptionsprozesse können mit dem in Abschn. 4.4 vorgestellten Modellen simuliert werden, wenn die Isotherme des Adsorptivs im Extraktionsmittel bekannt ist (Chatzopoulos et al. 1993). Sutkino u. Himmelstein 1983 nehmen eine lineare Isotherme an und erreichen unter Annahme eines LDF-Ansatzes eine gute Übereinstimmung zwischen experimentellen und simulierten Konzentrationsverläufen.

Desorption durch pH-Wert-Verschiebung

Sind ionische oder in ionische Formen umwandelbare Moleküle adsorbiert, so können diese durch Veränderung des pH-Wertes desorbiert werden. Der Grund hierfür ist, dass sich Moleküle in molekularer Form an der Oberfläche anreichern, während ionische Moleküle eher in Lösung gehen. Je nach pH-Wert und Dissoziationsanteil des Adsorptivs liegen daher verschiedene Gleichgewichte vor (Fox u. Kennedy 1985). Zusätzlich kann die Polarität der Adsorbensoberfläche durch einen Wechsel des pH-Wertes verändert werden und so die Adsorptionseigenschaften verändern (Leng u. Pinto 1996, Newcombe u. Drikas 1993).

In Abb. 5.16 ist die pH-Wert-Abhängigkeit der Isothermen für in Wasser gelöstem Phenol an dem Adsorberpolymer TRP-100 dargestellt (Wagner 2000). Die Isothermen werden mit steigenden pH-Werten zu kleineren Beladungen verschoben, was an der zunehmenden Dissoziation des Phenols im Basischen gemäß folgender Reaktionsgleichung liegt:

$$C_6H_5OH + OH^- \Leftrightarrow C_6H_5O^- + H_2O$$

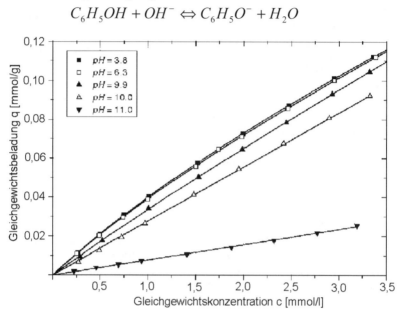

Abb. 5.16. pH-Wert-Abhängigkeit der Adsorptionsisothermen für in Wasser gelöstes Phenol an TRP-100 bei 33°C (Wagner 2000)

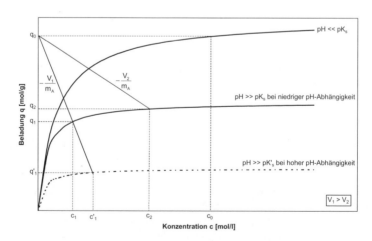

Abb. 5.17. Arbeitsgeraden der Desorption durch pH-Wert-Verschiebung bei niedriger und hoher pH-Wert-Abhängigkeit der Adsorption eines sauren Adsorptivs

Das Phenolat ist gut wasserlöslich, so dass es kaum adsorbiert wird. Der pK_s-Wert, der angibt, bei welchem pH-Wert 50 % Phenols ionisiert sind, liegt bei 9,95. Daher ist Phenol bei pH = 11 fast vollständig dissoziiert, was zu einer geringen Beladung führt, wie in Abb. 5.14 zu sehen ist (Wagner 2000; Leng u. Pinto 1996). Martin u. Ng 1985 konnten zeigen, dass substituierte Phenole mit steigender Acidität besser durch pH-Wert-Änderung desorbiert werden. Jedoch darf die NaOH-Konzentration nicht zu hoch gewählt werden, da sonst adsorbierte OH^--Ionen die Poren des Adsorbens blockieren, so dass desorbierte Moleküle nicht aus dem Adsorbenskorn diffundieren können (Martin u. Ng 1984, 1985).

Sinn macht die Regenerierung durch pH-Wert-Verschiebung im Hinblick auf eine Wertstoffgewinnung nur, wenn eine Aufkonzentrierung stattfindet, da das Adsorptiv nach der Desorption wieder in wässriger Lösung vorliegt. Diese Zielsetzung steht im Widerspruch zu der Forderung nach möglichst vollständiger Regenerierung (Kümmel u. Worch 1990). Dies wird aus Abb. 5.17 deutlich, in der Arbeitsgeraden bei der Desorption eines sauren Adsorptivs durch pH-Wert-Verschiebung für zwei Fälle dargestellt ist.

Die Adsorption wird bei einem niedrigen pH-Wert durchgeführt (obere Isotherme), so dass sich bei einer Zulaufkonzentration c_0 eine Endbeladung des Adsorberbettes q_0 einstellt. Zunächst soll auf den Prozess bei einer niedrigen pH-Wert-Abhängigkeit der Adsorption eingegangen werden (mittlere Isotherme). Bei einem hohen Regenerierungsvolumen V_1 stellt sich die linke Arbeitsgerade in dem Adsorber ein. Man erreicht durch dieses hohe Volumen eine gute Desorption des Bettes auf q_1, nimmt jedoch eine niedrige Retentatkonzentration c_1 in Kauf. Wird das Desorbensvolumen auf V_2 erniedrigt, erhöht sich die Endkonzentration auf c_2 bei einer geringeren Desorption des Bettes (Endbeladung $q_2 > q_1$).

Bei einer stärkeren pH-Wert-Abhängigkeit der Adsorption ist dieser Gegensatz nicht so groß, wie man an der gestrichelten (unteren) Isotherme erkennt. Bei dem gleichen Volumenstrom V_1, wie in dem vorangegangenen Beispiel, erreicht man bei einer höheren Retentatvolumenkonzentration c'_1 eine bessere Desorption des Bettes (Endbeladung q'_1).

Die Regenerierung durch pH-Wert-Verschiebung ist bei Adsorberpolymeren (Fox u. Kennedy 1985), insbesondere

- bei der Desorption von hydrophilen phenolischen Salzen im Rahmen der Aufbereitung von Fruchtsäften (Bucher-Guyer 1995; Imecon 2000, 2001)
- bei der Desorption von Eiweißen und hochmolekularen Polyphenolen im Rahmen der Herstellung alkoholischer Getränke (Handtmann 2001)

wirtschaftlich. Sie ist jedoch auch bei Aktivkohle-Adsorbern zur Anwendung gekommen (Himmelstein et al. 1973). Generell ist die Effektivität der Desorption nicht so hoch wie bei extraktiven Verfahren (Fox u. Kennedy 1985).

Der zeitliche Ablauf der Desorption durch Veränderung des pH-Wertes entspricht dem Ablauf bei der extraktiven Desorption.

Desorption durch Änderung des Salzgehaltes

Wenn ein Stoff aus einer Lösung mit hohem Salzgehalt adsorbiert wird, kann man ihn mit Wasser eluieren. Dies liegt darin begründet, dass die Löslichkeit der organischen Schadstoffe durch das Salz verändert wird. Durch Aussalzeffekte, die die Löslichkeit der organischen Komponente im Wasser senken, können Adsorberpolymere um bis zu 30% höhere Adsorptionskapazitäten erreichen als in salzfreien Wässern (Fox 1985; Podlesnyuk et al 1995).

Dies zeigt Abb. 5.18 am Beispiel von Adsorptionsisothermen von Phenol an dem Adsorberpolymer Wofatit® EP63 mit und ohne Salz. Auch bei der Adsorption von organischen dissoziierbaren Stoffen an Aktivkohle ist eine höhere Adsorptionskapazität bei erhöhtem Salzgehalt nachgewiesen worden (Cooney u. Wijaya 1987). Um eine effektive Desorption des Adsorbens zu erreichen, muss der Salzgehalt der zu reinigenden Lösung jedoch sehr hoch sein, da nur in diesem Fall die Adsorptionskapazität durch Elution mit Wasser wieder hergestellt werden kann. Daher findet diese Technologie nur vereinzelt Anwendung (s. Kap. 7).

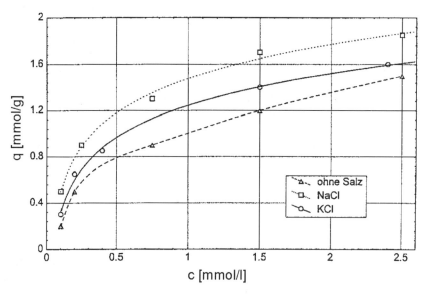

Abb. 5.18. Adsorptionsisothermen von Phenol an Wofatit® EP 63 bei 20°C in reinem Wasser, in 1-molarer NaCl- und 1-molarer KCl-Lösung (Podlesnyuk et al 1995)

Extraktive Desorption mit überkritischen oder oberflächenaktiven Substanzen

Die überkritische Fluid-Extraktion von beladenen Adsorbentien weist im Vergleich zu klassischen Extraktionsverfahren den Vorteil eines höheren Stofftransports auf, da die Desorption beschleunigt wird (Humayun et al. 1998; Recasens et al. 1989; Srinivasan et al. 1990). In einigen Fällen ist diese Desorptionsvariante vielversprechend (z.b. bei der Desorption von Phenol mit CO_2), aber ein wirtschaftlicher Betrieb ist aufgrund der hohen Investitions- und Betriebskosten häufig nicht gegeben (Rege et al. 1998). Eine vollständige Desorption kann in der Regel nur bei leichtgebundenen Adsorptiven, die gut im überkritischen Fluid löslich sind, erreicht werden.

Bei Desorptionsprozessen mit oberflächenaktiven Substanzen, wie Tensiden, können bei Aktivkohlen die Adsorptionskapazitäten auf über 50% bis 90 % wiederhergestellt werden. Hierbei wird das Adsorbens zunächst mit einer Tensidlösung regeneriert, die anschließend mit einer Waschlösung aus dem Adsorbens gespült wird. Gleichzeitig werden adsorbierte Tensidmoleküle desorbiert.

Die Desorptionsraten steigen mit höherer Tensidkonzentration, größerem Waschlösungsvolumen und der Menge an Waschflüssigkeit. Hierzu muss die Konzentration an oberflächenaktiven Stoffen größer als die kritische Micellenkonzentration (CMC) sein, damit sich Micellen, die aus ca. 50–100 Tensidmolekülen bestehen, bilden. Aufgrund der höheren Löslichkeit der Organika in micellenhaltigen Lösungen desorbiert das Adsorpt und wird in den Micellen eingebunden (Bhummasobhana et al. 1996; Leng u. Pinto 1996). Kritisch ist zu bewerten, dass das Desorbat ein Gemisch verschiedener Substanzen darstellt, was einer gesonderten Aufbereitung bedarf (Sheintuch u. Matatov-Meytal 1999; Leng u. Pinto 1996).

5.3.3 Reaktivierung

Da die adsorbierten Substanzen bei der Reaktivierung umgewandelt werden und nach der Regenerierung nicht mehr in ihrer ursprünglichen Konstitution vorliegen, stellen die im folgenden Abschnitt dargestellten Reaktivierungs-Verfahren keine Desorptionsprozesse im engeren Sinne dar. Die Reaktivierung von Aktivkohle ist in Abschn. 2.3.1 dargestellt und soll hier nicht wiederholt werden.

Chemische Reaktivierung

Bei chemischen Reaktivierungen wird die Adsorptionskapazität der Adsorbentien durch chemische Umwandlung des Adsorpts wieder hergestellt. Hierbei kann das Adsorpt entweder reduktiv, oxidativ oder photokatalytisch mineralisiert (CO_2 und Wasser) oder in Moleküle mit geringerer Affinität zum Adsorbens umgewandelt werden.

Bei reduktiven Methoden können beispielsweise in der katalytischen Hydrodechlorierung (HDC) chlorierte Kohlenwasserstoffe und Phenole an einer Paladiumhaltigen Aktivkohle durch verschiedene Reduktionsmittel, (z.B. H_2 und $NaBH_4$ oder H_2 und N_2H_4) in chlorfreie Kohlenwasserstoffe umgesetzt werden. Hier stellt die Langzeitstabilität des Katalysators einen kritischen Punkt dar (Sheintuch u. Matatov-Meytal 1999).

Bei oxidativen Verfahren wird das Adsorbens durch oxidierende Substanzen regeneriert. Als Oxidationsmittel kommen z.b. Peroxide, Ozon und Kaliumpermanganat zur Anwendung. Durch diese wird die Polarität des Adsorpts geändert, z.b. durch die Bildung von Carboxylgruppen. Das anoxidierte Adsorpt wird anschließend mit Wasser oder Natronlauge eluiert (Fischwasser et al. 1994). Bei diesen Verfahren ist noch nicht geklärt, ob sie technisch kontinuierlich und wirtschaftlich durchführbar sind. Zur adsorptiven Aufarbeitung galvanischer Elektrolyte ist eine oxidative Reaktivierung wirtschaftlich, wenn die Kosten für den zu regenerierenden Elektrolyt und die Elektrolytverluste bei konventioneller Arbeitsweise hoch sind (Fischwasser et al. 1994).

Bei der photokatalytischen Oxidation wird das Adsorpt durch Bestrahlung mit UV- oder sichtbaren Licht mineralisiert. Dazu werden photokatalytische Substanzen (Platin oder $TiO2$) benötigt, die entweder in Schichten in ein Festbett eingebracht werden oder in Aktivkohle imprägniert werden. Durch die Bestrahlung entstehen Radikale, die das Adsorpt mineralisieren. Diese Regenerierungsmethode ist jedoch sehr zeitaufwendig, da die Abbaurate zu Beginn der Reaktivierung durch die Reaktionsgeschwindigkeit und später durch die Desorptionsgeschwindigkeit des Adsorpts aus dem Adsorbensinneren limitiert wird, was dieses Verfahren zurzeit nicht konkurrenzfähig erscheinen lässt (Sheintuch u. Matatov-Meytal 1999). Zudem können Probleme durch Katalysatorfouling auftreten (Suri et al. 1999).

Biologische Reaktivierung

In Aktivkohlefiltern wird häufig beobachtet, dass nach einer Einfahrphase höhere Beladungen möglich sind als im ursprünglichen Zustand. Dies wird darauf zurückgeführt, dass sich parallel zum Adsorptionsprozess Mikroorganismen auf der Aktivkohleoberfläche ansiedeln, die das Adsorbat durch biologische Oxidationsvorgänge abbauen. Dadurch kommt es zu einem zusätzlichen Reinigungseffekt im Adsorber (Kümmel u. Worch 1990).

Die Geschwindigkeit dieser biologischen Oxidationsvorgänge ist jedoch so gering und ihre Wirkung so unvollständig, dass ein solches Verfahren als alleiniges Regenerierungsverfahren nicht in Frage kommt (Sontheimer et al. 1985). Zudem kommt es bei Aktivkohle nach längerem Kontakt mit Mikroorganismen zu erheblichen Adsorptionskapazitätsverlusten. Die Ursache sind das mikrobielle „Fouling" in den Poren sowie die Adsorption von Stoffwechselprodukten der Mikroorganismen (Hutchinson u. Robinson 1990). Eine Adsorber-Anlage mit mikrobieller Reaktivierung der Aktivkohle zur Aufbereitung von Abwasser einer Textilfärberei konnte jedoch über einen längeren Zeitraum erfolgreich betrieben werden (Hutchinson u. Robinson 1990).

Im Rahmen neuerer Forschungsarbeiten werden diese mikrobiologischen Regenerierungsverfahren aufgegriffen, um Adsorberpolymere zu regenerieren. So wurde eine Pilotanlage zur BTX-Abtrennung mittels Adsorberpolymeren über 20

Adsorptions- und Regenerierungszyklen betrieben, bei der sich an die Adsorption im Festbett eine biologische Regenerierung in der Wirbelschicht bei gleichzeitiger Begasung anschließt. Die durch Desorption freigesetzten Schadstoffe werden vollständig biologisch und somit kostengünstig abgebaut. (Machunze et al. 1999; Niebelschütz et al. 2001).

5.4 Zusammenfassung „Technische Desorptionsverfahren"

Die technischen Desorptionsverfahren beruhen ausnahmslos auf dem Prinzip von LeChatelier (Prinzip des kleinsten Zwanges). Durch Aufprägen eines äußeren Zwanges wird das thermodynamische Gleichgewicht zwischen Beladung des Adsorbens und Konzentration des Adsorptivs in der fluiden Phase in die gewünschte Richtung verschoben.

Da die Adsorption bei hohen Drücken, niedrigen Temperaturen und hohen Adsorptiv-Konzentrationen in der fluiden Phase bevorzugt wird, kann die Desorption durch Absenken des Systemdrucks (engl. PSA – **P**ressure **S**wing **A**dsorption), Erhöhung der Temperatur (engl. TSA – **T**emperature **S**wing **A**dsorption) oder Änderung der Zusammensetzung der fluiden Phase (engl. CSA – **C**omposition **S**wing **A**dsorption) verändert werden.

In der Gasphase werden (fast) ausschließlich Druckwechsel- und Temperaturwechselverfahren eingesetzt; Konzentrationswechsel treten in der Regel nur als Begleiterscheinung der thermischen Verfahren auf. In der flüssigen Phase dominieren demgegenüber Konzentrationswechselverfahren, da der Druckeinfluss minimal ist und thermische Verfahren aufgrund der großen Wärmekapazitäten zu kostenintensiv sind.

Literatur zu Kapitel 5

Arrow Pneumatics Inc. (2000) Produktinformation „Microgen". Broadview, Illinois (USA)
Basmadjian D, Ha KD, Pan CY (1975) Nonisothermal Desorption by Gas Purge of Single Solutes in Fixed Bed Adsorbers Vol. I : Equilibrium Theory. Industrial and engineering chemistry / Process design and development 14 (3): 328–339
Basmadjian D, Ha KD, Proulx DP (1975) Nonisothermal Desorption by Gas Purge of Single Solutes in Fixed Bed Adsorbers Vol. II: Experimental Verification of Equilibrium Theory. Industrial and engineering chemistry / Process design and development 14 (3): 340–347
Bäßler C (1997) Einfluß von Ultraschall auf das Adsorptions- und Desorptionsverhalten von Adsorberpolymeren in wäßrigen Medien. Dissertation an der Fakultät für Bauingenieur- und Vermessungswesen der RWTH Aachen
Bathen D (1998) Untersuchungen zur Desorption durch Mikrowellen. VDI-Fortschritt-Berichte Reihe 3, Nr. 548, VDI Verlag, Düsseldorf
Bayer AG (1996) Lewatit® VP OC 1064. Produktinformation, Ausgabe 4.96, Leverkusen

Bayer AG (1997) Lewatit® – Adsorberpolymere. Technische Information OC/I 20830, Leverkusen

Bhummasobhana A, Scamehorn JF, Osuwan S, Harwell JH, Bramee D (1996) Surfactant-Enhanced Carbon Regeneration in Liquid-Phase Application. Separation Science and Technology, 31 (5): 629–641

Bieck D (1999) Adsorption und Heißgasdesorption organischer Lösungsmittel an Aktivkohle. Dissertation RWTH Aachen

Börger G (1992) Geringere Emissionen aus Aktivkohle-Adsorbern durch verbesserte Dampf-Regeneration. Chemie Ingenieur Technik 64 (2): 200–201

Börger G, Jonas A (1986) Bessere Abluftreinigung in Aktivkohle-Adsorbern durch weniger Wasser. Chemie Ingenieur Technik 58 (7): 610–611

Boger T, Salden A, Eigenberger G (1997) A combined vacuum and temperature swing adsorption process for the recovery of amine from foundry air. Chemical Engineering and Processing 36: 231–241

Bradshaw SM, van Wyk EJ, de Swart JB (1997) The Benefits of Microwave Regeneration of CIP Granular Activated Carbon. In: Clark DE, Sutton WH, Lewis DA (Hrsg.) Ceramic Transactions Vol. 80, Microwaves: Theory and Appliction in Materials Processing IV, The American Ceramic Society, Westerville, S 585–592

Breitbach M, Bathen D, Grünberg V (2000) Untersuchungen zur Beeinflussung von Adsorptionsvorgängen durch Ultraschall. Chemie Ingenieur Technik, 72 (8): 837–840

Bucher-Guyer AG (1995) Bucher Adsorbertechnologie. Produktinformation KVM-Ind, Stand 20.3.1995, Niederwenningen/Zürich, Schweiz

Chatzopoulos D, Varma A, Irvine RL (1993) Activated Carbon Adsorption and Desorption of Toluene in the Aqueous Phase. AIChE Journal 39 (12): 2027–2044

Chiang PC, Chang EE, Wu JS (1997) Comparison of chemical and thermal regeneration of aromatic compounds on exhausted activated carbon. Water Science and Technology 35 (7): 279–285

Ciprian J, Eiden U (1998) Flüssigphasenadsorption-Stiefkind der Adsorption? In: Staudt R (Hrsg.) Technische Sorptionsprozesse. VDI-Fortschritt-Berichte Reihe 3, Nr. 554, VDI Verlag, Düsseldorf, S 200–214

Chmiel H, Schippert E (1999) Technischer Einsatz elektrisch leitfähiger Adsorber. Seminar „Industrielle Anwendungen der Adsorptionstechnik", Haus der Technik, Essen

Cooney DO, Nagerl A, Hines, AL (1983) Solvent regeneration of activated carbon. Water Research 17 (4): 403–410

Cooney DO, Wijaya J (1987) Effect of pH and added salts on the adsorption of ionizable organic species onto activated carbon from aqueous solution. In: Liapsis AI (Hrsg.) Fundamentals of Adsorption. Engineering Foundation, New York: 185–194

Corning Inc. (1995) Electrically heatable activated carbon bodies for adsorption and desorption applications. European Patent Application EP 0 684 071 A2, Veröffentlichungstag: 29.11.1995

Coss PM, Chang YC (2000) Microwave Regeneration of Activated Carbon Used for Removal of Solvents from Vented Air. Jounal of Air & Waste Management 50: 529–535

Eiden U, Schlünder EU (1992) Inert Gas Desorption of Single Organic Vapours from Activated Carbon. Chemical Engineering and Processing 31: 63–75

Erpelding R (1996) Untersuchung der Wasserdampfdesorption in halbtechnischen Aktivkohleschüttungen. Shaker Verlag, Aachen

Erpelding R, Steinweg B, Zumkeller HJ, Gemerdonk R, Bart HJ (1995) Restbeladungsprofile nach der Wasserdampfdesorption und deren Einfluss auf die nachfolgende Adsorption. Chemie Ingenieur Technik 67 (7): 901–903

Fachinger M (1997) Reinigung lösemittelhaltiger Abluftströme. CHEManager 2/97, GIT-Verlag, Darmstadt

Farooq S, Thaeron C, Ruthven DM (1998) Numerical simulation of a parallel-passage piston-driven PSA unit, Separation and Purification Technology 13: 181–193

Fell J (1998) Abluftreinigung mit Lösungsmittelrückgewinnung im Verpackungsdruck. Symposium Korea Packaging Institute, Seoul (zu beziehen über Lurgi GmbH, Frankfurt)

Ferraro JF (1987) Polymerische Adsorber. Technische Mitteilungen 80 (6): 334–338

Figuera ME (1987) Über die Wasserdampfregeneration von Aktivkohle. Dissertation Universität Kaiserslautern

Fischwasser K, Liber HW, Müller J (1994) Vermeidung von Abwasser und nicht verwertbare Rückständen durch Regenerierung galvanischer Elektrolyte. Galvanotechnik, 85 (7): 2294–2301

Fox CR (1978) Plant uses prove phenol recovery with resins. Hydrocarbon Processing, 57 (11): 269–273

Fox CR (1985) Industrial Wastewater Control and Recovery of Organic Chemicals by Adsorption. In: Slejko FL (Hrsg.) Adsorption Technology: A Step Approach to Process Evaluation. Marcel Dekker, Inc., New York, Basel, S 167–212

Fox CR, Kennedy DC (1985) Conceptual Design of Adsorption Systems. In: Slejko FL (Hrsg.) Adsorption Technology: A Step Approach to Process Evaluation. Marcel Dekker, Inc., New York, Basel, S 91–165

Friday D, LeVan M (1982) Solute Condensation in Adsorption Beds During Thermal Regeneration. AIChE Journal 28 (1): 86–91

Friday D, LeVan M (1985) Hot Purge Gas Regeneration of Adsorption Beds with Solute Condensation. AIChE Journal 31 (8): 1322–1328

v.Gemmingen U (1993) Pressure Swing Adsorption Processes – Design and Simulation. Proceedings 4th International Conference on Fundamentals of Adsorption, International Adsorption Society: 703–712

v.Gemmingen U (2000) ADILAB – eine adiabate Laborapparatur für TSA-Prozesse. Linde Berichte aus Technik und Wissenschaft 80, Linda AG, Höllriegelskreuth: 38–41

Grant TM, King CJ (1990) Mechanism of Irreversible Adsorption of Phenolic Compounds by Activated Carbons. Industrial & engineering chemistry research 29: 264–271

Günther L (1996) Adsorption an Aktivkohle. Chemie Anlagen und Verfahren 3: 108-110

Gu J, Faquir N, Bart HJ (1999) Trocknungsverfahren der Aktivkohleschüttung nach Wasserdampfregeneration. Chemie Ingenieur Technik 71 (5): 511–514

Gusler GM, Cohen Y (1994) Equilibrium Swelling of Highly Cross-Linked Polymeric Resin. Industrial & engineering chemistry research 33: 2345–2357

Handtmann Armaturenfabrik GmbH & Co. KG (2001) CSS – Combined Stabilizing System. Produktinformation, Stand 2/01, Biberach

Hauck W, Grevillot G, Lamine AS (1997) Induktionsheizung: Anwendung auf die Regenerierung von beladenen Aktivkohle-Festbetten. Chemie Ingenieur Technik 69 (8): 1138–1142

Himmelstein KJ, Fox RD, Winter TH (1973) In-place Regeneration of Activated Carbon. Chemical Engineering Progress 69 (11): 65–69

Hofmann U, Straub M, Loehr M (1998) Nichtlineare Dynamik bei DWA-Prozessen am Beispiel der Sauerstoff-Anreicherung aus Luft. In: Staudt R (Hrsg.) Technische Sorptionsprozesse. VDI-Fortschritt-Berichte Reihe 3, Nr. 554, VDI Verlag, Düsseldorf, S 80–90

Hofmann U, Loehr M, Straub M (1999) Sensitivity Analysis of PSA Processes Supported by Numerical Simulation. AIChE Annual Meeting, Dallas

Huang CC, Fair JR (1989) Parametric Analysis of Thermal Swing Cycles for Multicomponent Adsorption. AIChE Journal 35 (10): 1667–1677

Humayun R, Karakas G, Dahlstrom PR, Ozkan US, Tomasko DL (1998) Supercritical Fluid Extraction and Temperature-Programmed Desorption of Phenol and Its Oxidative Coupling Products from Activated Carbon. Industrial & engineering chemistry research 37: 3089–3097

Hutchinson DH, Robinson CW (1990) A microbial regeneration process for granular activated carbon – I. Process Modelling. Water Research 24 (10): 1209–1215

Hutchinson DH, Robinson CW (1990) A microbial regeneration process for granular activated carbon – II. Regeneration studies. Water Research 24 (10): 1217–1223

imecon AG (2000) Debittering of Citrus Juice. Produktinformation DAEO002-1.0, Abtwill, Schweiz

imecon AG (2001) Schweiz, Internetseite: http://www.imecon.ch/citrus_d.htm vom 8.2.2001

Jacobi Carbon AB (2000) Activated Carbon for Liquid Phase Adsorption. Produktinformation, Bad Homburg

Kast W (1988) Adsorption aus der Gasphase. VCH Verlagsgesellschaft, Weinheim

Kajszika HW (1998) Adsorptive Abluftreinigung und Lösungsmittelrückgewinnung durch Inertgasregenerierung. Dissertation TU München, Herbert Utz Verlag, München

Kilduff JE, King CJ (1997) Effect of Carbon Adsorbent Surface Properties on the Uptake and Solvent Regeneration of Phenol. Industrial & engineering chemistry research 36 (5) 1603–1613

Klein J, Gusler GM, Cohen Y (1995) Removal of Organics From Aqueous Systems: Dynamic Sorption/Regenration Studies With Polymeric Resins. AIChE Symposium Series 91 (309): 72–78

Klobucar J, Pilat M (1992) Continuous Flow Thermal Desorption of VOCs from Activated Carbon. Environmental Progress 11 (1): 11–17

Knaebel KS (1999) The Basics of Adsorber Design. Chemical Engineering 4: 92–103

Kumar R (1994) Pressure Swing Adsorption Process: Performance Optimum and Adsorbent Selection. Industrial & engineering chemistry research 33: 1600–1605

Kumar R, Dissinger G (1986) Nonequilibrium, Nonisothermal Desorption of Single Adsorbate by Purge. Industrial and engineering chemistry / Process design and development 25: 456–464

Kümmel R, Worch E (1990) Adsorption aus wäßrigen Lösungen, 1. Auflage. VEB Deutscher Verlag für Grundstoffindustrie, Leipzig

Küntzel J, Ham R, Melin T (1999) Regeneration hydrophober Zeolithe mittels Wasserdampf. Chemie Ingenieur Technik 71 (5): 508–511

Leng CC, Pinto NG (1996) An Investigation of the Mechanisms of Chemical Regeneration of Activated Carbon. Industrial & engineering chemistry research 35: 2024–2031

Löhr M (2000) Trennung von Gasgemischen mittels Druckwechseladsorption, Seminar Adsorptionstechnik. Haus der Technik, Essen

Machunze R, Niebelschütz H, Reuss M (1999) Biologisch-regeneratives Verfahren zur Grundwassersanierung. In: Verfahrenstechnik der Abwasser- und Schlammbehandlung: additive und prozeßintegrierte Maßnahmen, Preprints / 4. GVC-Abwasserkongreß 1999, Band 3, Fuck Verlag, Koblenz, S 1253–1257

Mason TJ, Lorimer JP (1988) Sonochemistry: Theory, Applications and Uses of Ultrasound in Chemistry. Ellis Horwood Limited, Chichester, England

Martin RJ, Ng WJ (1984) Chemical Regeneration of Exhausted Activated Carbon – I. Water Research 18 (1): 59–73

Martin RJ, Ng WJ (1985) Chemical Regeneration of Exhausted Activated Carbon – II. Water Research 19 (12): 1527–1535

Martin RJ, Ng WJ (1987) The repeated exhaustion and chemical regeneration of activated carbon. Water Research 21 (8): 961–965

Mc Laughlin HS (1995) Regenerate Activated Carbon Using Organic Solvents. Chemical Engineering Progress 91 (7): 45–53

Mersmann A, Fill B, Hartmann R, Maurer S (2000) The Potential of Energy Saving by Gas-Phase Adsorption Processes. Chemical Engineering & Technology 23 (11): 937–944

Moog R, Chmiel H (2001) Geruch entfernen aus Abluftströmen – Zyklisch regenerativ mit beheiztem Adsorber. CITplus 4 (1), S. 36–37

Müller H (1983) Dampf zur Regeneration von Aktivkohle in Adsorptionsanlagen. wasser, luft und betrieb 12: 39–43

Newcombe G, Drikas M (1993) Chemical regeneration of granular activated carbon from an operating water treatment plant. Water Research 27 (1): 161–165

Niebelschütz H, Machunze R, Reuß M (2001) Entwicklung eines neuartigen biologischregenerativen Adsorptionsverfahrens zur Grundwassersanierung. Chemie Ingenieur Technik 73 (5): 550–553

Nitsche M (1991) Lösemittelrückgewinnung – Abluftreinigung. Technische Mitteilungen (84) 2/1991, S. 72–78, Vulkan-Verlag, Essen

Petkovska M, Tondeur D, Grevillot G, Granger J, Mitrovic M (1991) Temperature Swing Gas Separation with Electrothermal Desorption Step. Separation science and technology 26: 425–444

Petzolt DJ, Collick SJ, Johnson HA, Robbins LA (1997) Pressure Swing Adsorption for VOC Recovery at Gasoline Loading Terminals. Environmental Progress 16 (1): 16–19

Podlesnyuk VV, Marutovsky RM, Savchina LA, Radeke KH (1994) Zur Temperaturabhängigkeit der Adsorption organischer Wasserschadstoffe am Adsorberpolymer Wofatit® EP 63. Chemische Technik 46 (6): 343–345

Podlesnyuk VV, Marutovsky RM, Savchina LA, Radeke KH (1995) Einfluß von organischen Salzen auf die Adsorption organischer Schadstoffe am Adsorberpolymer EP 63. Chemische Technik 47 (1): 38–40

Price DW, Schmidt PS (1998) VOC Recovery through Microwave Regeneration of Adsorbents: Process Design Studies. Journal of the Air & Waste Management Association 48: 1135–1145

Recasens F, McCoy BJ, Smith JM (1989) Desorption Processes: Supercritical Fluid Regeneration of Activated Carbon. AIChE Journal 35 (6): 951–958

Rege SU, Yang RT, Cain CA (1998) Desorption by Ultrasound: Phenol on Activated Carbon and Polymeric Resin. AIChE Journal, 44 (7): 1519–1528

Reiß G (1983) Sauerstoffanreicherung von Luft mit Molekularsieb-Zeolithen. Chemische Industrie (Düsseldorf) : Zeitschrift für die Deutsche Chemiewirtschaft 35 (11): 689–692

Reiß G (1994) Status and Development of Oxygen Generation Processes on Molecular Sieve Zeolites. Gas Separation & Purification 8 (2): 95–99

Rohm and Haas Company (1991) Laboratory Column Procedures For Testing AMBERLITE® and DUOLITE® Polymeric Adsorbents. Produktinformation, Ausgabe Mai 1991

Ruthven DM, Farooq S, Knaebel K (1994) Pressure Swing Adsorption. VCH Verlag, Weinheim

Salden A, Eigenberger G (1999) Multifunktionales Adsorber/Reaktor-Konzept zur Abluftreinigung. Chemie Ingenieur Technik 71 (9): 982–983

Schachtl M, Mersmann A (1990) Druckwechseladsorption am Beispiel der Abtrennung von Kohlendioxid aus Luft an zeolithischem Molekularsieb 5A. Chemie Ingenieur Technik 62 (3): 212–213

Schäfer M, Schröter HJ, Peschel G (1991) Adsorption and Desorption of Halogenated Hydrocarbons Using Activated Carbon. Chemical Engineering & Technology 14: 59–64

Schork J, Fair J (1988) Parametric Analysis of thermal Regeneration of Adsorption Beds. Industrial & engineering chemistry research 27: 457–469

Schweiger TAJ, LeVan D (1993) Steam Regeneration of Solvent Adsorbers. Industrial & engineering chemistry research 32: 2418–2429

Schweiger TAJ (1995) Effects of Water Residues on Solvent Adsorption Cycles. Industrial & engineering chemistry research 34: 283–287

Sheintuch M, Matatov-Meytal YI (1999) Comparison of catalytic processes with other regeneration methods of activated carbon. Catalysis Today, 53: 73–80

Sontheimer H, Frick BR, Fettig J, Hörner G, Hubele C, Zimmer G (1985) Adsorptionsverfahren zur Wasserreinigung. DGVW-Forschungsstelle Engeler-Bunte-Institut, Universität Karlsruhe

Srinivasan MP, Smith JM, McCoy BJ (1990) Supercritical fluid desorption from activated carbon. Chemical Engineering Science 45 (7): 1885–1895

Steinweg B (1996) Über den Stofftransport bei der Ad- und Desorption von Schadstoffen an/von Aktivkohle im Bereich umweltrelevanter Gaskonzentrationen. Shaker-Verlag, Aachen

Strack JT, Balbaa IS, Barber BT (1995) New Microwave Applicator Designs Facilitate Continuous Processing of Flowable Materials. In: Clark DE, Folz DC, Oda SJ, Silberglitt R (Hrsg.) Ceramic Transactions 59, The American Ceramic Society, Westerville, S 99–105

Streat M, Sweetland LA, Horner DJ (1998) Removal of Pesticides from Water Using Hypercrosslinked Polymer Phases: Part 4–Regeneration of Spent Adsorbents. Process Safety and Environmental Protection (Trans IChemE, Part B) 76 (5): 142–150

Suri PS, Liu J, Crittenden JC, Hand DW (1999) Removal and Destruction of Organic Contaminants in Water Using Adsorption, Steam Regeneration, and Photocatalytic Oxidation: A Pilot Scale Study. Journal of the Air & Waste Management Association, 49 (8): 951–958

Suslick KS (1988) Ultrasound: its chemical, physical, and biological effects. VCH Publishers, Inc., New York

Sutkino T, Himmelstein KJ (1983) Desorption of Phenol from Activated Carbon by Solvent Regeneration. Industrial & engineering chemistry research 22 (4): 420–425

Tolzmann K, Weiß S (1998) Untersuchungen zur Regenerierung von Adsorbentien nach Adsorption von schwerflüchtigen organischen Verbindungen aus der wäßrigen Phase. Chemie Ingenieur Technik 70: 708–711

Unger J, Eigenberger G (1997) Temperature Effects in PSA/VSA Separation Processes: Modelling, Simulation and Technical Significance. Proceedings of ECCE-1,Band 4, Florenz: 2785–2788

Wagner K (2000) Messung und Modellierung der Adsorption von Phenolen an Polymeren für die Wasserreinigung. Dissertation im Fachbereich Chemietechnik der Universität Dortmund

Weber WJ (1972) Physicochemical Processes for Water Quality Control. Wiley & Sons, Inc., New York [u.a.]

Weissenberger AP, Schmidt PS (1994) Microwave-enhanced regeneration of Adsorbents. In: Iskander MF, Lauf RJ, Sutton WH (Hrsg.) Materials Research Society Symposium Proceedings, Vol. 347: Microwave Processing of Materials IV, Pittsburgh, S 383–394

Winkler K, Radeke KH, Stach H (1996) Adsorptions-/Desorptionsverhalten organischer Wasserschadstoffe an einem Adsorberpolymer. Chemische Technik 48 (5): 249–257

Yang RT (1987) Gas Separation by Adsorption Process. Butterworth Publishers, Stoneham, USA

Zumkeller HJ (1996) Untersuchung der Auswirkungen des axialen Beladungsprofils auf die Toluoladsorption einer wasserdampf-desorbierten Aktivkohle-Schüttung. Shaker-Verlag, Aachen

Zumkeller HJ, Bart HJ (1996) Einfluß des Vorheizverfahrens auf die Aktivkohlebeladung bei der Wasserdampfdesorption. Chemie Ingenieur Technik 68 (8): 946–949

6 Industrielle Gasphasen-Adsorptions-Prozesse

Wie sehen technische Adsorptionsprozesse in der Gasphase aus? Auf diese Frage soll das folgende Kapitel eine Antwort geben, indem beispielhaft Adsorptions-Prozesse und Adsorber-Bauformen vorgestellt werden.

6.1 Technische Problemstellung

6.1.1 Vorbehandlung der Gasströme

Adsorberanlagen sind in der Regel in einen Anlagenkomplex eingebunden und werden mit einem Gas-/Abluftstrom aus einem vorgeschalteten Apparat oder Raum beaufschlagt. Häufig ist die Qualität dieses Rohgases nicht kompatibel zu den Anforderungen des Adsorbers. Problematisch sind z.B.:

- hohe Staubgehalte,
- schwersiedende Komponenten oder
- hohe Gastemperaturen.

Diese Faktoren können zur dauerhaften Schädigung des Adsorbens (z.B. Verstopfung des Zwischenkornvolumens, Verblockung der Adsorbensporen) und zur Verminderung der Adsorptionskapazität führen. In diesen Fällen sind entsprechende Apparate wie z.B. Staubfilter oder Wärmeaustauscher vor dem Adsorber einzubauen.

Es ist in jedem Fall ratsam, die Qualität des Rohgases möglichst exakt und über einen längeren Zeitraum zu erfassen. Diese Messungen sollten auch Sonderzustände der vorgeschalteten Anlagen (An-/Abfahren, Chargen-Wechsel o.ä.) umfassen. Punktuelle Kurzzeitmessungen als Basis einer Adsorber-Auslegung führen häufig zu großen Schwierigkeiten. So sind zahlreiche Beispiele bekannt, bei denen die Reinigung von Maschinen und Apparaten mit Lösungsmitteln am Freitag zu einer schlagartigen Überlastung und letztlich beim Wiederanfahren am Montag zum Abbrennen der Adsorber geführt hat („Montags-Brände" s. Abschn. 6.3.3).

6.1.2 Industrielle Anwendungsfelder

Adsorptionsprozesse werden in vielen Bereichen eingesetzt, in denen aus Gasströmen gas- oder dampfförmige Komponenten entfernt oder Gasgemische aufgetrennt werden sollen. Die wichtigsten Einsatzfelder sind:

1. Adsorptive Luftzerlegung (Gewinnung von Stickstoff und Sauerstoff)
2. Aufbereitung von Rohgasen (z.B. Aufkonzentrierung wasserstoffreicher Gase aus Reformern und Ethylen-Anlagen)
3. Trennung von Gasgemischen in Raffinerien (Isomeren-Trennung)
4. Trocknung von Luft (Erzeugung von wasserfreier Luft für Druckluftnetze, pneumatische Maschinen und Steuerungen, etc.)
5. Vorbehandlung von Prozessluft in kryogenen Luftzerlegungsanlagen (Entfernung von H_2O und CO_2)
6. Abluftreinigung (Entfernung von Störstoffen wie Lösungsmitteldämpfen aus der Abluft von Druckereien, Lackierereien, Chemieanlagen, etc.)
7. Abgasreinigung (Entfernung von Quecksilber, Dioxinen und Furanen aus dem Abgas von Müllverbrennungsanlagen, etc.)
8. Schadstoff- und Geruchsfilter für Fahrzeugkabinen (Pkw, Flugzeug, Bahn)
9. Militär- und Sicherheitstechnik (Gasmaskenfilter, ABC-Filter für Militärfahrzeuge)

Zusätzlich treten adsorptive Prozesse häufig als Teilschritte in heterogen katalysierten Reaktionen auf (Keil 1993, 1994).

Wie die obige Aufzählung zeigt, wird die Gasphasen-Adsorption im Gegensatz zur Flüssigphasen-Adsorption selten direkt in Produktionsprozessen der verfahrenstechnischen Industrie eingesetzt. Sie dient i.d.R. zur Aufbereitung von Einsatz-/Hilfsstoffen oder der Behandlung von Emissionsströmen. Mit zunehmender Komplexität der Trennprobleme innerhalb der Produktionsprozesse und der Entwicklung noch selektiverer Adsorbentien ist jedoch damit zu rechnen, dass die Bedeutung dieses Trennverfahrens (auch innerhalb der Prozesse) zukünftig weiter zunimmt.

6.1.3 Industrielle Randbedingungen

In der Regel ist die Adsorption nicht das einzig mögliche Verfahren zur Lösung eines technischen Problems, sondern steht in Konkurrenz zu anderen thermischen und mechanischen Trennverfahren. Die Entscheidung, welche der prinzipiell möglichen Verfahren eingehender betrachtet werden sollen, wird i. Allg. in einer zweistufigen Analyse getroffen.

Der erste Schritt ist die *Klärung der absoluten Randbedingungen*. Hierunter fallen jene Bedingungen, die unter allen Umständen erreicht werden müssen. Ein Verfahren zur Behandlung eines Abluftstroms muss z.B. die Grenzwerte der Technischen Anleitung Luft (TA Luft) oder der EU-Richtlinie 1999/13 sicher einhalten (Tabelle 6.1).

Tabelle 6.1. Beispiele für Grenzwerte nach der TA Luft (Jost 1990)

Stoffklasse	Beispielstoff	Massenstrom [kg/h]	Grenzwert [mg/m³]
organische Stoffe			
Klasse I	Formaldehyd	0,1	20
Klasse II	Toluol	2,0	100
Klasse III	Aceton	3,0	150
anorganische Stoffe			
Klasse I	$COCl_2$	0,01	1
Klasse II	H_2S, Br_2, Cl_2	0,05	5
Klasse III	HCl	0,3	30
Klasse IV	SO_X, NO_X	5,0	500

Hierbei ist zu beachten, dass die Tendenz der Grenzwerte nach unten zeigt und diese im Laufe der Zeit immer weiter verschärft werden. Zudem sind standortspezifische Randbedingungen zu berücksichtigen. So verlangen deutsche Genehmigungsbehörden an vielen Orten eine deutliche Unterschreitung der Grenzwerte der TA Luft. Für Toluol-haltige Abluft werden häufig Konzentrationen im Bereich von 20 – 50 mg/m³ gefordert, obwohl der gesetzliche Grenzwert bei 100 mg/m³ liegt.

Andere absolute Randbedingungen können festgelegte technische Spezifikationen sein. So wird z.B. für den Eintrittsstrom in eine kryogene Luftzerlegung eine sehr geringe Maximalkonzentration an Wasser und Kohlendioxid zugelassen. Ein vorgeschalteter Adsorber, der diese Stoffe aus der Luft entfernen soll, muss diese Werte einhalten, da sonst Wärmeaustauscher und Apparate im Tieftemperaturteil der Luftzerleger durch ausfrierendes CO_2 und H_2O belegt werden.

Sind die absoluten Randbedingungen geklärt, werden häufig *spezifische Kennfelder*, die auf Erfahrungswissen beruhen, zu Hilfe genommen. Ein typisches Beispiel für ein solches Kennfeld (für Prozesse zur Behandlung von Abluftströmen, die mit organischen Komponenten beladen sind) liefert Tabelle 6.2. Hier ist die Konzentration des Lösungsmittels in der Abluft das entscheidende Kriterium für die Wirtschaftlichkeit eines Verfahrens (vorausgesetzt, die absoluten Randbedingungen sind erfüllt).

Wnuk erweiterte diese Darstellung zu einem zweidimensionalen Portfolio, das neben der Konzentration des Lösungsmittels den Volumenstrom der Abluft berücksichtigt (Wnuk 1995). Dieses Portfolio ist in Abb. 6.1 dargestellt.

Tabelle 6.2. Wirtschaftlichkeitsgrenzen von Verfahren zur Behandlung lösungsmittelhaltiger Abluft nach Nitsche 1991 und Reschke u. Mathews 1995

Konzentration des Lösungsmittels [g/m³]	Verfahren zur Rückgewinnung	Verfahren zur Vernichtung
> 50	indirekte Kondensation	
> 25	direkte Kondensation	
> 20	Membranverfahren	
3-10		Verbrennung
1–50	Absorption	
0,2–3		Biofilter/-wäscher
< 25	Adsorption	

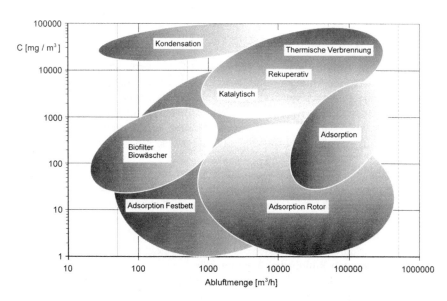

Abb. 6.1. Wirtschaftlichkeit von Abluftbehandlungsverfahren (Wnuk 1995)

Zwei Beispiele für Kennfelder aus dem Bereich der Luftzerlegung/Stickstoffversorgung zeigen die Abb. 6.2 und 6.3. Hier steht die Adsorption (PSA-Verfahren) in Konkurrenz zu Membran- und kryogenen Verfahren sowie zu einer Versorgung mit Gasflaschen oder Tankwagen.

6.1 Technische Problemstellung   187

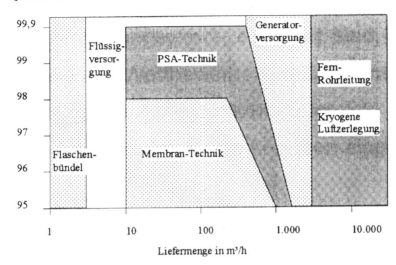

Abb. 6.2. Portfolio-Darstellung der Verfahren zur Versorgung eines Betriebes mit Stickstoff (Messer-Griesheim 1994). Die angegebene Qualität bezieht sich auf Verunreinigungen durch Sauerstoff; die Liefermenge ist in Nm³/h Stickstoff angegeben.

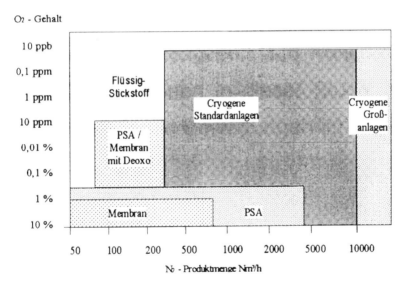

Abb. 6.3. Portfolio-Darstellung der Verfahren zur Versorgung eines Betriebes mit Stickstoff (Linde 1993)

Auf der Basis dieser zweistufigen Analyse des Problems kann eine Vorauswahl getroffen werden, welche Verfahren im Rahmen einer detaillierten Kosten- und Wirtschaftlichkeitsrechnung genauer betrachtet werden sollen. Hierbei gilt es insbesondere, Optimierungspotentiale durch Kombinationen verschiedener Verfahren zu erkennen. So ist z.b. für einen hochbelasteten Abluftstrom zu prüfen, ob eine einstufige Adsorptionsanlage oder eine zweistufige Anlage (z.B. Stufe 1: Vorreinigung über eine Membran / Stufe 2: Adsorption bis zum Grenzwert der TA Luft) wirtschaftlicher ist (Bergfort et al. 1994, Nitsche 1995, Spivey 1988, Wnuk 1995).

6.2 Bauformen der Adsorber

Da die Adsorption für eine Vielzahl von Anwendungen eingesetzt wird, existieren verschiedene Bauformen für Adsorber. Im Wesentlichen lassen sie sich in fünf Gruppen klassifizieren (v.Gemmingen et al. 1996; VDI-Richtlinie 3674):

1. Festbettadsorber
2. Rotoradsorber
3. Wirbelbett-/ Wanderbett-Adsorber
4. Flugstrom-Adsorber
5. SMB-Adsorber (Simulierte Gegenstromführung)

Abb. 6.4 zeigt eine Übersicht über die Bauformen aus der VDI-Richtlinie 3674.

Im Folgenden werden diese Bauformen anhand von Beispielen aus der Industrie diskutiert.

6.2.1 Festbett-Adsorber

Der meistgebaute Adsorbertyp ist der Festbettadsorber in stehender oder liegender Bauform. Die Adsorbensschüttung liegt auf einem Stützboden auf und wird während des Prozesses nicht bewegt. Die Schüttung wird je nach Variante von oben/unten oder quer durch das zu reinigende/zu trennende Gasgemisch durchströmt. Die Regeneration erfolgt häufig im Gegenstrom zur Adsorption, wobei als Desorptionsverfahren die Heißgasdesorption mit Stickstoff (s. Abschn. 5.2.2), die Wasserdampfdesorption (s. Abschn. 5.2.3) und die verschiedenen Druckwechselverfahren (s. Abschn. 5.2.1) zum Einsatz kommen. In der Abgasreinigung nach Verbrennungsanlagen findet man zudem chemisorptive Systeme, die nicht regeneriert werden.

Adsorber mit Temperatur-/Konzentrationswechseldesorption

Da mit einer Festbett-Anordnung kein kontinuierlicher Betrieb möglich ist, werden in der Regel zwei oder mehr Adsorber parallel geschaltet. Abb. 6.5 zeigt eine typische Zweibett-Anlage mit Wasserdampf-Desorption aus der pharmazeutischen Industrie (Silica 1998). Im Fließbild wird der prinzipielle Aufbau der Anlage deutlich (Abb. 6.6).

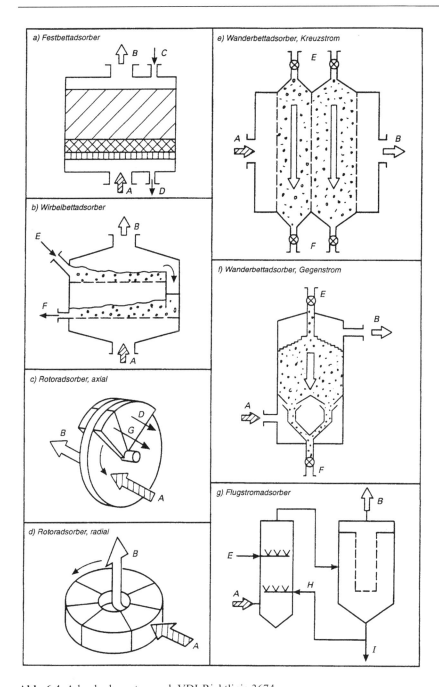

Abb. 6.4. Adsorberbauarten nach VDI-Richtlinie 3674
A Rohgas; *B* Reingas; *C* Desorptionsmedium; *D* Desorbat; *E* regeneriertes Adsorbens;
F beladenes Adsorbens, *G* Kühlmedium; *H* Rezirkulat

Abb. 6.5. Zweibett-Adsorber-Anlage aus der pharmazeutischen Industrie (Silica 1998)

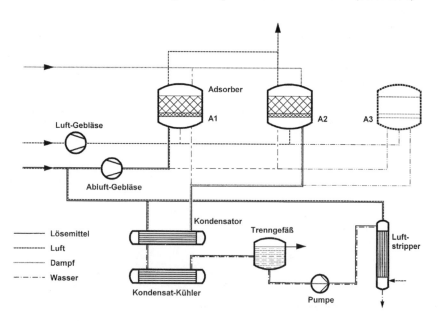

Abb. 6.6. Fließbild der Zweibett-Adsorber-Anlage aus Abb. 6.5 (Silica 1998)

Während Adsorber A1 sich im Adsorptionstakt befindet, d.h. mit lösemittelhaltiger Abluft beaufschlagt wird, befindet sich Adsorber A2 im Desorptionstakt. Zur Kapazitätserweiterung wären weitere Adsorber (z.B. A3) parallel einzubauen. Als Desorptionsverfahren wird das Wasserdampfverfahren (s. Abschn. 5.2.1) eingesetzt. Die Adsorption/Desorption erfolgt im Wesentlichen in vier Takten:

1. Adsorption
   Beaufschlagung mit der zu reinigenden Abluft ⇒ Beladung des Adsorbers
2. Desorption
   Beaufschlagung mit Wasserdampf ⇒ Verdrängung des adsorbierten Lösungsmittels (bei gleichzeitiger Aufheizung des Adsorbers)
3. Trocknung
   Beaufschlagung mit warmer Luft ⇒ Trocknung des Adsorbers
4. Kühlung
   Beaufschlagung mit kalter Luft ⇒ Abkühlung des Adsorbers

Um eine Vorstellung von den Auslegungs- und Betriebsdaten dieser Systeme zu vermitteln, sind in Tabelle 6.3 typische Größenordnungen für kleinere Anlagen dokumentiert (Henning u. Degel 1991).

Tabelle 6.3. Auslegungs- und Betriebsdaten von kleinen wasserdampf-regenerierten Festbett-Adsorbern mit wasserunlöslichem Lösungsmittel (Henning u. Degel 1991)

Auslegungs-/Betriebsdaten	Typische Bereiche
Anströmgeschwindigkeit Adsorption [m/s]	0,2–0,4
Temperatur der Abluft [°C]	20–30
Konzentration der Lösungsmittel [g/m^3]	1–10
Betthöhe [m]	0,8–1,5
Beladung der Aktivkohle mit Lösungsmitteln [Gew.-%]	10–20
Strömungsgeschwindigkeit Wasserdampf (Desorption) [m/s]	0,1–0,2
Verhältnis Dampf : Lösungsmittel [-]	(3–5) : 1
Zykluszeit der Taktung:	
Adsorption [h]	2–6
Desorption [h]	0,5–1
Trocknung [h]	0,2–0,5
Kühlung [h]	0,2–0,5

Die angegebenen Daten sind als grobe Anhaltswerte zu verstehen und teilweise extrem von den Randbedingungen abhängig. So ist z.B. die Beladung der Aktivkohlen mit Lösungsmitteln durch die zu erreichenden Grenzwerte limitiert; in technischen Anwendungen erreicht man oft nur Beladungen unter 5 Gew.%. Ebenso ist das Verhältnis von Wasserdampf zu Lösungsmittel, d.h. die zur Desorption pro kg Lösungsmittel benötigte Menge an Wasserdampf über einen weiten Bereich gestreut. Es schwankt je nach Anwendungsfall von 2 bis 8 kg/kg.

Wie man in Abb. 6.6 erkennt, ist die Aufbereitung des Desorbats mit einem erheblichen Aufwand verbunden. Hierbei ist die (einfachere) Variante für ein nicht wasserlösliches Lösungsmittels realisiert:

Das Wasserdampf-Lösungsmittel-Gemisch wird kondensiert, gekühlt und anschließend in einem Phasen-Trennapparat in eine lösungsmittelreiche und eine wasserreiche Fraktion getrennt. Da die wasserreiche Phase nicht tolerierbare Anteile an Lösungsmitteln (Grenzwerte nach Wasserhaushaltsgesetz s. Abschn. 7.1.2) enthält, wird sie in einem Stripper weiterbehandelt. Das Strip-Gas mit den ausgetriebenen Lösungsmittel-Dämpfen wird der Abluft am Eingang des Adsorbers beigemischt.

Für den Fall wasserlöslicher Lösungsmittel steigt der Aufwand für die Desorbat-Aufbereitung deutlich an, wie Abb. 6.7 zeigt, wo eine entsprechende Anlage skizziert ist (Fell 1998).

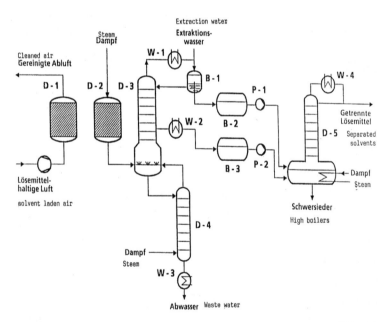

Abb. 6.7. Zweibett-Adsorber-Anlage mit Wasserdampf-Desorption und Rückgewinnung partiell wasserlöslicher Lösungsmittel (Fell 1998)

Tabelle 6.4. Betriebsdaten von Mehrbett-Anlagen nach Abb. 6.7 (Fell 1998)

Betriebsdaten	Anlage 1	Anlage 2
Abluftmenge [m³/h]	186.000	140.000
Anzahl der Adsorber	6	4
Durchmesser und Höhe der Adsorber [m]	D=2,8 / H=11	D=2,8 / H=11
Lösungsmittelkonzentration Eintritt [g/m³]	3–4	2,7–4,5
Lösungsmittelkonzentration Austritt [g/m³]	< 0,15	< 0,15
Art des Lösungsmittels	55 % Ethylacetat 35 % Ethylalkohol 10 % diverse VOCs	53 % Ethylacetat 22 % Ethylalkohol 11 % Toluol 10 % diverse VOCs
Lufttemperatur Absauganlage [°C]	60	65
Lufttemperatur Adsorbereintritt [°C]	31	30
Desorptions-Dampf [kg/kg Lösungsmittel]	2,5	2,5
Aufarbeitungs-Dampf [kg/kg Lösungsmittel]	5,7	5,6
Extraktionswasser [m³/h]	Keine Angabe	100–150
Rückkühlwasser [m³/h]	Keine Angabe	420
Elektrische Energie [kWh/h]	Keine Angabe	600

Tabelle 6.5. Betriebsdaten einer Mehrbett-Anlage in einer Magnetband-Beschichtung (Mersmann et al. 1991)

Betriebsdaten	
Abluftmenge [Nm³/h]	32.500
Anzahl der Adsorber	5
Durchmesser der Adsorber	3,6 m
Aktivkohle-Menge pro Adsorber	4 t
Lösungsmittelkonzentration Eintritt [g/m³]	15
Lösungsmittelkonzentration Austritt [g/m³]	< 0,10
Art des Lösungsmittels	Tetrahydrofuran
Lufttemperatur Absauganlage [°C]	45
Lufttemperatur Adsorbereintritt [°C]	35
Taktung der Adsorber (Adsorption:Regeneration)	4:1
Adsorption [h]	> 2
Regeneration (H_2O-Dampf im Gegenstrom) [h]	0,5
Abscheidegrad [%]	99,3

Da eine (einfache) Phasentrennung nicht möglich ist, muss das anfallende Wasser-Lösungsmittel-Dampfgemisch destillativ getrennt werden. Tabelle 6.4 liefert einen Überblick über typische Betriebsdaten für zwei Anlagen, die dem in Abb. 6.7 dargestellten Typ entsprechen.

Eine weitere Beispiel-Anlage aus einer Magnetband-Beschichtung dokumentieren Mersmann et al. 1991 (Tab. 6.5).

Wie die aufgeführten Daten dokumentieren, werden bei dieser Variante die Betriebs- und Investitionskosten des Gesamtverfahrens von den Kosten für die Rektifikationskolonnen und den Energiekosten für die destillative Trennung dominiert.

Daher ist es in den Fällen, in denen wasserlösliche Adsorptive auftreten, u.U. sinnvoll, eine Heißgasdesorption mit Stickstoff einzusetzen, da die Trocknung der Schüttung und (zumindest theoretisch) die aufwändige Wasser-Lösungsmittel-Trennung entfallen. Zudem existiert (ebenfalls theoretisch) keine Abwasserproblematik (Nitsche 1991) bei gleichzeitiger Reduzierung der Bildung von Hydrolyse-Produkten (Konrad 1990). Diese Vorteile werden jedoch mit einer geringeren Energiestromdichte und somit einer langsameren Desorption bezahlt (s. Kap. 5).

Bei o.g. Argumentation ist einschränkend zu berücksichtigen, dass die meisten Rohluftströme Feuchtigkeit enthalten, die zumindest teilweise adsorbiert wird. Dieses Wasser wird mit dem Lösungsmittel desorbiert und über den Stickstoffkreislauf dem Kondensator zugeführt, wo ein wasserhaltiges Lösungsmittel anfällt. Unterbindet man dies durch den Einbau eines Molsieb-Adsorbers zur Wasserentfernung in den Stickstoffkreislauf (s. Rekusorb-Verfahren Abb. 6.9), erzeugt man wiederum ein Abwasserproblem, da der Molsiebadsorber neben dem Wasser auch Lösungsmittel adsorbiert. Das Desorbat dieses 2. Adsorbers besteht somit aus einem lösungsmittelhaltigen Abwasser (Grenzwerte s. Kap. 7).

Die Entscheidung, welches Desorptions-Verfahren eingesetzt werden soll, ist daher von den spezifischen Randbedingungen der Anlage abhängig. Einfache Rezepte gibt es (leider) nicht.

Abbildung 6.8 zeigt eine typische Heißgas-regenerierte Zweibett-Anlage mit den notwendigen Wärmeaustauschern (Nitsche 1991).

Während sich der linke Adsorber im Adsorptionstakt befindet, wird der rechte Adsorber desorbiert bzw. gekühlt. Ein Zyklus besteht bei dieser Verfahrensvariante aus drei Takten:

1. Adsorption
   Beaufschlagung mit der zu behandelnden Abluft ⇒ Beladung des Adsorbers
2. Desorption
   Beaufschlagung mit dem heißen Inertgas ⇒ rein thermische Desorption des adsorbierten Lösungsmittels (bei gleichzeitiger Aufheizung des Adsorbers)
3. Kühlung
   Beaufschlagung mit kaltem Inertgas/kalter Luft ⇒ Abkühlung des Adsorbers

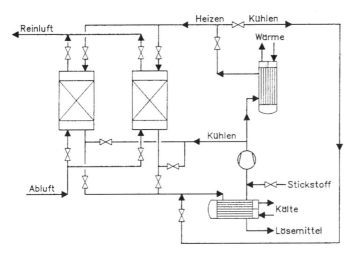

Abb. 6.8. Fließbild einer Zweibett-Anlage mit Inertgasdesorption (Nitsche 1991)

Als inertes Spülgas für die Desorption wird i.d.R. Stickstoff eingesetzt; Luft wird nur dann verwendet, wenn nicht-brennbare Adsorptive desorbiert werden. Aufgrund der geringen Wärmekapazität werden erhebliche Stickstoffmengen benötigt, so dass man üblicherweise einen Stickstoffkreislauf realisiert (Abb. 6.8). Da das System beim Umtakten von Desorption/Kühlung auf Adsorption einen Teil des Stickstoffs verliert, muss dieser ergänzt werden. Dies ist auch notwendig, um Anreicherungen in dem Kreislauf zu vermeiden. Diese Anreicherungen entstehen, da eine Totalkondensation der im Stickstoffkreislauf enthaltenen desorbierten Komponenten i.d.R. unwirtschaftlich ist (Nitsche 1991).

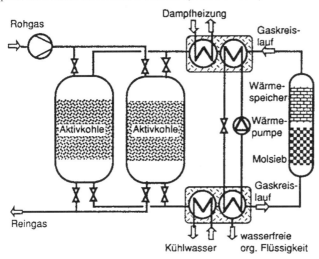

Abb. 6.9. Rekusorb-Verfahren (Börger 1992)

Die Arbeitstemperaturen in diesen Prozessen schwanken erheblich und hängen in erster Linie von den Eigenschaften der Adsorptive und Adsorbentien sowie den konstruktiven Randbedingungen ab. In Standardverfahren zur Lösungsmittel-Rückgewinnung werden Stickstofftemperaturen zwischen 120°C und 200°C eingesetzt (Knaebel 1999). In Einzelfällen sind Temperaturen bis 450°C dokumentiert. In diesen Fällen müssen schwersiedende Komponenten desorbiert werden (Sattler 1995). Die Temperatur stellt letztlich immer einen Kompromiss zwischen sicherheitstechnischen Überlegungen (s. Abschn. 6.3.3) und dem Wunsch, möglichst viel Energie einzuspeisen, um eine effektive Desorption zu erzielen, dar.

Eine besondere Anordnung dokumentiert Abb. 6.9 (Börger 1992). Bei diesem System wird in den „klassischen" Desorptionskreislauf ein Molekularsieb-Adsorber zwischengeschaltet. In diesem wird das im Kreislauf befindliche Wasser (das mit der Abluft während des Adsorptions-Taktes in die Adsorber transportiert, dort adsorbiert und im Desorptionstakt desorbiert wurde) adsorbiert, so dass im Kondensator ein wasserfreies Lösungsmittel anfällt.

Einen zunehmend größeren Markt stellen die verschiedenen Festbett-Filtersysteme in der Fahrzeug- und Raumlufttechnik dar. Neben mechanisch arbeitenden Systemen z.B. zur Rückhaltung von Blütenpollen (Allergiker) werden adsorptive Systeme als Geruchsfilter eingesetzt. Diese sollen die Luftqualität durch Adsorption von Geruchs- oder Schadstoffen aus Großküchen oder Raucherabteilen in Zügen verbessern. In der Regel handelt es sich bei den zu adsorbierenden Substanzen um (nahezu) undefinierbare Gemische, deren Adsorptionsverhalten nur schwer zu beschreiben ist. Die Adsorber sind einfache (i.d.R. mit Aktivkohle gefüllte) Behälter, die entweder in regelmäßigen Abständen komplett ausgetauscht oder über eingebaute Heizwendeln regeneriert werden (CarboTech 1998). Einen Überblick über diese Technologien findet man in Radeke et al. 1998 sowie Reichert u. de Ruiter 1994.

Adsorber mit Druckwechseldesorption

Neben den im letzten Abschnitt besprochenen TSA- und CSA-Adsorbern stellen die verschiedenen PSA-Verfahren die dritte große kommerzielle Anwendung der Festbett-Adsorption dar.

Weit verbreitet sind sie im Bereich der Luftzerlegung. Wichtig ist, in diesem Technologiebereich zwischen zwei Varianten zu unterscheiden, in denen jeweils unterschiedliche Adsorptions-Verfahren (im Bereich der Luftzerlegung als Molsieb-Stationen bezeichnet) zum Einsatz kommen:

1. Kryogene Luftzerlegung mit TSA-Adsorbern als Vorstufe
2. Adsorptive Luftzerlegung mit PSA-Verfahren als Hauptstufe

Abb. 6.10 zeigt die Verfahrensfließbilder beider Varianten.

6.2 Bauformen der Adsorber   197

Kryogene Luftzerlegung

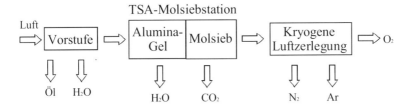

PSA-Verfahren

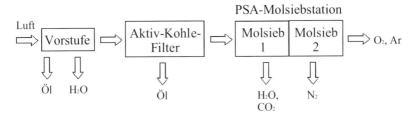

Abb. 6.10. Verfahrensfließbild der beiden Varianten zur Luftzerlegung

In kryogenen Anlagen wird die in der Vorstufe gereinigte und verdichtete Luft in eine TSA-Anlage geführt und dort von CO_2 und Wasser befreit, um eine Vereisung der Apparate und Wärmeaustauscher im Tieftemperaturteil dieser Anlagen zu vermeiden. Die Adsorber bestehen aus einer ersten Schicht aus Aluminagel, an der Wasser adsorbiert, und einer zweiten Schicht aus 13X-Zeolith zur Adsorption von CO_2. Die beiden Schichten liegen direkt übereinander und werden zusammen nach dem TSA-Verfahren regeneriert.

Alternativ können auch sogenannte „heatless dryer", d.h. nicht heißregenerierte Adsorber eingesetzt werden (v.Gemmingen 2001). Auslegungsbeispiele für beide Adsorbertypen finden sich in v.Gemmingen et al. 1996.

Die Qualitätskriterien, die mit diesen vorgeschalteten Systemen von kryogenen Luftzerlegern erreicht werden müssen, sind extrem: Bei einem Druck von ca. 6 bar muss die Luft einen (Wasser-)Taupunkt unter –70 °C und einen Kohlendioxidgehalt unter 0,1 ppm aufweisen.

Die aufbereitete Luft gelangt anschließend in den Tieftemperaturteil, wo sie in die Hauptprodukte N_2, O_2 und gegebenenfalls Ar aufgetrennt wird.

Die PSA-Anlagen bestehen in der Regel aus zwei Prozessstufen mit zwei gekoppelten Adsorptionsverfahren, wie Abb. 6.11 zeigt (Messer-Griesheim 1994). Das beschriebene Verfahren ist ein sogenanntes "Frontend" für kleine Stickstoff- oder Sauerstoffanlagen nach dem PSA-Prinzip.

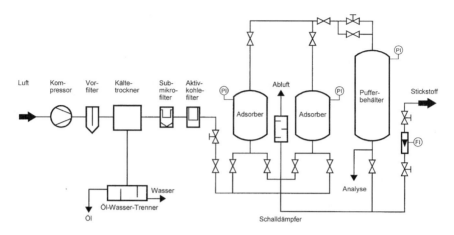

Abb. 6.11. Fließbild einer PSA-Anlage zur Stickstofferzeugung (Messer-Griesheim 1994)

Man setzt hierbei einen ölgeschmierten Schraubenverdichter ein, der kostengünstiger als ölfreie Schrauben- oder Turboverdichter ist und über einen besseren Wirkungsgrad verfügt. Die Luft am Austritt dieses Verdichters besitzt einen Ölgehalt von 3 - 10 mg/m³.

Da dieser Wert zu hoch für die nachgeschalteten Apparate ist, muss die Luft in einer bis zu 4-stufigen Anordnung aufbereitet werden. Zunächst wird in einem Vorfilter ein Teil des entstehenden Öl-Wasser-Nebels abgeschieden. Die nachgeschaltete Kälteanlage kühlt das Prozessgas möglichst weit ab, um die Baugröße der Adsorber zu minimieren. In den integrierten Kondensatabscheidern wird ein Großteil des Öls mit dem Kondensat abgeschieden und einer Öl-Wasser-Trennung zugeführt. Um sicher zu verhindern, dass Ölreste in das Adsorbermaterial gelangen, wird nach der Kälteanlage ein Feinfilter (ca. 0,1 - 0,5 µm) eingebaut, der feinste Nebel abscheidet.

Wie stark der gesamte Prozess von den Kosten für die Verdichtung der Luft dominiert wird, kann man daran erkennen, dass dieser Aufwand in Summe preiswerter ist als ein ölfreier Verdichter mit nachgeschalteter Kälteanlage!

Nach dem Feinfilter installiert man als zusätzliche Sicherheit einen Aktivkohlefilter, der die letzten Ölspuren aus der Luft entfernt und bei einem Versagen der Vor- und Feinfilter als Sicherheit für das Molsieb dienen soll. Dieser Filter wird nicht regeneriert, sondern gelegentlich geprüft und (falls notwendig) ausgetauscht.

Typischerweise werden mit Vorfilterstationen von PSA-Anlagen folgende Bedingungen für die Luftqualität erfüllt (Messer-Griesheim 1994):

- Druck: 8,5 bar
- Taupunkt: + 3 °C
- Ölgehalt: < 0,003 mg/m³

Der Hauptteil der in Abb. 6.11 beschriebenen Anlage besteht aus zwei parallelen Adsorbern. In diesen sind ein Adsorptionsmittel zur Adsorption von Wasser und CO_2 und ein Zeolith zur Adsorption von Stickstoff kombiniert. Da Wasser- und Kohlendioxid-Fronten bei PSA-Verfahren in erheblichem Maße die Adsorption von Stickstoff und Sauerstoff stören, müssen sie (analog zu kryogenen Verfahren) vor der eigentlichen Luftzerlegung abgetrennt werden (Yang 1987; Ruthven et al. 1994; v.Gemmingen 2001). Je nach Anlagengröße und –hersteller werden die beiden Adsorptionsprozesse in einem Adsorber (Abb. 6.11) oder in zwei getrennten Adsorbern durchgeführt. Die Regeneration der (Vor-)Adsorber erfolgt je nach PSA-Anlagentyp getrennt von den Hauptadsorbern oder gemeinsam mit diesen.

Im Folgenden wird die Haupttrennstufe (adsorptive Luftzerlegung) detaillierter beschrieben. Sie besteht aus Festbettadsorbern, die entweder Zeolithe oder Kohlenstoffmolekularsiebe enthalten. Verwendet man einen 5A-Zeolith, so wird Stickstoff adsorbiert, während eine sauerstoffreiche Fraktion in der Gasphase verbleibt. Abb. 6.12 zeigt die zugrunde liegenden Isothermen von Sauerstoff, Stickstoff und Argon am Zeolith CaA (Reiß 1994).

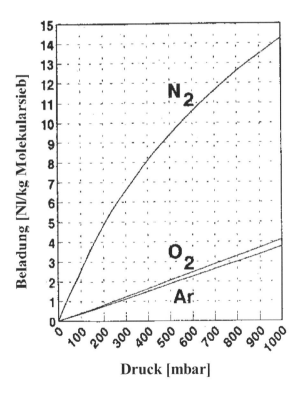

Abb. 6.12. Adsorptions-Isothermen von Argon, Stickstoff und Sauerstoff am Zeolith CaA (Reiß 1994)

Tabelle 6.6. Ausbeuten und Reinheiten bei PSA-Luftzerlegungsverfahren auf der Basis von zeolithischen Molekularsieben (Yang 1987)

Verfahrensvariante	Reinheit	Ausbeute
Stickstoff-Gewinnung	98–99,7 % N_2 (Nebenprodukt: 90 % O_2)	50 % N_2
Sauerstoff-Gewinnung	Max. 94 % O_2	30–60 % O_2

Tabelle 6.7. Anlagendaten von PSA-Anlagen zur Luftzerlegung auf Basis zeolithischer Molekularsiebe (Löhr 2000; Messer-Griesheim 1994; Reiß 1994; Ruthven 1994)

Kenngröße	PSA (N_2)	PSA (O_2)	VPSA (O_2)
Kapazität [m³/h]	10–1500	< 100	100–4000
Druck Adsorption [bar]	3–5	3–6	1–1,5
Druck Desorption [bar]	~ 1	1–1,1	0,15–0,30
Spezifischer Energieverbrauch [kWh/m³]	0,25 (95 % Reinheit) 0,55 (99,9 % Reinheit)	1,2	0,4–0,5

Da das Edelgas Argon mit einem Anteil an der Rohluft von ca. 0,9 % in der Sauerstoff-Fraktion verbleibt, kann bei der Gewinnung von Sauerstoff mit Verfahren auf Zeolith-Basis eine maximale Reinheit von 96 % erzielt werden (Mersmann et al. 2000; Ruthven et al. 1994). Dieser Argon-Anteil ist für medizintechnische Anwendungen unproblematisch, reduziert aber bei Schweißgeräten und Schneidbrennern die Flammentemperatur (Ruthven et al. 1994) und führt so zu einer Einschränkung des Absatzmarktes für PSA-Sauerstoff. Tabelle 6.6 zeigt typische Reinheiten und Ausbeuten der beiden Varianten zur Stickstoff- bzw. Sauerstofferzeugung (Yang 1987).

Neben der adsorptiven Trennung an Zeolithen besteht die Möglichkeit, die Gase kinetisch an Kohlenstoffmolekularsieben zu trennen. In diesem Fall verbleiben Argon und Stickstoff in der Gasphase, während Sauerstoff sehr schnell in die Poren diffundiert. Somit kann die Reinheit von Sauerstoff deutlich gesteigert werden, während Stickstoff mit einer maximalen Reinheit von nur 98,7 % gewonnen werden kann (Kärger u. Ruthven 1992; Ruthven et al. 1994; Yang 1987).

Während Stickstoff fast ausschließlich in PSA-Anlagen, d.h. mit Überdruck in der Adsorptions- und Normaldruck in der Desorptionsphase, gewonnen wird, werden zur Sauerstoffgewinnung sowohl PSA- als auch VPSA-Anlagen eingesetzt (Linde 2000; Mahler AGS 2000). Tabelle 6.7 dokumentiert typische Anlagendaten (Löhr 2000; Messer-Griesheim 1994; Reiß 1994):

In der apparativen Umsetzung unterscheidet man 2-Bett-PSA-, 3-Bett-PSA- und Mehr-Bett-PSA-Anlagen. Abb. 6.13 zeigt eine 3-Bett-Anlage zur Sauerstoff-Versorgung einer Kläranlage mit einer Kapazität von 28 t O_2/Tag (Schiff 2000).

Abb. 6.13. 3-Bett-PSA-Anlage zur Versorgung einer Kläranlage mit Sauerstoff (Schiff 2000). Oben das Kompressorhaus, unten die Außenanlage mit drei parallelen Festbett-Adsorbern

Der wesentliche Unterschied zwischen den apparativen Varianten ist darin zu sehen, dass bei 3-Bett-Adsorbern ein Adsorber für den Prozessschritt Druckausgleich/Spülen zur Verfügung steht. Da dies in 2-Bett-Verfahren nicht der Fall ist, müssten diese theoretisch diskontinuierlich arbeiten. Dieses Manko wird bei 2-Bett-Anlagen durch einen zusätzlichen Pufferbehälter ausgeglichen (Reiß 1994). Eine Alternative zu diesem zusätzlichen Behälter ist eine spezielle Fahrweise der Anlagen. Während ein Behälter adsorbiert, wird der zweite Behälter zuerst entspannt, dann mit Inertgas oder mit einem Teil des Produktgases bei niedrigem Druck durchströmt und abschließend wieder mit Produktgas langsam auf die hohe Druckstufe gebracht. Die Umschaltung erfolgt anschließend i.Allg. ohne Produktionsunterbrechung. Die Zykluszeit ist so lange zu wählen, dass man langsam aufdrücken kann, damit der Produktstrom während des Druckaufbaus nicht abreisst. Wenn man zu schnell aufdrückt, wird die gesamte Luftmenge zum Druckaufbau benötigt, so dass kein Produkt übrig bleibt.

Der entscheidende Unterschied zwischen 2- und 3-Bett-Systemen liegt im Energieverbrauch. Bei einer Zweibettanlage muss bei jedem Druckaufbau eine komplette Behälterfüllung (Volumen*Betriebsdruck) an Produktgas aufgebracht werden, d.h. diese Gasmenge muss zusätzlich zu dem an den Kunden gelieferten Produkt im Verdichter verdichtet werden. Bei einem 3-Bett-System kann dagegen die Gasfüllung des Behälters, der vom Netz genommen wird und regeneriert werden soll, genutzt werden, um den dritten Behälter, der fertig regeneriert ist und nur noch aufgedrückt werden muß, teilweise zu füllen. Der Zusatzgasbedarf für den Druckaufbau wird dadurch reduziert; die Energiekosten sinken. Dies führt dazu, dass 2-Bett-Anlagen bei den Investitionskosten günstiger sind, im Betrieb jedoch höhere Kosten verursachen als 3-Bett-Anlagen. Tabelle 6.8 liefert einen Überblick über Kapazitäten und Energiebedarf der Varianten (Reiß 1994).

Tabelle 6.8. Kapazitäten und Energiebedarf der Anlagen-Varianten zur Sauerstoff-Gewinnung (Reiß 1994)

Anlagen-Typ	Kapazität [t O_2/Tag]	Energiebedarf [kWh/Nm^3]
2-Bett-PSA	1–35	0,8–2
2-Bett-VPSA	20–40	0,45–0,5
3-Bett-VPSA	20–70	0,40–0,45
4-Bett-LT-VPSA	40–250	0,37–0,45

Tabelle 6.9. Vergleich zwischen einer 2-Bett-PSA- und einer 2-Bett-VPSA-Anlage (Ruthven et al. 1994)

Anlagentyp	PSA-Anlage	VPSA-Anlage
Baujahr	1970	1990
Adsorbens	Zeolith 5A	Zeolith CaX
Arbeitskapazität des Adsorbens [mol O_2/kg]	0,018	0,06
Anzahl der Betten	4	2
Masse Adsorbens [t] (bei einer Produktion von 200 m^3/h)	50	10
Anzahl der Ventile	28	6
Druck Adsorption [bar]	3,34	1,114
Druck Desorption [bar]	1,013	0,203
Zykluszeit [min]	6	4
Zusammensetzung Produktstrom [mol %]	90 % O_2, 10 % N_2	91 % O_2, 9 % N_2
Ausbeute [mol Produktstrom/mol Luft]	0,09	0,16

Bei der in Tabelle 6.8 aufgeführten Variante LT-VPSA (LT – *L*ow *T*emperatu-re) handelt es sich um eine spezielle 4-Bett-Anlage für große Mengenströme, bei der der Eintrittsstrom in die Adsorber auf –15 °C vorgekühlt wird. Bei einem Adsorptionsdruck von ~1,3 bar, einem Desorptionsdruck von ~300 mbar und Zykluszeiten von ~90 s können so günstigere Betriebskosten erzielt werden (Reiß 1994).

Einen detaillierteren Vergleich zwischen einer 2-Bett-PSA-Anlage der ersten Generation (1970) und einer modernen 2-Bett-VPSA-Anlage 1990 liefert Tabelle 6.9 (Ruthven et al. 1994).

Die Standzeiten von PSA-Anlagen liegen im Bereich von 10–15 Jahren für PSA- und 15–20 Jahren für VPSA-Verfahren (Reiß 1994). In diesem Zeitraum akkumulieren durch unvollständige Desorption Wasser und Kohlendioxid in den Festbetten, so dass der Zeolith ausgetauscht werden muss.

Im Jahr 1994 wurden in 250 Anlagen weltweit ca. 8600 t O_2/Tag produziert, was einem Marktanteil von 4–5 % der PSA-Verfahren an der Sauerstoffgewinnung entspricht. Limitierend auf die Verbreitung der Anlagen wirken sich im Wesentlichen zwei Faktoren aus (Reiß 1994):

- Um die notwendigen kurzen Zykluszeiten einhalten zu können, müssen die Ventile innerhalb von maximal drei Sekunden öffnen bzw. schließen. Dies ist für große Durchmesser zurzeit (noch) schwierig zu realisieren.
- Die Reinheit des adsorptiv gewonnenen Sauerstoffs ist auf maximal 96 % beschränkt. Da die Sauerstoffausbeute bei kryogenen Anlagen höher ist, sind sie ab einer Kapazität von von ca. 150 t O_2/Tag günstiger. Ursache sind die niedrigeren Energiekosten, die die höheren Investitionskosten ab der genannten Größe aufwiegen. Zurzeit wird intensiv an der Entwicklung von Zeolithen, die eine Sauerstoff-Argon-Trennung ermöglichen, geforscht, um diesen Nachteil zu beheben.

Eine weitere großtechnische Anwendung der PSA-Technologie ist die Aufreinigung von wasserstoffhaltigen Gasen. Beispiele für solche Gase sind (Linde 1999, 2000; Mahler AGS 2001; Sievers 1993; Yang 1987):

- Abgase aus katalytischen Reformern: 65–85 % Wasserstoff verunreinigt mit Methan und diversen C_2- bis C_5-Kohlenwasserstoffen
- Steam-Reformer-Abgase: 75 % Wasserstoff verunreinigt mit Kohlenmonoxid, Kohlendioxid und Methan
- Abgase aus Ethylen-Anlagen: 70–90 % Wasserstoff verunreinigt mit Methan

Abb. 6.14 zeigt eine entsprechende 4-Bett-PSA-Anlage aus einer Raffinerie (Air Products 1999).

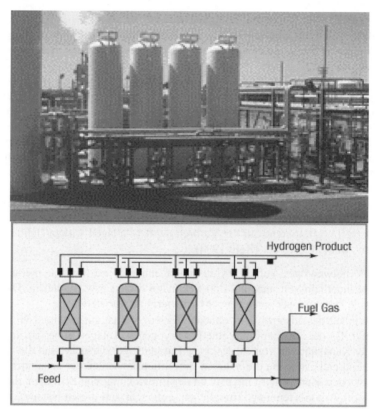

Abb. 6.14. Photo und Fließbild einer PSA-Anlage zur Wasserstoffaufbereitung (Air Products 1999)

Tabelle 6.10. Betriebsdaten von typischen Anlagen zur Rückgewinnung von hochreinem Wasserstoff aus Steam-Reformer-Abgas (Ruthven et al. 1994)

Betriebsdaten	
Druck Eduktstrom [bar]	20, 26
Zusammensetzung Eduktstrom	77 % H_2, 22,5 % CO_2, 0,5 % CO und CH_4,
Druck Abfallstrom [bar]	1,013
Zusammensetzung Abfallstrom	32 % H_2, 67 % CO_2, 1 % CO und CH_4,
Druck Produktstrom [bar]	19,24
Zusammensetzung Produktstrom [mol %]	99,9 % H_2, 0,1 % CO_2, CO und CH_4,
Ausbeute 4-Bett-Anlage [mol Produkt/mol Edukt]	0,66
Ausbeute (7-10)-Bett-Anlage [mol Produkt/mol Edukt]	0,85–0,9

Tabelle 6.11. Betriebsdaten einer Anlage zur Rückgewinnung von hochreinem Wasserstoff aus Kokerei-Abgas (v.Gemmingen 1993)

Betriebsdaten	
Druck Edukt [bar]	21
Mengenstrom Edukt [Nm³/h]	21.000
Temperatur Edukt [°C]	17
Zusammensetzung Edukt	58 % H_2, 25 % CH_4, 6,5 % CO, 5,5 % N_2, 1,7 % C_2H_4 1,6 % CO_2, 0,9 % O_2, 0,8 % C_2H_6
Druckstufen in der Anlage [bar]	21 / 10 / 5,2
Anzahl der Kolonnen	6
Ausbeute [%]	84 ± 2
Zusammensetzung Produkt	99,997 mol% H_2,
Verunreinigungen Produkt [Vppm]	O_2: 30 / N_2: 1 / CO: 0,1 / C_2H_4: <0,1 / CO_2: <0,1
Temperatur Produkt [°C]	23
Temperatur Abgas [°C]	10

In diesen Anlagen werden die Verunreinigungen an 5A-Zeolithen oder Aktivkohlen adsorbiert, während der Wasserstoff (mit einer Ausbeute von bis zu 92%) in der Gasphase verbleibt. Die Regeneration bzw. der Druckaufbau erfolgen mit einem Teilstrom des produzierten Reinstwasserstoffs. Der Reststrom aus nicht zurückgewonnenem Wasserstoff und den Verunreinigungen (in der Raffinerietechnik häufig Kohlenwasserstoffe und geringe Mengen an Stickstoff) wird verbrannt.

Tabelle 6.10 dokumentiert einige Daten einer typischen Anlage (Ruthven et al. 1994).

Daten einer zweiten Anlage veröffentlichte v.Gemmingen 1993. Sie sind in Tab. 6.11 aufgeführt.

Eine ausführliche Beispielrechnung für die Auslegung einer H_2-PSA-Rückgewinnung findet sich bei v.Gemmingen et al. 1996.

Ein Kostenvergleich zwischen PSA- und kryogenen Verfahren hängt entscheidend von den Randbedingungen (Produktreinheit, Rohgaszusammensetzung,...) ab. Als Hinweis mag dienen, dass die H_2-Gewinnung in der Regel über PSA-Verfahren, die CO_2-Gewinnung häufig kryogen erfolgt.

Neben diesen Wasserstoff-Aufbereitungsanlagen werden in der Raffinerietechnik eine Reihe von Isomeren-Trennungen adsorptiv durchgeführt. Während die n-Paraffine an Zeolithen adsorbiert werden, bleiben die Isomere in der Gasphase. Ausgenutzt wird hierbei in erster Linie der sterisch-kinetische Effekt (Abschn. 1.5.2). Bei Stoffen mit weniger als 10 C-Atomen werden VPSA-Verfahren eingesetzt, bei einer C-Atom-Zahl zwischen 10 und 18 Verdrängungsdesorptionen. Die erzielbaren Produktreinheiten liegen für die n-Paraffine im Bereich von 95% (Ruthven et al. 1994).

Einen weiteren Anwendungsfall stellen PSA-Adsorber im Bereich der Rückgewinnung von Lösungsmittel dar. Da die Temperaturtönung bei der Adsorption von Kohlenwasserstoffen aufgrund der hohen Adsorptionsenthalpien erheblich ist (s. Abschn. 3.1.5), sind PSA-Verfahren nicht das Verfahren der Wahl. Daher werden sie nur unter bestimmten Randbedingungen eingesetzt. Dies ist insbesondere bei temperaturempfindlichen Adsorptiven oder Dämpfen, die zur Polymerisation neigen (z.B. Styrol), und hohen Konzentrationen der Fall. Die zahlenmäßig größte Anwendung sind Abluftbehandlungsanlagen in Tanklagern und Abfüllstationen, wo die zu behandelnden Ströme 30–35% VOCs enthalten.

DOW Chemicals entwickelte für diese Aufgabenstellung den SORBATHENE®-Prozess (Petzolt 1997). Die Anlagen mit Kapazitäten von 35–5100 m³/h arbeiten bei einem Adsorptionsdruck von ca. 1 bar und je nach Adsorptiv mit Desorptionsdrücken zwischen 60 und 400 mbar. In den Adsorbern befinden sich Aktivkohlen oder Polymere.

Ein anderes Beispiel für Anlagen dieses Typs beschreibt Nitsche 1994. Er vergleicht eine einstufige Adsorberanlage mit einer zweistufigen (Grobreinigung im ersten, Feinreinigung bis Grenzwert TA Luft im zweiten Adsorber). Die Fließbilder der Anlagen sind in den Abb. 6.15 und 6.16 dargestellt, die entsprechenden Betriebsdaten (soweit veröffentlicht) sind in Tabelle 6.12 aufgeführt.

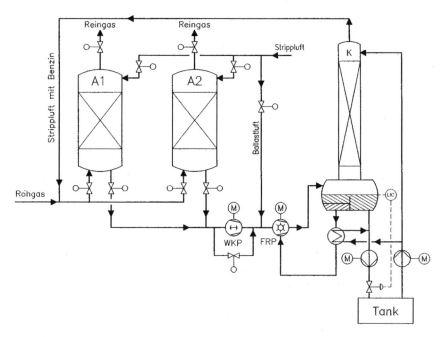

Abb. 6.15. Fließbild einer einstufigen PSA-Anlage zur Abluftreinigung in einem Tanklager (Nitsche 1994, 1995)

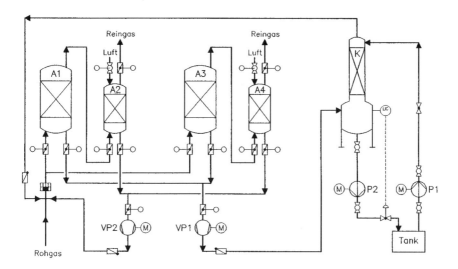

Abb. 6.16. Fließbild einer zweistufigen PSA-Anlage zur Abluftreinigung in einem Tanklager (Nitsche 1994, Nitsche 1995)

Tabelle 6.12. Ein- und zweistufige PSA-Anlagen zur Abluftreinigung in Tanklägern (Nitsche 1994, Nitsche 1995)

Anlagendaten	
Abluftmenge [m³/h]	550
Temperatur [°C]	20
VOC-Beladung der Abluft	
in [Vol.-%]	38
in [kg/m³]	0,8–1
Reinluftmenge [m³/h]	313,6
VOC-Beladung der Reinluft [mg/m³]	150
(entspricht Grenzwert TA Luft)	
Spezifischer Strombedarf [kWh/100 m³ Abluft]	
Einstufige Anlage:	30–45
Zweistufige Anlage:	15–18

Problematisch bei diesen Anlagen ist die hohe VOC-Konzentration in der Rohluft; d.h. am Eintritt in den Adsorber. Hier kann es erforderlich sein, durch Verdünnung oder vorherige Abreinigung (z.B. durch eine vorgeschaltete Membran) eine (genehmigungsfähige) Konzentration unterhalb von 50 % der unteren Explosionsgrenze einzustellen.

Neben den skizzierten großen PSA-Festbett-Anlagen gibt es eine Reihe von Einsatzgebieten für Anlagen im kleineren Maßstab. Ein Beispiel für eine kleine, transportable Anlage zur Aufbereitung von Abluft aus Tanklägern nach dem PSA-Verfahren zeigt Abb. 6.17.

Abb. 6.17. Transportable Adsorber-Anlage (Silica 1998)

Auch in der Medizintechnik werden zur Gewinnung von Sauerstoff Klein- und Kleinstanlagen betrieben. Diese sehr einfachen 2-Bett-Systeme sind durch eine hohe Betriebssicherheit bei einem hohen Energieverbrauch und geringer Ausbeute charakterisiert (Ruthven et al. 1994).

Adsorber mit Chemisorption

Die vierte große Klasse von Festbettadsorbern stellen chemisorptive Systeme dar. Ihre Hauptanwendungsfelder sind:

1. Abscheidung von Dioxinen und Furanen aus dem Abgas von Müllverbrennungsanlagen
2. Entfernung von Quecksilber aus dem Abgas von Müllverbrennungsanlagen
3. Entfernung von Quecksilber aus Erdgas
4. Entfernung von H_2S aus dem Gas vor Reformeröfen
5. Abscheidung von SO_2 aus Abgasen

Die wichtigste Anwendung stellen „Polizeifilter" als letzte Stufe in Verbrennungsanlagen dar. Diese dienen im Wesentlichen der Entfernung von polychlorierten Dioxinen und Furanen sowie elementarem Quecksilber, das in den vorgeschalteten Wäschern nicht abgeschieden bzw. nach folgender Reaktionsgleichung gebildet wird (Klose u. Fell 1998):

$$H_2SO_3 + H_2O + 2HgCl_2 \rightarrow Hg_2Cl_2 + H_2SO_4 + 2HCl$$
$$Hg_2Cl_2 \rightarrow Hg + HgCl_2$$

Um dieses elementare Quecksilber (oder das Quecksilberchlorid) aus dem Abgas bis unter die sehr niedrigen Grenzwerte (je nach Anlagentyp 50–200 µg/m³) zu entfernen, werden eine Reihe von dotierten Adsorbentien eingesetzt. Im Einzelnen handelt es sich um (Henning et al. 1987, Herden u. Roth 2000; Weisweiler u. Gege 2001):

- Kohlenstoffhaltige Adsorbentien, die mit Na_2S, Na_2S_X, Ag, Au, Metallchloriden oder Kaliumjodid imprägniert sind
- Kieselsäurehaltige Adsorbentien, die mit Na_2S, CuS, FeS oder $KMnO_4$ imprägniert sind
- Zeolithe, die mit Silber- und Kupfersalzen oder elementarem Schwefel imprägniert sind
- Keramische Trägermaterialien, die mit Metallen wie Silber, Gold, Platin, Kupfer, etc. beschichtet sind.

Die Dotierungen schlagen das Quecksilber auf zwei Arten nieder; entweder wird es über Amalgambildung oder die Fällung von Quecksilbersulfid bzw. -jodid aus dem Gasstrom entfernt (Henning et al. 1987, Herden u. Roth 2000).

Da bei Verwendung von reinen Aktivkohlen/-koksen Probleme mit Hot-Spots/Adsorberbränden und Versottung/Korrosion auftreten (s. Kap. 2), werden in großtechnischen Anlagen modifizierte Aktivkohle-Inertmaterial-Mischungen verwendet. Ein typisches Beispiel zeigt Tabelle 6.13 (Bandel u. Klose 1999).

Eine Alternative hierzu sind mit Schwefel imprägnierte Zeolithe, die zwar in der Anschaffung teurer sind, jedoch in Spezialanlagen zur Behandlung quecksilberhaltiger Stoffe mehrfach regeneriert werden können (Petzoldt 1995).

Ein typisches Beispiel für eine solche Anlage zeigt Abb. 6.18 (Lurgi 1999).

Tabelle 6.13. Adsorbensmischung für die Chemisorption von elementarem Quecksilber (Bandel u. Klose 1999)

Komponente	Zusammensetzung
Zusammensetzung des Inertmaterials	71,7 % SiO_2, 12,3 % Al_2O_3, 4,4 % K_2O, 3,6 % Na_2O, 2,0 % Fe_2O_3, 0,7 % CaO, 0,2 % MgO
Adsorbens	Imprägnierte Aktivkohle 10 % S, 90 % C
Mischung 1	70 % Inertmaterial, 30 % Adsorbens
Mischung 2	50 % Inertmaterial, 50 % Adsorbens

Abb. 6.18. Anlage zur Chemisorption von Quecksilber, Dioxinen und Furanen in einer Klärschlammverbrennungsanlage (Lurgi 1999)

Die Betriebsdaten dieser Anlage können Tabelle 6.14 entnommen werden (Lurgi 1999; Petzoldt u. Fell 1994; Petzoldt u. Poetsch 1994).

Zwei weitere Anlagen dokumentieren Henning et al. 1987. In diesen Systemen werden mit Schwefel imprägnierte Aktivkohlen eingesetzt. Tabelle 6.15 zeigt die veröffentlichten Daten.

Tabelle 6.14. Daten der Klärschlammverbrennungsanlage in Dordrecht/NL (Lurgi 1999; te Mervelde et al. 1998; Petzoldt u. Fell 1994; Petzoldt u. Poetsch 1994)

Anlagendaten	Wert
Volumenstrom Rohgas [m^3/h]	3 Stränge mit jeweils 18.500
Temperatur Rohgas [°C]	75
Relative Feuchte im Rohgas	< 85–90 %
Staubgehalt im Rohgas [mg/m^3]	< 10
Quecksilbergehalt im Rohgas [µg/m^3]	300–1000
Dioxingehalt im Rohgas [ng/m^3]	< 20
Einzuhaltende Grenzwerte:	
für Quecksilber [µg/m^3]	< 50
für Dioxin [ng/m^3]	< 0,1
Quecksilbergehalt im Reingas [µg/m^3]	10–30
Dioxingehalt im Reingas [ng/m^3]	< 0,1
Anzahl Adsorber	3
Durchmesser Adsorber [m]	3,6
Höhe Adsorber [m]	9,6

Tabelle 6.15. Daten von zwei Anlagen zur chemisorptiven Quecksilberabscheidung (Henning et al. 1987)

Anlagendaten	Anlage 1	Anlage 2
Abgasmenge [m^3/h]	1.000	10.000
Quecksilbergehalt [mg/m^3]	2,5	2,5
Reinigungsleistung der Adsorber [%]	99	90
Standzeit der Adsorber [h]	8.000	8.000
Anströmfläche der Adsorber [m²]	1	9
Schichthöhe des Adsorbens [m]	0,5	0,4
Adsorptionsmittelbedarf [m^3/Jahr]	0,5	3,6

Tabelle 6.16. Daten einer Anlage zur chemisorptiven SO_2-Abscheidung (Lurgi 1993)

Anlagendaten	
Abgasmenge [Nm³/h]	112.500
relevante Komponenten im Abgas	13 Vol.% O_2, 35 Vol.% H_2O, 0,17 Vol.% SO_2
Schadstoffgehalt des Reingases	0,02 Vol.% SO_2
Anzahl der Adsorber	6
Durchmesser der Adsorber [m]	4,3
Länge der Adsorber [m]	11,5
Werkstoffe	Stahl, innen gummiert säurefeste Keramik

Probleme treten in diesen Anlagen immer wieder durch Störstoffe wie VOCs, die das Quecksilber umhüllen, auf. Der abschirmende Film verhindert die Bildung des Quecksilbersulfids und somit eine effiziente Abscheidung des Quecksilbers.

Ein weiteres chemisorptives Verfahren wird industriell zur Abscheidung von SO_2 genutzt. Es läuft im Wesentlichen in vier Stufen ab:

1. In der ersten Stufe werden H_2O, SO_2 und O_2 an Aktivkohle adsorbiert.
2. An der Aktivkohle findet anschließend eine zweistufige katalytische Reaktion zu Schwefelsäure statt, die folgenden Reaktionsgleichungen folgt:

$$2\,SO_2 + O_2 \leftrightarrow 2\,SO_3$$

$$SO_3 + H_2O \leftrightarrow H_2SO_4$$

3. Durch Besprühen des Festbetts mit Wasser wird die gebildete Schwefelsäure verdünnt und aus dem Bett ausgewaschen.
4. Die verdünnte Schwefelsäure wird am Boden des Festbetts abgezogen.

Tab. 6.16 liefert Betriebsdaten einer Anlage aus Calais/Frankreich (Lurgi 1993).

Neben den in diesem Abschnitt beschriebenen Festbettsystemen werden Wanderbett- und Flugstromadsorber zur Chemisorption eingesetzt (s. Abschn. 6.2.3 und 6.2.4).

Simulation von Festbettadsorbern

Die computergestützte Simulation von Festbettadsorbern ist in einer Vielzahl von wissenschaftlichen und industriellen Arbeiten durchgeführt worden und als Stand des Wissens zu bewerten (z.B. AspenTech 2001, Gromes 1995, Hand 2000, Otten 1989, Scholl 1991, Steinweg 1995). Die Grundlage für die Simulation der Adsorptionsphase bilden die in Kap. 4 beschriebenen Differentialgleichungen. Für die Temperaturwechseldesorption können bei Verwendung eines inerten Spülgases dieselben Gleichungen verwendet werden (Bathen 1998, Schork u. Fair 1988). Wird Wasserdampf als Spülmedium eingesetzt, ist das Gleichungssystem um die Kondensation/Adsorption des Wassers zu erweitern (Erpelding 1996, Schweiger 1995, Zumkeller 1996). Druckwechselprozesse erfordern alternative Gleichungssysteme, wie sie in Abschn. 5.2.1 oder bei Hofmann et al. 1998, Löhr 1994 und Ruthven et al. 1994 dokumentiert sind.

Fazit

Die weite Verbreitung der Festbett-Anlagen beruht im Wesentlichen auf dem einfachen Aufbau dieser Anlagen. Da die Schüttung nicht bewegt wird, entfallen komplexe Schleusensysteme oder Einbauten und es treten keine Probleme mit Abrieb o.ä. auf. Zudem muss kein Feststoffstrom dosiert und auf die aktuelle Abluftmenge abgestimmt werden. Diese Faktoren erleichtern einerseits die Auslegung, andererseits den Betrieb der Anlagen erheblich.
Dennoch haben diese Anlagen auch Nachteile:

1. Die Effizienz ist relativ gering, da die eigentliche Adsorption (zumindest bei TSA-Prozessen) nur in einer relativ kleinen Zone, der sogenannten Massentransferzone stattfindet. Der Rest der Schüttung ist entweder schon vollständig beladen oder noch (fast) vollständig unbeladen; d.h. nimmt an dem gewünschten Prozess nicht teil, verursacht aber den überwiegenden Teil der (teuren) Druckverluste. Dies spielt insbesondere bei großen Mengenströmen eine Rolle.
2. Das diskontinuierliche Aufheizen/Abkühlen für die Regeneration kostet bei TSA-Adsorbern viel Energie, wobei ein Großteil dieser Energie in unerwünschte Effekte (Aufheizen der gesamten Schüttung und des Behälters) gesteckt wird. Kleinere kontinuierlich arbeitende Systeme speichern weniger Energie und arbeiten deshalb kostengünstiger.
3. Kontinuierliche Prozesse können mit Festbetten nicht realisiert werden; es handelt sich immer um quasikontinuierliche Prozesse durch Umtakten zwischen mehreren parallelen Adsorbern.

Zusammenfassend lässt sich sagen, dass es sich bei Festbett-Adsorbern um die „gutmütigen Arbeitspferde" der Adsorptionstechnik handelt, die auch zukünftig in vielen Anwendungen Standard bleiben werden. Für spezielle Anwendungen wurden in den letzten beiden Jahrzehnten komplexere Systeme entwickelt, die im Folgenden beschrieben werden.

6.2.2 Rotor-Systeme

Will man die Adsorption in einem kontinuierlichen Verfahren ohne Taktung und mit höherer Effizienz durchführen, bleiben prinzipiell zwei Möglichkeiten:
1. Bewegung der Schüttung (s. Abschn. 6.2.3)
2. Bewegung des kompletten Adsorbers

Die zweite Möglichkeit lässt sich technisch über Rotorsysteme realisieren. Die Möglichkeiten und Grenzen dieser Apparate stehen im Mittelpunkt des folgenden Abschnitts.

Prinzip und Funktionsweise

Rotorsysteme ermöglichen einen kontinuierlichen Adsorptionsprozess, indem ein zylinderförmiges Festbett durch drei Zonen, in denen die verfahrenstechnischen Schritte:

- Adsorption
- Desorption
- Kühlung

ablaufen, bewegt wird. Abb. 6.19 zeigt ein typisches System.

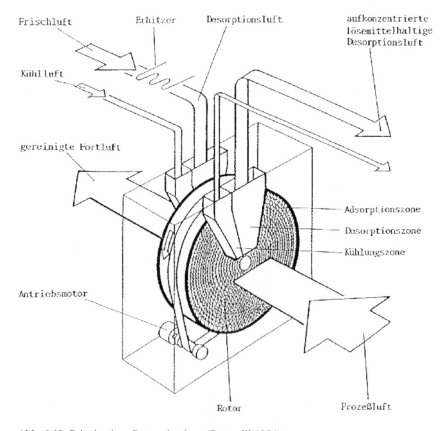

Abb. 6.19. Prinzip eines Rotoradsorbers (Rotamill 1994)

Die Teilung des Rotors liegt üblicherweise in der Größenordnung von (Adsorption : Desorption : Kühlung) = 4:1:1, d.h. Winkeln von 240° für die Adsorption (Thißen 1992; Nichias Corp. 1995); in Ausnahmefällen werden Adsorptionswinkel von 280° bis 300° erreicht (Hug 1990; Konrad 1990). In der Regel werden Desorptions- und Kühlzone gleich groß dimensioniert, in einigen Fällen werden Verhältnisse bis zu 2:1 (Kühlzone : Desorptionszone) berichtet (Konrad 1990; Nichias Corp. 1995).

Die Rotation läuft sehr langsam ab, da die Taktung i.d.R. von der für die Desorption benötigten (langen) Aufheizzeit bestimmt wird (Konrad u. Eigenberger; 1994). Typische Rotationsgeschwindigkeiten liegen im Bereich zwischen 1 und 5 Umdrehungen pro Stunde. Die Drehzahl ist ein wesentlicher Optimierungsparameter, da sie großen Einfluss auf den Prozess hat. Ist sie zu hoch, wird der Rotor unvollständig regeneriert; ist sie zu gering, verbleibt das entsprechende Segment trotz vorhergehender vollständiger Regeneration zu lange in der Adsorptionszone („Überfahren"). In beiden Fällen bricht die Adsorptionsfront durch den Adsorber durch, so dass die einzuhaltenden Grenzwerte auf der Reinluftseite überschritten werden. Eine detaillierte Analyse dieser Effekte findet sich in Kodama et al. 1994, 1995; Konrad u. Eigenberger 1994 sowie Thißen 1992.

Neben der in Abb. 6.19 gezeigten Variante eines stehenden Rotors existieren eine Reihe von weiteren Bautypen. Industriell eingesetzt werden:

1. Liegende Rotoren mit Segmenten, die mit Adsorbens-Schüttungen (Zeolithe, Silicagele und Aktivkohlen) befüllt werden (Hug 1990),
2. stehende und liegende Rotoren mit Strukturen aus keramischem Fasermaterial, das mit Zeolithen beschichtet ist (Thißen 1992) und
3. stehende und liegende Rotoren aus Kohlefaser-Papier, das zu rotations-symmetrischen Strukturen gewickelt wird (Blanco et al. 1997; Dürr 1986).

Die strukturierten Packungen (2. und 3.) werden auf Grund des (Bienen-)wabenförmigen Aufbaus in der Literatur häufig als „Honeycomb"-Rotoren bezeichnet (Blanco et al. 1997; Tauscher et al. 1999; Thißen 1992.

Die Baugrößen variieren zwischen 30 cm und bis zu 4 m im Durchmesser. Die Rotortiefe liegt in der Größenordnung der Massentransferzone eines Festbettadsorbers; sie befindet sich i.d.R. im Bereich unter 1 m; typische Werte sind 60 cm für große Rotoren und 10 cm für Kleinsysteme.

Aufgrund der geringen Bautiefe ist die im Rotor gespeicherte Adsorptivmenge gering, was zu einer Reduzierung der Gefahr von Adsorberbränden (s. Kap. 2) führt. Andererseits reagieren Rotoradsorber jedoch empfindlich auf schwankende Konzentrationen in der Zuluft; als Glättungsfilter werden daher vor Rotorsysteme einfache Aktivkohlefilter geschaltet, die Konzentrationsspitzen abfangen (Hug 1990). Gleichzeitig werden in diesen Vorfiltern Schwersieder zurückgehalten, die zu einer Verblockung der (teuren) Rotoren führen (Konrad u. Eigenberger 1994, Krumm 1999). Je nach Staubgehalt sind zusätzliche Staubfilter erforderlich (Krumm 1999).

Neben dieser Empfindlichkeit führt die geringe Tiefe auch zu einer Einschränkung des Einsatzbereichs. Rotorsysteme sind für hochbelastete Ströme nicht geeignet, sondern werden typischerweise für große Abluftströme (wegen geringer

Druckverluste) mit geringen Verunreinigungen (< 5 g/m³) eingesetzt. Ihre primäre Aufgabe ist nicht die komplette Aufbereitung der Abluft, sondern die Aufkonzentrierung der Schadstoffe in einer kleineren Luftmenge. Hierzu wird ein Teil der Reinluft erhitzt und als Desorptionsgas verwendet. Die Desorptionstemperaturen liegen i.d.R. in der Größenordnung von 120°C–140°C (Blanco et al. 1997; Hug 1990; Krumm 1999; Thißen 1992). Das Verhältnis zwischen Desorptionsluft und aufzubereitender Abluft beträgt üblicherweise 1:10–1:20 (Hug 1990; Konrad u. Eigenberger 1994; Nichias Corp. 1995), kann aber bei schlecht adsorbierenden Systemen auf Werte unter 1:5 zurückgehen (Krumm 1999).

Industriebeispiele

Rotoradsorber sind in der Regel Teil einer mehrstufigen Anlage zur Behandlung eines Abluftstroms. Der durch den Einsatz der Rotoren verkleinerte schadstoffhaltige Strom wird einer Nachbehandlungseinheit zugeführt. Abb. 6.20 zeigt ein Beispiel für ein Rotorsystem mit Kondensation und Lösungsmittelrückgewinnung (Eisenmann 1999).

Häufiger dient der Rotor jedoch der Aufkonzentrierung eines Abluftstroms, der thermisch behandelt, d.h. verbrannt werden soll. Ein solches System rechnet sich, wenn die zusätzlichen Investitions- und Betriebskosten für den Rotor durch eine Reduzierung der Brennkammergröße und eine Verringerung des Brennstoffbedarfs (in der Regel Stützfeuerung durch Erdgas oder andere Brennstoffe) amortisiert werden. Abbildung 6.21 zeigt die Prinzipskizze einer solchen Anlage (Eisenmann 1999).

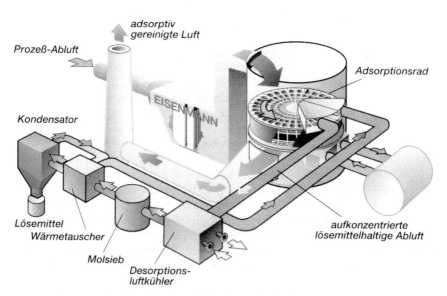

Abb. 6.20. Rotorsystem mit Lösungsmittelrückgewinnung/Kondensation (Eisenmann 1999)

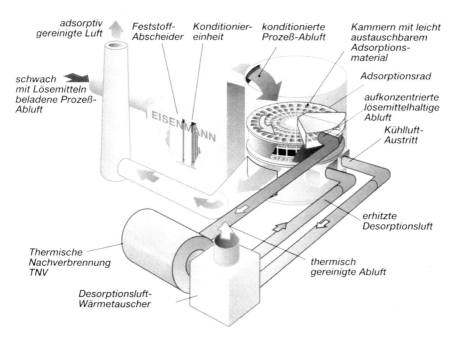

Abb. 6.21. Rotoradsorber mit nachgeschalteter Verbrennung (Eisenmann 1999)

Die nachfolgenden drei Tabellen (Tabelle 6.17–6.19) liefern Betriebsdaten von drei typischen Anlagen, die aus einem Rotorsystem mit nachgeschalteter Verbrennung bestehen. Sie unterscheiden sich in der Adsorbierbarkeit der Adsorptive. Im Einzelnen enthalten sie Betriebsdaten für Anlagen mit:

- Gut adsorbierbaren Adsorptiven (Tabelle 6.17)
- Schlecht adsorbierbaren Adsorptiven (Tabelle 6.18)
- Gut und schlecht adsorbierbaren Adsorptiven (Tabelle 6.19)

Tabelle 6.17. Betriebsdaten einer Rotor-Anlage für gut adsorbierbare Stoffe (Rotamill 1994)

Technische Daten der Abluft	
Luftmenge [Nm³/h]	31.000
Temperatur [°C]	25
Staubgehalt [mg/Nm³]	< 2
Relative Feuchte [%]	max. 80
Lösungsmittelkonzentration [mg/Nm³]	
Mittelwert	663
Minimalwert	500
Maximalwert	750
Lösungsmittelzusammensetzung	38 % Toluol
	38 % Xylol
	12 % Butylacetat
	6 % Ethylacetat
	6 % Methyl-Ethyl-Keton
Technische Daten der Anlage	
Abluftmenge [Nm³/h]	31.000
Desorptionsluftmenge [Nm³/h]	2.600
Aufkonzentrierung	1 : 12
Desorptionstemperatur [°C]	120
Lösungsmittelkonzentration in der Abluft [mg/Nm³]	500–750
Desorptionsluft [mg/Nm³]	bis 7800
Reinluft [mg/Nm³]	< 75

Tabelle 6.18. Betriebsdaten einer Rotor-Anlage für schlecht adsorbierbare Stoffe (Krumm 1999)

Technische Daten der Abluft	
Luftmenge [Nm³/h]	24.000
Temperatur [°C]	25
Staubgehalt [mg/Nm³]	< 2
Relative Feuchte [%]	max. 60
Lösungsmittelkonzentration [mg/Nm³]	
Mittelwert	670
Minimalwert	350
Maximalwert	900
Lösungsmittelzusammensetzung	96 % Aceton
	3 % Ethylacetat
	1 % Methyl-Ethyl-Keton
Technische Daten der Anlage	
Abluftmenge [Nm³/h]	24.000
Desorptionsluftmenge [Nm³/h]	5.000
davon im Kreislauf	3.000
davon Frischluft	2.000
Aufkonzentrierung	1 : 12
Desorptionstemperatur [°C]	120
Lösungsmittelkonzentration in der Abluft [mg/Nm³]	350–900
Desorptionsluft [mg/Nm³]	bis 7600
Reinluft [mg/Nm³]	< 50

Tabelle 6.19. Betriebsdaten einer Rotor-Anlage für gut und schwer adsorbierbare Stoffe (Krumm 1999)

Technische Daten der Abluft	
Luftmenge [Nm³/h]	5.000
Temperatur [°C]	15
Staubgehalt [mg/Nm³]	< 1
Relative Feuchte [%]	max. 99
Lösungsmittelkonzentration [mg/Nm³]	
Mittelwert	260
Minimalwert	0
Maximalwert	520
Lösungsmittelzusammensetzung	15 % 1.1.1-Trichlorethan
	15 % 1.2-Dichlorethen
	25 % Perchlorethen
	30 % Trichlorethen
	5 % Benzol
	5 % Toluol
	5 % Xylol
Technische Daten der Anlage	
Abluftmenge [Nm³/h]	5.000
Desorptionsluftmenge [Nm³/h]	500
Aufkonzentrierung	1 : 10
Desorptionstemperatur [°C]	120
Lösungsmittelkonzentration in der	
Abluft [mg/Nm³]	0–520
Desorptionsluft [mg/Nm³]	bis 4900
Reinluft [mg/Nm³]	< 25

Aufgrund der geringen Baugröße der Rotoradsorber lassen sich diese auch in ein Komplettmodul mit der Brennkammer integrieren, wie Abb. 6.22 zeigt (GEC Alsthom 1996).

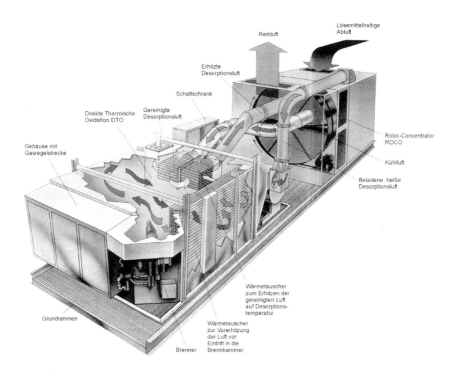

Abb. 6.22. Rotor-Adsorber mit integrierter Brennkammer (GEC Alsthom 1996)

Eine zweite weit verbreitete Anwendung finden Rotoren in der Trocknungstechnik. Hier dienen sie zur Entfeuchtung von Raumluft z.B. in Bibliotheken, auf Baustellen oder in elektrischen Anlagen. Eingesetzt werden hauptsächlich beschichtete Rotoren, wobei als Trocknungsmittel Lithiumchlorid, Silicagele und Zeolithe zum Einsatz kommen (Hirose u. Kuma 1995; Engelhard 1999; Munters 1996; Röben 1991).

Neben diesen beiden etablierten Anwendungen in der Umwelttechnik werden in letzter Zeit neue Arbeitsgebiete für Rotorsysteme erforscht. Babich et al. 2001 untersuchen z.B. die Trennung von n- und iso-Paraffinen in einem 4-Zonen-Rotor, der mit 5A-Zeolithen gefüllt ist. Zusätzlich zu den 3 Zonen industrieller Rotoren benötigen sie eine weitere Spülzone für die Verdrängung unerwünschter Komponenten aus den Zwischenkornvolumina, um die geforderten Produktreinheiten zu erzielen.

Simulation von Rotoradsorbern

Die Simulation von Rotoradsorbern ist komplexer als die Berechnung von Festbettadsorbern, da einerseits durch die Rotation ein zusätzlicher Freiheitsgrad eingeführt und andererseits Adsorption, Desorption und Kühlung gleichzeitig in einem System gekoppelt stattfinden.

Eine Möglichkeit, diese Problematik mathematisch zu beschreiben, stellt der Ansatz von Konrad u. Eigenberger 1994 dar. Sie ersetzen den Rotor durch eine Zusammenschaltung mehrerer kleiner Festbettadsorber, die jeweils von Adsorption zu Desorption und Kühlung weitergetaktet werden (Abb. 6.23).

Für eine Taktung von 8 Segmenten Adsorption, 1 Segment Desorption und 1 Segment Kühlung ergeben die Simulationen die in Abb. 6.24 dargestellten Konzentrations-, Beladungs- und Temperaturverläufe am Ende der Taktzeit.

Man erkennt die vollständige Rückhaltung des Adsorptivs in der Adsorptionszone bis zur Konzentration 0 am Austritt aus dem Adsorber in allen 8 Adsorptions-Segmenten. Die Desorption, die im Gegenstrom zur Adsorption durchgeführt wird, ist unvollständig, so dass während der Kühlung eine geringe Nachdesorption zu beobachten ist.

Die Ergebnisse der Simulationen von Rotorsystemen liefern häufig zu positive Einschätzungen über die Effektivität dieser Apparate. Dies kann im Wesentlichen auf zwei Effekte zurückgeführt werden, die durch Simulationen nur schwer erfasst werden können:

- Unvollständige Abdichtung der Segmente in den einzelnen Zonen, die zur Vermischung von Reinluft, Desorbat und Kühlluft führt.
- Ungleichmäßige Strömungsverteilung in der Adsorbens-Schüttung/ -Wabenstruktur, aus der Kurzschlussströmungen resultieren.

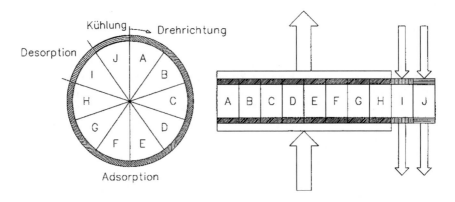

Abb. 6.23. Simulations-Modell eines Rotoradsorbers (Konrad u. Eigenberger 1994)

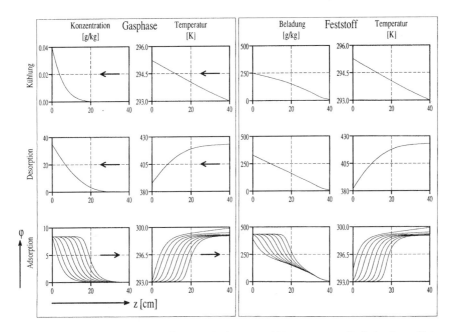

Abb. 6.24. Simulierte Konzentrations-, Beladungs- und Temperaturverläufe in einem Rotoradsorber. Die Pfeile geben die jeweilige Strömungsrichtung an (Konrad u. Eigenberger 1994)

Weitere Simulationsrechnungen insbesondere zu komplexeren Verschaltungen (u.a. mit Wärmeintegration) von Rotoradsorbern finden sich in Konrad 1993. Den Einfluss verschiedener Wabenstrukturen auf die Stoff- und Energietransportprozesse simulierten Tauscher et al. 1999.

Fazit

Zusammenfassend lässt sich festhalten, dass Rotoradsorber für große Abluftströme mit geringen Adsorptiv-Beladungen eine interessante, technisch ausgereifte Alternative zu Festbett-Adsorbern darstellen. Insbesondere als aufkonzentrierende Vorstufe vor Kondensatoren und Brennkammern sind sie aufgrund der geringen Druckverluste und der hohen Aufkonzentrierung geeignet.

6.2.3 Wander-/Wirbelbett-Adsorber

Eine Alternative zu den Rotoradsorbern stellen bewegte Betten, je nach Ausführung als Wirbel- oder Wanderbett bzw. Flugstromadsorber bezeichnet, dar. Hierbei wird die Abluft im Gegenstrom oder Querstrom zum bewegten Adsorbens geführt. Die Hauptanwendungsgebiete sind die Lösungsmittelrückgewinnung und

224   6 Industrielle Gasphasen-Adsorptions-Prozesse

die Abluftbehandlung in Verbrennungsanlagen. Während die Lösungsmittel-Adsorber ausnahmslos über TSA-Prozesse (s. Abschn. 5.2.2) regeneriert werden, handelt es sich in den Verbrennungsanlagen häufig um nicht-regenerierbare Systeme. In der Regel wird das beladene Adsorbens in den (vorhandenen) Verbrennungsanlagen verfeuert oder als Sondermüll deponiert; in Ausnahmefällen werden die Adsorbentien bei hohen Temperaturen oder durch chemische Reaktionen reaktiviert (Schultes 1996).

Wander-/Wirbelbetten zur Lösungsmittelrückgewinnung

Industriell realisiert wird u.a. ein Kombinationsverfahren aus Wirbel- und Wanderbett. Hierbei wird die Adsorption in einem Wirbel- und die Desorption/Kühlung in einem Wanderbett durchgeführt. Abbildung 6.25 zeigt eine entsprechende Anlage zur Lösungsmittelrückgewinnung (Lurgi 1996).

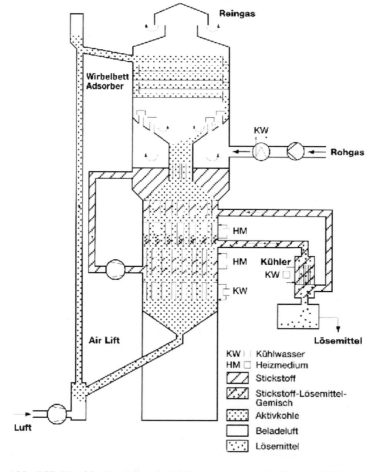

Abb. 6.25. Kombination Wirbelbett-Wanderbett-Adsorber (Lurgi 1996)

Das Adsorbens wird auf eine mehrstufige Wirbelschicht aufgegeben, in der es mit der Abluft in Kontakt tritt und das Lösungsmittel adsorbiert. Nachdem es die Stufen heruntergerieselt ist, wird es über ein Schleusensystem der Desorptionszone, die als Wanderbett ausgeführt ist, zugeführt. Hier wird es erwärmt und das Lösungsmittel desorbiert. Das aufbereitete Adsorbens wird schließlich am unteren Ende der Desorptionszone abgekühlt, pneumatisch an den Kopf des Apparats zurück gefördert und erneut auf die Wirbelschicht aufgegeben.

Abbildung 6.26 zeigt ein Photo dieser Anlage (Lurgi 1996).

Abb. 6.26. Kombination Wirbelbett-Wanderbett-Adsorber (Lurgi 1996)

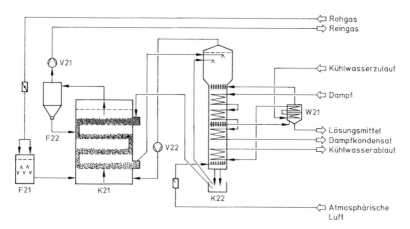

Abb. 6.27. Zweistufiges Wirbelbett-Wanderbett-Verfahren (Plinke 1995)

Alternativ dazu kann man den Apparat auch zweistufig ausführen. Abbildung 6.27 zeigt ein entsprechendes Verfahren, bei dem Adsorption und Desorption/Kühlung in zwei getrennten Baugruppen durchgeführt werden (Plinke 1995).

Weitere Varianten dieses Verfahrensprinzips werden in Larsen und Pilat 1991 sowie Biedell 1996 beschrieben. Zu beachten sind bei allen Verfahrensvarianten folgende Besonderheiten:

- Das Adsorbens wird durch die ständige Bewegung stark belastet. Diese Verfahren eignen sich daher nur für besonders abriebfeste Adsorbentien, d.h. spezielle Aktivkohlen und Adsorberharze.
- Die Schleusensysteme und Einbauten machen diese Verfahren anfällig für Verbackungen u.ä., so dass auch hier auf entsprechende Adsorbentien und evtl. eine Vorkonditionierung der Abluft (Entfeuchtung) zu achten ist.

1991 waren ca. 40 Anlagen dieses Typs in den USA und Japan in Betrieb. Mit ihnen werden Abluftströme zwischen 8.000 und 150.000 m³/h, die mit Toluol, Ketonen, Alkoholen, Dichlormethan und Tetrahydrofuran beladen sind, behandelt (Müller u. Ulrich 1991).

Wander-/Wirbelbetten in Verbrennungsanlagen

Weite Verbreitung finden reine Wanderbett-Verfahren in der Abgasaufbereitung von Müllverbrennungsanlagen. In den Abgasen dieser Anlagen sind (extrem niedrige) Grenzwerte von 0,1 ng TE/m³ für chlorierte Kohlenwasserstoffe (PCDD/F) und von 30 µg/m³ Quecksilber einzuhalten (Herden u. Roth 2000).

Da das Adsorbens nur einmal eingesetzt und nicht regeneriert wird, verwendet man i.d.R. eine billige Aktivkohle/-koks-Qualität, die nach erfolgter Beladung der (ohnehin vorhandenen) Verbrennung zugeführt oder deponiert wird (Herden u. Roth 2000; Jeseke et al. 2000). Probleme mit Abrieb oder Einbauten zur Desorption spielen somit keine Rolle mehr. Abbildung 6.28 zeigt eine entsprechende Anlage in der Variante als Gegenstromadsorber (Wagner et al. 1997).

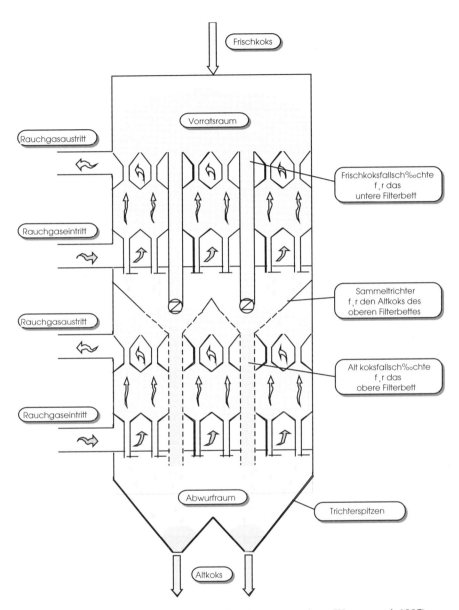

Abb. 6.28. Gegenstromadsorber in einer Müllverbrennungsanlage (Wagner et al. 1997)

Bei dem abgebildeten System handelt es sich um einen Gegenstromadsorber in zweistufiger Bauweise. Der frische Aktivkoks wird aus einem oberhalb liegenden Bunker in die beiden getrennten Filterbetten gegeben und fließt nach unten. Die in mehrere parallel geschaltete Segmente unterteilten Betten werden jeweils von unten im Gegenstrom zum herabrieselnden Adsorbens von der zu reinigenden Abluft durchströmt. Der beladene Koks wird im Abwurfraum am Boden gesammelt und der Verbrennung zugeführt. Um Baukosten für einen zweiten Bunker zu sparen, wurden in der skizzierten Anlage zwei Filterbetten übereinander angeordnet. Es handelt sich somit nicht um eine Reihenschaltung, sondern um eine Parallelschaltung der Filterbetten (man beachte die Stromführung!).

Alternativ hierzu finden Querstromapparate Verwendung (Abb. 6.29).

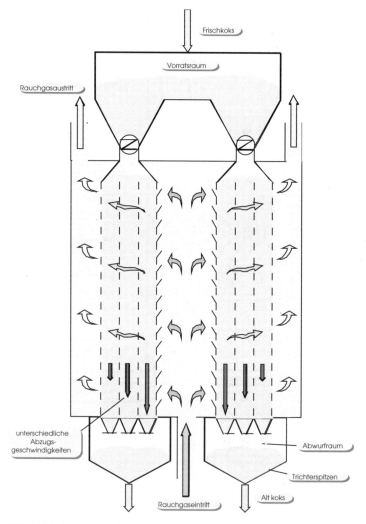

Abb. 6.29. Querstromadsorber in einer Müllverbrennungsanlage (Wagner et al. 1997)

In dem dargestellten Adsorber strömt das Abgas durch Lochplatten quer zu dem in den Silos herabrieselnden Aktivkoks. Da die den Lochplatten zugewandte Schicht höher beladen wird, muss sie schneller herabrieseln, was durch unterschiedliche Abzugsgeschwindigkeiten am Boden des Silos realisiert wird. Typische Betriebsdaten eines solchen Systems sind in Tabelle 6.20 dokumentiert (Fraunhofer UMSICHT 2001).

Tabelle 6.20. Typische Betriebsdaten eines Kreuzstrom-Adsorbers (Fraunhofer UMSICHT 2001)

Betriebsdaten	
Rauchgas (Mittelwerte)	
Volumenstrom [m^3/h]	130.000
Temperatur [°C]	100–120
Staubgehalt [mg/m^3]	5
HCl [mg/m^3]	6
HF [mg/m^3]	0,5
SO$_X$ als SO$_2$ [mg/m^3]	9
NO$_X$ als NO$_2$ [mg/m^3]	45
Hg [mg/m^3]	0,05
Cd [mg/m^3]	0,03
PCDD in TE [ng/m^3 i.tr.]	0,1
Reingas (Mittelwerte)	
Staubgehalt [mg/m^3]	3
HCl [mg/m^3]	2
HF [mg/m^3]	0,05
SO$_X$ als SO$_2$ [mg/m^3]	1
NO$_X$ als NO$_2$ [mg/m^3]	45
Hg [mg/m^3]	0,002
Cd [mg/m^3]	0,002
PCDD in TE [ng/m^3 i.tr.]	0,02
Adsorber	
Füllvolumen Adsorbens [m^3]	310
Adsorbens	Herdofenkoks
Schüttgewicht [kg/m^3]	450
Dimensionen der Einhausung	
Länge [m]	6
Breite [m]	10
Höhe [m]	15
Anzahl der Adsorberschichten	4
Dimensionen einer Adsorberschicht	
Länge [m]	6
Breite [m]	1
Höhe [m]	13

TE Toxizitätsäquivalent

Eine weitere Anwendung finden Wanderbett-Adsorber in der Behandlung SO_2-haltiger Abgase. Das Grundprinzip dieses chemisorptiven Verfahrens ähnelt dem in Abschn. 6.2.1 diskutierten Festbett-Verfahren. Es läuft im wesentlichen in drei Stufen ab (Schultes 1996; Cornel u. Menig 1991):

1. Zunächst werden H_2O, SO_2 und O_2 an Aktivkoks oder Aktivkohle adsorbiert.
2. An der Aktivkohle findet anschließend eine zweistufige katalytische Reaktion zu Schwefelsäure statt, die folgenden Reaktionsgleichungen folgt:

$$2\,SO_2 + O_2 \leftrightarrow 2\,SO_3$$
$$SO_3 + H_2O \leftrightarrow H_2SO_4$$

3. Die entstandene Schwefelsäure wird in einer kombinierten chemisch-thermischen Desorption aus dem Adsorbens entfernt.

Apparativ wurde dieses Prinzip in zwei Verfahren kommerziell umgesetzt (Schultes 1996; Cornel u. Menig 1991):

- BF-Verfahren (Krupp-Uhde GmbH)
- Sulfocarbon-Verfahren (Lurgi GmbH)

Beim BF-Verfahren (BF=Bergbau-Forschung) wird das Adsorbens in einem Wanderbettadsorber durch das radial im Kreuzstrom geführte Abgas mit den Adsorptiven beladen. Anschließend wird das beladene Adsorbens in einen separaten Desorber gefördert und dort mit einem heißen Sand vermischt und so auf ca. 450°C aufgeheizt. Durch die Erwärmung zersetzt sich die auf dem Adsorbens befindliche Schwefelsäure gemäß der folgenden Reaktion:

$$H_2SO_4 \leftrightarrow SO_3 + H_2O$$
$$2\,SO_3 + C \leftrightarrow 2\,SO_2 + CO_2$$

Das SO_2-reiche Abgas wird einer weiteren Aufbereitungsstufe, in der Regel eine Claus-Anlage oder eine Schwefelsäure-Produktion, zugeführt. Problematisch bei diesem Verfahren sind die Adsorbens-Verluste durch Abrieb und die Reaktion (s.o.). Abb. 6.30 zeigt ein Verfahrensfließbild des Prozesses (Schultes 1996).

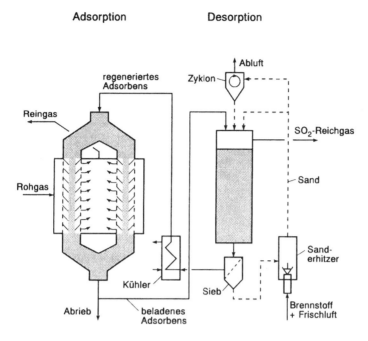

Abb. 6.30. Verfahrensfließbild des BF-Prozesses zur Behandlung SO_2-haltiger Abgase (Schultes 1996)

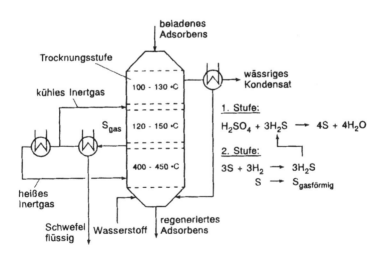

Abb. 6.31. Verfahrensfließbild der Regenerationseinheit des Sulfocarbon-Prozesses zur Behandlung SO_2-haltiger Abgase (Schultes 1996)

Die Regeneration erfolgt im Gegensatz dazu beim Sulfocarbon-Verfahren ohne Zugabe eines weiteren Feststoffs. Stattdessen wird Wasserstoff im Gegenstrom zum herabwandernden Adsorbens in den Desorber eingebracht. Der entsprechende Regenerationsapparat ist in Abb. 6.31 dargestellt.
Dieser Apparat kann im Kern in vier Bereiche unterteilt werden (Cornel u. Menig 1991; Schultes 1996):

1. Trocknungsstufe
  In dieser Stufe wird das feuchte Adsorbens bei ca. 100-130°C getrocknet.
2. Reduktionsstufe
  Hier wird die Schwefelsäure durch den aus der Desorptionsstufe aufsteigenden Schwefelwasserstoff nach folgender Reaktionsgleichung bei ca. 120-150°C zersetzt:

$$H_2SO_4 + 3\,H_2S \leftrightarrow 4\,S + 4\,H_2O$$

3. Desorptionsstufe
  In der Desorptionsstufe wird der auf dem Adsorbens befindliche elementare Schwefel bei Temperaturen über 350°C durch den von unten einströmenden Wasserstoff teils zu Schwefelwasserstoff umgesetzt und teilweise als elementarer Schwefel desorbiert. Die entsprechende Reaktionsgleichung lautet:

$$x\,S_{Ads} + H_2 \leftrightarrow (x-1)\,S_{Dampf} + H_2S$$

4. Kondensations-Schleife
  Über einen Seitenabzug wird das resultierende Dampf-Gas-Gemisch abgezogen und über einen Wärmeaustauscher abgekühlt. Der Schwefel kondensiert und kann flüssig abgezogen werden, während das Restgas in den Apparat zurückgeführt wird.

6.2.4 Flugstromverfahren

Die dritte neben Festbett- und Wanderbett-Adsorbern in Müllverbrennungsanlagen realisierte Variante ist das sogenannte Flugstromverfahren (Abb. 6.32).
Die feingemahlene Aktivkohle bzw. Aktivkoks wird entweder in einem separaten Reaktor oder direkt in den Rauchgaskanal eingedüst. Die Korndurchmesser variieren zwischen 28 µm bei gemahlenen und 63 µm bei Standard-Pulvern (Mittelwerte von Braunkohle-Staub nach Jeseke et al. 2000). Die Eindüsung erfolgt mit bis zu 40 m/s entgegen der Strömungsrichtung des Abgases, das mit ca. 15 m/s durch den Rauchgaskanal fließt (Herden u. Roth 2000). Der vom Luftstrom mitgerissene Aktivkoks-Staub wird während des „pneumatischen Transports" im Rauchgaskanal mit den Schadstoffen beladen und an einem Gewebefilter abgeschieden. Circa 90% des abgeschiedenen Staubs wird mit frischem Aktivkoks vermischt und wiederverwertet, der Rest (ca. 10%) wird in ein Rückstandssilo verbracht (Wagner et al. 1997).

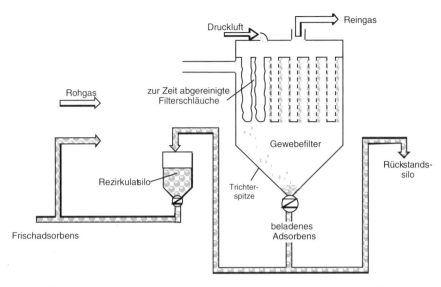

Abb. 6.32. Flugstromverfahren in Müllverbrennungsanlagen (Wagner et al. 1997)

Je nach Verfahrensvariante werden neben Aktivkoks weitere Komponenten eingedüst (Jeseke et al. 2000; Wagner et al. 1997):

- Kalk zur Chemisorption saurer Gaskomponenten (HCl, HF, SO_2) und zur Verminderung der Staubexplosionsgefahr
- Wasser zur Verbesserung der Abscheidung von SO_2 an dem ebenfalls zugesetzten Kalk
- Trassmehl als inerte Komponente zur Verminderung der Staubexplosionsgefahr

Tabelle 6.21. Flugstromadsorber in einer Anlage zur Verwertung von Fahrzeugschrotten bei maximaler und minimaler Produktion im Betrieb (Jeseke et al. 2000)

Anlagendaten	
Rohgas	
Volumenstrom [m³/h]	Keine Angabe
PCDD/F-Konzentration	
Max. Produktion [ng TE/m³]	116,8
Min. Produktion [ng TE/m³]	49,3
Zudosierte Aktivkoksmenge	
Max. Produktion [g/m³]	0,4
Min. Produktion [g/m³]	0,8
Reingas	
PCDD/F-Konzentration	
Max. Produktion [ng TE/m³]	0,2
Min. Produktion [ng TE/m³]	0,3

TE Toxizitätsäquivalent

Tabelle 6.22. Flugstromadsorber in einer Anlage zur Aufbereitung von zinkhaltigen Reststoffen (Jeseke et al. 2000)

Anlagendaten	
Rohgas	
Volumenstrom [m³/h]	150.000
PCDD/F-Konzentration [ng TE/m³]	31,6
Zudosierte Aktivkoksmenge [g/m³]	Keine Angabe
Reingas	
PCDD/F-Konzentration [ng TE/m³]	0,03

TE Toxizitätsäquivalent

Die Tabellen 6.21 u. 6.22 liefern die verfügbaren Betriebsdaten von zwei typischen Flugstrom-Adsorber-Anlagen. Im Einzelnen enthalten sie Betriebsdaten für Anlagen aus den Bereichen (Jeseke et al. 2000):

- Verwertung von Fahrzeugschrotten (Tabelle 6.21)
- Aufbereitung von zinkhaltigen Reststoffen (Tabelle 6.22)

Unter außergewöhnlichen Randbedingungen können Flugstromadsorber auch mit zeolithischen Adsorbentien beschickt werden. Insbesondere bei hohen Rauchgastemperaturen (200 °C–220 °C) werden diese Zeolith-Stäube gemeinsam mit Na_2SO_4-Lösungen aufgegeben (Herden u. Roth 2000).

Wie bei den chemisorptiven Fest- und Wanderbettadsorbern (Kap. 6.2.1 und 6.2.3) spielt die SO_2-Abscheidung auch bei den Flugstromadsorbern eine große Rolle. Industriell eingesetzt werden drei Feststoffe, die mit dem SO_2 jeweils spezifisch reagieren. Die Rektionen laufen in zwei Stufen ab. Zunächst zersetzt sich der Feststoff in einer Decarbonisierung oder Dehydratisierung unter Bildung des reaktiven Oxids. Dieses Oxid reagiert anschließend mit dem Schwefeldioxid unter Bildung von Sulfaten, die in einem Staubfilter abgeschieden werden. Im Einzelnen laufen folgende Reaktionen ab:

1. Calciumcarbonat

$$CaCO_3 \leftrightarrow CaO + CO_2 \quad (900°C)$$

$$CaO + SO_2 + 0{,}5\, O_2 \leftrightarrow CaSO_4$$

2. Calciumhydroxid

$$Ca(OH)_2 \leftrightarrow CaO + H_2O \quad (500°C)$$

$$CaO + SO_2 + 0{,}5\, O_2 \leftrightarrow CaSO_4$$

3. Dolomit

$$CaCO_3 - MgCO_3 \leftrightarrow MgO + CO_2 + CaCO_3 \quad (800°C)$$

$$MgO + SO_2 + 0{,}5\, O_2 \leftrightarrow MgSO_4$$

Alternativ zu den Carbonaten oder Hydroxiden kann Calciumoxid auch direkt eingedüst werden. Dies wird industriell jedoch nur realisiert, wenn ein hochwertiges Abgas mit wenig Verunreinigungen zur Verfügung steht, weil nur dann Gips ($CaSO_4$) in verkaufsfähiger Qualität produziert wird.

Bei Temperaturen oberhalb von 1100°C ist die Einhaltung der Grenzwerte nur über die Verwendung calcium-haltiger Feststoffe möglich, da das Gleichgewicht der Magnesiumoxid-Magnesiumsulfat-Reaktion in Richtung auf das Oxid verschoben ist.

Um eine sichere Abscheidung des SO_2 zu gewährleisten, ist es in industriellen Anlagen üblich, das CaO im 2-5fachen Überschuss zu dosieren (Schultes 1996).

Fazit

Zusammenfassend kann man festhalten, dass Verfahren mit bewegtem Adsorbens analog zu den Rotoradsorbern eine ausgereifte Technologie für bestimmte Spezialbereiche, insbesondere bei einmaliger Verwendung des Adsorbens, darstellen. In wie weit sich der Anwendungsbereich durch verbesserte (abriebfestere) Adsorbentien ausweiten lässt, bleibt abzuwarten.

6.2.5 SMB-Adsorber (Simulierte Gegenstromführung)

Industrielle SMB-Prozesse sind in der Gasphase zurzeit (2001) noch nicht veröffentlicht. Trotzdem scheint im Pharmabereich ein interessantes Potential für entsprechende Prozesse vorhanden zu sein. Forschungsarbeiten (Biressi et al. 2000; Mazotti et al. 1996; Storti et al. 1992) existieren zu zwei Anwendungsfeldern:

- Trennung chiraler Inhalations-Anasthetika
- Trennung linearer/nichtlinearer Paraffine

Das Prinzip der SMB-Verfahren und industrielle Anwendungsbeispiele in der Flüssigphase werden in Abschnitt 7.2.7 erläutert.

6.3 Auslegung von Gasphasenadsorbern

In zunehmendem Maße werden Adsorber mit Hilfe von kommerziellen Computer-Programmen dimensioniert, die den Prozess auf der Basis der in Kap. 4 dokumentierten Gleichungen simulieren (AspenTech 2001, Hand 2000). Zusätzlich gibt es Prozesssynthese-Tools, die bereits frühzeitig den Entscheidungsprozess des Anlagenplaners unterstützen (Busse 2000; Schembecker 1998).

Weit verbreitet sind jedoch immer noch einfache Short-Cut-Methoden. Diese sollten auch bei Verwendung moderner Tools genutzt werden, um die Plausibilität der mit dem Computer erhaltenen Lösungen abzuschätzen. Häufig angewandte Methoden sind Gleichgewichtsmodelle (Seidel-Morgenstern 1999) und die LUB-Methode (LUB = *L*ength of *U*nused *B*ed). Zu letztgenannter Methode ist der Aufsatz von Mersmann et al. 1991 zu empfehlen; weitere analytische Berechnungsverfahren diskutieren Kast u. Otten 1987.

Im Folgenden werden zwei Methoden vorgestellt, mit denen es möglich ist, sich ohne großen Aufwand innerhalb kürzester Zeit eine Vorstellung über die Größenordnung einer Festbett-Adsorber-Anlage zu verschaffen. Wichtig zu beachten ist, dass diese Methoden lediglich sehr grobe Überschlagswerte liefern; sie ersetzen keinesfalls eine genauere Dimensionierung!

Die exakte Dimensionierung eines Adsorbers ist in der Regel nur auf der Basis von Experimenten mit dem realen Stoffsystem möglich. Die Ursache hierfür ist darin zu suchen, dass häufig keine zuverlässigen Isothermen-Daten für das vorhandene Stoffsystem existieren. Die Abschätzung über Leitkomponenten (Einzel-Isothermen) birgt das Risiko, dass Wechselwirkungen vernachlässigt oder problematische Komponenten übersehen werden (v.Gemmingen et al. 1996).

Da solche Experimente aufwendig sind (insbesondere wenn komplette Adsorptions-Desorptions-Zyklen durchgeführt werden), wird in der industriellen Praxis häufig darauf verzichtet. Dies führt nicht selten zu Problemen und (i.d.R. teureren) Nachbesserungen.

6.3.1 Short-Cut-Methode 1: Massenbilanz (Adsorption)

An Vorgaben benötigt man:

- Daten über den zu behandelnden Gasstrom (Volumenstrom V_G und Konzentration des Adsorptivs c_A)
- Daten über das Adsorbens (Lückengrad der Schüttung ε, Partikeldichte ρ, Wärmekapazität c_P)
- Isothermendaten (Beladung X)

Die Berechnung erfolgt in sechs Stufen:

1. Abschätzung der Beladung X:
   Aus den Isothermendaten der Adsorbens-Hersteller kann die Beladung des Adsorbens abgeschätzt werden. Da diese Daten für das vorhandene Stoffsystem in der Regel nicht verfügbar sind, muss auf der Basis von Leitkomponenten geschätzt werden (s. Kap. 3). Es empfiehlt sich, neben den Komponenten mit den größten Anteilen auch die am schlechtesten adsorbierende Komponente als Leitkomponente zu verwenden, um auf der sicheren Seite der Auslegung zu sein.
2. Vorgabe einer Leerrohrgeschwindigkeit u_{LR}:
   Im Allgemeinen geht man von Anströmgeschwindigkeiten u_{LR} von 0,1–0,5 m/s für die Adsorption aus (Fitzsche 1999; Sattler 1995).
3. Berechnung des Adsorberquerschnitts A

$$A = \dot{V} / u_{LR} \tag{6.1}$$

4. Vorgabe einer Adsorptionszeit t_{Ads}
   Die Adsorptionszeit sollte in einem sinnvollen Rahmen liegen. Für kontinuierliche Prozesse ist z.b. eine Abstimmung auf den Schichtbetrieb des Betreibers der Anlage anzustreben, also z.B. 2h, 4h oder 8h.
5. Berechnung der notwendigen Adsorbensmasse M:

$$M = \frac{c \cdot \dot{V} \cdot t_{Ads}}{X} \quad (6.2)$$

6. Berechnung der notwendigen Adsorberhöhe H

$$H = \frac{M}{\rho_S \cdot A \cdot (1-\varepsilon)} \quad (6.3)$$

Der errechnete Wert stellt einen Idealwert dar, der zu optimistisch ist, da man u.a. von einer vollständigen Beladung des gesamten Adsorbens, einer vernachlässigbaren Kinetik, keiner Temperaturtönung infolge freiwerdender Adsorptionswärme u.ä. ausgeht. Um auf der sicheren Seite zu liegen, empfiehlt sich ein Sicherheitszuschlag von 20–30 % auf die Adsorberhöhe. Dieser Wert stellt eine untere Grenze dar; bei komplexen Systemen oder größeren Unsicherheiten ist mit (deutlich) höheren Zuschlägen zu rechnen.

7. Plausibilitätsstudie.
   Abschließend ist zu prüfen, ob die Adsorberhöhe in einem technisch sinnvollen Bereich liegt. Üblicherweise wird für stehende Adsorber ein Verhältnis Höhe zu Durchmesser von 3:1–5:1 toleriert. Sollte der Adsorber zu große/kleine Dimensionen annehmen, muss die Adsorptionszeit reduziert/erhöht werden und die Rechnung unter Punkt 4 neu gestartet werden.

6.3.2 Short-Cut-Methode 2: Energiebilanz (Heißgasdesorption)

Für die Heißgasdesorption eines Festbettadsorbers kann eine sieben-stufige Abschätzung durchgeführt werden. Neben den Daten, die für die Berechnung der Adsorption benötigt werden, braucht man noch folgende Angaben:

- Arbeitstemperatur des Adsorbers während der Adsorptionsphase T_0. Für viele Prozesse kann man hier in erster Näherung Umgebungstemperatur annehmen.
- Restbeladung des Adsorbens X_{Rest} nach Beendigung der Desorption ($\Rightarrow$ Isotherme).
- Daten des Spülgases (Wärmekapazität c_{PGas})

Die Rechnung erfolgt in folgenden Teilschritten:

1. Festlegung der Desorptionstemperatur T_{Des}:
   Üblicherweise werden Adsorber bei Temperaturen zwischen 120°C und 200°C regeneriert.

2. Überschlägige Bestimmung des Energiebedarfs:
Sollten keine Daten für die Adsorptionsenthalpie zur Verfügung stehen, kann folgende Abschätzung verwendet werden (Ruthven 1987):

$$\Delta h_{Ads} \approx 1{,}5 \cdot \Delta h_V \qquad (6.4)$$

Für den Energiebedarf (Desorption + Aufheizen des Adsorbens) gilt (wobei zu beachten ist, dass sich der berechnete Wert durch die Aufheizung des Behälters und Energieverluste deutlich erhöhen kann):

$$E = M \cdot [(X - X_{Rest}) \cdot \Delta h_{Ads} + c_{P_{Ads}}(T_{Des} - T_0)] \qquad (6.5)$$

3. Bestimmung der notwendigen Inertgasmenge M_{Inert}:
Somit kann unter Vorgabe einer Eintritts- (s. 1.) und Austrittstemperatur (hier: $T_0 + 10°C$) eine notwendige Spülgas-Menge bestimmt werden:

$$M_{Inert} = \frac{E}{c_{P_{Inert}} \cdot (T_{Des} - (T_0 + 10°C))} \qquad (6.6)$$

4. Vorgabe einer Leerrohrgeschwindigkeit u_{LR}:
Im Allgemeinen geht man von Leerrohrgeschwindigkeiten u_{LR} von 0,3–1 m/s für Heißgasdesorptionen aus (Knaebel 1999).
5. Bestimmung der Desorptionszeit t_{Des}:
Aus Adsorberquerschnitt, Leerrohrgeschwindigkeit und benötigter Inertgasmenge kann die Desorptionszeit bestimmt werden:

$$t_{Des} = \frac{M_{Inert}}{\rho_{Inert} \cdot u_{LR} \cdot A} \qquad (6.7)$$

6. Berechnung der Abkühlzeit $t_{Kühl}$:
Wird ein kaltes Inertgas zur Kühlung verwendet, kann die Abkühlzeit folgendermaßen berechnet werden (Annahme: das Gas tritt mit T_0 ein und heizt sich bis auf $T_{Des} - 10°C$ auf):

$$t_{Kühl} = \frac{M \cdot c_{P_{Ads}} \cdot (T_{Des} - T_0)}{A \cdot u_{LR} \cdot \rho_{Inert} \cdot c_{P_{Inert}} \cdot (T_{Des} - 10°C - T_0)} \qquad (6.8)$$

7. Bestimmung der Anzahl der parallel zu schaltenden Adsorber:
Aus dem Verhältnis von (Desorptions- + Abkühlzeit) zu (Adsorptionszeit) ergibt sich die Anzahl der parallel zu schaltenden Adsorber.

In den Berechnungen wird davon ausgegangen, dass die entstehende Adsorptionswärme während der Adsorption vollständig abgebaut und das Festbett in der Kühlphase auf den Anfangswert heruntergekühlt wird. In der Praxis verbleibt aber oft Energie am Ende der Adsorption im Bett, so dass die Berechnungen entsprechend korrigiert werden müssen.

6.3.3 Erfahrungswerte für die industrielle Adsorber-Auslegung

Um dem Leser eine Orientierung bei der Auslegung von industriellen Adsorbern zu geben, sind im Folgenden einige Erfahrungswerte aus der Industrie dokumentiert. Diese Daten und Hinweise sind jedoch als Anhaltspunkte zu verstehen, die in *jedem* Einzelfall überprüft werden müssen.

Stromführung und Anströmgeschwindigkeiten

Die Stromführung in einem Adsorber ist primär durch die zu erreichenden Qualitätskriterien festgelegt. Sind hohe Reinheiten erforderlich, wird man immer eine Gegenstromführung von Adsorption und Desorption bevorzugen, um am Beginn der Adsorption eine vollständig regenerierte Zone am Austritt des Festbetts zu haben.

Die Anströmgeschwindigkeit des Gases ist so zu wählen, dass das Festbett nicht gelockert/fluidisiert wird. Aus Sicherheitsgründen werden Anströmgeschwindigkeiten im Bereich unter 50% des Lockerungspunktes des Festbetts ausgelegt. In der Praxis sind folgende Geschwindigkeitsbereiche üblich:

- Adsorption: 0,1–0,5 m/s
- Desorption Heißgas: 0,3–1 m/s
- Desorption Wasserdampf: 0,15–0,3 m/s

Diese Werte gelten für Normaldruck, bei hohen Drücken verändert sich die Dichte des Gases, so dass eine entsprechende Korrektur vorzunehmen ist.

Sollen höhere Strömungsgeschwindigkeiten während der Adsorption realisiert werden, ist es möglich, durch Stromführung von oben nach unten die Geschwindigkeiten in Bereiche bis zu 0,7-0,8 m/s zu steigern. Hier ist jedoch eine gewisse Vorsicht geboten, da es bei umgekehrter Stromführung der Desorption (von unten nach oben) insbesondere bei hochbelasteten oder sehr feuchten Strömen zu Kondensation im Kopf des Apparates kommt. Die meisten Adsorbentien vertragen ein solches „Regnen" im Adsorber nicht!

Thermodynamische Daten (Isothermen)

Die Qualität der zur Auslegung zur Verfügung stehenden Isothermen ist (wie bereits mehrfach erwähnt) häufig unzureichend. Dies ist ein nicht zu unterschätzender Unsicherheitsfaktor. Die Vorausberechnung ohne Messdaten (insbesondere für Mehrkomponentenprozesse) ist zurzeit nicht möglich. Wenn gemessene Daten zur Verfügung stehen, handelt es sich in der Regel um statische Werte im mittleren und hohen Konzentrationsbereich. Sie sagen häufig recht wenig über die tatsächliche dynamische Beladung im industrie-relevanten unteren Konzentrationsbereich (z.B. Grenzwert TA Luft) aus. Es ist daher immer ratsam, die erwarteten Beladungen des Adsorbens sehr konservativ nach unten abzuschätzen.

Technische Daten für Festbettadsorber

Die folgenden Zahlen geben eine Größenordnung für charakteristische Daten von Festbettadsorbern an. Insbesondere die Aufkonzentrierung, die Zeit-Taktung und die Regenerationsbedingungen hängen jedoch sehr stark von den jeweiligen Randbedingungen (zu erreichende Grenzwerte, Verschaltung der Adsorber,...) ab.

- Höhe des stehenden Festbetts : Durchmesser ~ 3:1–5:1
- Höhe des liegenden Festbetts : Durchmesser ~ bis 50:1
- Aufkonzentrierung (Adsorption : Desorption) ~ 1:5–1:15
- Zeit-Taktung von parallelen Festbett-Adsorbern:
  Heißgasdesorption: (Adsorption:Desorption:Kühlung) = 4:3:1 - 6:2:3
  H_2O-Dampfdesorption: (Adsorption:Desorption:Trocknung:Kühlung)=4:1:2:1
- Regenerationstemperatur (Heißgasdesorption): 130–200 °C
- Wasserdampfdesorption: 2-8 kg Dampf / kg Lösungsmittel

Technische Daten für Rotoradsorber

Die folgenden Daten für Rotoradsorber beziehen sich auf typische Systeme zur Lösungsmittelrückgewinnung, d.h. große Volumenströme mit kleinen VOC-Konzentrationen.

- Rotationsgeschwindigkeit: 1–5 U/min
- Teilung des Rotors:
  Adsorption : Desorption : Kühlung = 4 : 1 : 1
- Aufkonzentrierung (Adsorption : Desorption) ~ 1:15–1:50

Sicherheit von Adsorbern

Adsorber unterliegen denselben gesetzlichen Vorschriften wie alle verfahrenstechnischen Apparate. Es ist deshalb essentiell, sich vor einer Adsorberauslegung mit den relevanten Vorschriften auseinander zu setzen.

Während die Adsorbentien als eher unkritisch einzustufen sind, können spezielle Betriebsbedingungen oder problematische Adsorptive starken Einfluss auf die Gestaltung des Prozesses haben. So unterliegen Adsorber zur Lösungsmittelrückgewinnung im Regelfall den Explosionsschutzrichtlinien und werden der Ex-Zone 0 zugeordnet. Mess- und Regeleinrichtungen sind dementsprechend explosionsgeschützt auszuführen. Werden die Adsorptive zurückgewonnen und in flüssiger Form gelagert, unterliegt dieser Tank u.U. den Technischen Regeln für brennbare Flüssigkeiten (TRbF), mit den daraus resultierenden Konsequenzen (Auffangwanne, Kennzeichnung, spezielle Füll- und Entnahme-Einrichtungen, ...).

Eine besondere Gefahr stellen die sogenannten Adsorberbrände an Aktivkohle-Adsorbern dar, auf die bereits mehrfach (s. Kap. 2 und Abschn. 6.1.1) hingewiesen wurde. An Aktivkohleadsorbern ist daher immer eine CO- und Temperatur-Überwachung vorzusehen. Zudem sollte durch entsprechende Regelungstechnik sichergestellt werden, dass ein beladener Adsorber nicht über einen längeren Zeitraum steht.

Energierückgewinnung und Kreislaufführung

Die Möglichkeiten der Wärmerückgewinnung in Adsorberanlagen sind gering, da die Energie im Regelfall auf einem mässigen Temperaturniveau anfällt. Industriell in breitem Umfang eingesetzt wird nur die Nutzung der Kompressionswärme von Verdichtern zur Vorheizung des Desorptionsgases. Gelegentlich wird in parallelen Adsorbern auch die in der Schüttung am Ende der Desorption zur Verfügung stehende Wärme zur Vorwärmung des Desorptionsgases eines parallelen Adsorbers genutzt. Die entsprechenden Maßnahmen erreichen aber in keinem Fall das Niveau der Rückgewinnung von barometrischer Energie in PSA-Prozessen (siehe Abschn. 6.2.1).

Weit verbreitet ist die Aufbereitung des Kondensats bei der Wasserdampfdesorption. Nach entsprechender Behandlung (Filtration, Strippung) wird es häufig wieder als Kesselspeisewasser in den Dampferzeuger zurückgeführt.

Bewährt hat sich auch eine weitgehende Kreislaufführung des Desorptionsgases bei TSA-Prozessen (s. Abschn. 6.2.1 und 6.2.2). Dieser Kreislauf bedingt aber eine Abstimmung der Kondensator-Temperatur und des Desorptionsprozesses, was die Auslegung der Anlagen erschwert. Zudem besteht die Gefahr der Anreicherung unerwünschter Komponenten, was den sicheren Betrieb der Anlagen gefährden kann.

6.4 Zusammenfassung „Industrielle Gasphasen-Adsorption"

Gasphasen-Adsorber werden in einer Vielzahl von Prozessen eingesetzt, wobei sie in der Regel am Anfang oder Ende der Wertschöpfungskette stehen. Sie dienen i.Allg. der Aufbereitung von gasförmigen Edukten oder der Behandlung von gasförmigen Emissionen.

Industriell eingesetzt werden zurzeit drei Bauformen:
Festbettadsorber stellen aufgrund ihrer einfachen Bauweise und Robustheit die Arbeitspferde der Adsorptionstechnik dar. Sie werden üblicherweise in paralleler Weise verschaltet, so dass sich ein Adsorber im Adsorptions- und ein anderer im Desorptions-/Abkühl-Takt befindet. Die Regeneration erfolgt über Temperatur- oder Druckwechseldesorptions-Verfahren. Alternativ hierzu werden chemisorptive Systeme als (nicht-regenerierbare) Polizeifilter genutzt.

Mit Hilfe von *Rotoradsorbern* lassen sich demgegenüber kontinuierliche Prozesse realisieren. Sie werden für große Mengenströme mit kleinen Schadstoff-Konzentrationen verwendet. Da sie empfindlich gegenüber Schwankungen der Konzentration sind, müssen Glättungsfilter vorgeschaltet werden. Ihr Einsatzgebiet beschränkt sich im Allgemeinen auf die Aufkonzentrierung vor einer Kondensation oder Verbrennung, wobei sie aufgrund ihrer kompakten Bauweise häufig direkt in die nachgeschalteten Prozesse integriert werden.

Adsorber mit bewegtem Adsorbens werden in der Regel in Müllverbrennungsanlagen zur Rauchgasreinigung verwendet, da in diesen Anlagen das Adsorbens nur einmal verwendet und anschließend (in der vorhandenen) Verbrennung vernichtet wird. Die Entwicklung besonders abriebfester Adsorbentien ermöglicht in letzter Zeit auch den Einsatz dieser Verfahren in zyklischen Prozessen zur Lösungsmittelrückgewinnung.

Die Auslegung und Dimensionierung von Adsorbern erfordert in der Regel Experimente mit den realen Stoffgemischen, da häufig keine belastbaren Daten vorliegen. Moderne Auslegungsmethoden basieren auf den in Kap. 4 und 5 dokumentierten Differentialgleichungssystemen. Für erste Überschlagsrechnungen sind einfache (integrale) Massen- und Energiebilanzen ausreichend.

Literatur zu Kapitel 6

Aspen Tech (2001) Firmenschrift ADSIM®. Produktinformation, Aspen Technologies Inc., Aspen (USA)

Air Products and Chemicals Inc. (1999) Gases&Equipment: Pressure Swing and Vacuum Swing Adsorption Systems. Allentown (PA), USA

Babich IV, van Langeveld D, Zhu W, Bakker WJW, Mouljin JA (2001) A Rotating Adsorber for Multistage Cyclic Processes: Principle and Experimental Demonstration in the Separation of Paraffins. Industrial chemistry & engineering research 40: 357–363

Bandel G, Klose M (1999) Abscheidung von Quecksilber aus Abgasen im Festbett aus Aktivkohle und Inertmaterial. Chemie Ingenieur Technik 71 (10): 1191–1194

Basta N, Ondrey G, Moore S (1994) Adsorption holds ist own. Chemical Engineering 11: 39–43

Bathen D (1998) Untersuchungen zur Desorption durch Mikrowellenenergie. Fortschritt-Berichte VDI Reihe 3, Nr. 548, VDI Verlag, Düsseldorf

Bergfort A, Holzhauer P, Stroh N (1994) Solvent Recovery with a Combined Adsorption Membrane Hybrid Process. In: Vigneron S, Hermia J, Chouki J (Hrsg.) Characterization and Control of Odours and VOC in the Process Industries. Elsevier Science, Amsterdam, S 515–519

Biedell EL, Cowles H (1996) A Novel Pre-Concentration Technology for VOC and Air Toxics Control. Proceedings „Emerging Solutions to VOC and Air Toxics Control" Clearwater Beach (Florida/USA): 80–85

Biressi G, Quattrini F, Juza M, Mazotti M, Schurig V, Morbidelli M (2000) Gas chromatographic simulated moving bed separation of the enantiomers of the inhalation anesthetic enflurance. Chemical Engineering Science 55: 4537–4547

Blanco J, Avila P, Blas JMR, Alvarez E, Martin MP (1997) Honeycomb Structures of Activated Carbon for Adsorption of Organic Pollutants. DGMK-Tagungsbericht 9704, Deutsche Wissenschaftliche Gesellschaft für Erdöl, Erdgas und Kohle, Hamburg: 1839–1842

Börger GG (1992) Abscheidung organischer Dämpfe. Chemie Ingenieur Technik 64 (10): 905–914

Busse J, Mielke B, Röhm HJ (2000) Wissensbasierte Auswahl von konkurrierenden Verfahren zur Abluftreinigung. Chemie Ingenieur Technik 72 (9): 1055

CarboTech GmbH (1998) Produkt-Information Mobiles Adsorber Miet-System. Essen

Cornel P, Menig H (1991) Schwefelgewinnung aus SO_2/SO_3-haltigen Abgasen nach dem Sulfocarbon-Verfahren. Chemie Ingenieur Technik 63 (3): 245–248

Crittenden B, Thomas WJ (1998) Adsorption Technology & Design. Butterworth-Heinemann, Oxford (UK)
Dohrmann S (1999) Adsorptive Trennung von Druckgasen. Vortrag auf dem Seminar Adsorptionstechnik, Haus der Technik, Essen, 02.02.1999
Dürr Systems GmbH (1986) Abluftreinigung mit neuer Kohlefaser-Adsorptionstechnik. Oberfläche+JOT 9: 30–32
Engelhard Corporation (1997) Rotor Concentrator Adsorption Systems. Iselin, New Jersey, USA
Engelhard Corporation (1999) Desert Cool – Natural Gas Desiccant Air Conditioning Systems. Iselin, New Jersey, USA
Eisenmann Umwelttechnik KG (1999) Abluftreinigung. Böblingen
Erpelding R (1996) Untersuchung der Wasserdampfdesorption in halbtechnischen Aktivkohleschüttungen. Shaker-Verlag, Aachen
EU-Richtlinie 1999/13/EG (1999) VOC-Emissionen (Richtlinie 1999/13/EG des Rates vom 11. März 1999 über die Begrenzung von Emissionen flüchtiger organischer Verbindungen, die bei bestimmten Tätigkeiten in bestimmten Anlagen bei der Verwendung organischer Lösungsmittel entstehen). EU-Kommission, Brüssel
Fell J (1998) Abluftreinigung mit Lösungsmittelrückgewinnung im Verpackungsdruck. Symposium Korea Packaging Institute, Seoul (zu beziehen über Lurgi GmbH, Frankfurt)
FH Wirtschaft und Technik (1995) Adsorptionsverfahren für die Stofftrennung und im Umweltschutz. fhtw-transfer-Bericht Nr. 1595, Berlin
Fitzsche J (1999) Aktivkohlen in der Abluftreinigung. Vortrag auf dem Seminar Adsorptionstechnik, Haus der Technik, Essen, 02.02.1999
Fraunhofer-Institut UMSICHT (2001) Typische Daten eines Festbettadsorbers (Herdofenkoks) als Polizeifilter einer Müllverbrennungsanlage. Schriftliche Mitteilung (Originalquelle ist vertraulich)
GEC Alsthom (1996) Abluftreinigung/Air Waste Management. Stuttgart
v.Gemmingen U (1993) Pressure Swing Adsorption Processes – Design and Simulation. Proceedings 4th International Conference on Fundamentals of Adsorption, International Adsorption Society: 703–712
v.Gemmingen U, Mersmann A, Schweighart P (1996) Kap.6 Adsorptionsapparate. in Weiß S Thermisches Trennen. Deutscher Verlag für Grundstoffindustrie, Stuttgart
v.Gemmingen U (2001) Adsorptive Air Purification – Thermal Regeneration and Heatless Drying. Vortrag auf der Sitzung des DECHEMA-GVC-Fachausschusses „Adsorption", Bamberg, 6.4.2001
Gromes H (1995) Theoretische und experimentelle Untersuchung über das unterschiedliche Verhalten von Festbettadsorbern im Fall niedriger bzw. hoher Adsorptivanteile im Feedgasstrom. Dissertation TH Darmstadt
Hand DW (2000) Produktinformation AdDesignS®. Michigan Technological University, Houghton (USA)
Henning KD, Ruppert H, Keldenich K, Knoblauch K (1987) Imprägnierte Aktivkohlen zur Quecksilberentfernung. Sonderdruck wlb Zeitschrift für Umwelttechnik 6/1987
Henning KD, Degel J (1991) Kohlenstoffhaltige Adsorptionsmittel in Technik und Umweltschutz. Seminar der Technischen Akademie Wuppertal, 12./13.11.1991
Herden H, Roth B (2000) Der Einsatz von Adsorbentien zur Feinreinigung von Abgasen aus der thermischen Abfallbehandlung. In: Heschel W (Hrsg.) Neue Entwicklungen

zur adsorptiven Gas- und Wasserreinigung. Freiberger Forschungshefte A 859, TU Bergakademie Freiberg, S 43–62

Hofmann U, Straub M, Löhr M (1998) Nichtlineare Dynamik bei DWA-Prozessen am Beispiel der Sauerstoff-Anreicherung aus Luft. In: Staudt R (Hrsg.) Technische Sorptionsprozesse. VDI-Fortschritt-Berichte Reihe 3, Nr. 554, VDI-Verlag, Düsseldorf, S 80–90

Hug J (1990) Abluftreinigung mit Adsorptionsrädern. Wasser, Luft und Boden 10: 46–48

Jeseke C, Schiffer HP, Wirling J (2000) Stand der Gasreinigung mit Braunkohlenkoks. In: Heschel W (Hrsg.) Neue Entwicklungen zur adsorptiven Gas- und Wasserreinigung. Freiberger Forschungshefte A 859, TU Bergakademie Freiberg, S 29–42

Jost D (1990) Die neue TA Luft. WEKA-Fachverlag, Kissing

Kärger J, Ruthven DM (1992) Diffusion in Zeolites and other Microporous Solids. John Wiley&Sons, New York

Kast W, Otten W (1987) Der Durchbruch in Adsorptions-Festbetten: Methoden der Berechnung und Einfluß der Verfahrensparameter. Chemie Ingenieur Technik 59(1): 1-12

Kast W(1988) Adsorption aus der Gasphase. VCH Verlagsgesellschaft, Weinheim

Keil F (1993/94) Diffusion und chemische Reaktion in der Gas-Feststoff-Katalyse
    Teil 1: Frühe Entwicklungen. Chemische Technik 45 (2,1993): 67–132
    Teil 2a: Porenstrukturen. Chemische Technik 45 (6, 1993): 437–447
    Teil 2b: Porenstrukturen. Chemische Technik 46 (1,1994): 7–15

Khan FI, Goshal AK (2000) Removal of Volatile Organic Compounds from Polluted Air. Journal of Loss Prevention in the Process Industries 13 (6): 527–545

Klose M, Fell HJ (1998) Einfach, sicher und wirtschaftlich – Festbettadsorber als Polizeifilter in der Abgasreinigung. Verfahrenstechnik 32 (5) 17–19

Knaebel KS (1999) The Basics of Adsorber Design. Chemical Engineering 106 (4): 92–103

Kodama A, Goto M, Hirose T, Kuma T (1994) Temperature Profile and Optimal Rotation Speed of a Honeycomb Rotor Adsorber Operated with Thermal Swing. Journal of Chemical Engineering of Japan 27 (5): 644–649

Kodama A, Goto M, Hirose T, Kuma T (1995) Performance Optimum for a Thermal Swing Honeycomb Rotor Adsorber Using a Humidity Chart. Journal of Chemical Engineering of Japan 28 (1): 19–24

Konrad G (1990) Möglichkeiten zur Emissionsminderung durch Adsorption. Jahresbericht 1990 der Arbeitsgruppe Luftreinhaltung, Universität Stuttgart

Konrad G (1993) Untersuchungen zum Betriebsverhalten und zur Optimierung rotierender Adsorptionssysteme. Dissertation Universität Stuttgart

Konrad G, Eigenberger G (1994) Rotoradsorber zur Abluftreinigung und Lösungsmittelrückgewinnung. Chemie Ingenieur Technik 66 (3): 321–331

Krumm E (1999) Abluftreinigung durch Aufkonzentration in der Lösemittel-verarbeitenden Industrie. Vortrag auf dem Seminar Adsorptionstechnik, Haus der Technik, Essen, 02.02.1999

Larsen ES, Pilat MJ (1991) Moving Bed Adsorption System for Control of VOCs from an Aircraft Painting Facility. Journal of the Air & Waste Management Association 41 (9): 1199–1206

Larsen ES, Pilat MJ (1991) Design and Testing of a Moving Bed VOC Adsorption System. Environmental Progress 10 (1): 75–82

Linde AG (1993) Was darf's denn sein – Cryo-, PSA- oder Membran-Anlagen? Firmen-Magazin „Know How" 2/93, Linde AG, Höllriegelskreuth

Linde AG (1999) Hydrogen and Synthesis Gas Production. Firmenschrift, Linde AG, Höllriegelskreuth

Linde AG (2000) PSA-Pressure Swing Adsorption Plants. Firmenschrift, Linde AG, Höllriegelskreuth

Löhr M (2000) Trennung von Gasgemischen mittels Druckwechseladsorption – Grundlagen, Simulation und Anwendung. Vortrag auf dem Seminar Adsorptionstechnik, Haus der Technik, Essen, 08.02.2000

Lurgi AG (1993) Das Sulfacid-Verfahren zur Entschwefelung SO_2-haltiger Abgase unter Bildung von Schwefelsäure, Frankfurt/Main

Lurgi Bamag GmbH (1996) Sorptive Abluft- und Abgasreinigung – Verfahren und Anlagen. Butzbach

Lurgi Aktivkohle GmbH (1998) AKZO-Nobel Faser AG, Elsterberg – Abluftreinigung und CS_2-Rückgewinnung nach dem Supersorbonverfahren mit vorgeschalteter H_2S-Absorption. Firmenschrift, Frankfurt/Main

Lurgi Aktivkohle GmbH (1999) Kombisorbon-Verfahren. Firmenschrift, Frankfurt/Main

Lurgi Aktivkohle GmbH (1999) Trioxide Calais- Tailgas-Entschwefelung nach dem Sulfacid-Verfahren. Firmenschrift, Frankfurt/Main

Mahler AGS (2000) Oxyswing-The Oxygen Generator. Firmenschrift, Mahler AGS GmbH, Stuttgart

Mahler AGS (2001) Hydroswing-The Hydrogen Purification System. Firmenschrift, Mahler AGS GmbH, Stuttgart

Mazotti M, Baciocchi R, Storti G, Morbidelli M (1996) Vapor-phase SMB adsorptive separation of linear/nonlinear paraffins. Industrial Engineering and Chemical Research 35: 2313–2321

Mersmann A, Börger GG, Scholl S. (1991) Abtrennung und Rückgewinnung von gasförmigen Stoffen durch Adsorption. Chemie Ingenieur Technik 63 (9): 892–903

Mersmann A, Fill B, Hartmann R, Maurer S (2000) The Potential of Energy Saving by Gas-Phase Adsorption Processes. Chemical engineering & technology 23 (11): 937–944

Messer-Griesheim GmbH (1994) Luftzerlegung – Frischer Wind durch neue Techniken. gas aktuell 4/94, Krefeld

te Mervelde JHB, Klose M, Fell J (1998) Festbett-Verfahren in einer Anlage zur Verbrennung von kommunalem Klärschlamm. Entsorgungspraxis (1–2): 28–30

Müller G, Ulrich M (1991) Abtrennung und Rückgewinnung von Stoffen aus Abluft- und Abgasströmen. Chemie Ingenieur Technik 63 (8): 819–830

Munters GmbH (1996) Sorptionsrotoren für Luftentfeuchter. Firmenprospekt, Hamburg

Nichias Corp. (1995) Vorrichtung zum Adsorbieren von organischem Lösungsmitteldampf. Offenlegungsschrift DE 44 31 595 A1, Deutsches Patentamt, München

Nitsche M (1991) Lösemittelrückgewinnung – Abluftreinigung. Technische Mitteilungen, Vulkan-Verlag, Essen 84 (2): 72–78

Nitsche M (1995) Anlagen zur Rückgewinnung von Benzindampf. Sonderdruck aus Verfahrenstechnik 29 (1–2) (Sonderdruck)

Otten W (1989) Simulationsverfahren für die nicht-isotherme Ad- und Desorption im Festbett auf der Basis des Einzelkorns am Beispiel der Lösungsmitteladsorption. VDI-Fortschritt-Bericht Reihe 3, Nr. 186, VDI Verlag, Düsseldorf

Petzolt DJ, Collick SJ, Johnson HA, Robbins LA (1997) Pressure Swing Adsorption for VOC Recovery at Gasoline Loading Terminals. Environmental Progress 16 (1): 16–19

Petzoldt O (1995) Adsorptive Abgasreinigung auf der Basis synthetischer Zeolithe. Verfahrenstechnik 29 (1–2): 14–16

Petzoldt O, Fell HJ (1994) Quecksilber- und Dioxin-Abscheidung aus Abgasen mit Hilfe anorganischer Adsorbentien. Abfallwirtschafts-Journal 6 (5): 302–306

Petzoldt O, Poetsch G (1994) Reststofffreie Quecksilberabscheidung aus Abgasen. WLB Wasser, Boden, Luft (7–8): 44–47

Plinke GmbH & Co. (1995) The Polyad-Process. Firmenschrift, Bad Homburg

Radeke KH, Schröder H, Kussin P, Brückner P, Reichert F (1998) Einfluss der relativen Feuchte auf die Adsorption von n-Butan in Aktivkohlefiltern. In: Staudt R (Hrsg.) Technische Sorptionsprozesse, VDI-Fortschritt-Berichte Reihe 3, Nr. 554, VDI Verlag, Düsseldorf

Reichert F, de Ruiter E (1994) Adsorptive Luftfilter zur Senkung der Schadstoffkonzentration bei der Luftfiltration in raumtechnischen Anlagen. F & S Filtrieren und Separieren 8: 107–114

Reiß G (1983) Sauerstoffanreicherung von Luft mit Molekularsieb-Zeolithen, Chemische Industrie 35: 689–692

Reiß G (1994) Status and Development of Oxygen Generation Processes on Molecular Sieve Zeolites. Gas Separation & Purification 8 (2): 95–99

Reschke G, Mathews W (1995) Abluftreinigung und Lösungsmittelrückgewinnung durch Adsorption an Adsorberharzen. Chemie Ingenieur Technik 67 (1): 50–59

Röben KW (1991) Entwicklung und Möglichkeiten der Luftentfeuchtung. Chemie Technik 5/91: 57-68

Rotamill GmbH (1994) Konzentrator. Firmenschrift, Siegen

Ruthven DM, Farooq S, Knaebel K (1994) Pressure Swing Adsorption. VCH Verlag, Weinheim

Sattler K (1995) Thermische Trennverfahren – Grundlagen, Auslegung, Apparate. VCH Verlag, Weinheim

Schembecker G (1998) State-of-the-Art and Future Development of Computer-Aided Process Synthesis. Dechema Monographien 135: 129–141

Schiff E (2000) Lynn Wastewater Treatment Plant. Lynn (MA), USA

Scholl S (1991) Zur Sorptionskinetik physisorbierter Stoffe an festen Adsorbentien. Dissertation TU München

Schork JM, Fair JR (1988) Parametric Analysis of Thermal Regeneration of Adsorption Beds. Industrial Engineering Chemistry & Research 27: 457–469

Schultes M (1996) Abgasreinigung. Springer-Verlag, Berlin

Schweiger AJ (1995) Effects of Water Residues on Solvent Adsorption Cycles. Industrial Engineering Chemistry & Research 34: 283–287

Seidel-Morgenstern A (1999) Auslegung technischer Adsorptionsverfahren. Vortrag auf dem Seminar Adsorptionstechnik, Haus der Technik, Essen, 02.02.1999

Sievers W (1993) Über das Gleichgewicht der Adsorption in Anlagen zur Wasserstoffgewinnung. Dissertation TU München

Silica Verfahrenstechnik GmbH (1998) Abluftreinigung/Waste Air Purification. Firmenschrift, Berlin

Silica Verfahrenstechnik GmbH (1992) Trocknung durch Adsorption. Firmenschrift, Berlin

Spivey JJ (1988) Recovery of Volatile Organics from Small Industrial Sources. Environmental Progress 7 (1): 31–40

Steinweg B (1995) Über den Stofftransport bei der Ad- und Desorption von Schadstoffen an/von Aktivkohle im Bereich umweltrelevanter Gaskonzentrationen. Shaker Verlag, Aachen

Storti G, Mazotti M, Furlan L, Morbidelli M, Carra S (1992) Performance of a six-port simulated moving-bed plant for vapour-phase adsorption separations. Separations Science and Technology 27: 1889–1916

Tauscher R, Dinglreiter U, Durst B, Mayinger F (1999) Transport Processes in Narrow Channels with Application to Rotary Exchangers. Heat and Mass Transfer 35: 123–131

Thißen N (1992) Abluftreinigung mit Rotorsystemen. Journal Oberflächen Technik (10): 44–49

UOP LLC (2000) Polybed PSA Systems for Gas Extraction and Purification. Firmenschrift, Des Plaines (Illinois), USA

Verein Deutscher Ingenieure (1996) VDI-Richtlinie 3674: Abgasreinigung durch Adsorption. VDI Verlag, Düsseldorf

Wagner C, Stein J, Seifert U, Guderian J, Kümmel R (1997) Modellgestützte Sicherheitsbetrachtungen zu Aktivkoksadsorbern für die Rauchgasendreinigung in thermischen Abfallbehandlungsanlagen. VGB Technisch-wissenschaftliche Berichte Nr. 213, VGB Kraftwerkstechnik, Essen

Wnuk R (1995) Abluftreinigung und Lösemittelrückgewinnung mit dem CAMP-Prozess. Verfahrenstechnik 29 (1–2): 17–18

Yang R T (1987) Gas Separation by Adsorption Process. Butterworth Publishers, Stoneham, USA

Zumkeller HJ (1996) Untersuchung der Auswirkungen des axialen Beladungsprofils auf die Toluoladsorption einer wasserdampf-desorbierten Aktivkohle-Schüttung. Shaker Verlag, Aachen

7 Industrielle Flüssigphasen-Adsorptions-Prozesse

7.1 Technische Problemstellung bei der Flüssigphasen-Adsorption

Nachdem im vorangegangenen Kapitel Adsorptionsprozesse in der Gasphase diskutiert wurden, werden in diesem Kapitel Flüssigphasenprozesse beschrieben.

7.1.1 Vorbehandlung der Flüssigkeitsströme

Vor dem Eintritt in die Adsorber müssen die Feedströme i.d.R. durch

- Vergleichmäßigung der Volumenströme (z.B. durch Pufferbehälter),
- Entfernung von Feststoffpartikeln durch Vorfiltration,
- pH-Wert-Einstellung,
- Einstellung der Temperatur oder
- Zugabe von Bioziden zur Vermeidung von Bakterienwachstum

vorbereitet werden. Zusätzlich ist ein Fouling des Adsorbens zu verhindern. Bei diesem Fouling werden Moleküle adsorbiert, die nicht aus der flüssigen Phase entfernt werden sollen und die so die Adsorbenskapazität für die eigentlichen Adsorptive vermindern. Bei der Fruchtsaftaufbereitung müssen z.B. vor der Adsorption Öle aus dem Fruchtsaft entfernt werden (Imecon 2000, 2001; Kimball u. Norman 1990; Lenggenhager u. Lyndon 1997; Norman u. Kimball 1990). Bei der Wasseraufbereitung stellen natürliche Wasserinhaltsstoffe (NOM – **N**atural **O**rganic **M**atter: Proteine, Lipide sowie Humin- und Fulvosäuren), die häufig in 10–100facher Konzentration zu den eigentlichen Schadstoffen auftreten, ein großes Problem dar, da sie aufgrund ihrer hohen Molekülgrößen (0,5–3 nm) die Mikroporen des Adsorbens verstopfen (Weingärtner et al. 1997).

Diese Überlegungen sind bei jeder Auslegung von Adsorbern wichtig und bestimmen die Effektivität des Adsorptionsprozesses (Fox u. Kennedy 1985).

7.1.2 Industrielle Anwendungsfelder

Adsorptionsprozesse kommen in Betracht, wenn gelöste Komponenten aus einer Flüssigkeit entfernt oder Stoffgemische voneinander getrennt werden sollen. Am weitesten verbreitet ist die Flüssigphasen-Adsorption bei der Wasserbehandlung. Die Hauptanwendungsgebiete sind:

- Trinkwasseraufbereitung (Henning u. Degel 1991; Hudson et al. 1998; Jacobi 2000; Kümmel u. Worch 1990; Mersmann 1998; Poggenburg 1978; Sontheimer et al. 1985)
- Oberflächen-, Grund-, Sicker- und Abwasseraufbereitung (Braun et al. 1997; Henning u. Degel 1991; Hudson et al. 1998; Jacobi 2000; Kümmel u. Worch 1990; Mersmann 1998; Reschke 1998; Sontheimer et al. 1985; v.Kienle 1999; Weber u. LeBoeuf 1999)
- Prozesswasseraufbereitung (Bayer 1997; Henning u. Degel 1991; Kümmel u. Worch 1990; Jacobi 2000; Mersmann 1998; Sontheimer et al. 1985; v.Kienle 1999; Weber u. Le Boeuf 1999)
- Reinstwasseraufbereitung (Anonym 2001; Rychen et al. 1997; Werner 2000)
- Entstabilisierung von Monomeren durch Adsorption an Aluminiumoxid
- Entfernung des Lager- und Transportstabilisators 1,3,5-Trichlorbenzol (p-TCB) aus Styrol oder Butadien (Ciprian u. Maurer 2001)
- Lebensmittelbehandlung, z.B. Entbittern und Entfärben von Fruchtsäften, Wein und Bier, Entfärben und Reinigen von Zuckersirup und Speiseöl (Henning u. Degel 1991; Jacobi 2000; Kümmel u. Worch 1990; Lenggenhager 1998; Mersmann 1998; Shaw u. Nagi 1993; Vermeulen et al. 1984)
- Lösemittel- und Flüssiggas-(LPG-)Aufbereitung für die chemische Industrie, z.B. Entwässern und Entfernen von Chlorkohlenwasserstoffen, Kohlenwasserstoffen und Tensiden (Alcoa 1994; Ciprian u. Maurer 2001; Hudson et al. 1998; Mersmann 1998; Silica 1992)
- Altölaufbereitung, z.B. Entfernen von Säureteeren und -harzen sowie Sulfonsäure (Süd-Chemie 1996)
- Goldgewinnung, d.h. zur Trennung von Goldcyanid-Komplexen aus Laugerückständen (Henning u. Degel 1991; Jacobi 2000)
- Trennung von Iso- und Normalparaffinen (Keller 1995; Roland u. Kleinschmit 1998; Ruthven 1984)
- Gewinnung von para-Xylol (Broughton 1961; Roland u. Kleinschmit 1998, Ruthven 1984)
- Chromatographische Stofftrennungen z.B. von Enantiomeren, Zuckern, Vitaminen und Pharmazeutika (Ganetsos u. Baker 1992; Keller 1995; Roland u. Kleinschmit 1998; Schulte et al. 1997)

Wie diese Auflistung zeigt, sind die Anwendungen sowohl in der Produktaufbereitung als auch in der Aufbereitung von Emissionsströmen zu finden.

7.1.3 Industrielle Randbedingungen

Wie in der Gasphase ist die Adsorption in der Flüssigphase nicht das einzige Verfahren, um gelöste Stoffe aus Flüssigkeitsströmen zu entfernen. Je nach Problemstellung sind Randbedingungen zu beachten, die für oder gegen ein Adsorptionsverfahren oder eine Kombination mit anderen Verfahrenstechniken sprechen. Auch hier ist der erste Schritt die *Klärung der absoluten Randbedingungen*. Dazu muss das Problem zunächst klar definiert werden:

- Soll der Flüssigkeitsstrom lediglich vom Adsorptiv befreit werden?
- Soll das Adsorptiv als Wertprodukt wiedergewonnen werden?
- Soll ein Stoffgemisch getrennt werden?

Daraus resultieren erste Aussagen bezüglich der Endkonzentration und der Volumenströme:

1. Bei der adsorptiven Reinigung eines Flüssigkeitsstromes, bei dem der Flüssigkeitsstrom als Wertprodukt vorliegt, bestimmt sich die Endkonzentration entweder über Qualitätsspezifikationen und -normen, wie z.B. die USP24 zur Qualitätskontrolle von Reinstwasser und Wasser für Injektionszwecke in der pharmazeutischen Industrie (Pust 2000; Wichmann 2000), oder über gesetzliche Grenzwerte. So werden z.B. in der Trinkwasserverordnung (Aurand 1991) neben sensorischen (Färbung, Trübung, Geruch) und physikalisch-chemischen Kenngrößen (Temperatur, pH-Wert, Leitfähigkeit, Oxidierbarkeit) auch Grenzwerte für chemische Stoffe angegeben. In Tabelle 7.1 ist ein Auszug für die Grenzwerte einiger Fremdstoffe in Trinkwasser gegeben (Aurand 1991).

Tabelle 7.1. Grenzwerte für Fremdstoffe in Trinkwasser aus Anhang 2 und 4 der Trinkwasserverordnung vom 12.12.1990 (Aurand 1991)

Bezeichnung	Grenzwert [mg/l]
Arsen	0,01
Phenole	0,0005
Phosphor	6,7
Gelöste oder emulgierte Kohlenwasserstoffe, Mineralöle	0,01
Oberflächenaktive Stoffe	0,2
Organische Chlorverbindungen (1,1,1-Trichlorethan, Trichlorethen, Tetrachlorethen, Dichlormethan)	0,01
Polycyclische aromatische Kohlenwasserstoffe (Fluoranthen, Benzo-(b)-Fluoranthen, Benzo-(k)-Fluoranthen, Benzo-(a)-Pyren, Benzo-(ghi)-Perylen, Indeno-(1,2,3-cd)-Pyren)	0,0002

Tabelle 7.2. Mindestanforderungen für organische Summenparameter bei der Indirekteinleitung nach §7a des Wasserhaushaltgesetzes (Wasserhaushaltgesetz 1996)

Abwasser aus:	CSB [mg O_2/l]	BSB_5 [mg O_2/l]	Phenolindex [mg/l]	Kohlenwasserstoffe [mg/l]
Mälzereien	110	25	-	-
Herstellung von Kohlenwasserstoffen	120	25	0,15	2
Mineralölhaltiges Abwasser	-	-	-	20
Erdölverarbeitung	80	25	0,15	2
Herstellung von Alkohol und alkoholischen Getränken	110	25	-	-
Oberirdische Ablagerung von Abfällen	200	20	-	10

CSB chemischer Sauerstoffbedarf, *BSB_5* biochemischer Sauerstoffbedarf nach 5 Tagen

2. Soll ein Recyclestrom adsorptiv gereinigt werden, wie z.b. bei der Prozesswasseraufbereitung, wird die Endkonzentration nach dem Adsorber durch die Störgrenzkonzentration definiert. Diese Konzentration gibt an, wie viele Fremdmoleküle in einem Flüssigkeitsstrom noch enthalten sein dürfen, ohne dass es zu einer Beeinflussung des Prozesses kommt (Fischwasser u. Schwarz 1995).
3. Wird die Adsorption als end-of-pipe-Technologie angewendet, um einen Flüssigkeitsstrom aufzubereiten, wie z.B. bei der Abwasseraufbereitung, so wird die Austrittskonzentration des Adsorbers durch gesetzlich festgelegte Grenzwerte vorgegeben. Den gesetzlichen Rahmen für die Direkt- und Indirekteinleitung in ein Gewässer legt das Wasserhaushaltsgesetz (WHG) fest (Tabelle 7.2).

Nach §7a werden für bestimmte Industriezweige Mindestanforderungen an das Abwasser gestellt (Lohaus 1999; Ludwig 1987). Aus Tabelle 7.2, in der für einige Industriezweige Eckdaten aufgelistet sind, wird ersichtlich, dass bei der Abwasseraufbereitung für die Erfassung von organischen Inhaltsstoffen überwiegend mit Summenparametern gearbeitet wird:

- Der CSB (chemischer Sauerstoffbedarf) ist die Menge Sauerstoff, die zur vollständigen Oxidation der Inhaltsstoffe zu CO_2 und H_2O benötigt wird. Dabei werden auch schweroxidierbare Stoffe umgesetzt. Der CSB wird als volumenbezogene Masse an Sauerstoff gemessen, die der Masse an Kaliumdichromat äquivalent ist, welche unter definierten Bedingungen mit den im Wasser enthaltenen oxidierbaren Stoffen reagiert (Ries 1996; Weingärtner et al. 2001).
- Der BSB (biochemischer Sauerstoffbedarf) ist die Menge Sauerstoff, die Mikroorganismen für den Abbau von organischen Stoffen bei 20°C benötigen. Dieser Abbau benötigt in der Regel 20 Tage. Der BSB_n wird als volumenbezogene Masse an Sauerstoff bestimmt, die für den aeroben Abbau der in einem Liter Probewasser enthaltenen biochemisch oxidierbaren Inhalts-

7.1 Technische Problemstellung bei der Flüssigphasen-Adsorption 253

stoffe in n Tagen bei der Stoffwechseltätigkeit von einer entsprechenden Mikrobiozönose bei 20 °C summarisch verbraucht wird. Als Messwert wird meist der BSB_5 verwendet, der einen ca. 70 %igen Abbau repräsentiert und zur Oxidation aller leicht oxidierbarer Verbindungen ausreicht. Ist ein Abwasser schwer abbaubar, so weist es ein hohes BSB_5:CSB-Verhältnis auf (Ries 1996; Weingärtner et al. 2001).

- Der Sauerstoffzufuhrfaktor (α-Zahl oder α-Faktor) gibt den Quotienten aus dem Sauerstoffzufuhrvermögen des Abwassers und demjenigen des Reinwassers an (Ries 1996).
- Der TOC (Total Organic Carbon) liefert eine summarische Bestimmung der Kohlenstoffverbindungen im Abwasser in mg Kohlenstoff/l (Ries 1996). Er wird über Oxidation mit Peroxodisulfat und UV-Bestrahlung bei ca. 60°C aus der entstehenden CO_2-Menge bestimmt (Weingärtner et al. 2001).
- Der DOC (Dissolved Organic Carbon) liefert den summarischen Wert des gelösten Kohlenstoffs in mg Kohlenstoff/l und wird meistens nach einer Membranfiltration mit einer Porengröße von 45 µm wie der TOC-Wert bestimmt (Weingärtner et al. 2001).
- Im Abwasser enthaltene organisch gebundene Halogenverbindungen werden durch den Summenparameter AOX (adsorbierbare organisch gebundene Halogenverbindungen) bestimmt (Ries 1996; Weingärtner et al. 2001).
- Extrahierbare organisch gebundene Halogenverbindungen werden durch den Parameter EOX erfasst (Ries 1996; Weingärtner et al. 2001).
- Der Phenolindex ist der Summenparameter für leichtflüchtige Phenole und phenolartige Substanzen (Ludwig 1986; Wasserhaushaltsgesetz 1996).
- Ergänzend werden bei einigen Industrieabwässern Grenzwerte für Metalle angegeben (Ludwig 1986; Wasserhaushaltsgesetz 1996).

4. Liegt das Adsorptiv in einem Prozess als Wertprodukt vor, so ergibt sich die Ausgangskonzentration aus dem Adsorber aus wirtschaftlichen Betrachtungen bezüglich der Adsorberdimensionen, Betriebskosten, Volumenströme und Materialien (Cornel 1991; Fox 1985).
5. Bei chromatographischen Trennungen von Stoffgemischen wird die Reinheit der Produkte von Qualitätsspezifikationen oder gesetzlich festgelegten Mindestanforderungen, wie z.B. vom US Food And Drug Administration (FDA), bestimmt.

Der zweite Schritt ist die *Auswahl eines geeigneten Verfahrens*. Analog zur Gasphase gibt es in der Flüssigphase alternative Verfahren zur Adsorption. Je nach Anwendungsfall kommen verschiedene Konkurrenzverfahren in Betracht.

Als Beispiel sei an dieser Stelle die Wasseraufarbeitung genannt. Tabelle 7.3 gibt eine Übersicht über verschiedene biologische und physikalisch-chemische Verfahren sowie deren Eignung für die Entfernung bzw. Vernichtung verschiedener Verunreinigungen wieder (Weber 1999).

Tabelle 7.3. Biologische und physikalische-chemische Wasserbehandlung (Weber 1999)

Verunreinigung	Behandlungsverfahren					
	AN/A	M	COx	GAC	AP	MF/UF	UO
Gelöste Feststoffe			+				+
Suspendierte Feststoffe	+	+				+	
BSB	+	+		+		+	+
Pathogene			+			+	+
Nicht-VOCs	+	+		+	+		+
VOCs	+	+	+	+	+		+
Metalle	+			(+)	(+)		+

AN/A Anaerob/Aerob, *AP* Adsorption mit Adsorberpolymeren, *BSB* biochemischer Sauerstoffbedarf, *COx* chemische Oxidation, *GAC* Adsorption mit granulierter Aktivkohle, *M* Membranfiltration, *MF/UF* Mikro-/Ultrafiltration, *UO* Umkehrosmose, *VOC* flüchtige Kohlenwasserstoffe

Tabelle 7.4. Verfahren zur Aufbereitung organisch belasteter Abwässer (Ludwig 1987)

Verfahrensart	Einsatzschwerpunkte	Anwendungseinschränkungen
BA		
- aerob	Aufbereitung von kommunalem und mittel bis stärker belastetem industriellen Abwasser	- sehr hoch belastete Industrieabwässer - sehr hoher Reinigungsgrad gefordert - schlechte Abbaubarkeit - Hemmstoffe vorhanden
- anaerob	hochbelastete Abwässer vorzugsweise der Nahrungs- und Genussmittelindustrie	- komplexes Abwasser mit stark schwankenden Inhaltsstoffen - Hemmstoffe vorhanden - keine Biogasnutzung möglich
PCA		
- Fällung, Flockung, Filtration, Sedimentation, Flotation	- Abtrennung spezifischer Abwasserinhaltsstoffe - Vorreinigung vor Kanaleinleitung oder biologischer Aufbereitung - Nachaufbereitung	- bei hoher organischer Belastung - hoher Reinigungsgrad für CSB und BSB gefordert - hoher Fäll- + Flockungsmittelverbrauch - Aufsalzung unerwünscht
- Strippen	Entfernung wasserdampf- oder luftflüchtiger organischer Stoffe	- erhöhte Wasserlöslichkeit und hoher Dampfdruck organischer Substanzen - Problemverlagerung vom Abwasser zur Abluft
- Oxidation - Chemikalien und Ozon	Aufbereitung von Industrieabwässern, die - organisch hoch belastet sind - biologisch schwer abbaubare Substanzen enthalten - in relativ geringen Mengen anfallen	- hohe Betriebskosten - Erzeugung von Schadstoffen als Nebenprodukt (z.B. bei Chlor)
- Nassoxidation mit Luft		- hohe Betriebskosten - Werkstoffprobleme - evtl. notwendige Nachreinigung

Tabelle 7.4. (Fortsetzung)

Verfahrensart	Einsatzschwerpunkte	Anwendungseinschränkungen
Adsorption - Aktivkohle - Spezialadsorbens **Ionenaustausch**	- Aufbereitung spezifischer Industrieabwässer mit geringer oder mittlerer organischer Belastung - Rückgewinnung spezifischer Inhaltsstoffe - Endreinigungsverfahren nach physikalisch-chemischer oder biologischer Aufbereitung	- hohe organische Belastung bei geringer Beladungskapazität - niedrige Beladung und schlechter Reinigungsgrad durch Verdrängungseffekte, z. B. durch Humminstoffe und schlechte Adsorbierbarkeit - eingeschränkte Regenerierbarkeit durch - irreversible Verblockung - Verlagerung des Abwasserproblems zum Regenerationskonzentrat
MV - Ultrafiltration	- Aufbereitung organisch hochbelasteter Prozesslösungen und Abwasser durch Abtrennung hochmolekularer und emulgierter org. Inhaltsstoffe	- Bildung nicht entfernbarer Membranbelegung (Fouling + Scaling) - chemische und thermische Beeinflussung der Membran
- Umkehrosmose	- Aufbereitung und Entsalzung organisch belasteter Abwässer zur Ableitung oder Kreislaufführung - Entsalzung nach physikalischer oder biologischer Aufbereitung	- Bildung nicht entfernbarer Membranbelegung (Fouling + Scaling) - chemische und thermische Beeinflussung der Membran - zu hoher Salzgehalt des Abwassers - hohe Betriebskosten (aus Energieverbrauch und Investitionskosten)
- Elektrodialyse	- Abtrennung und Rückgewinnung ionogener organischer Inhaltsstoffe - Entsalzung nach physikalischer oder biologischer Aufbereitung	
Extraktion	- Abtrennung oder Rückgewinnung spezifischer Inhaltsstoffe aus org. hochbelasteten Abwässern oder Prozesslösungen, die in relativ geringen Mengen anfallen	- schwierige Aufbereitung der Extraktphase - erhöhte Restlöslichkeit des Extraktionsmittels - schlechte Phasentrennung durch Störstoffe - hohe Betriebskosten

BA biologische Aufarbeitung, *MV* Membranverfahren, *PCA* physikalisch-chemische Aufarbeitung

Ausgehend von der Art des zu behandelnden Wassers und dessen Zusammensetzung müssen geeignete Verfahren unter Beachtung der spezifischen Vor- und Nachteile ausgewählt werden. Dabei muss auf Erfahrungen bezüglich der jeweiligen Einsatzschwerpunkte und anwendungseinschränkenden Bedingungen zurückgegriffen werden (Ludwig 1986; Weber 1999). Tabelle 7.4 gibt Erfahrungswerte bei der Aufbereitung organisch belasteter Abwässer und Schlämme an.

In der Regel reicht ein einziges Verfahren nicht aus, um Abwasser entsprechend den geforderten Grenzwerten aufzubereiten. Vielmehr ist, abhängig von der Art des Abwassers und seiner Zusammensetzung, eine Verknüpfung mehrerer Behandlungstechnologien notwendig. Hierbei ist eine Vielzahl von Verfahrensketten möglich (Ludwig 1986; Mann 1999; Weber 1999).

Bei der Direkteinleitung in ein Gewässer ist generell zu überlegen, ob eine nachgeschaltete Filtration oder Adsorption zur sicheren Einhaltung der Überwachungswerte für suspendierte Schwebstoffe und restlicher organischer Belastung angebracht ist, um eine zusätzliche Umwelt- und Betriebssicherheit zu gewährleisten (Ludwig 1987).

7.2 Bauformen der Adsorber

Für Adsorptionsverfahren in der Flüssigphase existieren verschiedene Ausführungsformen. Man unterscheidet:

- Festbetten,
- Rührkessel-Adsorber,
- Pulverkohledosierungsverfahren,
- bewegte Adsorberbetten,
- Wirbelschichten und Schwebebetten,
- Karusseladsorber und
- Adsorberbetten mit simulierter Gegenstromführung (SMB – Simulated Moving Bed).

Die spezifischen Anwendungsfelder der einzelnen Bauformen werden in den folgenden Abschnitten diskutiert.

7.2.1 Festbett-Adsorber

Die einfachste und am häufigsten angewendete Ausführung eines Flüssigphasenadsorbers ist das Festbett, das häufig auch als Adsorptionsfilter bezeichnet wird. Bei diesem halbkontinuierlichen Prozess wird der Filter zunächst von der zu reinigenden Lösung durchströmt, wobei die Adsorptivmoleküle adsorbieren. Die erreichbare Beladung steht immer im Gleichgewicht zur Eingangskonzentration. Die Adsorption verläuft in einer durch den Adsorber wandernden Adsorptionszone (auch MÜZ: Massenübergangszone). Ist die Kapazität des Adsorbers erreicht, steigt die Konzentration in der Ausgangslösung an. Dieser Zeitpunkt wird als Durchbruch bezeichnet (vergl. Abschn. 3.3). Bei Erreichen der vorgegebenen Durchbruchskonzentration muss der Adsorber außer Betrieb genommen werden, damit das Adsorbens regeneriert oder gewechselt werden kann (Kümmel u. Worch 1990; Sontheimer et al. 1985; Worch 1992). Der Konzentrationsverlauf am Austritt eines Festbett-Adsorbers ist in Abb. 7.1 dargestellt (DVGW 1991).

7.2 Bauformen der Adsorber

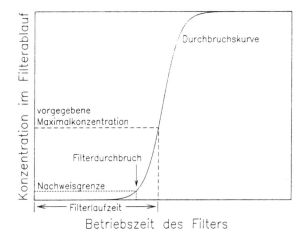

Abb. 7.1. Schematische Darstellung einer Durchbruchskurve (DVGW 1991)

Tabelle 7.5. Eigenschaften verschiedener Festbett-Adsorber-Bautypen (Chemviron 1999)

	offener Schwerkraftadsorber	Druckadsorber
Anlagengröße	größere Anlagen	kleinere Anlagen
Durchströmgeschwindigkeit	5–15 m/h	5–25 m/h
Austausch des Adsorbens	äußerst schwierig	einfach
Druckverlust	begrenzt	groß
Sichtkontrolle	gut	schlecht

Festbett-Adsorber kommen in der Regel als aus Beton hergestellte Schwerkraftadsorber oder als Druckadsorber aus Stahl zur Anwendung. Einige bei der Auswahl zu berücksichtigende Gesichtspunkte sind in Tabelle 7.5 zusammengefasst.

Offene Schwerkraftadsorber

Offene Schwerkraftadsorber bzw. Betonfilter werden aufgrund ihrer niedrigen Investitionskosten überwiegend bei großen Durchsatzleistungen verwendet (Sontheimer et al. 1985). Dies ist vor allem bei der Trinkwasser- und Abwasseraufbereitung der Fall (Stenzel 1993). Zwei verschiedene Ausführungsformen sind in Abb. 7.2 dargestellt; neben diesen rechteckigen sind auch runde Bauformen von Schwerkraftadsorber üblich (DIN 19605).

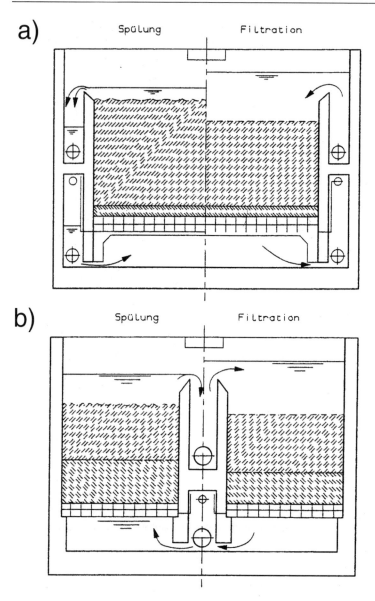

Abb. 7.2. Offene Schwerkraftadsorber mit Düsenboden (**a**) mit zwei Rinnen (**b**) mit einer Mittelrinne (DIN 19605)

In Abb. 7.3 sind zwei verschiedene Optionen für die Integration eines Aktivkohlefilters in eine Oberflächenwasseraufbereitungsanlage dargestellt:

- Einerseits werden Aktivkohlefilter zur **Sekundärreinigung** (Option 1) im Anschluss an die Sandfiltration installiert. In diesem Fall dienen sie ausschließlich zum Zweck der Adsorption (Chemviron 1999).
- Andererseits können Adsorber zur **Primärreinigung** (Option 2) angewendet werden, wobei der Adsorber direkt im Anschluss an die erste Klärstufe installiert und für die Adsorption sowie Filtrierung eingesetzt wird.
Dies ist aufgrund der guten Filtereigenschaften von Kornaktivkohle möglich (Chemviron 1999). Bei diesen Filtern beträgt die Kontaktzeit 3–9 Minuten, weshalb sie auch nur limitiert einsetzbar sind, z.B. für Geschmacks- und Geruchsentfernung und als Sicherheitsfilter (Weingärtner et al. 2001)

Beim Adsorptionsvorgang fließt das zu reinigende Wasser durch seitlich oder mittig angeordnete Rinnen von oben in den Adsorber. Aufgrund der Schwerkraft durchströmt es die 0,8–2 m hohe Aktivkohleschicht und verlässt den Adsorber nach einer Kontaktzeit von 10–30 Minuten durch einen Düsenboden, der einen gleichmäßigen Abfluss des gereinigten Wassers gewährleistet.

Die Maße der Filterfläche eines einzelnen Adsorbers berechnen sich aus dem aufzubereitenden Volumenstrom (vergl. Abschn. 7.3) und sind nur durch die technischen Möglichkeiten der Herstellung und des Betriebes eingeschränkt. Bei allen Anlagen sollte die Gesamtfläche im Hinblick auf die Betriebssicherheit, das benötigte Spülwasservolumen sowie den Volumenstrom beim Spülen auf mehrere Einheiten gleicher Größe aufgeteilt werden. Regellängen liegen bei rechteckigen Filtern zwischen 5–30 m und der maximale Abstand von Spülrinne zu Spülrinne bei ca. 6 m. Bei Rundfiltern beträgt der maximale Durchmesser ca. 6 m (DIN 19605).

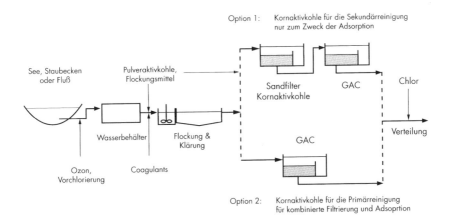

Abb. 7.3. Optionen für die Platzierung der Adsorber in einer typischen Oberflächenwasseraufbereitungsanlage (Chemviron 1999)

Bei einigen Anwendungsfällen kann eine Rückspülung des Aktivkohlebettes während des Betriebes erforderlich werden, wenn es aufgrund von Ablagerungen abfiltrierter Stoffe zu einem erhöhten Druckverlust kommt. Die Häufigkeit der Rückspülungen ist abhängig von der Trübung des Zulaufs und dem Durchsatz des Adsorbers. So kann ein Adsorber, der qualitativ hochwertiges Trinkwasser aufbereitet, einmal im Monat rückgespült werden, während die Rückspülung bei einem Adsorber, der als Primärfilter arbeitet, mehrmals pro Woche erforderlich ist (Chemviron 1999). Abhängig von der scheinbaren Dichte der Aktivkohle genügt eine Rückspülung mit Wassergeschwindigkeiten von 25–35 m/h (Sontheimer et al. 1985), wobei ein Rückspülvorgang in der Regel 10–15 Minuten dauert. Üblich ist eine Rückspülung mit Wasser; auf Luftrückspülung sollte aufgrund des verstärkten Abriebs der Aktivkohle verzichtet werden (Chemviron 1999). Bei der Rückspülung stellt der Düsenboden eine gleichmäßige Wasserverteilung im Adsorber sicher. Zum Erzielen einer guten Spülwirkung sollen möglichst viele Filterdüsen eingebaut werden (mindestens 64 Stück pro m²). Bei der Auslegung des Adsorbers ist darauf zu achten, dass die Freibordhöhe (Abstand der Oberfläche der Aktivkohle zur Oberkante der Rinnen) so bemessen ist, dass bei der gewählten Spülgeschwindigkeit keine Aktivkohle über die Rinnen ausgetragen wird (DIN 19605).

Die erschöpfte Aktivkohle kann mittels Ejektoren ausgeräumt werden, wobei pro Stunde ca. 10 m³ entfernt werden können (v.Kienle 1999).

Eine weitere Anwendung der Aktivkohleadsorption in der Wasseraufbereitung stellen Kornaktivkohle-Sandwichfilter da. Hierbei wird eine 5–15 cm breite Aktivkohleschicht zwischen den Sandschichten eines bestehenden langsamen Sandfilters (Filtergeschwindigkeit nach DIN 19605 beträgt 0,05–0,7 m/h) eingebracht (Chemviron 1999; Schalekamp 1975). Diese Technologie lässt sich zur Entfernung von Pestiziden, Geruchs- und Geschmacksstoffen und der Verringerung von Desinfektionsnebenprodukten anwenden. Durch die längeren Kontaktzeiten (aufgrund der niedrigen Filtergeschwindigkeiten) werden Wirtschaftlichkeit und Leistungsfähigkeit der Aktivkohle gesteigert. Dieses Verfahren wurde von Thames Water entwickelt und wird gegenwärtig z.B. eingesetzt, um die mehr als $2 \cdot 10^6$ m³/d Trinkwasser der Londoner Innenstadt aufzubereiten (Chemviron 1999).

Druckadsorber

Für industrielle Wasseraufbereitungs- und Prozessstromaufbereitungen sind Druckfilter die häufigste Variante. Hierbei befindet sich das Adsorbens auf einem Stützblech oder Filterboden in einer aus Stahl ausgeführten Kolonne. Meistens wird die Flüssigkeit von oben mit einer Leerrohrgeschwindigkeit von 1–10 m/h zugeführt und strömt unten aus dem Adsorber aus, so dass Verwirbelungen vermieden werden und somit wenig Feststoffaustragungen im Festbett auftreten (Sontheimer et al. 1985; Stenzel 1993).

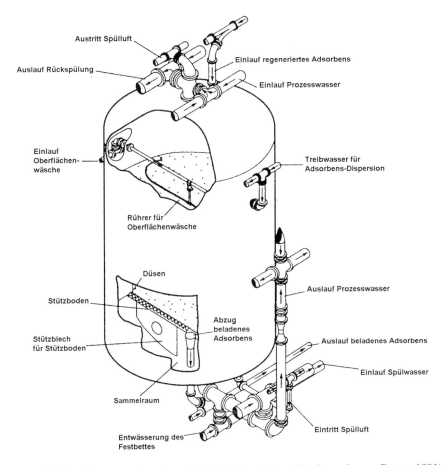

Abb. 7.4. Geschlossener einstufiger Aktivkohledruckfilter (Tchobanoglous u. Burton 1991)

In Abb. 7.4 ist ein aus korrosionsgeschütztem Stahl hergestellter, unter Druck betriebener Aktivkohlefilter dargestellt (Tchobanoglous u. Burton 1991). Die Flüssigkeit ist vorzugsweise mittels eines Distributors oberhalb der Adsorbensschicht in den Adsorber einzuführen. Damit soll eine möglichst gleichmäßige Flüssigkeitsverteilung erreicht werden, um zu gewährleisten, dass alle Bereiche des Adsorbers effektiv von der Lösung durchströmt werden und eine effektive Ausnutzung des Adsorbers vorliegt. Übliche Distributoren sind z.B. poröse Platten, Düsen- und Filterböden sowie radiale Rohrmodule (Fox u. Kennedy 1985). Da Distributoren im Verhältnis zur übrigen Adsorberkolonne sehr teuer sind (Fox u. Kennedy 1985), wird bei Einsatz günstiger Adsorbentien auf Distributoren wie in Abb. 7.4 verzichtet (Stenzel 1993).

Vor allem bei der Verwendung von Adsorberpolymeren besteht die Möglichkeit, das Adsorbens durch organische Lösemittel oder pH-Wert-Verschiebung zu regenerieren (Abschn. 5.3.2). Je nach Stromführung des Desorbens unterscheidet man zwischen Gleichstrom- und Gegenstromregeneration:

1. Am häufigsten wird die Gleichstromregeneration angewendet, bei der sowohl das Feed während des Adsorptionszyklus als auch das Desorbens während der Regenerierungsphase die Kolonne abwärts durchströmen. Diese Verfahrensführung benötigt keine großen Investitionskosten, ist einfach zu handhaben sowie zu steuern und erfordert keine hohen Wartungskosten. Durch die Gleichstromführung unterliegt das Adsorbens keinen großen Reibungskräften, wodurch es kaum zu Abrieb kommt (Fox u. Kennedy 1985).
Diese Prozessführung hat jedoch verfahrenstechnische Nachteile. In Abb. 7.5 sind die Konzentrationsprofile in der Kolonne während der Beladung und der Regeneration im Gleich- sowie im Gegenstrom dargestellt. Es wird deutlich, dass bei der Gleichstromfahrweise das frische Desorbens zunächst durch die am stärksten beladenen Bereiche des Adsorbers strömt. Dabei muss das am Desorbenseintritt desorbierte Adsorptiv durch das gesamte Festbett (und durch nicht stark beladene Bereiche) wandern, bevor es den Adsorber verlässt (Fox u. Kennedy 1985).
2. Dieser Nachteil wird bei der Gegenstromführung von Feed und Desorbens umgangen. Hierbei kommt ein schon desorbierter Bereich des Festbettes nicht mehr mit hochkonzentriertem Regenerat in Berührung. Dadurch wird weniger Desorbens benötigt und es findet eine stärkere Aufkonzentrierung des Adsorptivs im Regenerat statt, was zu einer effektiveren Fahrweise des Adsorbers beiträgt. Für diese Verfahrensvariante sind jedoch aufgrund des zusätzlichen technischen Aufwandes die Investitionskosten höher als bei der Gleichstromregeneration (Fox u. Kennedy 1985).

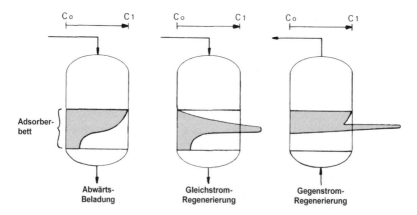

Abb. 7.5. Konzentrationsprofile während der Beladung (links) und der Desorption sowohl im Gleichstrom (Mitte) als auch im Gegenstrom (rechts) (Fox u. Kennedy 1985)

Wie in Abschn. 5.3 beschrieben, wird ein Adsorber nach jedem Regenerationsvorgang wenigstens 10 Minuten lang rückgespült, um Luftblasen und Feinkornanteile aus dem Bett zu entfernen. Hierzu muss ein ausreichender Rückspülraum oberhalb der Adsorbensschüttung eingeplant werden, so dass sich ein Wirbelbett aus Adsorbenspartikeln bilden kann. Daher sind bei Aktivkohlefiltern ca. 30 % und bei Adsorberpolymerbetten ca. 80–100 % Rückspülraum einzuplanen, da sonst eine vollständige Säuberung des Adsorbers nicht gewährleistet werden kann (Fox u. Kennedy 1985).

Während des Absetzvorganges der Adsorbenspartikel nach dem Rückspülvorgang lagern sich auf dem Stützblech die großen, schnell absinkenden Partikel und weiter oben im Filter die kleineren Partikel ab. Dies führt dazu, dass im oberen Bereich des Bettes effektiver adsorbiert wird, weil hier die Diffusionswege in den Partikeln kleiner sind. Da der Stofftransport vor allem am Adsorberausgang effektiv sein muss, um dort einen möglichst scharfen Durchbruch zu erhalten, kann es deshalb günstiger sein, das Feed von unten nach oben durch den Adsorber zu fördern, um die Adsorberkapazität besser auszunutzen. Da zusätzlich die hydraulischen Gegebenheiten des Stoffsystems in Betracht gezogen werden müssen, wird diese Prozessvariante aufgrund der schwierigen Fahrweise und Auslegung nicht häufig angewendet. Bei stark korndiffusions-limitierten Adsorptionsprozessen kann diese Verfahrensführung jedoch erhebliche Vorteile bringen (Fox u. Kennedy 1985).

Bei Adsorbern, die nicht on line regeneriert werden, muss das beladene Adsorbens aus dem Adsorber entfernt und frisches Adsorbens hinein befördert werden. Hierzu sind an der Ober- und Unterseite des Adsorbers Stutzen angebracht, wie in Abb. 7.4. zu sehen ist. Zum Entleeren wird der Adsorber mit Wasser oder Luft unter Druck gesetzt, wodurch das Adsorbens den Adsorber an der Unterseite als Adsorbens-Wasser-Gemisch verlässt (Stenzel 1993). Mit geeigneten Drainagerohren lassen sich 40 m³ erschöpfte Aktivkohle pro Stunde in Transportfahrzeuge aus dem Adsorber fördern (v.Kienle 1999). Befüllt wird der Adsorber mit einem Zwei-Phasen-Gemisch aus Wasser und Adsorbens von oben (Stenzel 1993).

Eine andere Möglichkeit ist der Komplettaustausch des gesamten Adsorbers. So bieten diverse Aktivkohleanbieter Leih- oder Leasingadsorber einschließlich einem Regenerierungsservice oder mobile Adsorber für Notfälle an (CarboTech 1997, 2001; Chemviron 1997, 1998, 2001; NORIT 2001).

Korrosion kann durch die zu reinigende Lösung sowie das eingesetzte Adsorbens hervorgerufen werden. Während Adsorberpolymere inert sind, wirkt Aktivkohle korrosiv (Fox u. Kennedy 1985). Auftretende Korrosionsprobleme können durch Verwendung von Edelstahl, geeigneten Anstrichen bzw. Gummierungen oder kathodischem Schutz umgangen werden (DVGW 1991; Sontheimer et al. 1985; Stenzel 1993). Gelegentlich finden auch Adsorber aus glasfaserverstärkten Kunststoffen oder aus Polypropylen Anwendung (v.Kienle 1999).

Schaltung von Festbett-Adsorbern

Wie bereits in Kapitel 3 gezeigt, kann in einem Festbett-Adsorber nicht die Gleichgewichtsbeladung sondern lediglich die Durchbruchsbeladung genutzt werden. Der Anteil an ungenutzter Adsorbenskapazität wird zum einen von der Durchbruchskonzentration und zum anderen von der Länge der Massenübergangszone bestimmt. Daher werden Festbett-Adsorber entweder parallel oder in Reihe betrieben (Kümmel u. Worch 1990; Sontheimer et al. 1985):

1. Bei der Reihenschaltung werden die Adsorber so hintereinander geschaltet, dass sich die Adsorber in verschiedenen Beladungszuständen befinden. Durch diese Stromführung kann der erste Adsorber bis zur Gleichgewichtsbeladung beladen werden, da der zweite Adsorber noch unbeladen ist und die restlichen Adsorptivmoleküle adsorbiert, wie an den Konzentrationsverläufen in Abb. 7.6 schematisch dargestellt ist (Kümmel u. Worch 1990; Sontheimer et al. 1985). In Abb. 7.7 ist ein Photo von drei in Serie geschalteten Festbetten aus Aktivkohle zur Aufbereitung von 10.000 m³/h Trinkwasser abgebildet (Chemviron 2000).
2. In einigen Fällen werden Adsorber mit mehreren Adsorbensschichten gebaut, bei denen die einzelnen Schichten nacheinander durchströmt werden. Diese stellen somit ebenfalls eine Serienschaltung dar. Eine solche Ausführung ist in Abb. 7.8 gezeigt (Wirth 1972). Die beiden Schichten haben im Allgemeinen verschiedene Funktionen. Während z.B. in der Abwassertechnik die obere Schicht der Entfernung von Chlor und Mangan sowie der Feststoff-Filtration dient, findet in der unteren Schicht die Abtrennung gelöster Stoffe statt (Poggenburg 1975, 1978; Sontheimer et al. 1985).
3. Bei der Parallelschaltung (Abb. 7.9) wird der zu reinigende Flüssigkeitsstrom aufgeteilt. Die Teilströme passieren jeweils einen Adsorber, wobei sich die einzelnen Adsorberbetten in verschiedenen Beladungszuständen befinden. Die Adsorberabläufe werden miteinander vermischt, wodurch sich die Ablaufkonzentration der gesamten Adsorberanlage aus dem Mittel der einzelnen Konzentrationen ergibt. Somit kann ein beladener Adsorber bis zu einer höheren Ablaufkonzentrationen betrieben werden, da dies durch die konzentrationsfreien Abläufe der/des anderen Adsorber(s) kompensiert wird (Kümmel u. Worch 1990; Sontheimer et al. 1985). Außerdem bedeutet dies eine gleichmäßige Mischwasserqualität und stellt eine zusätzliche Sicherheit dar (DVGW 1991). Dieses Verfahren wird besonders bei langgezogenen Massenübergangszonen angewendet (v.Kienle 1999).

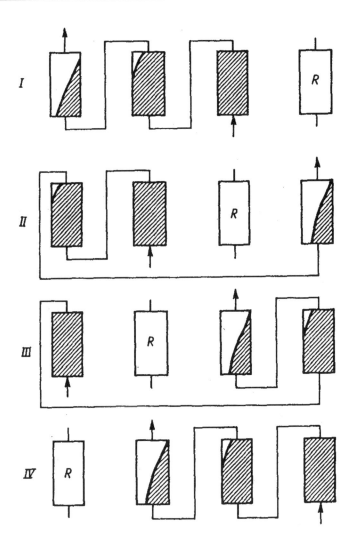

Abb. 7.6. Konzentrationsverlauf zu verschiedenen Zykluszeiten bei Betrieb von vier Adsorbern, von denen jeweils drei in Reihe geschaltet sind und einer regeneriert wird (Kümmel u. Worch 1990)

266   7 Industrielle Flüssigphasen-Adsorptions-Prozesse

Abb. 7.7. Festbett-Adsorber zur Aufbereitung von 10.000 m³/h Trinkwasser (Chemviron 2000)

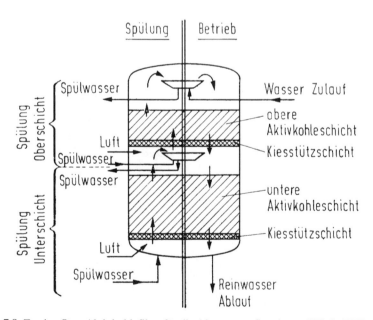

Abb. 7.8. Zweistufiger Aktivkohlefilter für die Abwasseraufbereitung (Wirth 1972)

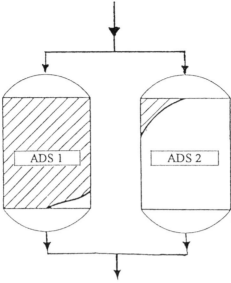

Mischabwasser der beiden zeitversetzt
betriebenen Adsorber entspricht Einleitbedingungen

Abb. 7.9. Parallelschaltung von zwei Festbett-Adsorbern, wobei die Ströme, die die Adsorber verlassen, vermischt werden (Küster u. Ahring 1965)

Tabelle 7.6. Vor- und Nachteile von Festbett-Adsorbern (Chemviron 1999; Sontheimer et al. 1985; Worch 1992)

Vorteile	Nachteile
- gute Ausnutzung der Adsorbenskapazität - hohe Triebkraft des Stofftransportes - gute Reinigungsleistung auch bei schwankenden Konzentrationen: adsorbierbare Stoffe werden bis zum Durchbruch vollständig zurückgehalten - zusätzliche Abscheidung von Trübstoffen - keine Belastung des ablaufenden Wassers durch Feststoffe - gute Regenerierbarkeit, dadurch Anwendung hochwertiger Adsorbentien - einfach zu betreibende Anlagen - keine ständige Wartung	- hohe Investitionskosten im Vergleich zu Pulverkohledosierungsverfahren, da meistens mehrere Adsorber notwendig sind - an der Adsorption nimmt nur der Abschnitt des Festbettes teil, der die Massenübergangszone beinhaltet - langsame Adsorptionskinetik aufgrund der größeren Korndurchmesser (im Vergleich zu Pulverkohle) - unter ungünstigen Umständen Auftreten hoher Schadstoffkonzentrationen im Ablauf durch Verdrängungsprozesse, insbesondere beim Vorhandensein unterschiedlich adsorbierbarer Stoffe

Abschließend kann gesagt werden, dass Festbettausführungen den Vorteil haben, dass sowohl die apparate- als auch die messtechnische Ausstattung sehr einfach ist. Überwacht werden müssen lediglich

- der Druckverlust im Festbett, damit sichergestellt ist, dass es nicht zu einer Verstopfung des Adsorbers kommt und
- die Ausgangskonzentration, damit die Produktspezifikationen bzw. Grenzwerte eingehalten werden (Kümmel u. Worch 1990; Sontheimer et al. 1985; Worch 1992).

Weitere Vor- und Nachteile von Festbett-Adsorbern sind in Tabelle 7.6 aufgelistet.

Beispiel: Sickerwasseraufbereitung

Um die im Wasserhaushaltsgesetz für Direkteinleitung geforderten Grenzwerte von 200 mg/l CSB (vergl. Tabelle 7.2) und 500 µm/l AOX einhalten zu können, muss das Sickerwasser der mehr als 600 Deponien in der Bundesrepublik aufbereitet werden. Die Praxis zeigt, dass in den meisten Fällen mehrere Abwasserreinigungsverfahren kombiniert werden müssen, um zu einer optimalen Lösung zu gelangen (v.Kienle 1999). Die in Frage kommenden Verfahren können in zwei Klassen unterteilt werden (Kiefer 1997):

- Verfahren, die eine Aufkonzentrierung der Inhaltsstoffe bewirken und Reststoffe produzieren. Hierzu zählen Umkehrosmose, NH_3-Strippung mit anschließender Aufkonzentrierung, Verdampfung/Trocknung oder Adsorption.
- Verfahren mit echter Stoffumwandlung, wie biologische Verfahren (Nitrifizierung/Denitrifizierung), NH_3-Strippung mit anschließender katalytischer Oxidation oder chemischer Oxidation mit H_2O_2 oder Ozon.

Eine bewährte Verfahrenskombinationen nutzt eine biologische Vorreinigung, der eine Adsorptionsstufe mit Aktivkohle nachgeschaltet ist (Kiefer 1997; v.Kienle 1999). Durch die biologische Stufe wird der CSB-Wert so stark abgesenkt, dass die Adsorptionsstufe entlastet wird. Mitunter wird sogar der erforderliche Grenzwert unterschritten. Allerdings ist es selten möglich, den AOX-Wert allein durch biologische Verfahren unter die geforderten 500 µg/l zu senken, so dass eine adsorptive Nachreinigung unabdingbar ist (v.Kienle 1999). Häufig wird vor dem Adsorber eine Ultrafiltrationsanlage eingesetzt, um Bioschlamm und große kolloide Moleküle abzutrennen und somit die Effektivität der Adsorptionsstufe zu verbessern (CarboTech 1998; Reschke 1998). Auf Basis von Simulations- und darauf aufbauenden Kostenrechnungen kann gezeigt werden, dass im Bereich niedriger CSB-Konzentrationen eine reine Adsorberkaskade die günstigere Alternative ist. Erst bei höheren Konzentrationen verschieben sich die Kosten zugunsten der Kombination aus Nanofiltration und Aktivkohleadsorption (Eltner 1998).

Typische Aufarbeitungsanforderungen sind in Tabelle 7.7 für verschiedene Deponien aufgelistet, wobei im Allgemeinen die CSB-Wette von 200 mg/l bis zu 2000 mg/l variieren (Chemviron).

Tabelle 7.7. Randbedingungen für verschiedene Adsorptionsanlagen zur Deponiesickerwasseraufbereitung (CarboTech 1998; v.Kienle 1999)

Deponie	Volumenstrom [m³/d]	CSB_{ein} [mg/l]	CSB_{aus} [mg/l]	spez. AK-Bedarf [kg/m³]	Beladung [kg_{CSB}/kg_{AK}]
1	240	150	30	1	0,12
2	250	1200	<200	4	0,28
3	125	1500	<200	7	0,20
4	80	600	<400	2	0,35
5	300	1200	<200	4	0,25

AK Aktivkohle; *CSB* Chemischer Sauerstoffbedarf

Die erforderliche Menge an Aktivkohle hängt stärker von der CSB-Adsorption als vom AOX-Wert ab, weshalb dies der entscheidende Faktor bei der Berechnung des Aktivkohlebedarfs ist (Chemviron). Als Richtwert für die Dimensionierung haben sich Kontaktzeiten von 3–5 Stunden, gelegentlich auch höher, als geeignet erwiesen. In Abb. 7.10 ist die Abhängigkeit des spezifischen Aktivkohleverbrauchs von der Kontaktzeit am Beispiel zweier Deponiesickerwässer aufgeführt (v.Kienle 1999). Diese Auftragung verdeutlicht zwei wichtige Gesichtspunkte:

- Zum einen wird das starke Optimierungspotenzial bei der Dimensionierung und Schaltung der Adsorber deutlich: Bei großen Kontaktzeiten, also langen Adsorberfestbetten, sinkt der spezifische Aktivkohlebedarf und somit die laufenden Kosten für das Adsorbens. Gegenläufig dazu sind die Pumpkosten, die aufgrund des größeren Druckverlustes in den längeren Betten ansteigen. Außerdem steigen mit größeren Adsorbern die Investitionskosten.
- Eine andere wichtige Erkenntnis ist die starke Abhängigkeit der Adsorberbauweise von den Randbedingungen. Wie in Abb. 7.10 anhand der unterschiedlichen spezifischen Aktivkohlebedarfe der Deponien A und B zu erkennen ist, können Deponiesickerwässer in weitem Umfang bezüglich Art und Konzentration der Inhaltsstoffe variieren; ähnliches gilt auch für die Zuläufe von biologisch vorgereinigtem Sickerwasser (v.Kienle 1999).

Eine Aktivkohleanlage zur Sickerwasseraufbereitung mit Aktivkohleadsorbern ist üblicherweise so aufgebaut, dass mehrere geschlossene Festbetten in Reihe geschaltet werden. Die beladene Aktivkohle aus dem ersten Filter wird mittels Injektor oder Saugwagen entweder direkt oder über einen Zwischenbehälter aus dem Filter ausgetragen, in einen Tankwagen gefüllt und einer Reaktivierungsanlage der Aktivkohlelieferanten zugeführt (CarboTech 1998; Kiefer 1997). Danach wird zum Schutz von Einbauten und Auskleidung Frischwasser im Adsorberbehälter vorgelegt und anschließend Aktivkohle als Suspension eingefüllt. Die anfangs hydrophobe Aktivkohle schwimmt zum Teil auf und ist nach Ende der Absetzzeit von ca. 12 Stunden vollständig benetzt. Nach Rückspülung mit Brauchwasser kann der Adsorber wieder in Betrieb genommen werden (CarboTech 1998).

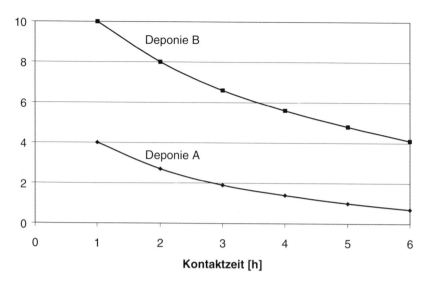

Abb. 7.10. Abhängigkeit des spezifischen Aktivkohleverbrauchs von der Kontaktzeit am Beispiel zweier Deponiesickerwässer (Werte aus v.Kienle 1999)

Kleinere Anlagen mit einem Volumenstrom von bis zu 100 m³/d könnten auch als Einzelbett betrieben werden, aus Gründen der Betriebssicherheit und zur Vermeidung von Störungen wird jedoch die zweistufige Fahrweise (Abb. 7.11) bevorzugt (v.Kienle 1999). Für größere Durchflussmengen ist die Verwendung von bis zu vier Adsorbern mit Durchmessern zwischen 2 und 3,5 m und Volumina bis max. 25 m³ üblich (CarboTech 1998), da auch nach der biologischen Vorreinigung Stoffgemische vorliegen, die durch Verdrängungsvorgänge lange Massenübergangszonen bewirken (v.Kienle 1999). In der Regel liegt die Länge der Massenübergangszone zwischen 4 und 6 m, im Einzelfall bis zu 8 m (CarboTech 1998).

Die Adsorber selbst bestehen aus glasfaserverstärktem Kunststoff mit innenliegender Chemieschutzschicht oder aus beschichtetem Stahl. Aufgrund der korrodierenden Eigenschaften der Deponiesickerwässer und der Aktivkohle hat eine ganz in Kunststoff ausgeführte Anlage Vorteile hinsichtlich ihrer Lebensdauer. Abhängig von der Art des Aktivkohletransfers sind Druckfestigkeiten von 1,5 bar (Kunststoff) bis 8 bar (Stahl) üblich. Die gesamte Verrohrung der adsorptiven Reinigungsstufe wird bei Aufstellung im Freien isoliert und begleitbeheizt (CarboTech 1998).

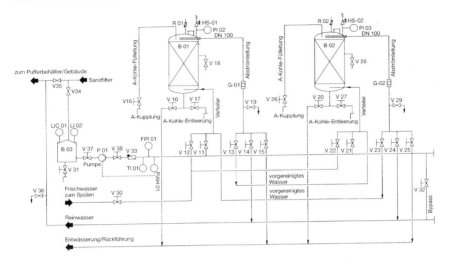

Abb. 7.11. Zweistufige Fahrweise einer Aktivkohleanlage zur Deponiesickerwasseraufbereitung (CarboTech 1998)

Abb. 7.12. Adsorberanordnung von drei Festbett-Adsorbern und einem Opferfilter (rechts) zur Deponiesickerwasseraufbereitung (CarboTech 1998)

Tabelle 7.8. Laufende Kosten für eine durchschnittliche Adsorptionsstufe zur Sickerwasseraufbereitung (CarboTech 1998)

Kostenart	Betrag (€/a)
Aktivkohlekosten (1,5 €/kg)	625.000
(Aktivkohleverbrauch: 1140 kg/d)	
sonstige Kosten	
Strom, Wartung, Wasser, Luft (10 %)	17.500
AfA (15 %/a)	26.000
Zinsen (19 %)	17.500
Summe	686.000

AfA Abschreibung für Anlagenvermögen

Aufgrund der technischen Anspruchslosigkeit der Festbett-Adsorptionstechnik liegen die Investitionskosten für eine durchschnittliche Adsorptionsanlage, bestehend aus drei Behältern (Abb. 7.12) mit einem Jahresdurchsatz von 100.000 m³ Deponiesickerwasser bei ca. 175.000 €. Der Anteil der Anlagenkosten an den jährlichen Gesamtkosten für den Betrieb der adsorptiven Reinigungsstufe liegt in den meisten Fällen unter 10 %. Der überwiegende Teil entfällt auf die Aktivkohle (s. Tabelle 7.8). Bei sehr niedrigen Volumenströmen und geringer CSB-Belastung kann der Anteil der Anlagenkosten auf 25 % ansteigen.

In Tabelle 7.8 sind beispielhaft die laufenden Kosten der Adsorptionsstufe mit drei Festbett-Adsorbern zur Sickerwasseraufbereitung von 300 m³/d der Deponie 5 aus Tabelle 7.7 berechnet. Aus dem Volumenstrom, dem CSB-Abbau im Aktivkohleadsorber und der CSB-Beladung der Aktivkohle ergibt sich bei einer angenommenen Anlagenverfügbarkeit von 95 % (z.B. wegen Aktivkohleaustausch) ein täglicher Aktivkohlebedarf von 1140 kg (CarboTech 1998).

Damit ergeben sich spezifische Reinigungskosten von ca. 6,5 €/m³, worauf allein auf die Aktivkohle 6 €/m³ entfallen (CarboTech 1998).

Beispiel: Dezentrale, adsorptive Spülwasseraufbereitung

In Spülbädern von z.B. Entfettungs- oder galvanischen Beschichtungsbädern lagern sich häufig Tenside und ähnliche organische Stoffe ab. Dies führt zu unerwünschter Schaumbildung oder Haftungsproblemen späterer Beschichtungen auf den Werkstücken. Stand der Technik sind eine kontinuierliche Verjüngung des Spülwassers mit Frischwasser, was mit hohen Abwasserkosten verbunden ist, oder die Anwendung von kostenintensiven Ultrafiltrationsanlagen. Eine Alternative stellt die Adsorption mit makroporösen Adsorberharzen dar, die hohe Beladungskapazitäten für Tenside und große organische Moleküle mit einem Molekulargewicht von 100–1000 g/mol aufweisen (Bayer 1997).

Im Folgenden wird eine Kostenbetrachtung zur nachträglichen Implementierung einer dezentralen Adsorptionskolonne mit einem Adsorberpolymer in eine vorhandene Anlage diskutiert.

Es wird eine dezentrale Behandlung gewählt, bei der der Adsorber im Bypass zur Standspüle geschaltet wird (Abb. 7.13), da sie in diesem Anwendungsfall gegenüber einer Kreislaufanlage mehrere Vorteile aufweist (Bayer 1997):

1. Da die Adsorption an der Stelle der höchsten Konzentration erfolgt, sind höhere Adsorbensbeladungen möglich.
2. Adsorber im Bypass der Standspüle können aufgrund der niedrigeren hydraulischen Belastung für ein kleineres Adsorbensvolumen ausgelegt werden.

Die Kostenabschätzung erfolgt für eine Spülbadpflege nach der Entfettung mit den Randbedingungen in Tabelle 7.9 (Bayer 1997).

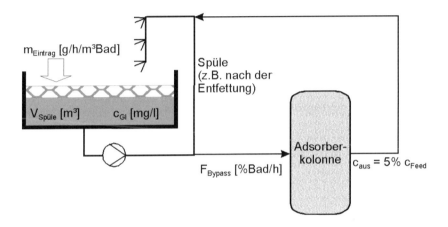

Abb. 7.13. Im Bypass zur Standspüle geschalteter Adsorber zur Standzeitverlängerung eines Spülbades (nach Bayer 1997)

Tabelle 7.9. Randbedingungen für eine Spülbadpflege nach einer Entfettung (Bayer 1997)

Parameter	Wert
Volumen des Standspülbades [m³]	5
Eingangskonzentration in den Adsorber [g_{Tensid}/m³]	5
Volumenstrom der Umwälzung [m³/h]	5
Ablaufkonzentration [wppm]	5
Gleichgewichtsbeladung [g/l_{Harz}]	70
Schlupf (Erfahrungswert) [% der Feedkonzentration]	~5

Tabelle 7.10. Kostenvergleich zur Tensidentfernung aus Spülwasser: kontinuierliche Verjüngung mit Frischwasser – dezentrale Adsorption (Bayer 1997)

Kostenart	kontinuierliche Verjüngung	dezentrale Adsorption
Investitionen:		
Investition (2 x 400 l Harz + Apparat)		19.500 €
AfA (linear über 5 Jahre)		3.900 €/a
mittlere Zinskosten		975 €/a
jährlicher Kapitaldienst gesamt	(vorhandene Anlage)	4.875 €/a
Betrieb:		
Badauffrischung	2 m³/h	
Badauffrischung bei 5.000 h/a	10.000 m³/a	
Frischwasserkosten (1,25 €/m³)	12.500 €/a	
Abwasserkosten (2,25 €/m³)	22.500 €/a	
Adsorberlaufzeit		7 Wochen
Regenerationseinzelkosten (Schätzung)		2,5 €/l
Regenerationskosten (gerundet)		7.400 €/a
jährliche Betriebskosten	35.000 €/a	7.400 €/a
Gesamtkosten pro Jahr (gerundet)	35.000 €/a	12.275 €/a
Amortisationszeit der Investition		0,87 a

AfA Abschreibung für Anlagenvermögen

Um einen typischen Volumenstrom von 10 BV/h zu realisieren, wird ein Adsorber mit einem Bettvolumen von 500 l benötigt. Aus der Kapazität q, dem Adsorbensvolumen V_{ads}, der Eingangskonzentration c_{ein}, dem Volumenstrom $\dot{V}$ und dem Schlupf S wird eine Laufzeit von

$$t_{Zyklus} = \frac{q \cdot V_{Ads}}{(1-S) \cdot c_{ein} \cdot \dot{V}} = 1474\ h \tag{7.1}$$

erhalten, was 18,5 Wochen à 80 h entspricht (Bayer 1997).

Aus diesen Leistungsdaten lässt sich der in Tabelle 7.10 aufgeführte Kostenvergleich zwischen der Auffrischung eines 10 m³ großen Spülbades durch einen kontinuierlichen Wasserstrom und der Reinigung durch Adsorption im Bypass durchführen. Aufgrund der niedrigen Amortisationszeit von unter einem Jahr würde sich in diesem Verfahrensbeispiel eine dezentrale, adsorptive Aufbereitung des Spülwassers lohnen.

Beispiel: Aufbereitung des Abwassers eines chemischen Betriebes mit Phenol-Rückgewinnung

Bei definierten Abwässern aus chemischen Prozessen ist die Gewinnung der Adsorptive als Wertstoffe eine Anwendungsmöglichkeit für Festbett-Adsorber. Im Folgenden wird beispielhaft ein Verfahren (Abb. 7.14) zur adsorptiven Entfernung und Rückgewinnung von Phenol aus einem Abwasser, das bei der Herstellung von Bisphenol A anfällt (Fox 1978, 1985), diskutiert.

Bisphenol A wird aus der Kondensation von Aceton mit Phenol gewonnen und ist ein wichtiges Zwischenprodukt bei der Herstellung von Epoxyharzen. Das Abwasser enthält hauptsächlich Phenol und Bisphenol A mit verschiedenen phenolischen Nebenprodukten. Tabelle 7.11 gibt einige charakteristische Werte des aufzubereitenden Stroms an (Fox 1978).

Tabelle 7.11. Zusammensetzung des Abwassers (Fox 1978)

Substanz	Gehalt
Phenole	0,5–1,5 Gew.-%
NaCl	0,5–1,0 Gew.-%
Aceton	100–1000 wppm
pH	0,2–1,0

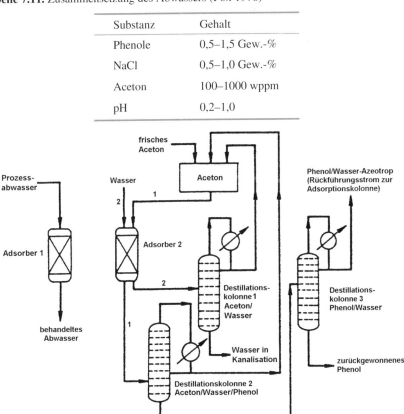

Abb. 7.14. Adsorptionsstufe und Extraktionsmittelaufbereitung zur Phenolrückgewinnung bei einem Abwasser der Bisphenol A-Herstellung (Fox 1978)

Die Adsorption wird in zwei Festbetten mit Adsorberpolymeren durchgeführt, von denen jeweils eines beladen wird, während das andere regeneriert wird. Ein Adsorptionszyklus dauert bei einer Phenol-Durchbruchskonzentration zwischen 1 und 3 wppm sechs Stunden (Fox 1978, 1985).

Die Regeneration erfolgt extraktiv mit Aceton. Sowohl die Verdrängung des Wassers als auch die Desorption der Phenole durch Aceton erfolgt sehr scharf und kann visuell überprüft werden, so dass ca. drei Bettvolumina Aceton zur Regenerierung benötigt werden. Bei der Desorption schwellt das Polymer um 20 Vol.-% an, da Aceton in die Gelstruktur des Harzes diffundiert (Fox 1978, 1985).

In der Destillationskollonne 2 wird Aceton aus dem austretenden Phenol/Aceton/Wasser-Strom (10 Gew.-%/72 Gew.-%/18 Gew.-%) wiedergewonnen. Zurückgewonnenes Aceton aus dem Kopf der Kolonne wird in einen Zwischenbehälter gefördert. Phenol aus dem Kolonnensumpf wird in Kolonne 3 vom Wasser getrennt und kann dem Prozess wieder zugeführt werden. Das Phenol/Wasser-Azeotrop aus dem Kopf der Kolonne 3 kann dem Adsorberbett zugeführt werden, um diesen Teil des Phenols zurückzugewinnen. Durch diese Aufbereitung des Aceton/Wasser/Phenol-Gemisches werden ca. 1,5 Bettvolumina Aceton pro Regenerierungszyklus wiedergewonnen und dem Prozess wieder zugeführt, so dass pro Zyklus 1,5 Bettvolumina frisches Aceton benötigt werden (Fox 1978).

Nach dem Desorptionsschritt wird das im Adsorberbett noch befindliche Aceton mit Wasser verdrängt. Die daraus resultierende 20 Gew.-%ige Acetonlösung wird in Kolonne 1 destillativ aufbereitet, um Aceton wiederzugewinnen. Das Wasser aus dem Kolonnensumpf, in dem sich maximal 20 wppm (meistens weniger 1 wppm) Phenol befinden, kann in die Kanalisation geleitet werden (Fox 1978, 1985).

Die rektifikativen Aufarbeitungsschritte des Aceton/Phenol/Wasser-Gemisches sind ein Hauptkostenfaktor des Prozesses. Daher haben sich Verfahrensverbesserungen vor allem auf diesen Bereich konzentriert (Fox 1978).

Eine Möglichkeit, um die Rektifikationskosten zu verkleinern, ist die Entfernung des Extraktionsmittels durch Wasserdampf, da dieser effektiver das Aceton aus dem Festbett verdrängt (Bayer 1997) (vergl. Abschn. 5.3).

Eine andere Optimierungsmöglichkeit stellt die „superloading"-Prozessvariante dar (Abb. 7.15), bei der zwei Effekte ausgenutzt werden (Fox 1978, 1985):

- Phenole haben eine begrenzte Löslichkeit in Wasser.
- Mit steigender Phenolkonzentration im Prozessabwasser wird der Adsorber höher beladen.

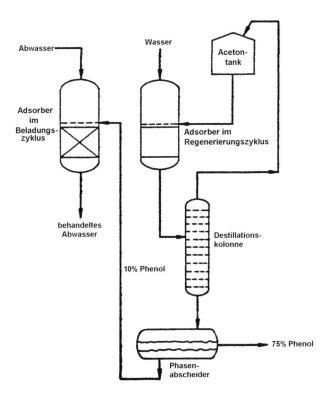

Abb. 7.15. Extraktionsmittelaufbereitung zur Phenolrückgewinnung bei einem Abwasser der Bisphenol A-Herstellung nach dem „superloading"-Verfahren (Fox 1978, 1985)

Die Rektifikationskolonnen 1 und 2 werden zu einer Kolonne zusammengefasst. Aceton wird über den Kopf und in Wasser gelöstes Phenol über den Sumpf abgezogen. Das Sumpfprodukt wird abgekühlt, wodurch die Phenollöslichkeit im Wasser abgesenkt wird, und in einem Dekanter werden organische und wässrige Phase voneinander getrennt. Die phenolreiche Fraktion hat einen Phenolanteil von 72–75 Gew.-% bei Raumtemperatur, was die Entwässerungskolonne (Kolonne 3 in Abb. 7.14) erheblich entlastet und in den meisten Fällen überflüssig macht. Die wässrige Phase aus dem Dekanter weist einen Phenolanteil von 8–10 Gew.-% auf, was oberhalb der Phenolkonzentration im Prozessabwasser liegt (vergl. Tabelle 7.11). Daher kann dieser Teilstrom über das schon vom Prozesswasser beladene Festbett gefördert werden, wodurch das Phenol aufgrund der höheren Eintrittskonzentration adsorbiert wird (superloading = überladen). Die Austrittskonzentration ist so gering, dass das Wasser mit dem Prozessabwasser gemischt werden und den Adsorber im Beladungszyklus passieren kann (Fox 1978, 1985).

Beispiel: Festbett-Adsorber bei der Behandlung von Fruchtsäften

Seit Anfang der 90er Jahre werden mit Adsorberpolymeren arbeitende Festbetten zunehmend in der Fruchtsaft-Herstellung eingesetzt. Anwendungsgebiete sind:

- das Entfärben und Stabilisieren von Fruchtsäften, vor allem Apfelsaft, (Bucher-Guyer 2001; Lenggenhager 1998; Lenggenhager u. Lyndon 1997; Weinand 1992; Zimmer 2001) und
- das Entbittern von Citrussäften (Bucher-Guyer 2001; Chen et al. 1993; Imecon 2000, 2001; Kimball u. Norman 1990; Lenggenhager u. Lyndon 1997; Norman u. Kimball 1990; Shaw u. Nagi 1993; Weinand 1992; Zimmer 2001).

Ein Entbittern von Orangen- und Grapefruitsäften ist häufig notwendig, da sich nach der extraktiven Behandlung mit der Zeit ein bitterer Geschmack einstellt, der als „delayed bitterness" bezeichnet wird (Kimball u. Norman 1990; Lenggenhager u. Lyndon 1997; Norman u. Kimball 1990).

Die Verursacher dieser Bittertöne sind Limonin und Naringin, deren organoleptische Wahrnehmung bei Limonin bei 5 ppm und bei Naringin bei 500 ppm liegt. Die Bittertöne variieren je nach Reifegrad der Früchte und Verarbeitungsprozess (Imecon 2000, 2001). So enthält der „Pulp wash" (vergl. Abb. 7.16) normalerweise bis zu zweimal höhere und der „core wash" 3–5 mal höhere Limoningehalte als der Saft. Mittels Adsorberharzen können diese unerwünschten Bittertöne bis unter die organoleptische Wahrnehmungsgrenze reduziert werden (Imecon 2000, 2001; Kimball u. Norman 1990; Lenggenhager u. Lyndon 1997; Norman u. Kimball 1990).

Die eingesetzten hydrophilen Adsorberpolymere sind in den USA von der FDA zugelassen (Imecon 2000, 2001; Lenggenhager u. Lyndon 1997). In der EU werden Adsorberharze in der Fruchtsaftaufarbeitung als „inerter Filterhilfsstoff" gemäß der bestehenden Fruchtsaftverordnung geduldet. Sie sind jedoch noch nicht explizit zugelassen. Es wird jedoch erwartet, dass die Zulassung im Rahmen der Überarbeitung der Fruchtsaftverordnung erfolgen wird (Zimmer 2001). Sie adsorbieren selektiv Limonin und Naringin und beeinflussen somit nicht den Mineral-, Säure-, Protein- und Vitamingehalt der Säfte (Imecon 2000, 2001; Kimball u. Norman 1990; Lenggenhager u. Lyndon 1997; Norman u. Kimball 1990).

Die Möglichkeiten der Einbindung der Adsorption in den Herstellungsprozess von Citrussäften ist in Abb. 7.16 dargestellt (Imecon 2000, 2001).

Für einen optimalen Adsorptionsprozess sollten die Citrussäfte zuvor filtriert werden, am besten mit einer Ultra- oder Mikrofiltration. Zumindest sollte mit einer Zentrifugation der Trübgehalt unter 0,5 % reduziert werden, um ein Verstopfen des Festbettes zu verhindern. Bei einem untrüben Saft können die Harze eine optimale Wirkung erzielen. Ebenso müssen Orangen- und Grapefruitsaft auf Werte unter 0,01 % entölt sein, damit kein Fouling der Harze stattfindet. Andernfalls müssen die Adsorberpolymere häufiger regeneriert werden, was zu einem erhöhten Chemikalienverbrauch und größeren Saftverlusten durch mehrmaliges Ab- und Ansüßen in der Adsorberanlage führt (Imecon 2000, 2001; Kimball u. Norman 1990; Lenggenhager u. Lyndon 1997; Norman u. Kimball 1990).

7.2 Bauformen der Adsorber 279

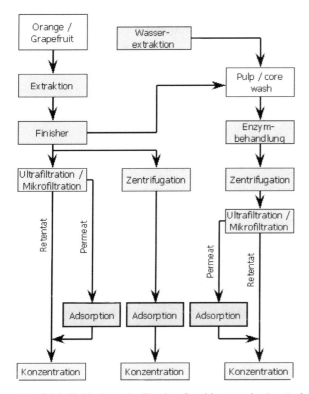

Abb. 7.16. Einbindung der Fruchtsaftentbitterung in den Aufarbeitungsprozess von Citrussäften (Imecon 2001)

Bei einem optimalen Entbitterungsprozess werden Adsorberfestbetten verwendet, die on line mit Säuren, Laugen, Alkoholen oder Oxidationsmitteln regeneriert werden. Bei einer effizienten Regeneration beträgt die Lebensdauer der Harze mehrere Jahre (Imecon 2000, 2001).

Bei einer Adsorberkolonne in der Fruchtsaftindustrie ist es wichtig, dass der Fruchtsaft nicht mit den Regenerierungslösungen vermischt wird. Der Zyklus gestaltet sich daher folgendermaßen (Norman u. Kimball 1990; Weinand 1994):

1. Nach Erreichen der Durchbruchskonzentration wird der Adsorber aus dem Betrieb genommen. Üblicherweise werden Entbitterungsadsorber mit 6–8 BV/h gefahren, wobei 15–40 BV (üblich: 24 BV) Fruchtsaft zwischen zwei Regenerierungen behandelt werden können (Zimmer 2001).
2. Der noch im Kornzwischenraum befindliche Saft wird mit Luft oder Wasser aus dem Adsorber verdrängt („Absüßen") und mit dem Auslauf der arbeitenden Adsorptionskolonne vermischt, um Fruchtsaftverluste zu minimieren.

3. Danach wird die Kolonne rückgespült, um am Adsorbens abgesetztes Fruchtfleisch und Feinkornanteile des Adsorbens zu entfernen und eine einwandfreie Durchströmung während des Zyklus zu gewährleisten.
4. Anschließend werden die Bitterstoffe von der Adsorbensoberfläche desorbiert. Dazu werden typischerweise 40 g Natriumhydroxid und 20 g Phosphorsäure pro Liter Adsorberharz eingesetzt, wovon ca. 50 % der Lauge recycelt wird, sodass der tatsächliche Natriumhydroxidverbrauch bei 20 g pro Liter Harz liegt (Zimmer 2001).
5. Nach der Regenerierung wird zunächst das Desorptionsmittel mit Wasser ausgespült und der Adsorber anschließend mit Fruchtsaft gefüllt („Ansüßen"). Jetzt steht er für den nächsten Adsorptionszyklus zur Verfügung.

Durch eine Reihenschaltung von drei Säulen ist ein kontinuierlicher und automatisierter Prozess möglich (Abb. 7.17). Dies bedeutet, dass eine Säule im Entbitterungsprozess arbeitet, während eine zweite Säule im Stand-by Modus als Sicherheitsfilter fungiert und die dritte Säule regeneriert wird (Imecon 2000, 2001; Kimball u. Norman 1990; Lenggenhager u. Lyndon 1997; Norman u. Kimball 1990; Shaw u. Nagi 1993). Eine weitere Prozessvariante ist die Verwendung eines einzigen Adsorberbettes, welches 20 Stunden beladen werden kann, mit anschließender 4-stündiger Regenerierung (Shaw 1990; Shaw u. Nagi 1993).

Unter normalen Prozessbedingungen kann der Limoningehalt komplett eliminiert werden, während der Naringingehalt um bis zu 90 % (mindestens 40 %) reduziert wird (Imecon 2000, 2001; Kimball u. Norman 1990; Lenggenhager u. Lyndon 1997; Norman u. Kimball 1990; Shaw 1990; Shaw u. Nagi 1993).

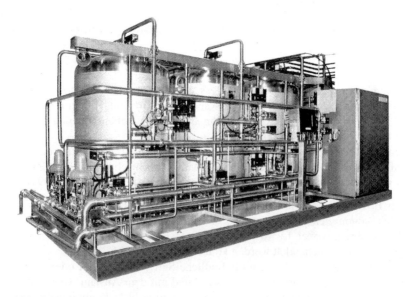

Abb. 7.17. Adsorberanlage mit drei Festbetten zur Fruchtsaftaufbereitung (Bucher-Guyer 2001)

Bei der Stabilisierung und Entfärbung von Apfelsäften werden verschiedene Verfahren mit dem Ziel eingesetzt, die Farbkomponenten und potentiellen Trübungsbildner zu reduzieren bzw. vollständig zu entfernen. Die Trübungen sind meist auf einen Komplex von polymerisierten Gerb- und Eiweißstoffen zurückzuführen. Die Eiweiße werden durch Ultrafiltration weitestgehend eliminiert. Zur Gerbstoffreduzierung sind Adsorberharze am besten geeignet. Konkurrenzverfahren hierzu sind die Adsorption mit Aktivkohle sowie vernetztem Polyvinylpyrrolidon (PVPP) und die Nanofiltration. Eine Farbstandardisierung ist nur bei Adsorptionsverfahren mit Adsorberharzen und Aktivkohle möglich. Hierbei ist die Verfahrensvariante mit Adsorberpolymeren im Gegensatz zu Aktivkohleverfahren

- ein kontinuierliches Verfahren mit
- geringen Personalkosten,
- geringen Regenerationsverlusten und
- geringen variable Kosten.

Für Harzadsorber ist jedoch ein höherer Investitionsaufwand notwendig (Bucher-Guyer 1995): Für eine Beispielanlage zur Entfärbung mit den Randbedingungen aus Tabelle 7.12 belaufen sich die Investitionskosten für einen Aktivkohleadsorber lediglich auf 125.000 € während für die Ausführung mit Adsorberpolymeren 525.000 € investiert werden müssen, wobei der Harzanteil an den Kosten bei 20–30 % liegt (Zimmer 2001).

In Tabelle 7.13 ist ein Vergleich der laufenden Kosten für beide Ausführungen angegeben, woraus ersichtlich wird, dass sich die höheren Investitionskosten für den Polymeradsorber aufgrund der niedrigen laufenden Kosten innerhalb einiger Jahre gegenüber einem Aktivkohleadsorber amortisieren (Zimmer 2001).

Tabelle 7.12. Eingangsdaten des Entfärbungsadsorbers für Apfelsaft (Zimmer 2001)

Parameter	Wert
Ausgangskonzentration von gelösten Stoffen [° Bx]	24
Kapazität [m³/h]	15
Adsorberlaufzeit [h/a]	1760
Dichte [20°/20°]	1,10
Konzentratkapazität (71 ° Bx) [t/a]	9816

Tabelle 7.13. Kostenvergleich zur Entfärbung von Apfelsaft mit Aktivkohle und Adsorberharzen (Zimmer 2001)

Kostenart	Aktivkohle		Adsorberharz	
	Verbrauch	Kosten	Verbrauch	Kosten
Adsorptions-Hilfsmittel:				
- Aktivkohle (3 €/kg)	1,0 kg/m³	79.200 €	–	–
- Gelatine (7,5 €/kg)	0,2 kg/m³	39.700 €	–	–
- Bentonit (0,1 €/kg)	0,8 kg/m³	1.584 €	–	–
- Perlit (0,45 €/kg)	2,0 kg/m³	23.760 €	–	–
Regenerations-Hilfsmittel:				
- 50 % NaOH (0,25 €/kg)	0,2 kg/m³	1.320 €	2 kg/m³	13.200 €
- Phosphorsäure (0,1 €/kg)	–	–	1 kg/m³	2.640 €
Elektrizität (0,1 €/kWh)	70 kWh	13.440 €	15 kWh	2.875 €
Wasser (0,5 €/kg)	50 m³/d	2.000 €	100 m³/d	4.000 €
Sonstiges (Arbeit, Verluste)		81.200 €		38.600 €
Variable Kosten		**249.704 €**		**63.120 €**
AfA (10 %/a)		12.500 €		30.000 €
Abschreibungen Harz (20 % /a)		–		45.000 €
Zinsen auf 50 % der Investition (8 % d. Investitionssumme)		5.000 €		21.000 €
Instandhaltung	5 %	6.250 €	2 %	6.000 €
Gesamtkosten		**273.454 €**		**165.120 €**

Beispiel: Trocknung von organischen Flüssigkeiten und verflüssigten Gasen in Adsorberfestbetten

Mit polaren Adsorbentien kann aus organischen Lösemitteln und verflüssigten Gasen (LPG – Liquified Pressurized Gas) adsorptiv Wasser entfernt werden und so der Wassergehalt weit unter die Wasserlöslichkeiten gesenkt werden (vergl. Abb. 7.18). Bei wasserunlöslichen Kohlenwasserstoffen sind Wassergehalte unter 1 wppm und bei wasserlöslichen Kohlenwaserstoffen aus Gründen der Wirtschaftlichkeit von bis zu 0,5–1 Gew.-% realisierbar (Grace; Silica 1992).

Zu trocknende organische Flüssigkeiten fallen meistens mit Wassergehalten von 0,1–1,5 Gew.-% an, während in LPGs typische Eintrittswassergehalte entsprechend der Löslichkeit (vergl. Abb. 7.18) zu entfernen sind (Silica 2001).

Für Trocknungsverfahren von Flüssigkeiten kommen verschiedene Adsorbentien in Frage (s. Tabelle 7.14). Üblicherweise werden Kieselgel oder Aktivtonerde wegen der hohen Wasserkapazität und des günstigen Preises angewendet. Zeolithe werden verwendet, wenn sehr niedrige Restfeuchten eingehalten werden müssen.

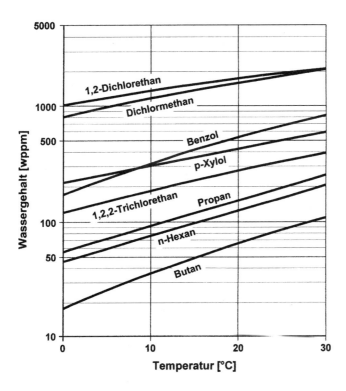

Abb. 7.18. Löslichkeit von Wasser in diversen Kohlenwasserstoffen (Silica 1992)

Tabelle 7.14. Adsorbentien zur Trocknung von Flüssigkeiten (Silica 1992, 1993)

	Kieselgel	Aktivtonerde	Zeolithe
erreichbare Austrittswassergehalte [wppm]	≪1	2–20	2–20
Wärmeverbrauch für Regeneration [kJ/kg$_{Wasser}$]	7.100–8.400	9.600–11.300	11.000–13.000
Randbedingungen:			
- Vorteile	– hohe Wasserkapazität – säurebeständig – günstiger Preis	– hohe Wasserkapazität – laugenbeständig – günstiger Preis	- hohe Wasserkapazität bei hohen Temperaturen und niedrigen Restfeuchten - säurebeständig
- Nachteile	– unbeständig gegenüber Laugen	– unbeständig gegenüber Säuren – Olefine polymerisieren bei erhöhten Temperaturen	- niedrige Wasseraufnahmekapazität bei hohen Feuchtegehalten

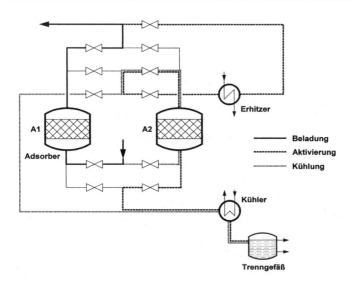

Abb. 7.19. 2-Bett-Trocknungsadsorberanlage mit Teilstromregenerierung (Silica 1992)

In kontinuierlichen Verfahren kommen zwei parallelgeschaltete Festbett-Adsorber zur Anwendung, die abwechselnd betrieben und regeneriert werden. Bei Batchprozessen reichen Ein-Bett-Anlagen aus. Fließgeschwindigkeiten liegen bei 30–90 m/h bezogen auf den freien Kolonnenquerschnitt (Grace). Die Behälter sind extern isoliert, um Wärmeverluste zu minimieren.

Die Regeneration wird in der Gasphase entweder durch verdampfte Flüssigkeit oder heißem Inertgas erreicht:

- Bei Einsatz von Inertgas erfolgt die Regeneration des beladenen Adsorbens im Kreislauf, so dass die koadsorbierenden Lösemittel nicht verloren gehen (Silica 1992). Es ist bei der Auswahl des Desorptionsgases darauf zu achten, dass es mit dem aufzubereitenden Fluidstrom und dem Prozess kompatibel ist, da beim Umschalten von der Regenerierung zur Adsorption Spuren des Desorptionsgases übertreten. Im Allgemeinen wird mit heißem Stickstoff bei Temperaturen zwischen 200 °C und 320 °C regeneriert (Alcoa 1994).
- Bei der Regenerierung mit aufbereitetem Produktstrom wird ein Teilstrom aus dem Prozess ausgeschleust, auf 180–290 °C erhitzt und in den zu regenerierenden Adsorber geleitet (Alcoa 1994), wie in Abb. 7.19 dargestellt ist.
- Bei verflüssigten Gasen wird das entspannte Gas im Kreislauf gefördert. Eine solche Anlage ist in Abb. 7.20 zu sehen.

Der Wärmebedarf bei der Regenerierung für die einzelnen Adsorbentien bestimmt sich aus den Wärmekapazität der Adsorbentien, der Kohlenwasserstoffe und der Anlage sowie der notwendigen Desorptionswärme. Größenordnungen sind in Tabelle 7.14 angegeben. Die Regenerierungstemperatur bestimmt entscheidend die erreichbare Restfeuchte bei der Trocknung (Alcoa 1994).

Abb. 7.20. Trocknungsanlage für flüssiges Propylen mit einem Durchsatz von 20.000 kg/h (Silica 1992)

Wegen der erforderlichen Zeit für Ablaufen, Abtropfen und Befüllen der Flüssigkeit werden lange Beladungszeiten von 8–24 Stunden bis zu einer Woche benötigt. Aufgrund der langen Beladungszeiten werden häufig handgeschaltete Anlagen angewendet, Ausführungen mit zeitgesteuerten oder durchbruchsgeregelter Umschaltung sind auch üblich (Alcoa 1994; Silica 1992).

7.2.2 Rührkessel-Adsorber

In diskontinuierlichen oder kontinuierlichen Rührbehältern kommen meistens Pulverkohlen zur Anwendung (Kümmel u. Worch 1990). Bei diesen Einrührverfahren wird die Kohle mit der zu entfärbenden Lösung in einem oder mehreren Rührkesseln verrührt und anschließend in einer Filterpresse abfiltriert. Die Aktivkohle wird in einer ca. 10 Gew.-%igen Suspension zugesetzt, die zur Vermeidung von Staubentwicklung in einem Vakuumgefäß hergestellt wird (Wirth 1972). Um eine möglichst gute Raum-Zeit-Ausbeute zu erreichen, werden im praktischen Betrieb Verweilzeit und Endbeladung optimiert. Bei der Trinkwasseraufbereitung sind Verweilzeiten zwischen 15 und 30 Minuten üblich, die meist eine bis zu 90 %ige Annäherung an die Gleichgewichtsbeladung erlauben (Kümmel u. Worch 1990). Bei der Getränkestabilisierung wird das aufzubereitende Getränk 15–20 Minuten in Kontakt mit der Pulverkohle gebracht (SIHA 1999).

In der Abwassertechnik wirkt die Pulverkohle zusätzlich als Aufwuchsfläche für die Biologie. Dies wird in einigen größeren Chemieklärwerken im sogenannten PACT-Verfahren (PACT – Powdered Activated Carbon Treatment) eingesetzt (Kunz 1995; Orshansky u. Narkis 1997).

Wird die Adsorption in mehreren Rührkesseln durchgeführt, ist es günstig, den Feedstrom im Gegenstrom zum Adsorbens zu fördern, um die benötigte Adsorbensmenge zu verringern. Bei großen Volumenströmen kann auch eine Parallelschaltung von mehreren Rührkesseln sinnvoll sein (Abb. 7.21), um in kleinen Rührkesseln eine effektive Durchmischung zu gewährleisten (Fox u. Kennedy 1985).

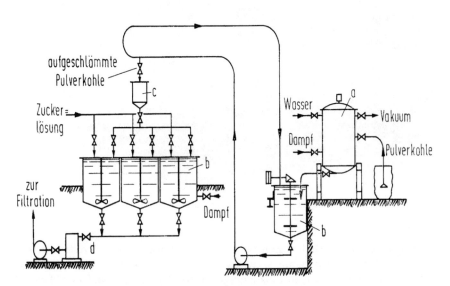

Abb. 7.21. Pulverkohle-Vakuumdosierung in der Zuckerfabrikation (*a* Aufschlämmung der Pulverkohle, *b* Rührkessel, *c* Dosiergefäß, *d* Steinfänger) (Wirth 1972)

Rührkessel-Prozesse haben zwei Nachteile gegenüber Festbett-Adsorbern:

1. Bilanziert man die Adsorptivmenge im kontinuierlichen Rührkessel, bestimmt sich die theoretisch erreichbare Endbeladung aus dem Verhältnis von Lösungsvolumen und Adsorbensmasse sowie der Isotherme. Da die Beladung der Aktivkohle bei ideal durchmischten Rührbehältern im Gleichgewicht zu der (niedrigen) Restkonzentration im Ablauf bzw. (bei diskontinuierlichen Anwendungen) nach dem Adsorptionsvorgang steht, wird die Adsorptionskapazität nicht so gut wie im Fest- oder Wanderbettreaktor ausgenutzt (Kümmel u. Worch 1990).
2. Bei kontinuierlichen Rührreaktoren führt die breite Verweilzeitverteilung zu einer unterschiedlichen Beladung der einzelnen Adsorbenspartikel. Daraus resultiert eine mittlere Beladung der den Adsorber verlassenden Teilchen unterhalb der Gleichgewichtsbeladung (Kümmel u. Worch 1990).

Daher bewirken Rührkessel-Prozesse im Vergleich zu Adsorptionsfiltern größere Investitions- und Betriebskosten. Aufgrund ihrer einfachen Verfahrenstechnik werden sie häufig bei Prozessen eingesetzt, bei denen die Aufbereitungskosten nicht entscheidend sind. Dies ist vor allem bei hochwertigen Produkten mit hohem Eigenwert der Fall. Hierzu zählen z.B. die Gold- und Silbergewinnung (Fox u. Kennedy 1985) oder in der pharmazeutischen Industrie die Gewinnung von Antibiotika (Bartels et al. 1958) und Proteinen (Bascoul et al. 1991). In anderen Anwendungsgebieten werden Adsorptionsprozesse in Rührkesseln nur in Ausnahmefällen, wie z.B. bei der Aufbereitung von stark feststoffhaltigen (z.B. bei der Getränkestabilisierung (SIHA 1999)), oder hochviskosen Lösungen (z.B. bei der Entfärbung von Zuckersirup in Abb. 7.22) angewendet (Fox u. Kennedy 1985).

7.2.3 Pulverkohledosierung

Eine weitere Möglichkeit der Pulverkohleanwendung in der Wasseraufbereitung ist die Pulverkohledosierung. Diese kann im Vergleich zu Festbett-Adsorbern wirtschaftlich sein, da niedrigere Investitionskosten anfallen (Kümmel u. Worch 1990). Weiterhin ist der Einsatz von Pulveraktivkohle sinnvoll, wenn nur kurz oder periodisch auftretende Konzentrationspeaks zu bewältigen sind. Dies ist z.B. bei saisonal bedingtem Auftreten von Geruchs- und Geschmacksstoffen in der Trinkwasseraufbereitung der Fall (Chemviron 1999).
Üblicherweise werden 5–50 mg/m³ (durchschnittlich 10 mg/m³) Pulverkohle zudosiert. In der Regel reichen 15–30 Minuten Verweilzeit aus, um eine mehr als 90 %ige Annäherung an den Gleichgewichtszustand zu erreichen. Entweder sedimentiert die beladene Pulverkohle in einem nachgeschalteten Versickerungsbecken oder wird abfiltriert (Worch 1990).

Eine weitere verfahrenstechnische Möglichkeit ist der Einsatz von Pulverkohle in einem Anschwemmfilter. Hierbei wird das Zurückhalten der feinpulverisierten Kohle durch Zugabe und vorheriges Anschwemmen einer Schicht von Filterhilfsmitteln, z.B. Kieselgur, erreicht (Hobby 1995; Sontheimer et al. 1985). Alternativ sind vorgefertigte aktivkohlehaltige Tiefenfilterschichten erhältlich (BECO 1999; Graver 1998). Man hat zwar dünne Schichten von 0,3–1,5 mm, durch die filtriert wird, doch kann die Filtergeschwindigkeit wegen der bei diesen Filtern verfügbaren großen Filterfläche gering gehalten werden, so dass eine gute Kohleausnutzung erreicht wird. Wichtig ist die schnelle Erneuerung der Filterschichten nach deren Erschöpfung (Sontheimer et al. 1985). Hierbei hat sich die Filtration mit Filterkerzen nebst Rückspülung der abfiltrierten Pulverkohle und anschließender Entsorgung als gut durchführbares Verfahren bewährt (Ciprian u. Maurer 2001).

Die wesentlichen Vor- und Nachteile der Pulverkohlezudosierung sind in Tabelle 7.15 aufgelistet (Chemviron 1999; Kümmel u. Worch 1990; Worch 1992).

Untersuchungen mit dem Farbstoff Rhodamin B, der in Konzentrationen zwischen 1 mg/l und 1,5 mg/l eingesetzt wurde, ergaben, dass die Adsorptionskapazität der Aktivkohle in einem Anschwemmfilter besser ausgenutzt wird als in einem Kornkohleadsorberbett. So wird die Adsorptionskapazität in dem Anschwemmfilter durch Carbon-Fouling um 30–50 %, in dem Festbett-Adsorber hingegen um fast 90 % verringert (Hörner 1989). Der Druckverlust über der Filterschicht sollte nicht zu hoch sein und liegt z.B. bei der Aufbereitung von Zuckerlösungen bei ca. 0,2 bar (BECO 1999).

Bei dieser Verfahrensvariante ist darauf zu achten, dass sich in der Anschwemmschicht keine Kanäle bilden. Aufgrund der nicht optimalen Ausnutzung der inneren Oberfläche der Aktivkohle kommt es sonst zu einem frühzeitigen Durchbruch (Hobby 1995). Dieses Problem wird bei vorgefertigten Tiefenfilterschichten vermieden.

Tabelle 7.15. Vor- und Nachteile der Pulverkohledosierung (Worch 1992)

Vorteile	Nachteile
- geringer Preis der Pulverkohle - leichte Dosierbarkeit - bei Dosierung in der Flockungsstufe oder Sedimentieren im Sickerbecken sind keine zusätzlichen Apparate notwendig - Möglichkeit der zeitlich begrenzten Anwendung nach Bedarf - schnelle Adsorptionskinetik aufgrund des kleinen Partikeldurchmessers - kein Konzentrationsanstieg über den Eingangswert durch Verdrängungseffekte	- schwierige Handhabung und Entsorgung der Feststoffe - keine Regenerierung der Pulverkohle möglich - schlechte Ausnutzung der Adsorptionskapazität - verbleibende Restkonzentration, die bei konstanter Adsorbensdosierung von der Eingangskonzentration abhängig ist - Belastung des Wassers durch Feststoffe (ausgetragene Kohleteilchen) - Gefahr der Staubbildung

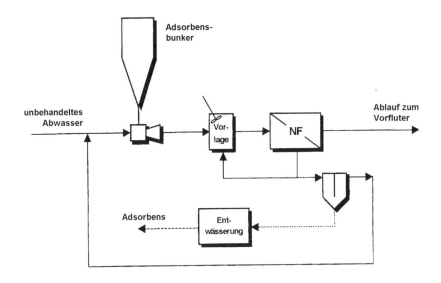

Abb. 7.22. Prinzipieller Aufbau der Verfahrenskombination Pulverkohle-Adsorption/Nanofiltration (NF) (Melin u. Eilers 1998)

Eine sich noch im Pilotmaßstab befindliche Technologie kombiniert die Verfahren der Pulverkohleadsorption mit der Nanofiltration, um Abwässer effektiver und kostengünstiger zu reinigen (Abb. 7.22). Bei diesem Verfahren werden in den Zulauf einer Nanofiltration bis zu 3 g/l pulverförmige Adsorbentien zudosiert. Die durch den Rückhalt der Nanofiltration bedingte Konzentrationserhöhung der gelösten organischen Stoffe im Abwasser ermöglicht eine hohe Beladung der Adsorbentien. Zudem erweist sich die Anwesenheit der fluidisierten Adsorbentien im Membranmodul als vorteilhaft (Eilers u. Melin 2000, 2001; Melin u. Eilers 1998).

- Sie wirken als Filterhilfsmittel: Durch Einlagerung der Pulverkohle werden wenige und leicht ablösbare Deckschichten erzeugt.
- Sie bilden Precoats, die die Ausbildung der eigentlichen (ungewollten) Deckschicht auf den Membranen verhindert.

In einem Testbetrieb zur Aufbereitung von Deponiesickerwasser, das ein schwer aufzubereitendes Abwasser darstellt, konnten bei der Verwendung von Pulveraktivkohle die Grenzwerte für Indirekteinleitung (vergl. Tabelle 7.2) sicher eingehalten werden. Die Randbedingungen sind in Tabelle 7.16 aufgelistet, wobei der hohe CSB-Gehalt des Sickerwassers in einer vorgeschalteten biologischen Reinigungsstufe gesenkt wird (Eilers u. Melin 2000, 2001).

Tabelle 7.16. Randbedingungen für Deponiesickerwasseraufbereitungsanlage mit kombinierter Pulverkohleadsorption/Nanofiltration (Eilers u. Melin 2000)

Volumenstrom [m³/d]	CSB_{ein} [mg/l]	CSB_{aus} [mg/l]	spez. AK-Bedarf [kg/m³]	Beladung [kg_{CSB}/kg_{AK}]
240	3300	<200	2	ca. 1

AK Aktivkohle; *CSB* chemischer Sauerstoffbedarf

Die spezifischen Reinigungskosten für die gesamte Deponiesickerwasseraufbereitung (inkl. biologischer Aufbereitung) beträgt mit Nanofiltration und Aktivkohle 21,75 €/m³. Dies ist vergleichsweise günstig im Vergleich zum bisher in dieser Deponie eingesetzten Verfahren. Zurzeit wird das Deponiesickerwasser nach der biologischen Behandlung einer Umkehrosmoseanlage mit einer transmembranen Druckdifferenz von 60 bar zugeführt. Das resultierende Konzentrat wird in einer Eindampfung bzw. Trocknung weiter entwässert. Die für die Reinigung aufzubringenden gesamten Behandlungskosten betragen 40 €/m³ (Eilers u. Melin 2000).

Beispiel: Pulverkohledosierung in einem Wasserwerk mit anschließender Versickerung

Eine Anlage im Wasserwerk Haltern (ca. 110 Mio. m³/a Wasser) der Gelsenwasser AG zur Eliminierung von Pflanzenbehandlungs- und Schädlingsbekämpfungsmitteln (PBSM) zeigt Abb. 7.23. Die Grundbelastung des Wassers an PBSM beträgt in den Spitzenzeiten bis zu ca. 16 µg/l.

Die Pulverkohle wird in Tankfahrzeugen angeliefert und in zwei Silobehältern von je 125 m³ Inhalt gelagert. Die Aktivkohlesuspension mit einer Feststoffkonzentration von 6 Gew.-% wird in einem Mischbehälter, der auf drei Wägezellen steht, unter Vakuum hergestellt. Der Mischbehälter wird mit Druckluft in den Kreislauftank entleert. Die Kreislaufpumpen wälzen die Suspension ständig über Messgefäße um (Heymann u. Nissing 1991).

Jedes Messgerät besteht aus zwei Abmessbehältern mit fest vorgegebenen Volumen. Sie werden abhängig von der benötigten Aktivkohlemenge taktweise in den zugehörigen Dosierbehälter entleert. Das Volumen im Dosierbehälter wird durch Zugabe von Betriebswasser konstant gehalten. Die Dosierpumpen fördern die verdünnte Aktivkohlesuspension aus dem Dosierbehälter mit konstanter Drehzahl zu den Dosierstellen am Einlauf (Düker) und den Rohwasserentnahmen des Speicherbeckens für die Wassergewinnung. Die Pulverkohle sedimentiert im Speicher- bzw. Versickerungsbecken (Heymann u. Nissing 1991).

Der für die Entfernung der PBSM erforderliche spezifische Aktivkohlebedarf wird im Laboratorium für die vorliegende Wasserbeschaffenheit aus Adsorptionsisothermen und einer Massenbilanz, die Roh- und Reinwasser-PBSM-Gehalte berücksichtigt, ermittelt. Mit einer Dosierung von bis zu 10 g/m³ im Speicherbecken und zusätzlich 5–6 g/m³ in die Rohwasserentnahmen können die Konzentrationen an PBSM vor der Versickerung unter die analytischen Nachweisgrenze (<25 ng/l) gesenkt werden. Die Investition für die gesamte Aktivkohlepulverdosieranlage einschließlich der Bauwerke, Einbindung in die vorhandenen Wasserwerksanlagen, Rechnerkopplung etc. umfasste rund 1 Mio. €. Im ersten Jahr lag der Aktivkohleverbrauch bei 1300 t, sollte in den folgenden Jahren jedoch bei 600–800 t/a liegen (Heymann u. Nissing 1991).

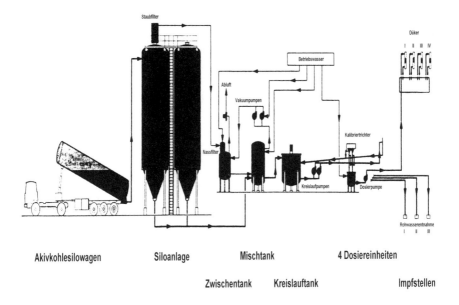

Abb. 7.23. Verfahrensschema der Aktivkohledosieranlage im Wasserwerk Haltern (Heymann u. Nissing 1991)

7.2.4 Bewegte Adsorberbetten

Um den Nachteil der diskontinuierlichen Fahrweise von Festbett-Adsorbern zu umgehen, wurden für nicht pulverförmige Adsorbentien, wie z.B. Kornkohlen und Adsorberpolymere, kontinuierlich arbeitende Adsorber entwickelt:

- Eine Verfahrensalternative ist der Einsatz von Wander- oder Rutschbettadsorbern, wie in Abb. 7.24 gezeigt. Hierbei erfolgt der Zufluss der zu reinigenden Lösung von unten mit etwa 5–8 m/h und die Zugabe des Adsorbens von oben, d.h. im Gegenstrombetrieb (v.Kienle 1999). Eine gleichmäßige Verteilung der Flüssigkeit wird durch einen Verdrängungskörper im unteren Adsorberbereich erreicht. Der Volumenstrom muss so gewählt werden, dass das Adsorbens nicht in Schwebe gehalten wird. Am oberen Ende des Adsorbers wird die gereinigte Flüssigkeit mittels eines Überlaufes abgezogen. Die Aktivkohle wird am Ende des unteren Konus absatzweise entnommen (Jüntgen

1978). Dieses Verfahren hat sich in der Wasserreinigung bis zu Adsorberdurchmessern von 5 m bewährt (Sontheimer et al. 1985).

- Bei einer anderen Variante strömt die zu reinigende Lösung intermittierend durch den Adsorber von unten nach oben, was zu einem pulsierenden Anheben des Adsorberbettes führt. Aus diesem Grunde sind keine zusätzlichen Einbauten wie beim Wanderschichtbett erforderlich, um die Flüssigkeit gleichmäßig zu verteilen und die Kohle zu transportieren. Die beladene Aktivkohle wird mit einer kurzen Abwärtsströmung unten ausgetragen.

Die Strömungsgeschwindigkeit der Aktivkohle durch den Adsorber wird durch ständige Konzentrationsmessungen, etwa in halber Höhe der Schüttung, überprüft und entsprechend angeglichen (Schulz 1991). Der Kreislauf kann bei der Adsorption so eingestellt werden, dass entweder Totaladsorption oder eine Teilreinigung durchgeführt wird. Der zweite Fall ist vorteilhaft, wenn in dem Abwasser biologisch nicht abbaubare Stoffe oder Verbindungen mit bakterienhemmender Wirkung zusammen mit abbaubaren Verbindungen vorhanden sind. Die nicht abbaubaren Stoffe sind häufig besser adsorbierbar als biologisch abbaubare. Durch eine Teiladsorption kann daher die Abbaubarkeit des vom Aktivkohleadsorber ablaufenden Wassers verbessert werden. Dabei wird die Aktivkohle weitgehend von der Beladung mit biologisch abbaubarem Material freigehalten (v.Kienle 1999). So werden z.B. in einem europäischen Chemiewerk aus einem Mischabwasserstrom von 92 m³/h mit einer DOC-Fracht von 1700 g/m³ nur 25 % des DOC-Gehaltes durch Adsorption eliminiert, während sich die biologische Abbaubarkeit von 40–70 % auf über 85 % erhöht. Dadurch wird die biologische Nachreinigung effizienter und gleichmäßiger. Die DOC-Beladung erreicht ca. 20 % bezogen auf das Aktivkohlegewicht (v.Kienle 1999).

In einer Wäsche wird die beladene Aktivkohle von anhaftender Lösung befreit und kontinuierlich in einem Ofen thermisch reaktiviert, bevor sie den Adsorbern nach einer Quenchung wieder zugeführt wird (Wirth 1972). Dieses DMT-Verfahren (früher: BF-Verfahren) besteht prinzipiell aus drei Verfahrensstufen:

- Adsorption der organischen Schadstoffe aus dem Abwasser (s.o.),
- thermische Regeneration der beladenen Aktivkohle (s. Abschn. 2.3.1) und
- Nachverbrennung der Abgase aus der Regeneration, ggf. weitere Nachbehandlung durch Wäsche (Schulz 1991).

Die erschöpfte Kohle wird in einer integrierten Wirbelschichtaktivierung mit rund 7 % Gewichtsverlust aufgearbeitet und dem Prozess wieder zugeführt. Zur Aktivkohleförderung wird vorzugsweise das Prinzip der Mammutpumpe angewendet, da dies die technisch schonendste Fördermethode für körnige Aktivkohle ist (Schulz 1991). Eine solche Anlage ist in Abb. 7.25 schematisch dargestellt (v.Kienle 1999).

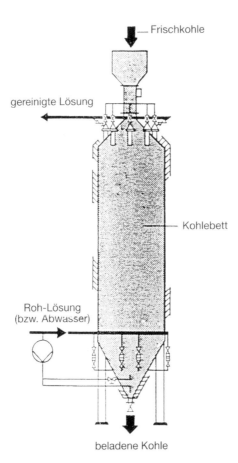

Abb. 7.24. Schematische Darstellung eines Rutschbettadsorbers (Küster u. Ahring 1965)

Kontinuierliche Verfahren erfordern einen höheren Aufwand und höhere Investitionskosten als Festbett-Adsorber bezüglich der Dosierung, der Verteilung und des Transports der Feststoffe und der Flüssigkeit. Gleichzeitig muss das Adsorbens eine ausreichende Abriebsfestigkeit gewährleisten und sollte nicht aufgrund der Form zu Versperrung und Brückenbildung im Adsorber neigen (Fox u. Kennedy 1985; Sontheimer et al. 1985).

Die Betriebszeit eines Festbett-Adsorbers zwischen zwei Regenerierungen ist das ausschlaggebende Kriterium bezüglich der Wirtschaftlichkeit eines kontinuierlichen Verfahrens. Je kürzer die Regenerierungszyklen werden, desto wirtschaftlicher wird ein kontinuierliches Adsorptionsverfahren (Sontheimer et al. 1985). Eine kontinuierliche Anlage mit integrierter thermischer Aktivkohle-Reaktivierung, wie in Abb. 7.25 dargestellt, kann bei einem Kohlebedarf von mehr als 800 t/a wirtschaftlich betrieben werden (Cornel 1991).

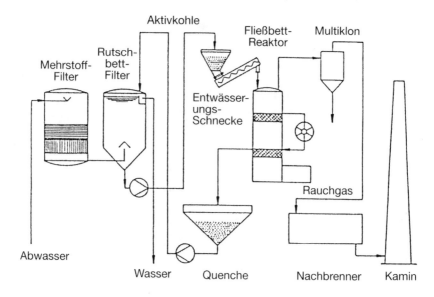

Abb. 7.25. Rutschbettadsorber mit nachgeschalteter thermischen Reaktivierung (Küster u. Ahring 1965)

7.2.5 Wirbelschicht- und Schwebebettadsorber

Wirbelschichten (Abb. 7.26) haben aufgrund der hohen Porosität den Vorteil, dass feststoffbeladene Flüssigkeitsströme, wie z.B. zellhaltige Fermentationsbrühen oder feststoffbeladene Abwasserströme, adsorptiv behandelt werden können, ohne dass es zu einer Verstopfung des Adsorbers kommt. Des Weiteren bieten sie im Vergleich zu Festbett-Adsorbern neben einer günstigeren Stofftransportkinetik im Grenzfilm der Adsorbenskörner die Möglichkeit einer kontinuierlichen Prozessführung (Bascoul et al. 1991; Chase u. Draeger 1992). Aufgrund der komplizierten Verfahrenstechnik haben sich diese Verfahren erst in einigen Nischenanwendungen durchsetzen können und sind überwiegend Gegenstand der Forschung.

Wie bei bewegten Adsorberbetten durchströmt die Flüssigkeit den Wirbelschichtadsorber von unten nach oben. Jedoch ist ein Mindestvolumenstrom erforderlich, um die Adsorbenspartikel in der Schwebe zu halten. Der Übergang vom Festbett zur Wirbelschicht ist durch die Fluidisierungsgeschwindigkeit der Feststoffpartikel im Fluid gegeben. An diesem „Lockerungspunkt" stellt sich gerade ein Gleichgewicht zwischen der vom Fluid auf den Feststoff ausgeübten Widerstandskraft und dem um den Auftrieb verminderten Gewicht des Feststoffes ein. Die Berechnung von Wirbelschichten kann u.a. dem VDI-Wärmeatlas 1994 entnommen werden.

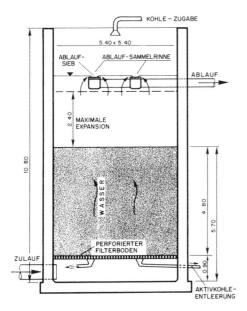

Abb. 7.26. Aktivkohle-Wirbelschicht zur Adsorption der Kläranlage Vallejo, USA (Helmer u. Sekoulov 1977)

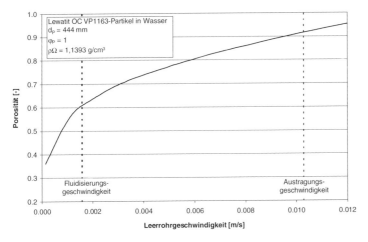

Abb. 7.27. Ausdehnungsverhalten einer Wirbelschicht eines monodispersen Adsorberpolymers (Breitbach 1999)

Das Ausdehnungsverhalten einer Wirbelschicht nach Richardson und Zaki ist in Abb. 7.27 beispielhaft für Lewatit® VP OC1163-Adsorberpolymer-Partikel dargestellt. Es wird deutlich, dass abhängig von der Fluidgeschwindigkeit verschiedene Bettporositäten erreicht werden können (Breitbach 1999).

Neben der Fluidgeschwindigkeit spielen die Partikeleigenschaften (ρ_W, d_P, φ_P), die Fluideigenschaften (v_{Fluid}, ρ_{Fluid}), die Partikelgrößenverteilung und die Flüssigkeitsverteilung eine große Rolle bei der Ausbildung der Wirbelschicht. Nachteilig sind die Abriebsbeanspruchung des Adsorbens sowie die hohe axiale Rückvermischung aufgrund der stetigen Feststoffdurchmischung in der Wirbelschicht (Barnfield Frej et al. 1997; Thömmes et al. 1995).

Um die axiale Rückvermischung zu vermindern, gibt es verschiedene Ansatzpunkte:

1. Eine Möglichkeit ist die Anwendung von klassierenden Wirbelschichten bzw. Expanded-Bed- oder Schwebebett-Adsorbern, die teilweise schon industriell in der Biotechnologie angewendet werden (Barnfield Frej et al. 1997; Bartels et al. 1958; Chase u. Draeger 1992). Hierbei kommen Adsorbentien mit breiten Partikelgrößen- oder Dichteverteilungen zur Anwendung. Aufgrund der resultierenden verschiedenen Fluidisierungsgeschwindigkeiten werden sich die Adsorbenspartikel so in der Wirbelschicht anordnen, dass sich im unteren Teil die schweren bzw. großen und oben die leichten bzw. kleinen Partikel anhäufen. Durch diese Klassierung sind die Teilchen in der Wirbelschicht mehr fixiert als z.B. bei einer monodispersen Partikelgrößenverteilung, weshalb sich die Adsorbenspartikel weniger bewegen. Daraus resultiert eine niedrigere Feststoffdispersion und axiale Rückvermischung (Hjort 1997).

Bei der Entwicklung von Expanded-Bed-Verfahren ist zunächst ein geeignetes Adsorbens zu finden, dass zum einen geeignete physikalische Kenngrößen, wie Dichte (Standard: ρ_W=1,1–1,3 g/cm³) oder Partikelgrößenverteilung (Standard: d_P=50–400 µm), und zum anderen eine ausreichende Adsorptionskapazität sowie eine hinreichende Selektivität für die Adsorptive aufweist. Einerseits werden Partikel mit zu niedrigen Durchmessern bzw. Dichten schon bei sehr geringen Durchsätzen ausgetragen. Andererseits sind bei Partikeln mit zu großen Durchmessern/Dichten zu hohe Fluidgeschwindigkeiten notwendig, was wegen der dadurch niedrigen Verweilzeit zu einer unvollständigen Adsorption führt (Hjort 1997).

Der Anströmboden des Adsorbers muss einen ausreichenden Druckverlust aufweisen, um im Schwebebett eine Kolbenströmung zu induzieren. Dies wird durch die Verwendung von durchlöcherten Platten gewährleistet. Die Oberseite des Expanded-Bed wird durch eine für die Lösung durchlässige Auslassplatte abgeschlossen. Diese ist beweglich ausgeführt, um verschiedene Betthöhen in den verschiedenen Arbeitszyklen zu realisieren (Hjort 1997).

Bei den meisten Expanded-Bed-Verfahren durchströmt die Flüssigkeit den Adsorber mit einer Fließgeschwindigkeit von 0,3 m/h. Bei Lösungen mit hoher Viskosität werden niedrigere Geschwindigkeiten verwendet, damit das Bett nicht zu sehr expandiert. Nachdem das Adsorptiv aus der Lösung entfernt oder das Adsorbens beladen ist, wird die Flüssigkeitszufuhr gestoppt, und das Bett setzt sich ab. Die Desorption bzw. Elution wird meist im Festbett realisiert, indem von oben ein Elutionsstrom mit einer Fließgeschwindigkeit von ca. 0,1 m/h durch den Adsorber gefördert wird. Danach wird das Adsorbens (meistens mit 0,5–1,0 molarer NaOH-Lösung) von weiteren Verunreinigungen gereinigt (Hjorth 1997).

In den letzten Jahren hat sich die Anwendung von Expanded-Beds zur Abtrennung von Proteinen aus zellhaltigen Lösungen mehrfach bewährt (Fernandez-Lahore et al. 2000; Hjorth 1997; Thömmes 1997). In Abb. 7.28 ist eine Production-Scale Anlage eines Expanded-Beds gezeigt (Barnfield Frej et al. 1997). Die zu reinigende Flüssigkeit wird mittels einer Drehkolbenpumpe in den Adsorber gefördert. Die Ausströmfritte ist je nach Bettausdehnung höhenverstellbar ausgeführt, wozu die Betthöhe ständig mittels eines Ultraschallsensors gemessen wird. Somit kann die Anlage vollautomatisch betrieben werden (Barnfield Frej et al. 1997).

Es wurden schon Trennungen aus Fermentationsbrühen in Apparaten mit einem Innendurchmesser von 60 cm (Barnfield Frej et al. 1997) und Lösungsvolumina von einigen Kubikmetern sowie 50–300 l Adsorbens durchgeführt (Hjorth 1997).

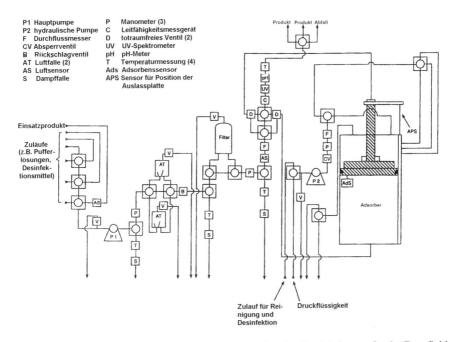

Abb. 7.28. Versuchsanlage zur Schwebebettadsorption im Produktionsmaßstab (Barnfield Frej et al. 1997)

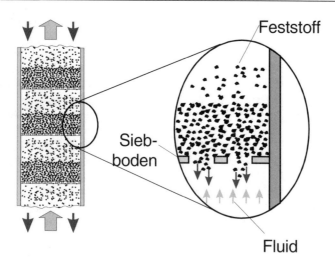

Abb. 7.29. Schematische Darstellung der mehrstufigen Wirbelschicht mit Rieselböden (Grünewald 1998)

2. Die axiale Rückvermischung kann auch durch Segmentierung der Wirbelschicht durch Siebböden verringert werden (Grünewald 2000; Grünewald u. Schmidt-Traub 1998, 1999; Sielemann 1997). Dies kommt in mehrstufigen Rieselbodenwirbelschichten zur Anwendung, wie schematisch in Abb. 7.29 gezeigt ist. Dieses Verfahren kann durch eine kontinuierliche Adsorbenszufuhr am Kopf und einem kontinuierlichen Abtransport des beladenen Adsorbens am Fuß der Kolonne kontinuierlich geführt werden (Grünewald 2000; Grünewald u. Schmidt-Traub 1999; Grünewald et al. 2000; Franzen et al. 2000).

Entsprechend der Strömungsgeschwindigkeit stellen sich im stationären Betriebspunkt ein definierter Feststoffmassenstrom und eine konstante Feststoffkonzentration pro Stufe ein. Die Siebmaschenweite und das Sieböffnungsverhältnis bestimmen Feststoffmassenstrom und -konzentration (Grünewald 2000; Grünewald u. Schmidt-Traub 1999). Industriell wird ein solcher Adsorber noch nicht eingesetzt.

7.2.6 Karusseladsorber

Eine neue Technologie in der Adsorptionstechnik ist der Karusseladsorber. Sein Ursprung liegt in der Entwicklung der ISEP-Technologie (**I**onic **Sep**aration), die in den 80er Jahren zur Realisierung eines kontinuierlichen Ionenaustausch-Prozesses entwickelt wurde. In den Folgejahren wurde der Prozess für chromatographische Trennungen und Adsorptionsprozesse erweitert (CSEP – **C**hromatographic **Sep**aration) (Ahlgren 1997; Chemviron 2000).

Karusseladsorber bestehen aus 10, 20, 24 oder 30 identischen Adsorberfestbetten, die auf einem Drehteller in bis zu drei Etagen angeordnet und über ein Verteilerventil miteinander verbunden sind (Rossiter 1996, 1997). Der Drehtisch ist auf Rollen gelagert und wird kontinuierlich angetrieben (Abb. 7.30 und 7.31), wobei die Zeit für eine Umdrehung zwischen 4 und 40 Stunden variieren kann. Die einzelnen Kolonnen sind über elastische Schläuche mit dem Verteilerventil verbunden.

Der Verteiler besteht aus einem oberen feststehenden Teil, während der untere Teil schrittweise weiter schaltet. Er enthält für jede Kolonne einen Zuführungs- und Ableitungskanal. Durch die Weiterschaltung wird gewährleistet, dass die Kolonnen zeitlich nacheinander in der richtigen Reihenfolge mit den einzelnen Medien eines Austauschzyklus beaufschlagt werden (Ahlgren 1997; Burkhardt et al. 2000; Rossiter 1996, 1997).

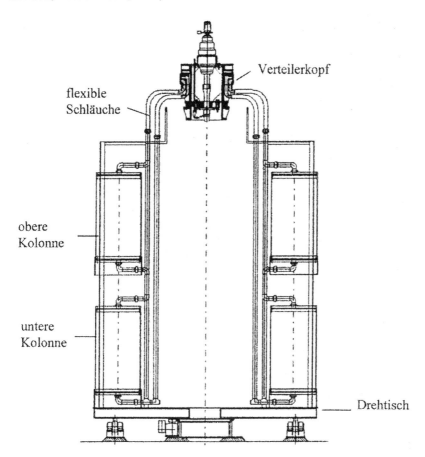

Abb. 7.30. Seitenansicht einer zwei-etagigen ISEP-Anlage (Burkhardt et al. 2000)

Abb. 7.31. Photo einer zwei-etagigen ISEP-Anlage (Anonym 1996)

Mit dieser Prozessführung ist es möglich, mehrere kleine Adsorberbetten mit einer Höhe von ca. 1 m so in Serie zu schalten, dass die Gesamtlänge dieser Festbetten der Massenübergangszone entspricht, wie in Abb. 7.32 dargestellt. Damit ist es möglich, beladene Adsorber aus der Kaskade auszuschleusen, während am anderen Ende ein Adsorber mit unbeladenem Adsorbens nachgeführt wird. Die Umschaltung der Adsorberbetten wird so eingestellt, dass das Konzentrationsprofil in den Zonen stationär bleibt. Das gleiche Prinzip gilt für die Desorptions- und Waschstufe (Rossiter 1997).

Eine typische adsorptive Trennstufe besteht aus vier Stufen: der Adsorption, dem Auswaschen der Feedlösung, der Desorption und dem Auswaschen der Desorptionsflüssigkeit. Häufig wird das Adsorbens vor der Adsorption rückgespült. Eine Verschaltungsvariante von 20 Adsorberbetten in einem Karusseladsorber ist in Abb. 7.33 schematisch dargestellt (Rossiter 1997).

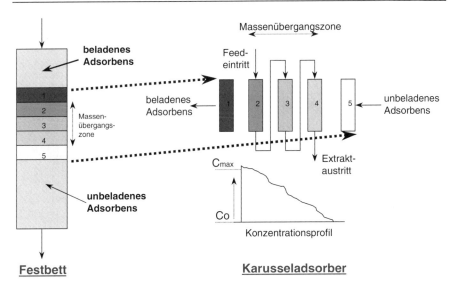

Abb. 7.32. Vergleich der Konzentrationsverläufe bei Festbett- und Karusseladsorbern (nach Rossiter 1996, 1997)

Jede Stufe hat ein typisches Massenübergangsprofil, das von der Kinetik des Stofftransports abhängt. Diesem Sachverhalt kann durch verschiedene Verschaltungen von Kolonnen Rechnung getragen werden (Rossiter 1997):

- Liegt eine sehr schnelle Adsorptionskinetik bei niedriger Eingangskonzentration vor, so ist es günstiger mehrere Kolonnen parallel zu schalten.
- Bei Porendiffusions-limitierter Desorption liegt eine sehr lange Massenübergangszone vor, so dass mehrere Kolonnen in Serie zu schalten sind.
- Bei hohen Durchsätzen und langsamen Kinetiken kann eine Kombination der Parallel- und Serienschaltung zur Anwendung kommen.

Durch die Betriebsweise eines Karusselladsorbers wird das Adsorbens effektiver genutzt als in einem Festbett; in einigen Fällen um bis zu 80 %. Wie aus Abb. 7.32 hervorgeht, befindet sich in einem Festbett-Adsorber am Flüssigkeitseintritt schon beladenes und am Flüssigkeitsaustritt noch unbeladenes Adsorbens, das nicht zum Adsorptionsprozess beiträgt. Dieses „tote" Adsorbensvolumen tritt beim Karusseladsorber nicht auf, da beladene Kolonnen sofort aus der Adsorptionszone genommen und der Desorptionszone zugeführt werden, wie aus Abb. 7.32 ersichtlich wird (Chemviron 2000).

Weitere Vorteile sind höhere Produktkonzentrationen sowie niedrigere Mengen an Desorptionsmittel und Waschflüssigkeiten aufgrund der Gegenstromführung von Adsorbens und Prozessströmen sowie vermindertes Fouling des Adsorbens wegen kürzeren Kolonnen und höheren Durchflussgeschwindigkeiten der Betten (Rossiter 1996, 1997).

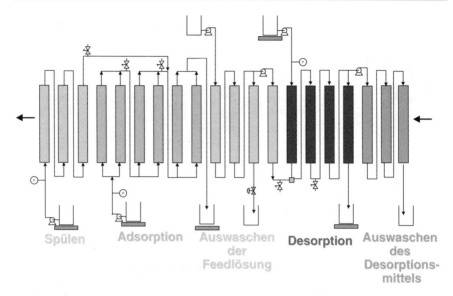

Abb. 7.33. Schema eines Karusselladsorbers mit 20 Adsorberbetten (nach Rossiter 1996, 1997)

Das Adsorbens in den Säulen wird in diesen Anlagen mechanisch nicht stärker belastet als bei diskontinuierlichen Verfahren. Die Schaltung ist sehr flexibel und kann an schwankende Betriebsverhältnisse leicht angepasst werden (Burkhardt et al. 2000). Aufgrund der Flexibilität bei der Verschaltung der einzelnen Säulen können auch SMB-Trennungen (s. Abschn. 7.2.7) mit einer CSEP-Anlage durchgeführt werden.

7.2.7 Simulierte bewegte Adsorberbetten (SMB)

Für schwierige Trennaufgaben mit hohen Reinheitsanforderungen gewinnen Chromatographieverfahren mit simuliertem Gegenstrom von Feed- und Adsorbens (SMB: Simulated Moving Bed), die vornehmlich Zweikomponentengemische trennen, industriell an Bedeutung (Ganetsos u. Baker 1992; Keller 1995; Sherman u. Yon 1991). Die kontinuierliche Betriebsweise erlaubt eine effektivere Ausnutzung des Adsorbens, geringere Verdünnung der Produkte und somit geringere Kosten als die klassische Elutions-Chromatographie (Jupke 2000).

Das SMB-Verfahren wurde Ende der 50er Jahre für die Trennung von Xylolisomeren entwickelt und industriell eingesetzt (Broughton 1961). In den 70er und 80er Jahren folgten Anwendungen in der Zuckerindustrie (Ganetsos u. Baker 1992). Hierbei liegen die Produktmengen im Bereich einiger Tausend Tonnen pro Jahr. In jüngster Zeit verstärkt sich der Einsatz der SMB-Technologie in den Bereichen Pharmazie, Biotechnologie und Lebensmitteltechnik (Keller 1995; Schulte et al. 1997). Neben der Trennung von Isomeren gewinnen Enantiomerentrennungen besondere Bedeutung, wobei die Chromatographie neben der fraktionierten Kristallisation das nahezu einzig mögliche Trennverfahren ist (Jupke 2000).

Eine SMB-Anlage besteht aus einer Kreisschaltung von mehreren (6–24) Chromatographiesäulen (Abb. 7.34) oder einem in mehrere Abschnitte untergliedertem Adsorbensbett. Die Kapazitätsgrenze, bis zu der sich eine Mehrbettanlage lohnt, liegt im Bereich von 4.000–40.000 t/a (Keller 1995).

Der scheinbare Gegenstrom von Fluid und Feststoff wird durch das periodische Weiterschalten der Zu- und Abflüsse in Strömungsrichtung simuliert (vergl. Abb. 7.34). Mit der Feedlösung treten die zu trennenden Komponenten A und B in die Anlage ein. Die leichter adsorbierbare Komponente B wandert in Richtung des Raffinatabzuges, während sich die stärker adsorbierbare Komponente A in Richtung des Extraktabzuges anreichert. Durch die periodischen Schaltvorgänge erreicht der Prozess einen zyklisch stationären Zustand. Die Trennung erfolgt in der Regel bei hohen Produktkonzentrationen, so dass einem stark nichtlinearen, gekoppelten Adsorptionsverhalten bei der Auslegung Rechnung getragen werden muss (Jupke 2000).

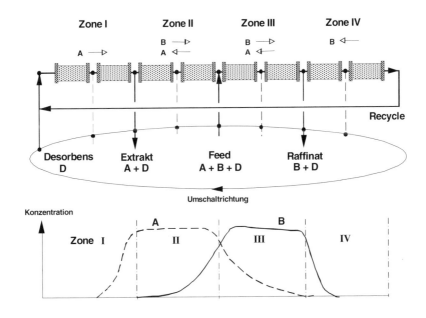

Abb. 7.34. Verfahrensprinzip und internes Konzentrationsprofil einer SMB-Anlage (Jupke 2000)

Beispiel: SMB-Trennung von n-Paraffinen und Kerosin

Im Folgenden wird als Beispielprozess der Molex Prozess der Firma UOP diskutiert, der zur Abtrennung von n-Paraffinen aus Rohkerosin dient. Das Fließbild dieses Prozesses ist in Abb. 7.35 dargestellt (Raghuram u. Wilcher 1992). Der n-Paraffingehalt des Rohkerosins liegt normalerweise zwischen 18–50 % (UOP 1999). In der Regel können 99,6 Gew.-% n-Paraffine mit Verunreinigungen unter 300 wppm an Aromaten bei einer Desorbens-Rückgewinnung von mehr als 95 % produziert werden. Eine solche Anlage besteht im Wesentlichen aus drei Teilen: der Feed-Vorbehandlung, der adsorptiven Trennung und der Desorbens-Rückgewinnung (Raghuram u. Wilcher 1992).

Das Rohkerosin beinhaltet mehrere Verunreinigungen, wie z.B. Olefine und Schwefelverbindungen, die die Lebensdauer der eingesetzten Adsorbentien reduzieren. Daher wird es vor der Trennung in einem Hydrotreater von diesen Verunreinigungen befreit, so dass Einsatzdauern der Adsorbentien von mehr als vier Jahren möglich sind. Das vorbehandelte Kerosin wird in einem Stripper stabilisiert. Die Sumpffraktion, die typischerweise aus C_{10}- bis C_{13}- oder C_{11}- bis C_{14}-Fraktionen besteht, wird durch ein Rotationsventil in die Adsorberkolonne eingebracht (Raghuram u. Wilcher 1992, UOP 1999).

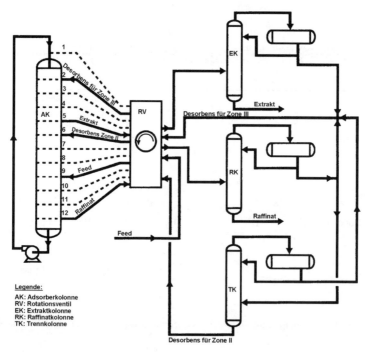

Abb. 7.35. Sorbex SMB-Prozess zur adsorptiven Trennung von n-Paraffinen (Raghuram u. Wilcher 1992)

Dieses Rotationsventil leitet die Prozessströme (Feed, Desorbens, Extrakt, Raffinat und Zonenspülung) in und aus den verschiedenen Teilen der Festbettkolonne. Die Ströme werden kontinuierlich gefördert, während das Ventil die 24 Segmente durchläuft, die typischerweise in einem Molex Prozess implementiert sind. Durch das Takten wird der Gegenstrom von Flüssigkeit und Adsorbens in dem Festbett-Adsorber simuliert (Raghuram u. Wilcher 1992).

Gewöhnlich kommen zwei Adsorber (bis zu 6,7 m Durchmesser) gefüllt mit 5Å-Molekularsieben zur Anwendung, die durch Böden in jeweils 12 Segmente geteilt sind. Diese Böden dienen sowohl als Flüssigkeitsdistributoren als auch als Flüssigkeitsauslauf. Die aus dem Boden des ersten Adsorbers austretende Flüssigkeit wird in den Kopf des zweiten Adsorbers gepumpt und diejenige vom Boden des zweiten Adsorbers in den Kopf des ersten, um das Konzentrationsprofil zu erzeugen (Raghuram u. Wilcher 1992).

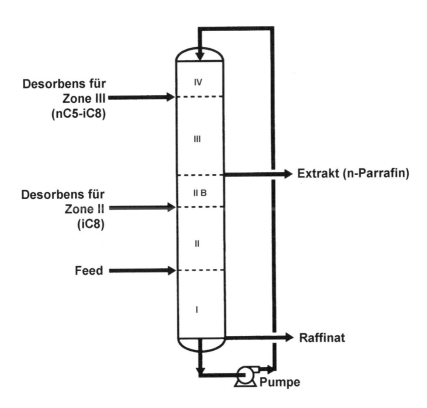

Abb. 7.36. Zonendefinitionen im Molex Prozess (Raghuram u. Wilcher 1992)
nC5 n-Pentan, *iC8* i-Oktan

Die vier Zonen definieren sich, wie in Abb. 7.36 dargestellt, aus der Stellung des Rotationsventils. Bei Drehung des Ventils wandern diese Zonen im Festbett weiter. Bei jedem Umstellen des Rotationsventils werden die ein- und austretenden Ströme um eine Zone nach unten verschoben:

- Zone I – Adsorptionszone: Diese befindet sich zwischen Feedeinlauf und Raffinatauslauf. Der Feststoff beinhaltet hauptsächlich Desorbens und einige nichtlineare Paraffine. In dieser Zone werden die n-Paraffine aus dem Feedstrom adsorbiert und verdrängen das n-Pentan-Desorbens.
- Zone II – Reinigungszone: Diese liegt zwischen dem Extraktausfluss und dem Feedeinlauf. Das Adsorbens in dieser Zone war vor der letzten Umschaltung in Zone I, beinhaltet also nichtlineare und n-Paraffine sowie etwas Desorbens. Hier werden die nichtlinearen Paraffine zusammen mit Desorbens mit dem Extraktstrom ausgetrieben.
- Zone III – Desorptionszone: Diese ist zwischen Desorbenseinlauf und Extraktausfluss angeordnet. Der zuvor in Zone II befindliche Feststoff in Zone III beinhaltet noch immer n-Paraffine und Desorbens. Hier werden die in Zone I adsorbierten n-Paraffine durch das Desorbens desorbiert und verlassen die Kolonne mit dem Extraktstrom.
- Zone IV – Zone III-Pufferzone: Diese befindet sich zwischen Desorbenseinlauf und Raffinatauslauf. Sie wirkt als Puffer zwischen dem Raffinatstrom am Boden von Zone I und der Desorptionszone, wodurch eine Verschmutzung des Extraktstroms durch nichtadsorbierte Feedkomponenten verhindert wird.

Die Umwälzpumpe muss so programmiert sein, dass sie die verschiedenen Massenströmen in den vier Zonen konstant hält (LeVan et al. 1997). Als Desorbens wird eine Mischung aus n-Pentan und i-Oktan verwendet. Um dieses aus den austretenden Extrakt- und Raffinatströmen wiederzugewinnen, müssen diese destillativ aufgearbeitet werden. Eine solche Aufbereitungsstufe ist in Abb. 7.37 dargestellt (Raghuram u. Wilcher 1992).

Die n-Paraffine bzw. anderen Paraffine (mit zyklischen Kohlenwasserstoffen) werden jeweils am Boden der Extrakt- bzw. Raffinatkolonne gewonnen. Ein Teil des Desorbens wird an den Seitenabzügen der beiden Kolonnen abgezogen und in die Desorbensaufbereitungskolonne geleitet. Dort wird über Kopf das n-Pentanhaltige Desorbens für Zone III und über Sumpf die i-Oktan-reiche Fraktion für das Reinigen der Zone II abgezogen. Am Kopf der Extrakt- und Raffinatkolonne wird ebenfalls das Desorbens für Zone III abgezogen (Raghuram u. Wilcher 1992).

Bisher sind weltweit 26 Molex-Prozesse mit Kapazitäten zwischen 2.500 und 135.000 t/a lizensiert worden (UOP 1999).

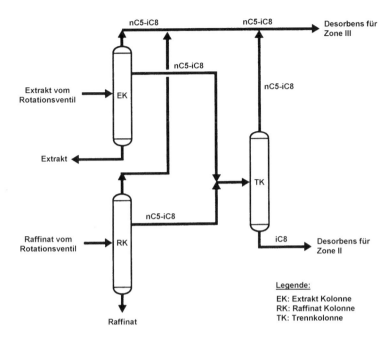

Abb. 7.37. Desorbensaufarbeitung im Molex Prozess (Raghuram u. Wilcher 1992)
nC5 n-Pentan, *iC8* i-Oktan

7.3 Auslegung von Flüssigphasenadsorbern

Für die Auslegung von Flüssigphasenadsorbern sind Laboruntersuchungen notwendig, da sich z.B. Abwasserströme in ihren Zusammensetzungen, pH-Werten, Salzgehalten und Temperaturen stark voneinander unterscheiden. Dabei wird das Adsorptionsvermögen unterschiedlicher Adsorbentien ermittelt und miteinander verglichen. Entscheidend sind die Beladungskapazität und das dynamische Verhalten der Adsorbentien (Eisenacher u. Neumann 1982), wobei letzteres bei der Auslegung häufig durch Zuschlagsfaktoren berücksichtigt wird (Cornel 1991).

Die Auslegung einer Adsorberanlage erfolgt in mehreren aufeinander aufbauenden Schritten (Fox u. Kennedy 1985):

1. Bestimmung der Randbedingungen:
    - Ist-Zustand des zu behandelnden Feedstromes: Volumenstrom, Feststoffgehalt, Adsorptivkonzentration, Konzentration an Fremdstoffen, pH-Wert, Salzkonzentration
    - Soll-Zustand: geforderte Grenzwerte bzw. Reinheiten

2. Festlegung des Adsorbens durch vergleichende Laborversuche
3. Festlegung der Regenerierungsmethode: Die Art der Regenerierung hängt von Art und Menge des eingesetzten Adsorbens und davon ab, ob das Adsorptiv wiedergewonnen werden soll.
4. Dimensionierung der Adsorptionsanlage:
   - Bestimmung der benötigten Adsorbensmenge
   - Festlegung der Adsorberanzahl und des Höhen:Längen-Verhältnisses der Kolonnen
   - Entscheidung über die Verschaltung der Adsorber
5. Plausibilitätsstudie:
   - Überprüfung, ob die Laufzeiten der Adsorber mit den Regenerierungszeiten kompatibel sind
   - Überprüfung, ob der Druckverlust im Adsorberbett nicht zu hoch ist (Schädigung des Adsorbens, energetische Gesichtspunkte)
6. Auslegung und Festlegung der Peripherie: Pumpen, Ventile, Steuerungseinrichtungen, Vorbehandlungsstufen, vor- oder nachgeschaltete Behälter

In der Flüssigphase werden Adsorber zunehmend mit Hilfe von kommerziellen Computerprogrammen ausgelegt, die den Adsorptionsprozess mit Hilfe der in Kapitel 4 hergeleiteten Differentialgleichungen simulieren (Ma et al. 1996; Sievers u. Müller 1995; Tien 1994; Weingärtner et al. 2001). Jedoch fehlt es häufig noch an den benötigten Eingangsdaten, um die Möglichkeiten von Simulationen auszuschöpfen (Ma et al. 1996; Weingärtner et al. 2001; Worch 1992).

Im Folgenden sollen Short Cut Methoden vorgestellt werden, die auf Massenbilanzen und grundlegenden Daten des Stoffsystems beruhen.

Die Isotherme für eine Einkomponentenadsorption, mit der ein Adsorber ausgelegt werden kann, muss i.d.R. im Labor anhand von Batch- oder Säulenversuchen vermessen werden.

Bei Mehrkomponentensystem kommen Wechselwirkungen zwischen den einzelnen Komponenten hinzu. Diese können entweder anhand von empirischen Gleichungen oder mittels Mehrkomponenten-Isothermen, die von Einzelstoff-Isothermen ausgehen, beschrieben werden (vergl. Kap. 3.1.6). Für die Praxis ist vor allem der zweite Weg interessant, weil dadurch umfangreiche und komplizierte Messungen mit Stoffgemischen eingespart werden können (Reschke 1997).

Häufig liegen Mehrkomponentensysteme mit mehr als 20 Komponenten vor, bei denen ein solches Vorgehen nicht möglich ist. Bei solchen Systemen ist eine Modellierung kaum möglich. Eine Methode Adsorber für solche Vielstoffgemische mit unbekannter Zusammensetzung, wie sie z.B. in der Wasseraufbereitung vorkommen, auszulegen, ist die Adsorptionsanalyse. Diese basiert auf der experimentellen Bestimmung nur einer Gemischisothermen des zu untersuchenden Wassers unter Verwendung eines Summenparameters (CSB-, DOC-, TOC-, AOX-Wert, α-Zahl). Hierbei ist zunächst zu prüfen, ob die Adsorption mit einem Summenparameter hinreichend genau beschrieben werden kann. Das unbekannte Vielstoffgemisch wird in fiktive Stoffgruppen mit unterschiedlichen Adsorbierbarkeiten unterteilt, die durch Zuordnung von Einzelisothermenparametern der Freundlichisotherme definiert werden. Dabei werden Erfahrungswerte für k^* und n* angenommen. In der Regel wird ein konstanter Exponent n* vorgegeben und die Adsorbierbarkeit über den Koeffizienten k* charakterisiert. Mit diesen Einzelisothermenparametern kann eine Anpassungsrechnung über Variation der Konzentrationsverhältnisse durchgeführt werden, um die Gemischisotherme darzustellen (Haist-Gulde et al. 1991; Reschke 1997, 1998; Sontheimer et al. 1985; Worch 1992). Häufig liefert eine Anpassung mit Einzelisothermen nach Sheindorf oder mit der Multi-Redlich-Peterson-Gleichung eine bessere Anpassung der Summenisotherme (Reschke 1998).

Auch die Adsorberdynamik muss zunächst anhand von Laboruntersuchungen vermessen werden, sofern keine Erfahrungswerte vorliegen oder lediglich eine grobe Abschätzung gemacht werden soll.

Hierzu können pilot-scale-Versuche in Adsorberbetten durchgeführt werden, die mit dem gleichen Adsorbens und der Eintrittszusammensetzung des zu behandelnden Flüssigkeitsstromes betrieben werden. Mit einem solchen Vorgehen wird das Durchbruchverhalten der realen Kolonne vorhergesagt, ohne dass eine numerische Simulation notwendig ist. Da diese Versuche sehr zeitaufwendig sind, wurden Kleinkolonnentests entwickelt, die mit kleineren Adsorbens- und Kolonnendimensionen arbeiten, um die Versuchsdauer zu minimieren. Das relative Verhältnis der Größe der Versuchsapparatur, der Partikeldurchmesser, der Verweilzeit sowie der Standzeit des Versuchsadsorbers in Relation zum realen Festbett muss anhand einer Dimensionsanalyse festgelegt werden (Rohm&Haas 1991; Stenzel 1993; Weingärtner et al. 2001).

Sind erste Daten (zumindest Isothermendaten) bekannt, kann ein Flüssigphasenadsorber ähnlich der Gasphase überschlägig aus einer Massenbilanz ausgelegt werden. Dazu sind Annahmen bezüglich der Zyklus- oder Standzeit des Adsorbers und der Anströmgeschwindigkeit des Flüssigkeitsstromes notwendig, die aus Erfahrungswerten gewonnen werden (Cornel 1991; Fox u. Kennedy 1985; Weingärtner et al. 2001). Dabei sollte beachtet werden, dass es sich um idealisierte Berechnungsschemata handelt, mit denen keine reale Anlage direkt ausgelegt werden können.

7.3.1 Short Cut Methode I

1. Ausgangspunkt ist die Adsorbensbeladung q, die im Gleichgewicht mit der gewünschten Austrittskonzentration des Adsorptivs steht. Diese ist nur direkt am aufzubereitenden Flüssigkeitsstrom zu ermitteln (Cornel 1991; Weingärtner et al. 2001).
2. Anhand der Gleichgewichtsbeladung q und den Daten des Zulaufs lässt sich anhand einer Massenbilanz die minimale Menge beladenes Adsorbens abschätzen, die stündlich anfällt (Cornel 1991; Weingärtner et al. 2001):

$$\dot{M} = \frac{c \cdot \dot{V}}{q} \qquad (7.2)$$

3. Die theoretische Aufenthaltszeit (EBCT – Empty Bed Contact Time) eines Adsorbers t_{EBC} sollte sich in einem sinnvollen Rahmen befinden. Sie ist abhängig vom jeweiligen Stoffsystem und liegt in der Regel zwischen zwei Minuten und einer Stunde (s. Tabelle 7.17). Damit lässt sich das Adsorbervolumen berechnen (Cornel 1991; Weingärtner et al. 2001):

$$V = \dot{V} \cdot t_{EBC} \tag{7.3}$$

4. Bei der Festlegung der Flüssigkeitsgeschwindigkeit im Adsorber muss ebenfalls auf Erfahrungswerte (s. Tabelle 7.17) zurückgegriffen werden. Typisch sind je nach Anwendungsfall Werte zwischen 1 und 10 m/h (Cornel 1991; Weingärtner et al. 2001).
5. Damit ist die Berechnung des Adsorberquerschnitts A möglich (Cornel 1991; Weingärtner et al. 2001):

$$A = \dot{V} \big/ u_{LR} \tag{7.4}$$

6. Schließlich lässt sich die Adsorberhöhe berechnen (Cornel 1991; Weingärtner et al. 2001):

$$H = V \big/ A \tag{7.5}$$

7. Bisher wurden lediglich Gleichgewichtsbeladungen benötigt. Bei realen Anlagen ist jedoch die Kinetik nicht zu vernachlässigen. Deren Berücksichtigung erfolgt entweder durch geeignete Modellrechnungen oder – in der Praxis häufiger – durch Sicherheitszuschläge. Dies ist vor allem der Fall, wenn aufgrund von Schwankungen der Rohwassermengen und -konzentrationen Reservekapazitäten benötigt werden (Cornel 1991).
8. Abhängig vom Adsorbensverbrauch pro Stunde und den geometrischen Daten des Adsorberbettes kann eine erste Auswahl der Apparate (diskontinuierlich – kontinuierlich) und der Regenerierung/Reaktivierung erfolgen (Cornel 1991).
9. Abschließend sollte eine Plausibilitätsstudie durchgeführt werden, um festzustellen, ob sich die Abmessungen des Adsorbers im üblichen Rahmen bewegen. In der Regel sollte ein Adsorber für die Flüssigphase ein Höhen:Durchmesser-Verhältnis zwischen 2:1 und 4:1 aufweisen. Adsorber in Betonbauweise z.B. in der Wasseraufbereitung weisen jedoch auch Höhen:Durchmesser-Verhältnisse kleiner eins auf (vergl. Abb. 7.2).

Beispiel: Adsorptive Vorreinigung eines Chemieabwassers mit Aktivkohle und thermischer Reaktivierung

Das folgende Beispiel behandelt eine adsorptive Vorreinigung eines Chemieabwassers mit Aktivkohle. Der Volumenstrom des Abwassers beträgt 90 m³/h und enthält eine DOC-Konzentration von 500 g/m³. In Laboruntersuchungen wurde mit dem zu behandelnden Abwasser eine maximale Kapazität von 150 g DOC/kg Aktivkohle gemessen (Cornel 1991).

Aus Gl. 7.2 folgt ein Aktivkohleverbrauch von 300 kg/h. Bei einem solch hohen Verbrauch lohnt sich der Einsatz eines Rutschbettadsorbers mit nachgeschalteter Reaktivierungsanlage, wie in Abb. 7.25 dargestellt (Cornel 1991).

Mit einer EBCT von einer Stunde ergibt sich aus Gl. 7.3 ein benötigtes Adsorbervolumen von 90 m³. Durch die Annahme einer typischen Filtergeschwindigkeit von 5 m/h resultiert aus Gl. 7.4 eine Querschnittsfläche von 18 m², woraus aus Gl. 7.5 eine erforderliche Schütthöhe von 5 m folgt.

Da keine Erkenntnisse über die Adsorberdynamik vorliegen und eventuelle Schwankungen in der Zulaufmenge sowie -konzentration aufgefangen werden müssen, wird die Schütthöhe mit einem Sicherheitszuschlag von 25 % beaufschlagt, wonach eine Adsorbenshöhe von 6,25 m und ein Adsorbensvolumen von 113 m³ erforderlich ist (Cornel 1991).

Eine mögliche Anlagenkonzeption für dieses Abwasser würde aus zwei parallelgeschalteten Rutschbettadsorbern mit einem Durchmesser von jeweils 3,5 m bestehen, an die eine Reaktivierungsanlage mit einem maximalen Durchsatz von ca. 400 kg/h angeschlossen ist. Je nach Abwasserzusammensetzung sind Vorwäscher oder Filter vor den Adsorbern vorzusehen, um Chlor und/oder schwefelhaltige Komponenten sowie Feststoffteilchen aus dem Abwasser zu entfernen (Cornel 1991).

7.3.2 Short Cut Methode II

1. Ausgangspunkt ist wiederum die Adsorbensbeladung q, die im Gleichgewicht mit der gewünschten Austrittskonzentration des Adsorptivs steht. Diese Größe ist nur direkt am aufzubereitenden Flüssigkeitsstrom zu ermitteln (Kennedy u. Fox 1985).
2. Die Standzeit eines Adsorbers t_{Zyklus} muss abgeschätzt werden. Sie kann bei Adsorbern, die nicht on line regeneriert werden, auf Erfahrungswerten beruhen und sollte sich in einem sinnvollen Rahmen bewegen. Wird das Adsorbens in der Anlage on line regeneriert bzw. reaktiviert, so bestimmt sich die Mindeststandzeit aus der Dauer des Regenerierungszyklus bzw. der Kapazität des Reaktivierungsofens.

Anhand der Gleichgewichtsbeladung q und den Daten des Zulaufs lässt sich anhand einer Massenbilanz das benötigte Adsorbervolumen berechen (Kennedy u. Fox 1985):

$$V = \frac{c \cdot \dot{V} \cdot t_{Zyklus} \cdot \rho_{Schütt}}{q} \qquad (7.6)$$

3. Bei der Festlegung der Flüssigkeitsgeschwindigkeit im Adsorber muss ebenfalls auf Erfahrungswerte (s. Tabelle 7.17) zurückgegriffen werden. Typisch sind Werte je nach Anwendungsfall zwischen 1 und 10 m/h. Auch die Angabe von Leerrohrvolumenströmen in [BV/h] ist verbreitet, wobei in der Regel Adsorberbelastungen von 2–16 BV/h üblich sind (Bayer 1997; Rohm&Haas 1997, 1999).

4. Damit ist die Berechnung des Adsorberquerschnitts A möglich:

$$A = \dot{V} / u_{LR} \qquad (7.7)$$

5. Schließlich lässt sich die Adsorberhöhe berechnen:

$$H = V/A \qquad (7.8)$$

6. Bisher wurden lediglich Gleichgewichtsbeladungen benötigt. Bei realen Anlagen ist jedoch die Kinetik nicht zu vernachlässigen. Deren Berücksichtigung erfolgt entweder durch geeignete Modellrechnungen oder – in der Praxis häufiger – durch Sicherheitszuschläge. Dies ist vor allem der Fall, wenn aufgrund von Schwankungen der Rohwassermengen und -konzentrationen Reservekapazitäten benötigt werden (Cornel 1991).

7. Abschließend sollte eine Plausibilitätsstudie durchgeführt werden, um festzustellen, ob sich die Abmessungen des Adsorbers und der Druckverlust über die Schüttung im üblichen Rahmen bewegen.

Beispiel: Adsorptive Reinigung eines Chemieabwassers mit einem Adsorberpolymer und extraktiver Regenerierung

Bei einer extraktiven Regenerierung des Adsorbens im Festbett-Adsorber bestimmt sich die Adsorptionszykluszeit aus der Zeit, die zur Wiederherstellung der Adsorptionskapazität des Adsorbers benötigt wird.

Im Folgenden soll ein Beispiel berechnet werden, in dem der Phenolgehalt von 18 m³/h Abwasser von 10.000 wppm (ca. 10 kg Phenol/m³ Wasser) auf <5 wppm gesenkt werden muss. Das Abwasser hat einen Salzgehalt von 2 % und einen pH-Wert von 3. Der Abwasserstrom stammt aus einer Phenolanlage, bei der Aceton als Nebenprodukt entsteht. Außerdem steht eine rektifikative Trennstufe für Phenol und Aceton in der Anlage zur Verfügung (Fox u. Kennedy 1985).

Aufgrund der Gegebenheiten soll die Adsorption mit einem Adsorberpolymer durchgeführt werden, das sich mit Aceton extraktiv regenerieren lässt. Für ein solches Adsorberpolymer wurde in Laboruntersuchungen bei der Eingangskonzentration eine Gleichgewichtsbeladung von 0,2 $kg_{Phenol}/kg_{Adsorbens}$ gemessen. Die Schüttdichte des Adsorberpolymers liegt bei 500 kg/m³.

Zunächst muss die Zeit bestimmt werden, die benötigt wird, um die Adsorbenskapazität des beladenen Adsorbens wiederherzustellen (Fox u. Kennedy 1985):

- Da die Salze nicht in die Destillationsstufe kommen dürfen, muss das Adsorberbett zunächst gespült werden. Dazu wird ¼ BV Wasser mit einem Volumenstrom von 2 BV/h durch das Adsorbens gefördert. Dieser Schritt dauert demzufolge 0,125 h.
- Die eigentliche Desorption wird mit 2,5 BV Aceton bei 2 BV/h durchgeführt, wodurch sich ein Zeitbedarf von 1,25 h ergibt.

- Das Auswaschen des Extraktionsmittels wird ebenfalls bei 2 BV/h durchgeführt. Hierfür sollten 2 BV Wasser eingeplant werden, wodurch das Ausspülen 1 h dauert.
- Ein anschließendes Rückspülen des Festbettes mit ½ BV Wasser dauert ca. 0,25 h.
- Das automatische Umstellen der Ventile benötigt pro Regenerierungszyklus ca. 0,35 h.

Somit dauert ein gewöhnlicher Regenerierungszyklus ca. 3 h. Da der Adsorber häufiger rückgespült werden sollte, um Verunreinigungen auszuwaschen und somit Verstopfungen zu verhindern, und eine zeitliche Sicherheit gewährleistet werden soll, wird im Folgenden von einer Dauer von 4 h pro Regenerierungszyklus ausgegangen (Fox u. Kennedy 1985).

Da bei einer Lösung mit zwei Festbetten ein unbeladener Adsorber am Ende des Adsorptionszyklus des ersten Adsorbers als Sicherheitsfilter zur Verfügung stehen sollte (s. Abb. 7.6), wird die Zykluszeit auf 6 h festgelegt. Damit berechnet sich das Adsorbervolumen nach Gl. 7.6 zu 10,8 m³.

Da Adsorberpolymere sehr teuer sind, sollte das Adsorbervolumen möglichst niedrig gehalten werden. Dies kann durch Minimierung des Verhältnisses der Adsorptionsdauer zur Regenerierungsdauer erreicht werden (Fox u. Kennedy 1985).

Bei einer angenommen Filtergeschwindigkeit von 3,75 m/h ergibt sich aus Gl. 7.7 eine Querschnittsfläche von 4,8 m², woraus nach Gl. 7.8 eine Adsorbenshöhe von 2,25 m resultiert.

Da bei dieser Adsorptionsanlage in der zweiten Hälfte des Adsorptionszyklus der zweite Adsorber als Sicherheitsfilter arbeitet, muss kein Sicherheitszuschlag für die Kinetik berücksichtigt werden. Der Druckverlust über den Adsorberfilter sollte an dieser Stelle überprüft werden und gegebenenfalls das Design verändert werden.

Für die Konstruktion ergibt sich mit einem Rückspülraum von 100 %, was bei Adsorberpolymeren üblich ist, eine Adsorberhöhe von 4,5 m.

7.3.3 Erfahrungswerte für die industrielle Adsorber-Auslegung

Die folgenden Erfahrungswerte aus der Industrie für Festbett-Adsorber sind lediglich als Anhaltspunkte zu sehen und im Einzelfall immer zu überprüfen. Aus Tabelle 7.17 wird deutlich, wie unterschiedlich die charakteristischen Größen der Adsorber abhängig vom Anwendungsgebiet und eingesetzten Adsorbens sind.

Tabelle 7.17. Erfahrungswerte für Festbett-Adsorber (Alcoa 1994; Bayer 1996; CarboTech 1998; Chemviron 1999; DVGW 1991; Lahmeyer 1991; Rohm&Haas 1997, 1999; Silica 1992; Sontheimer et al. 1985; Weingärtner et al. 2001)

Kenngröße	Wasseraufbereitung (Aktivkohle)	Wasseraufbereitung (Adsorberpolymere)	Trocknung von organischen Flüssigkeiten (Aktivtonerde)
Höhe:Durchmesser-Verhältnis [-]	2:1–4:1	2:1–4:1	<1:1–3:1
Adsorberbelastung [BV/h]	2–4	2–16	<21 l/s/m² (Oberflächenbelastung)
Anströmgeschwindigkeit [m/h]	5–25 (bis zu 60) 5–15 (offene Adsorber)	5–10	50
Druckverlust [bar]	0,5–2	<2,5	–
Schütthöhe [m]	1–4	1,2–2,5	3,5–4,5
Adsorbensvolumen [m³]	10–50	1–20	20–40
Typische Kontaktzeiten [min]	5–30	3–30	3–5
Rückspülraum [%]	15–50	100	–
Rückspülgeschwindigkeit [m/h]	25–35	1–4	–

BV Bettvolumen

7.4 Zusammenfassung „Industrielle Flüssigphasen-Adsorption"

Es existiert eine Vielzahl von Anwendungsfällen für Adsorptionsprozesse in der Flüssigphase. Adsorber können zur Reinigung von Abwasser und Prozesslösungen mit und ohne Rückgewinnung der Adsorptive oder zur Trocknung von organischen Stoffströmen sowie zur Trennung von Flüssig-Flüssig-Mischungen eingesetzt werden.

Festbett-Adsorber sind die am häufigsten eingesetzten Apparate für körnige Adsorbentien, da sie einfach aufgebaut und zu bedienen sind. Außerdem können in solchen Adsorbern Konzentrationsschwankungen aufgefangen werden. Da Festbett-Adsorber diskontinuierlich arbeiten, kommen mehrere Adsorber zur Anwendung, die parallel oder seriell miteinander verschaltet sind, um Lösungen kontinuierlich behandeln zu können.

Als kontinuierlich mit körnigen Adsorbentien arbeitende Alternative wurden *Rutschbettadsorber* entwickelt, bei denen das Adsorbens und die zu reinigende

Lösung im Gegenstrom zueinander gefahren werden. Hierbei ist die Abriebfestigkeit des Adsorbens zu beachten.

Dies gilt auch für *Wirbelschicht- und Schwebebettadsorber*, die gegenüber Rutschbettadsorbern den Vorteil haben, dass auch feststoffhaltige Lösungen (z.B. Fermentationsbrühen) aufgearbeitet werden können. Aufgrund der Komplexität der Verfahrensführung haben sich diese Adsorber jedoch noch nicht etablieren können und sind zurzeit weitestgehend im Forschungsstadium.

Auch *Karusseladsorber* stellen eine neue Technologie dar, die quasikontinuierlich betrieben werden kann. Hierbei wird die Adsorbenskapazität durch ein kontinuierliches Umschalten von Festbett-Adsorbern besser ausgenutzt als in einem einzelnen Festbett-Adsorber.

Um adsorptive Trennaufgaben quasikontinuierlich betreiben zu können, wurden *SMB-Prozesse* entwickelt, bei denen die Feed-, Extrakt-, Raffinat- und Desorbensströme periodisch umgeschaltet werden. Dies simuliert einen Gegenstrombetrieb zwischen Feststoff und Flüssigkeit.

In der Wasser- und Lebensmittelaufbereitung werden Pulverkohlen verwendet, die andere Verfahrensweisen benötigen aber auch ermöglichen. So existieren *Einrührverfahren*, bei denen Pulverkohle in Rührkesseln mit der aufzubereitenden Lösung in Kontakt gebracht und später abfiltriert wird. Eine weitere Möglichkeit ist die Anwendung von Pulverkohle in *Anschwemmfiltern*, bei denen auf einem Filter eine Aktivkohleschicht erzeugt wird, die von der Lösung durchströmt wird. Speziell in der Wasseraufbereitung existieren außerdem Verfahren mit *Pulverkohledosierung*.

Die Auslegung von Adsorbern benötigt in der Regel experimentelle Voruntersuchungen bezüglich der Adsorptionseigenschaften von Adsorbentien für das jeweilige Problem. Damit können durch dynamische Simulationen, die auf den Differentialgleichungen aus Kapitel 4 basieren, die Adsorber ausgelegt werden. Überschlägig ist dies auch anhand von Massenbilanzen möglich.

Literatur zu Kapitel 7

Ahlgren B (1997) Continuous separation techniques in sweetener production – Reduced deashing and decolorising costs in producing HFCS and sugars. Sonderdruck von der Januar-Ausgabe des International Sugar Journal

Alcoa (1994) Dehydrating Liquids with Alcoa Activated Aluminas. Technische Information F35-14481, Ausgabe 8.94, Los Angeles, USA

Anonym (1996) Continuous Ion Exchange Helps Smaller Towns Meet Nitrate Level Water Standards. Sonderdruck der Novemberausgabe des WATER/Engineering Management Magazine

Anonym (2001) Hochreines Wasser im Industriepark Höchst. CAV Chemie-Anlagen + Verfahren 1: 12

Aurand K (1991) Die Trinkwasserverordnung: Einführung und Erläuterungen für Wasserverordnungsunternehmen und Überwachungsbehörden, 3. Auflage. Erich Schmidt Verlag, Berlin

Barnfield Frej AK, Johanson HJ, Johanson S, Leijon P. (1997) Expanded bed adsorption at production scale: Scale-up verification, process example and sanitization of column and adsorbent. Bioprocess Engineering 16: 57–63

Bartels CR, Kleimann G, Korzun JN, Irish DB (1958) A novel ion-exchange method for the isolation of streptomycin. Chemical Engineering Progress 54 (8): 49–51

Bascoul A, Biscans B, Delmas H (1991) Récupération des protéines du lactoserum – perspectives industrielles. Récent progrès en génie des procédés 5: 275–282

Bayer AG (1997) Lewatit® – Adsorberpolymere. Technische Information OC/I 20830, Leverkusen

Bayer AG (1996) Lewatit® EP 63. Produktinformation, Ausgabe 4.96, Leverkusen

BECO Filtertechnik (1999) Tiefenfiltration BECO ACF 07 – Aktivkohlehaltige Tiefenfilterschicht. Technische Information A 2.1.6.5, 09/99 CN/SJ/BS, Begerow GmbH, Langenlonsheim

Braun G, Hellmann W, Volk W (1997) Betriebserfahrungen mit einer Großanlage zur Aufbereitung und Wiederverwendung von Färbereiabwässern. Wasser-Abwasser-Praxis 6 (1): 47–51

Breitbach M (1999) Optimierung von Adsorptions-Desorptions-Verfahren durch Einsatz von Ultraschall. Diplomarbeit am Lehrstuhl für Anlagentechnik, Fachbereich Chemietechnik, Universität Dortmund

Broughton DB, Palatine CG, Plaines D (1961) Continuous Sorption Process Employing Fixed Bed of Sorbent and Moving Inlets and Outlets, US Patent 2985589. Veröffentlichungstag der Patenterteilung: 23. Mai 1961, USA

Bucher-Guyer AG (1995) Bucher Adsorbertechnologie. Produktinformation 20.03.1995/KVM-Ind., Niederweningen/Zürich, Schweiz

Bucher-Guyer AG foodtech (2001), Schweiz, Internetseite: http://www.bucherguyer.ch/foodtech/d/produkte/adsorber/adsorber.htm vom 8.2.2001

Burkhardt MO, Schick R, Freudenberg T (2000) Kontinuierliche Dünnsaftkalkung mit schwach sauren Kationenaustauschern im Werk Appeldorn von Pfeifer & Langen. Zuckerindustrie 125 (9): 673–682

CarboTech Aktivkohlen GmbH (2001), Essen, Internetseite: http://www.carbotech.de/ vom 13.5.2001

CarboTech Aktivkohlen GmbH (1998) Deponiesickerwasserreinigung. Firmenschrift, Essen

CarboTech Aktivkohlen GmbH (1997) Mobiles Adsorber Miet-System: MAMS für die Flüssigphase. Produkt-Information, 01.1997, Essen

Chase HA, Draeger NM (1992) Affinity purification of proteins using expanded beds. Journal of Chromatography 597: 129–145

Chemviron Carbon GmbH (k.A.) Die umfassende Lösung für die Behandlung von Sickerwasser auf Mülldeponien. Firmenschrift, Neu-Isenburg

Chemviron Carbon GmbH (2001), USA, Internetseite: http://www.chemvironcarbon.com/ vom 14.5.2001

Chemviron Carbon GmbH (1999) Kornaktivkohle zur Trinkwasseraufbereitung. Firmenschrift, Neu-Isenburg

Chemviron Carbon GmbH (1998) FRP Cyclesorb™ Service –Mobile Aktivkohle Adsorber. Firmenschrift WW-4-2, 11/98, Neu-Isenburg

Chemviron Carbon GmbH (1997) Cyclesorb™ Service –Mobile Aktivkohle Adsorber. Firmenschrift WW-4-2-g, 12/97, Neu-Isenburg

Chen CS, Shaw PE, Parish ME (1993) Orange and Tangerine Juices. In: Nagi S, Chen CS, Shaw PE (Hrsg.) Fruit juice processing technology. AgScience, Auburndale, USA, S 110–165

Ciprian J, Maurer S (2001) Schriftliche Mitteilung. BASF AG, Ludwigshafen

Cornel P (1991) Abtrennung und Rückgewinnung von Stoffen durch Adsorption und Ionentausch. Chemie Ingenieur Technik 63 (10): 969–976

DIN 19 605 (1993) Festbettfilter zur Wasseraufbereitung – Aufbau und Bestandteile. Entwurf Mai 1993.

DVGW Deutscher Verein des Gas- und Wasserfaches e.V. (1991) Planung und Betrieb von Aktivkohlefiltern für die Wasseraufbereitung. Technische Mitteilung Merkblatt W239, Ausgabe Juli 1991

Eilers L, Melin T (2001) Nanofiltration und Adsorption an Pulverkohle als Verfahrenskombination zur kontinuierlichen Abwasserreinigung. Chemie Ingenieur Technik 73 (5): 554–557

Eilers L, Melin T (2000) Nanofiltration und Adsorption an Pulverkohle als Verfahrenskombination zur kontinuierlichen Abwasserreinigung. F & S Filtrieren und Separieren 14 (6): 306–311

Eisenacher K, Neumann U (1982) Weitergehende Reinigung von Abwässern der Chemischen Industrie mit Hilfe von Aktivkohle. Chemie Ingenieur Technik 54 (5): 442–448

Eltner A (1998) Behandlung hochbelasteter Abwässer durch Aktivkohleadsorption und Aktivkohle/Nanofiltration – Verfahrensvergleich und Bewertung. Dissertation, RWTH Aachen

Fernandez-Lahore HM, Geilenkirchen S, Boldt K, Nagel A, Kula MR, Thömmes J (2000) The influence of cell adsorbent interactions on protein adsorption in expanded beds. Journal of Chromatography A 873 (1): 195–208

Fischwasser K, Schwarz R (1995) Möglichkeiten und Grenzen beim Schließen interner Stoffkreisläufe. Metalloberfläche 49 (9): 644–648

Fox CR (1985) Industrial Wastewater Control and Recovery of Organic Chemicals by Adsorption. In: Slejko FL (Hrsg.) Adsorption Technology: A Step Approach to Process Evaluation. Marcel Dekker, Inc., New York, Basel, S 167–212

Fox CR (1978) Plant uses prove phenol recovery with resins. Hydrocarbon Processing 57 (11): 269–273

Fox CR, Kennedy DC (1985) Conceptual Design of Adsorption Systems. In: Slejko FL (Hrsg.) Adsorption Technology: A Step Approach to Process Evaluation. Marcel Dekker, Inc., New York, Basel, S 91–165

Franzen S, Grünewald M, Schmidt-Traub H (2000) Continuous Fluidized Bed Adsorption for Downstream Processing of Lactic Acid Fermentation Media. In: DECHEMA e. V. (Veranst.): Biotechnology 2000 - The World Congress on Biotechnology (11th International Biotechnology Symposium and Exhibition Berlin 2000). Vol. 1 : Book.of Abstracts – Updated Programme and Lecture Abstracts. Frankfurt am Main, 2000, S 434–436

Ganetsos G, Baker PE (1992) Preparative and Production Scale Chromatography. Marcel Dekker, New York

Grace JR (1986) Contacting Modes and Behaviour Classification of Gas-Solid and Other Two-Phase Suspensions. The Canadian Journal of Chemical Engineering 64: 353–363

Grace GmbH (k.A.) Molekularsiebe – Eigenschaften und Anwendungen. Broschüre, Worms

Graver Technologies (1998) Specialty Solutions in Separations, Purification and Processing. Technische Informati%-igenon GTX-151, 11/98, Esslingen

Grünewald M (2000) Mehrstufige Wirbelschichten mit Rieselböden zur kontinuierlichen Gegenstromadsorption – Untersuchungen zur Fluiddynamik. Dissertation an der Universität Dortmund, Shaker Verlag, Aachen

Grünewald M, Schmidt-Traub H (1999) Kontinuierliche Gegenstromadsorption in einer mehrstufigen Wirbelschicht. In: GVC, VDI-Gesellschaft Verfahrenstechnik und Chemieingenieurwesen (Hrsg.) Verfahrenstechnik der Abwasser- und Schlammbehandlung: additive und prozeßintegrierte Maßnahmen. Preprints / 4. GVC-Abwasserkongress, Band 2, Fuck Verlag, Koblenz

Grünewald M, Schmidt-Traub H (1998) Die mehrstufige Flüssig/Fest-Wirbelschicht als Adsorptionsapparat. Chemie Ingenieur Technik 70 (10): 1328–1331

Grünewald M, Franzen S, Schmidt-Traub H (2000) Untersuchungen zur Adsorption im kontinuierlichen Gegenstrombetrieb. Chemie Ingenieur Technik 72 (11): 1359–1362

Haist-Gulde B, Johannsen K, Stauder S, Baldauf G, Sontheimer H (1991) Optimierung der Aktivkohleanwendung bei der Entfernung von Mikroverunreinigungen mit Aktivkohle in Trinkwasseraufbereitungsanlagen. Das Gas- und Wasserfach / Ausgabe Wasser, Abwasser / GWF aktuell 132 (1): 8–15

Helmer R, Sekoulov I (1977) Weitergehende Abwasserreinigung, 1. Auflage. Deutscher Fachschriften-Verlag, Mainz, Wiesbaden

Henning KH, Degel J (1991) Aktivkohlen – Herstellungsverfahren und Produkteigenschaften. (Vortrag im Rahmen des Seminars „Aktivkohlen in Technik und Umweltschutz" der Technischen Akademie Wuppertal am 18. u. 19. April 1991)

Heymann E, Nissing W (1991) Eliminierung von PBSM im Wasserwerk Haltern der Gelsenwasser AG. Das Gas- und Wasserfach / Ausgabe Wasser, Abwasser / GWF aktuell 132 (1): 1–7

Hjorth R (1997) Expanded-bed adsorption in industrial bioprocessing: recent developments. TIBTECH 15 (6): 230–235

Hobby R (1995) Entfernung organischer Störstoffe im Spurenbereich mit pulverförmiger Aktivkohle. Dissertation an der Gerhard-Mercator-Universität-Gesamthochschule Duisburg

Hörner G (1989) Entfernung organischer Störstoffe mit Hilfe von Pulverkohle in Kombination mit der Anschwemmfiltration. Berichte aus dem Rheinisch-Westfälischen Institut für Wasserchemie und Wassertechnologie GmbH (IWW)-Institut an der Universität-GH-Duisburg 4: 211–231

Hudson LK, Misra C, Wefers K (1998) Aluminum Oxide. In: Ullmann F (Hrsg.) Encyclopedia of Industrial Chemistry, 6. Auflage (electronic release). Wiley-VCH, Weinheim

imecon AG (2001) Schweiz, Internetseite: http://www.imecon.ch/citrus_d.htm vom 8.2.2001

imecon AG (2000) Debittering of Citrus Juice. Produktinformation DAEO002-1.0, Abtwill, Schweiz

Jacobi Carbons (2000) Activated Carbon for Precious Metals Recovery. Firmenschrift, Bad Homburg

Jacobi Carbons (2000) Activated Carbon for Liquid Phase Decolorization. Firmenschrift, Bad Homburg

Jacobi Carbons (2000) Activated Carbon for Liquid Phase Adsorption. Firmenschrift, Bad Homburg

Jüntgen H (1978) Physikalisch-chemische und verfahrenstechnische Grundlagen von Adsorptionsverfahren. Haus der Technik – Vortragsveröffentlichungen 404: 5–24

Jupke A (2000) Simulation, Auslegung und Betrieb kontinuierlicher Simulated Moving Bed (SMB) Chromatographieprozesse. In: Lehrstuhl für Anlagentechnik (Hrsg.) Forschung am Lehrstuhl für Anlagentechnik 1989–2000. Shaker Verlag, Aachen, S 39–46

Keller II GE (1995) Adsorption : Building Upon a Solid Foundation. Chemical Engineering Progress 10: 56–67

Kiefer M (1997) Sickerwasseraufbereitung nach dem Stand der Technik am Beispiel ausgeführter und im Bau befindlicher Anlagen. In: Zimpel J (Hrsg.) Industrielle und gewerbliche Abwassereinleitungen in öffentliche Abwasseranlagen : Anforderungen und Problemlösungen. expert-Verlag, Renningen-Malmsheim, S 152–189

v.Kienle H (1999) Adsorption. In: Abwassertechnische Vereinigung (Hrsg.) ATV-Handbuch, 4. Auflage. Ernst, Berlin, S 332–353

Kimball DA, Norman SI (1990) Processing Effects during Commercial Debittering of California Navel Orange Juice. Journal of agricultural and food chemistry. 38 (6): 1396–1400

Kimball DA, Norman SI (1990) Changes in California Naval Orange Juice during Commercial Debittering. Journal of Food Science 55 (1): 273–274

Kümmel R, Worch E (1990) Adsorption aus wäßrigen Lösungen, 1. Auflage. VEB Deutscher Verlag für Grundstoffindustrie, Leipzig

Küster W, Ahring G (1965) Abwasserreinigungsanlage für die Zuckerfabrik Clauen. Zuckerindustrie 121: 347–351

Kunz P (1995) Behandlung von Abwasser : emissionsarme Produktionsverfahren, mechanisch-physikalische, biologische, chemisch-physikalische Abwasserbehandlung, technische Realisierung, rechtliche Grundlagen, 4. Auflage. Vogel, Würzburg

Lahmeyer International GmbH (1991) Stand der Technik bei chemisch-physikalischen Verfahren in der Abfallbehandlung. In: Umweltbundesamt (Hrsg.) Forschungsbericht 103 02 121, UBA-FB 91-044. Berlin, S 108–123

Lenggenhager T (1998) Ultrafiltration and Adsorbertechnologies Combined Produce Top-Grade Concentrates and Juices. Fruit Processing 8 (4): 136–142

Lenggenhager T, Lyndon R (1997) Profit-generating Benefits of Ultrafiltration and Adsorber Technology. Fruit Processing 7 (7): 250–256

LeVan MD, Carta G, Yon CM (1997) Adsorption and Ion Exchange. In: Perry RH, Green D (Hrsg.) Perry's chemical engineers' handbook, 7. Auflage. McGraw-Hill, New York [u.a.], S 16-1–16-66

Lohaus J (1999) Rechtliche Grundlagen. In: Abwassertechnische Vereinigung (Hrsg.) ATV-Handbuch, 4. Auflage. Ernst, Berlin, S 45–70

Ludwig H (1986) Organisch belastete Abwässer und Feststoffe – gesetzliche Regelungen und Verfahren zur Aufbereitung und Entsorgung. Technische Mitteilungen 80 (6): 297–309

Ma Z, Whitley RD, Wang NHL (1996) Pore and Surface Diffusion in Multicomponent Adsorption and Liquid Chromatography Systems. AIChE Jounal 42 (5): 1244–1262

Mann T (1999) Verfahrenstechniken zur Elimination von Abwasserinhaltsstoffen. In: Abwassertechnische Vereinigung (Hrsg.) ATV-Handbuch, 4. Auflage. Ernst, Berlin, S 103–130

Melin T, Eilers L (1998) Kombination von Nanofiltration und Adsorption an pulverförmigen Adsorbentien für die Abwasserreinigung. Chemie Ingenieur Technik 70 (9): 1156–1157

Mersmann A (1998) Adsorption. In: Ullmann F (Hrsg.) Encyclopedia of Industrial Chemistry, 6. Auflage (electronic release). Wiley-VCH, Weinheim

NORIT Deutschland GmbH (2001), Düsseldorf, Internettseite: http://www.norit.com/

Norman SI, Kimball DA (1990) A commercial citrus debittering system. In: American Society of Mechanical Engineers – Florida Section (Hrsg.) Transactions of the 1990 Citrus Engineering Conference, Lakeland, Florida, March 29, 1990, Volume XXXVI, S 1–31

Orshanski F, Narkis N (1997) Characteristics of organics removal by PACT simultaneous adsorption and biodegradation. Water Research 31 (3): 391–398

Poggenburg W (1975) Aktivkohlefilter in Aufbereitungsanlagen der Wasserwerke – Verfahrenstechik – Bau – Betrieb. Veröffentlichungen des Bereichs und des Lehrstuhls für Wasserchemie der DVGW-Forschungsstelle am Engler-Bunte-Institut der Universität Karlsruhe 9: 75–95

Poggenburg W (1978) Einsatz von Aktivkohle in Trinkwasserwerken – Verfahren der Adsorption und Reaktivierung. Haus der Technik – Vortragsveröffentlichungen 404: 50–59

Pust C (2000) Leitfähigkeitsmessung von Reinstwasser. GIT Labor-Fachzeitschrift 4: 453–457

Raghuram S, Wilcher SA (1992) The Separation of n-Paraffins from Paraffin Mixtures. Separation Science and Technology 27 (14): 1917–1954

Reschke G (1998) Weitergehende Reinigung von Deponiesickerwasser mit Aktivkohlefiltern. Wasser-Abwasser-Praxis 7 (6): 33–37

Reschke G (1997) Optimale Auslegung von Aktivkohlefiltern zur Abwasserreinigung. Wasser-Abwasser-Praxis 6 (3): 54–57

Ries T (1996) Kommunale Abwasserreinigung und Schlammbehandlung. Skriptum zur Vorlesung im Fachbereich Chemietechnik an der Universität Dortmund

Rohm&Haas Company(1991) Laboratory Column Procedures For Testing Amberlite® and Duolite Polymeric Adsorbents. Firmeninformation IE-254a, 5.1991, Philadelphia/USA

Rohm&Haas Company (1999) Amberlite® XAD4 Industrial Grade Polymeric Adsorbent. Product data sheet PDS 0556 A, Juli 1997, Philadelphia, USA

Rohm&Haas Company (1997) Amberlite® XAD4 Industrial Grade Polymeric Adsorbent. Product data sheet PDS 0556 A, April 1997, Philadelphia, USA

Rohm&Haas Company (1997) Amberlite® XAD16 Industrial Grade Polymeric Adsorbent. Product data sheet PDS 0170 A, April 1997, Philadelphia, USA

Roland E, Kleinschmit P (1998) Zeolites. In: Ullmann F (Hrsg.) Encyclopedia of Industrial Chemistry, 6. Auflage (electronic release). Wiley-VCH, Weinheim

Rossiter GJ (1997) Continuous Processing using Solid Adsorbents. Vortrag Antwerpen, Dezember 1997

Rossiter GJ (1996) ISEP & CSEP – a Novel Separation Technique for Process Engineers. Vortrag bei der Israeli Mining Institution, Tel Aviv, Dezember 1996

Ruthven DM (1984) Principles of adsorption and adsorption processes. John Wiley & Sons, New York [u.a.]

Rychen P, Kleiber T, Gensbittel D (1997) Process for purifying rinsing water used in semiconductor manufacture, Internationales Patent WO 97/25278. Internationales Veröffentlichungsdatum: 17.7.1997

Schalekamp M (1975) Einsatz von Aktivkohlefiltern zur Aufbereitung von Seewasser. Veröffentlichungen des Bereichs und des Lehrstuhls für Wasserchemie der DVGW-Forschungsstelle am Engler-Bunte-Institut der Universität Karlsruhe 9: 119–141

Schulte M, Ditz R, Devant RM, Kinkel JN, Charton F (1997) Comparison of the specific productivity of different chiral stationary phases used for simulated moving bed-chromatography. Journal of Chromatography A 769: 93–100

Schulz PHG (1991) Adsorptive Abwasserreinigung mit integrierter Regeneration – Referenzanlagen und Betriebsergebnisse. Referat im Rahmen des Fachseminars "Aktivkohlen in Technik und Umweltschutz", Technische Akademie Wuppertal e.V., 18.+19.4.1991

Shaw PE (1990) Citrus juice debittering – current status worldwide. The Citrus Industry 71 (6): 54–55

Shaw PE, Nagi S (1993) Grapefruit Juice. In: Nagi S, Chen CS, Shaw PE (Hrsg.) Fruit juice processing technology. AgScience, Auburndale, USA, S 166–214

Sherman JD, Yon CM (1991) Adsorption, Liquid Separation. In: Kirk RE, Othmer DF, Kroschwitz JI, Howe-Grant M (Hrsg.) Kirk-Othmer encyclopedia of chemical technology, 1. Band, 4. Auflage. John Wiley & Sons, New York [u.a.], S 573–600

SIHA Getränkeschutz (1999) Getränkestabilisierung SIHA-Aktivkohle FP. Technische Information B 5.3.2.2, 08/99 SH/MMa, Begerow GmbH, Langenlonsheim

SIHA Getränkeschutz (1999) Getränkestabilisierung SIHA-Aktivkohle Fa. Technische Information B 5.3.2, 09/99 SH/MMa, Begerow GmbH, Langenlonsheim

SIHA Getränkeschutz (1999) Getränkestabilisierung SIHA-Aktivkohle Ge/P. Technische Information B 5.3.2.1, 09/99 RW/MMa, Begerow GmbH, Langenlonsheim

Sielemann H (1997) Adsorption in flüssigfluidisierten mehrstufigen Rieselbodenwirbelschichten. Dissertation an der Universität Dortmund, Shaker, Aachen

Sievers W, Müller G (1995) Dynamische Simulation der Adsorption an polymeren Adsorbentien. Chemie Ingenieur Technik 67 (7): 897–901

Silica Verfahrenstechnik GmbH (2001) Internetseite: http://www.silica.de vom 18.5.2001

Silica Verfahrenstechnik GmbH (1993) Adsorptionsmittel. Firmenschrift, Berlin

Silica Verfahrenstechnik GmbH (1992) Trocknung durch Adsorption. Firmeninformation, Berlin

Sontheimer H, Frick BR, Fettig J, Hörner G, Hubele C, Zimmer G (1985) Adsorptionsverfahren zur Wasserreinigung, 1. Auflage. DVGW-Forschungsstelle am Engler-Bunte-Institut der Universität Karlsruhe (TH), Karlsruhe

Stenzel MH (1993) Remove Organics by Activated Carbon Adsorption. Chemical Engineering Progress 4: 36–43

Süd-Chemie AG (1996) TONSIL® – Hochaktive Bleicherden auf 4 Kontinenten weltweit präsent. Firmenschrift SC-0396-4 KD, München

Thömmes J (1997) Fluidized bed adsorption as a primary recovery step in protein purification. Advances in Biochemical Engineering 58: 185–230

Thömes J, Weiher M, Karau A, Kula MR (1995) Hydrodynamics and Performance in Fluidized Bed Adsorption. Biotechnology and Bioengineering 48 (4): 367–374

Tien C (1994) Adsorption Calculations and Modeling. Butterworth-Heinemann, Boston

Tchobanoglous G, Burton FL (1991) Wastewater engineering : treatment, disposal, and reuse / Metcalf & Eddy, Inc., 3. Auflage. McGraw-Hill, New York, London

UOP (1999) Olefins and Derivates – UOP Molex Complex for Upgrading Refinery Kerosene to Normal Paraffins. Technische Information UOP 2699B-14 399OD2N, Des Plaines, USA

VDI-Wärmeatlas, 7. Auflage (1994) VDI-Verlag, Düsseldorf, S Lf2 - Lf3

Vermeulen T, LeVan MD, Hiester NK, Klein G (1984) Adsorption and Ion Exchange. In: Perry RH, Green D (Hrsg.) Perry's chemical engineers' handbook, 6. Auflage. McGraw-Hill, New York [u.a.], S 16-1–16-48

Wasserhaushaltsgesetz (1996) Mindestanforderungen an das Einleiten von Abwasser in Gewässer. §7a Wasserhaushaltsgesetz, Allgemeine Rahmen-Verwaltungsvorschrift, Bundesministerium für Umwelt, Naturschutz und Reaktorsicherheit und Länderarbeitsgemeinschaft Wasser (Hrsg.)

Weber JR, Le Boeuf EJ (1999) Processes for advanced treatment of water. Water Science and Technology 40 (4-5): 11–19

Weinand R (1994) Einsatz von Adsorberharzen in der Fruchtsaftindustrie. Flüssiges Obst 61 (10): 472–475

Weingärtner H, Franck EU, Wiegand G, Dahmen N, Schwedt G, Frimmel FH, Gordalla BC, Johannsen K, Summers RS, Höll W, Jekel M, Gimbel R, Rautenbach R, Glaze WH (2001) Water. In: Ullmann F (Hrsg.) Encyclopedia of Industrial Chemistry, 6. Auflage (electronic release). Wiley-VCH, Weinheim

Weingärtner A, Schäfer E, Staubmann K, Urban W, Loiskandl, Rassinger M, Schachner H (1997) New approaches to the simulation and Optimisation of adsorption processes. Water Science and Technology 35 (7): 269–278

Werner GmbH (2000) Reinstwassersysteme. Firmeninformation, Leverkusen

Wichmann K (2000) Neue Impulse für die GLP- und GMP-gerechte Reinstwasseraufbereitung. GIT Labor-Fachzeitschrift 4: 458

Wirth H (1972) Adsorption. In: Ullmann F (Hrsg.) Ullmanns Encyclopädie der technischen Chemie, Band 2, 4. Auflage. Verlag Chemie, Weinheim, S 600–619

Worch E (1992) Aktivkohleeinsatz in Trinkwasserwerken. Wasser-Abwasser-Praxis 1 (4): 172–177

Zimmer E (2001) Schriftliche Mitteilung. Bucher-GuyerAG, Niederweningen, Schweiz

8 Anhang

8.1 Liste der verwendeten Symbole

8.1.1 Formelzeichen

Zeichen	Einheit	Bezeichnung
a	m²/mol	benetzte spezifische Oberfläche
A_{Grenz}	m²	Grenzfläche zwischen Partikel und fluider Phase
A_{sp}	m²/m³	spezifische Partikeloberfläche in einer Schüttung
A	m²	Querschnittsfläche des Festbetts
A_P	m²	(äußere) Partikeloberfläche
A_{Pore}	m²	Querschnittsfläche einer Pore im Adsorbens
$A_{Porenwand}$	m²	Oberfläche der Porenwand
A	-	Exponent der Toth-Gleichung
A^*	-	Exponent der Toth-Gleichung
A	1/bar	Parameter der Redlich-Peterson-Gleichung
A^*	(m³/kg)	Parameter der Redlich-Peterson-Gleichung
A	kg/kg	Parameter der Tomkin-Gleichung
a_{ij}	1/bar	Parameter der Multi-Freundlich-Gleichung
a_{ij}	1/bar^b	Parameter der Multi-Redlich-Peterson-Gleichung
a_{ij}^*	(m³/kg)^b	Parameter der Multi-Redlich-Peterson-Gleichung
B	-	Exponent der Toth-Gleichung

Zeichen	Einheit	Bezeichnung
B^*	-	Exponent der Toth-Gleichung
B	$1/bar^n$	Parameter der Redlich-Peterson-Gleichung
B^*	$(m^3/kg)^{n*}$	Parameter der Redlich-Peterson-Gleichung
B	$1/bar$	Parameter der Tomkin-Gleichung
b	$1/bar$	Parameter der Langmuir-Gleichung
b^*	(m^3/kg)	Parameter der Langmuir-Gleichung
b	-	Parameter der BET-Gleichung
b	-	empirischer Parameter (Gl. 3.27)
b_i	$1/bar$	Parameter der Multi-Langmuir-Gleichung
b_{ij}	-	Exponent der Multi-Freundlich-Gleichung
b_{ij}	-	Exponent der Multi-Redlich-Peterson-Gleichung
b_i^*	-	Exponent der Multi-Redlich-Peterson-Gleichung
c	kg/m^3	Konzentration
c^*	kg/m^3	empirischer Parameter (Gl. 3.27)
c_p	$J/(kg \cdot K)$	Wärmekapazität
d_1, d_2	-	Koeffizienten (Gl. 4.70)
d	m	Durchmesser
d_H	m	hydraulischer Durchmesser
D	m	Kolonnendurchmesser
$D_{A,Fluid}$	m^2/s	Diffusionskoeffizient des Adsorptivs im Trägerfluid
D_{ax}	m^2/s	axialer Dispersionskoeffizient
D_{Diff}	m^2/s	Diffusionskoeffizient für freie Diffusion
D_{Kn}	m^2/s	Diffusionskoeffizient für Knudsen-Diffusion
D_{lam}	m^2/s	Diffusionskoeffizient für viskose Strömung
D_P	m^2/s	Makroporendiffusionskoeffizient

8.1 Liste der verwendeten Symbole

Zeichen	Einheit	Bezeichnung
D_S	m²/s	Oberflächendiffusionskoeffizient
D_Z	m²/s	Diffusionskoeffizient für interkristalline Diffusion
D_{12}	m²/s	Diffusionskoeffizient für Diffusion von Komponente 1 in Komponente 2
E	J	Energie
g	m/s²	Erdbeschleunigung (=9,81)
g	J/mol	spezifische freie Enthalpie
h	J/mol	spezifische Enthalpie
h	m	Kappilarfüllhöhe
Δh_{Ads}	J/mol	spezifische Adsorptionsenthalpie
Δh_B	J/mol	spezifische Bindungsenthalpie
Δh_V	J/mol	spezifische Verdampfungsenthalpie
ΔH^0_R	J/mol	Standard-Reaktionsenthalpie
k_1, k_2	-	Geschwindigkeitskonstanten
k	1/bar^n	Parameter der Freundlich-Gleichung
k^*	(m³/kg)^{n*}	Parameter der Freundlich-Gleichung
k	1/bar^B	Parameter der Toth-Gleichung
k^*	(m³/kg)^{B*}	Parameter der Toth-Gleichung
k_B	J/K	Boltzmann-Konstante
k_H	1/bar	Parameter der Henry-Gleichung
k_H^*	m³/kg	Parameter der Henry-Gleichung
k_i	1/bar	Parameter der Multi-Freundlich-Gleichung
k_{1j}	1/bar	Parameter der Multi-Redlich-Peterson-Gleichung
k_{1j}^*	m³/kg	Parameter der Multi-Redlich-Peterson-Gleichung
k_{2j}	1/bar^n	Parameter der Multi-Redlich-Peterson-Gleichung
k_{2j}^*	(m³/kg)^n	Parameter der Multi-Redlich-Peterson-Gleichung

Zeichen	Einheit	Bezeichnung
k_{eff}	kg/(m²·s)	effektiver Stoffdurchgangskoeffizient
k_{Film}	m/s	Stoffübergangskoeffizient
k_{Wand}	W/(m²·K)	Wärmedurchgangskoeffizient durch die Wand
K_{Rad}	-	Geometrie-Kennzahl
L	m	Länge des Festbetts
$\dot{m}$	kg/s	Massenstrom
m	kg	Masse
m_W	kg	feuchte Masse des Adsorbens
M	kg/mol	Molmasse
N	-	Exponent der BET-Gleichung
n	-	Exponent der Freundlich-Gleichung
n^*	-	Exponent der Freundlich-Gleichung
n	mol	Stoffmenge
n	-	Exponent der Redlich-Peterson-Gleichung
n^*	-	Exponent der Redlich-Peterson -Gleichung
n	-	Anzahl der Volumenelemente
n_i	-	Exponent der Multi-Freundlich-Gleichung
n_i	-	Exponent der Multi-Redlich-Peterson-Gleichung
n_i^*	-	Exponent der Multi-Redlich-Peterson-Gleichung
p	N/m²	Druck
p_A	N/m²	Partial-Druck des Adsorptivs
p_{ges}	bar	Gesamtdruck des Systems
P	W	Leistung
q	kg/kg	Feststoffbeladung (einschließlich Adsorptivmenge im Porenvolumen)
q_{mon}	kg/kg	monomolekulare Beladung

8.1 Liste der verwendeten Symbole

Zeichen	Einheit	Bezeichnung
Q	J	Wärmemenge
$\dot{Q}_V$	W	Verlustwärmestrom
$\dot{Q}_{WÜ}$	W	Wärmeübergang
r	m	radiale Koordinate
r_{Pore}	m	Porenradius
R	J/(mol·K)	allgemeine Gaskonstante (= 8,314)
s	J/(mol·K)	spezifische Entropie
T	K	Temperatur
T_U	K	Temperatur der Umgebung
t	s	Zeit
u_{LR}	m/s	Leerrohrgeschwindigkeit des Fluids
v	m³/mol	spezifisches Volumen
V	m³	Volumen
$\dot{V}$	m³/s	Volumenstrom
v	m³/mol	spezifisches Volumen
w_f	m/s	Sinkgeschwindigkeit
x	mol/mol	Molanteil
x	m	Mischungsweg
X	kg/kg	Beladung
X_M	kg/kg	empirischer Parameter (Gl. 3.27)
X_{mon}	kg/kg	monomolekulare Beladung
X_{max}	kg/kg	maximale Beladung
Y_i	-	Stoffmengenanteil der Komponente i in der Gasphase
z	m	axiale Koordinate
z_i	-	Stoffmengenanteil der Komponente i

8.1.2 Griechische Symbole

Zeichen	Einheit	Bezeichnung
α_P	W/(m²·K)	Wärmeübergangskoeffizient
δ	°	Winkel der Grenzfläche zwischen fester und flüssiger Phase
ε_P	m³/m³	Korn- oder innere Porosität
ε_L	m³/m³	Lückengrad, äußere, Schüttungs- oder Bettporosität
φ	-	Form-Parameter
ϑ	°C	Temperatur
λ	W/(m·K)	Wärmeleitfähigkeitskoeffizient
λ_{eff}	W/(m·K)	effektiver Wärmeleitfähigkeitskoeffizient einer Schüttung
λ_F	m	freie Weglänge eines Moleküls
μ	J/mol²	spezifisches chemisches Potential
μ	s	erstes Moment
μ_P	-	Umweg- oder Tortuositäts-Parameter des Adsorbens
ν	m²/s	kinematische Viskosität
π	N/m	Spreitungs- oder Spreizdruck
ρ	kg/m³	Dichte
$\rho_{A,wahr}$	kg/m³	wahre, Material-. Feststoff- oder Kornrohdichte des Adsorbens
ρ_{Filter}	kg/m³	Filterschüttdichte
$\rho_{Rüttel}$	kg/m³	Rütteldichte
$\rho_{Schütt}$	kg/m³	Schüttdichte
ρ_W	kg/m³	feuchte oder Kornnassdichte
σ	s	zweites Moment bzw. Standardabweichung
σ	N/m	Grenzflächenspannung
σ_{gl}	N/m	Grenzflächenspannung zwischen Gas- und Flüssigphase

Zeichen	Einheit	Bezeichnung
σ_{gs}	N/m	Grenzflächenspannung zwischen Gas- und fester Phase
σ_{ls}	N/m	Grenzflächenspannung zwischen Flüssig- und fester Phase
σ_G	m²	gaskinetischer Stoßdurchmesser (Querschnittsfläche)
θ	-	Anteil der bedeckten Oberfläche
ξ	-	Widerstandbeiwert

8.2 Indices

Index	Beschreibung
A	Adsorptiv
Ads	adsorbierte Phase / Adsorbat
aus	austretender Strom
ein	eintretender Strom
D	Dispersion
Des	Desorption
Diff	Diffusion
F	Festbett
Fl	Flüssigphase
Fluid	Fluidphase
G	Gasphase
Gl	Gleichgewichtszustand
i	Komponente i
i	innen
I	inertes Trägerfluid
j	Komponente j
K	Konvektion
L	Lockerungspunkt
O	Oberfläche
P	Partikel
Pore	Pore
Rohr	Rohr
S	Adsorbens
Speicher	Speicherterm
SÜ	Stoffübergang
Wand	Wand
0	thermodynamischer Standardzustand
0	Anfangszustand

8.3 Dimensionslose Kennzahlen

Name der Kennzahl	mathematischer Zusammenhang
Archimedeszahl	$Ar = \dfrac{g \cdot \overline{d}_P^{\,3}}{v_{Fluid}^2} \cdot \left(\dfrac{\rho_{Fl}}{\rho_{Fluid}} - 1 \right)$
Geometrie-Kennzahl 1	$Geo_1 = \dfrac{l_1}{d}$
Geometrie-Kennzahl 2	$Geo_2 = \dfrac{l_2}{d}$
Nusselt-Zahl	$Nu = \dfrac{\alpha_P \cdot d}{\lambda_{Fluid}}$
Peclet-Zahl (Stofftransport)	$Pe = \dfrac{d_P \cdot u_{LR}}{D_{ax} \cdot \varepsilon_L}$
Peclet-Zahl (Wärmetransport)	$Pe_x = \dfrac{x \cdot u_{LR} \cdot \rho_{Fluid} \cdot c_{p,Fluid}}{\lambda_D}$
Reynolds-Zahl	$Re = \dfrac{u_{LR} \cdot d}{v}$
hydraulische Reynolds-Zahl	$Re_H = \dfrac{u_{LR} \cdot d_H}{v}$
Partikel-Reynolds-Zahl	$Re_P = \dfrac{u_{LR} \cdot d_P}{v}$
Schmidt-Zahl	$Sc = \dfrac{v}{D_{12}}$
Sherwood-Zahl	$Sh = \dfrac{k_{Film} \cdot d}{D_{12}}$
Nusselt-Zahl	$Nu_P = \dfrac{\alpha_P \cdot d_P}{\lambda_{Fluid}}$
Prandtl-Zahl	$Pr = \dfrac{v \cdot \rho_{Fluid} \cdot c_{pFluid}}{\lambda_{Fluid}}$

8.4 Abkürzungen

AfA	Abschreibung für Anlagenvermögen
AK	Aktivkohle
AOX	adsorbierbare organisch gebundene Halogenverbindungen
BET	Brunauer, Emmet und Teller
BSB	biochemischer Sauerstoffbedarf
BTX	Benzol, Toluol, Xylol
BV	Bettvolumen (Volumen der Adsorbensschüttung einschließlich des Zwischenkornvolumens)
CMS	Carbon Molecular Sieves (Kohlenstoffmolekularsiebe)
CSA	Composition Swing Adsorption (Konzentrationswechseladsorption)
CSB	chemischer Sauerstoffbedarf
CSEP	Chromatographic Separation (chromatographische Trennung)
DCE	Dichlorethan
DOC	Dissolved Organic Carbon (gelöster organischer Kohlenstoff)
DPF	Dispersed Plug Flow (dispersionsbehaftete Kolbenströmung)
EBCT	Empty Bed Contact Time (auf leeren Adsorber bezogene Kontaktzeit)
EOX	extrahierbare organisch gebundene Halogenverbindungen
FDA	US Food and Drug Administration
GAC	Granulated Activated Carbon (granulierte Aktivkohle)
GEH	granuliertes Eisenhydroxid
HDC	Hydrodechlorierung
IAST	Ideal Adsorbed Solution Theory
IOM-CMS	Inorganic Oxide Modified Carbon Molecular Sieve (Kohlenstoffmolekularsiebe, die mit anorganischen Oxiden modifiziert sind)
ISEP	Ionic Separation
IUPAC	International Union of Pure and Applied Chemistry
LDF	Linear Driving Force (lineare Triebkraft)
LPG	Liquified Pressurized Gas (Flüssiggas)
LT-VPSA	Low Temperature Vacuum Pressure Swing Adsorption (Niedertemperatur-Vakuum-Druck-Wechsel-Adsorption)
LUB	Length of Unused Bed (Länge des unbenutzten Bettes)
MF	Mikrofiltration
MTZ	Massentransferzone (=Massenübergangszone)
MÜZ	Massenübergangszone

Nm³	Normkubikmeter (Gasvolumen bei 0 °C und 1,01325 bar)
NOM	Natural Organic Matter (natürliche Wasserinhaltsstoffe)
OC	orthogonale Kollokation
OCFE	orthogonale Kollokation auf finiten Elementen
ODE	Ordinary Differential Equation (gewöhnliche Differentialgleichung)
PAC	Pulverized Activated Carbon (Pulver-Aktivkohle)
PACT	Powdered Activated Carbon Treatment
PBSM	Pflanzenbehandlungs- und Schädlingsbekämpfungsmittel
PCA	physikalisch-chemische Aufbereitungsverfahren
PCDD/F	polychlorierte Dibenzodioxine (PCDD) und Dibenzofurane (PCDF)
PDE	Partial Differential Equation (partielle Differentialgleichung)
PSA	Pressure Swing Adsorption (Druckwechseladsorption)
RAST	Real Adsorbed Solution Theory
SBU	Secondary Building Unit
SCA	Simplified Competitive Adsorption
SMB	Simulated Moving Bed (simulierte Gegenstromführung)
TE	Toxicity Equivalent (Toxizitätsäquivalent)
TOC	Total Organic Carbon (gesamter organischer Kohlenstoff)
TRbF	Technische Regeln für brennbare Flüssigkeiten
TSA	Temperature Swing Adsorption (Temperaturwechseladsorption)
UF	Ultrafiltration
UO	Umkehrosmose
VOC	Volatile Organic Compounds (flüchtige Kohlenwasserstoffe)
VPSA	Vacuum Pressure Swing Adsorption (Vakuum-Druck-Wechsel-Adsorption)
VSA	Vacuum Swing Adsorption (Vakuum-Wechsel-Adsorption)
VSM	Vacancy Solution Model
WHG	Wasserhaushaltsgesetz
wppm	Massenkonzentration in ppm (parts per million)

Sachverzeichnis

Abluftbehandlung (VOC)
  Festbett-Adsorber 188
  Kennfelder 185
  Rotor-Adsorber 216
  Wanderbett-Adsorber 224
Absüßen 279
Abwasserbehandlung 257, 275
  Chlorentfernung 264
  Direkteinleitung 256
  Festbett-Adsorber 312
  Manganentfernung 264
  Pulverkohledosierung 287
  Verfahrensauswahl 253
  Wanderbett-Adsorber 292, 310
ACF *Siehe* Aktivkohlefasern
AdDesignS® 135
ADSIM® 134
Adsorbat
  Definition 2
Adsorbens
  Definition 2
Adsorberbrand 23, 183, 209, 240
Adsorberharze *Siehe* Polymere Adsorbentien
Adsorberpolymere *Siehe* Polymere Adsorbentien
adsorbierbare organisch gebundene Halogenverbindungen 253
Adsorpt
  Definition 2
Adsorption
  Definition 2
  Dynamik 92
  Kinetik 78
  Phänomenologie 3, 78
  Thermodynamik 49
Adsorptionsanalyse 308
Adsorptions-Desorptions-Hysterese 54, 65, 66
Adsorptionsenthalpie 60, 74

Adsorptionsfilter *Siehe* Festbett-Adsorber
Adsorptionsisobare *Siehe* Isobare
Adsorptionsisostere *Siehe* Isostere
Adsorptionsisotherme *Siehe* Isotherme
Adsorptiv
  Definition 2
aktives Aluminiumoxid *Siehe* Aktivtonerde
Aktivierte Bleicherden 34
  Eigenschaften 36
  Herstellung 35
  Preis 35
  Regenerierung 36
aktivierte Spaltdiffusion 89
Aktivkohle 19
  Adsorberbrand 23
  chemische Aktivierung 20
  Eigenschaften 23
  -fasern 20
  Formkohlen 20
  Gas-Aktivierung 20
  Herstellung 20
  imprägnierte 22
  Kugelkohle 20
  Porenstruktur 21
  Preis 22
  Pulverkohle 20
  Reaktivierung 24, 292
  Reaktivierungsverluste 25, 292
  Versottung 23
Aktivkohledruckfilter 261
Aktivkoks 19
  Porenstruktur 21
Aktivtonerde 36, 283
  Herstellung 36
  Porenstruktur 38
  Preis 37
  Regeneration 284
Aluminate *Siehe* Aktivtonerde
Alumosilicate 29

Amalgambildung 209
Anströmgeschwindigkeit 239
Ansüßen 280
Antibiotikaabtrennung 287
AOX *Siehe* adsorbierbare organisch gebundene Halogenverbindungen
Apfelsaft 281
äußerer Lückengrad
 experimentelle Bestimmung 131
 in Randbereichen 132
äußerer Stofftransport 125
axiales Profil 93, 151, 153, 157

BET-Isotherme 52, 60
Betonfilter *Siehe* Schwerkraftadsorber
BF-Verfahren
 für die Abwasserbehandlung 292
 für die SO_2-Abscheidung 230
Bindungsenthalpie 60, 76
biochemischer Sauerstoffbedarf 252
biotechnologische Trennungen
 mit Einrührverfahren 287
 mit SMB-Prozessen 302
Bleicherden *Siehe* Aktivierte Bleicherden
Boltzmann-Konstante 84
BSB *Siehe* biochemischer Sauerstoffbedarf

Calciumcarbonat 234
Calciumhydroxid 234
carbonaceous adsorbents *Siehe* nachvernetzte polymere Adsorbentien
charakteristische Temperatur 150
chemischer Sauerstoffbedarf 252, 269, 290
Chemisorption 6, 74, 208
Chlorentfernung 264
chlorierte Kohlenwasserstoffe 226
chromatographische Trennungen 253, 298, 302
Citrussäfte 278
Clausius-Clapeyron-Gleichung 74
CMS *Siehe* Kohlenstoffmolekularsiebe
Composition Swing Adsorption 139
Constant Pattern Profile 94
CO-Überwachung 240
CSA *Siehe* Composition Swing Adsorption
CSB *Siehe* chemischer Sauerstoffbedarf

CSEP-Technologie *Siehe* Karusseladsorber

Dampfdruckabsenkung 66
Datenbanken für Isothermen 69
dealuminierte Zeolithe 33
Decarbonisierung 234
Dehydratisierung 234
Deponiesickerwasseraufbereitung
 Festbett-Adsorber 268
 Pulverkohle u. Nanofiltration 289
Desorbensaufarbeitung 276, 306
Desorption
 Definition 2
 Druckwechsel- 141, 142
 durch Änderung des Salzgehaltes 172
 durch pH-Wert-Verschiebung 169
 Grundprinzipien 139
 in der flüssigen Phase 161
 in der Gasphase 141
 Klassifizierung der Verfahren 140
 Temperaturwechsel- 141
 Verdrängungs- 141, 155
Dichte 15
Diffusionskoeffizient 83
Dioxine 208, 226, 233
Dispersionskoeffizient, axialer
 empirische Abschätzung 133
 experimentelle Bestimmung 131
Dissolved Organic Carbon 253
Distributor 261
DMT-Verfahren 292
DOC *Siehe* Dissolved Organic Carbon
Dolomit 234
dotierte Adsorbentien 209
DPF-Modell 109, 120
Druckadsorber 257, 260
Druckwechsel-Desorption 142
 Druckausgleich 145
 Prozessführung 144
 Simulation 146
 Verfahrensvarianten 143
 Zykluszeit 145
Dubinin-Radushkevich-Isotherme 65
Durchbruchskurve 93, 104, 256

Einrührverfahren 286
Eisenhydroxid 38
Eiweißstoffabscheidung 281
Empty Bed Contact Time 310

Enantiomerentrennungen
  mit SMB-Prozessen 303
Energierückgewinnung 241
Entbittern von Fruchtsäften 278
Entfärbung
  von Fruchtsäften 278
  von Zuckersirup 287
Entleeren
  von Druckadsorbern 263
  von Schwerkraftadsorbern 260
Entropie 51, 74
Entwässern 282
EOX *Siehe* extrahierbare organisch gebundene Halogenverbindungen
Ergun-Gleichung 147
EU-Richtlinie 1999/13 184
Expanded-Bed-Adsorber *Siehe* Schwebebett-Adsorber
Explosionsgrenze, untere 207
Explosionsschutzrichtlinie 240
extrahierbare organisch gebundene Halogenverbindungen 253
Extraktionsmittel 165
extraktive Desorption 160, 164
Extraktionsmittelrückgewinnung 276, 306
  Stromführung 262
  Verfahrensbeispiel 275, 312
Ex-Zone 240

Fällung von Quecksilbersulfid 209
Farbstandardisierung von Fruchtsäften 281
Fermentationsbrühen
  Behandlung in Schwebebett-Adsorbern 297
  Behandlung in Wirbelschicht-Adsorbern 294
Festbett-Adsorber
  Abwasserbehandlung 275, 312
  Betriebskosten 272, 274, 282
  Chemisorption 208
  Druckwechsel-Desorption 196
  Fruchtsaftaufbereitung 278
  Heißgasdesorption 194
  in der Flüssigphase 256
  in der Gasphase 188
  Investitionskosten 272, 274, 281
  Mehrschichtadsorber 264
  messtechnische Ausstattung 268
  Parallelschaltung 264

Festbett-Adsorber (Fortsetzung)
  Phenolabtrennung 312
  Phenolabtrennung 275
  Reihenschaltung 264, 280, 301
  Sickerwasseraufbereitung 268
  Simulation 212
  Temperaturwechsel-Desorption 188
  Tensidentfernung 272
  Wasserdampf-Desorption 191
Fick'sches Gesetz 83
Finite-Differenzen-Methoden 106
Flaschenhals-Effekt 67
Flugstrom-Adsorber 232
  Dioxin-Furan-Abscheidung 233
  SO_2-Abscheidung 234
Fluidisierungsgeschwindigkeit 294, 296
Formkohle 20
Fouling 174
  durch Natural Organic Matter 135, 249
  durch Öle 278
Freibordhöhe *Siehe* Rückspülraum
Freibrennen 33
freie Enthalpie 52, 74
freie Porendiffusion 82, 86
freie Weglänge 84
Frenkel-Hill-Halsey-Isotherme 65
Freundlich-Isotherme 53, 61
Fritz-Schlünder-Gleichung 71
Fruchtsaftaufbereitung 278
Furane 208, 226, 233

Gegenstromregeneration 262
GEH *Siehe* granuliertes Eisenhydroxid
Gerbstoffabscheidung 281
Getränkestabilisierung 286
  Festbett-Adsorber 278
  Rührkessel-Adsorber 287
Gibbs'sche Isotherme 51, 52, 73
Gleichgewicht
  thermodynamisch 52
Gleichgewichtseffekt 8
Gleichgewichtsmodelle 104
Gleichstromregeneration 262
Glueckauf-Abschätzung 91
GM-Isotherme 63
Goldgewinnung 287
granuliertes Eisenhydroxid 38
Grenzwerte TA Luft 184
Gruppenbeitragsmodelle 69

Hagen-Poisseuille'sche Gesetz 85
Halogenverbindungen
  adsorbierbare organisch gebundene 253
  extrahierbare organisch gebundene 253
Haltepunkt 152
Hamacker-Konstante 69
heatless dryer 197
Heißgasdesorption *Siehe* Temperatur-Wechsel-Desorption *Siehe* Temperaturwechsel-Desorption
Heißwasserdesorption 162
Henry-Isotherme 56
Henry-Konstante 56
hot spot 23
Hysterese *Siehe* Adsorptions-Desorptions-Hysterese

Ideal Adsorbed Solution Theory (IAST) 72
ideal solution 72
ideales Gasgesetz 127
Interkristalline Diffusion 82, 89
ISEP-Technologie *Siehe* Karusseladsorber
Isobare 50
Isomeren-Trennungen 205
Isostere 50, 76
Isosteren-Methode 74
Isotherme 50
  Einkomponenten- 56
  günstige 54
  individuelle 56
  Klassifizierung nach BET 52
  Klassifizierung nach Schay u. Nagy 56
  Mehrkomponenten- 70
  ph-Wert-Abhängigkeit 171
  Typ I-VI 52
  ungünstige 54

Kapillareffekt 65
Kapillarkondensation 7, 65
Karusseladsorber 298
Kelvin-Gleichung 66
Kennzahlenbeziehungen 82

Kieselgel 28, 283
  Eigenschaften 29
  Herstellung 28
  Porenstruktur 38
  Preis 28
  Regeneration 284
Kinetik-Modelle
  heterogene 80, 82
  homogene 80, 90
kinetische Modelle 105
Kinetischer Effekt 8
Klärschlammverbrennung 211
Klassifizierung von
  Adsorptionsverfahren 6
  nach Adsorberbauformen 8
  nach Bindungsenthalpien 6
  nach Mechanismen 7
  nach prozesstechnischen Kriterien 9
Kleinkolonnentest 309
Knudsen-Diffusion 82, 85
Knudsen-Zahl 84
Kohlenstoffmolekularsiebe 26
  Eigenschaften 28
  funktionalisierte 27
  Herstellung 26
  Porenstruktur 27
Konfigurationsenthalpie 76
Korrosionsschutz 263, 270
Kreislaufführung 241
kritische Moleküldurchmesser 26
Krümmungsradius 67
Kugelkohle 20

laminare Strömung 85
Langmuir-Isotherme 52, 57
LDF-Modell 90, 109, 112, 147
Leihadsorber *Siehe* Mietadsorber
Leitkomponenten 104, 236
Length of Unused Bed 235
Limoninabtrennung 278
Linear-Driving-Force Siehe LDF-Modell
Lockerungspunkt 239
  von Wirbelschichten 294
Löslichkeit von Adsorptiven 5
Lösungsenthalpie 77
Lösungsmittelrückgewinnung
  Festbett-Adsorber (PSA) 205
  Festbett-Adsorber (TSA) 188
  Rotor-Adsorber 216
  Wander-/Wirbelbetten 224

LT-VPSA 203
Lückengrad *Siehe* äußerer Lückengrad

Luftzerlegung
  adsorptive 197
  Isothermen 199
  Kennfelder 186
  kryogene 196

Magnetband-Beschichtung 194
Makroporendiffusion 92
Manganentfernung 264
Massen-Transfer-Zone 94, 256
  in Karusseladsorbern 300
Massenübergangszone *Siehe* Massen-Transfer-Zone
Mehrschichtadsorber 264
Mietadsorber 196, 263
Mikrowellen-Desorption 155
Modellierungstiefe 106, 108
Molekularsiebe 26, 29
  Porenstruktur 38
Molekularsiebeffekt 31
Molex Prozess 304
monomolekulare Bedeckung 57
Montagsbrände 183
Montmorillonit 35
MTZ *Siehe* Massen-Transfer-Zone
Müllverbrennungsanlagen 208
Multi-Dubinin-Astakhov-Isotherme 72
Multi-Freundlich-II-Isotherme 71
Multi-Freundlich-I-Isotherme 70
Multi-Langmuir-Isotherme 70
Multi-Redlich-Peterson-II-Isotherme 71
Multi-Redlich-Peterson-I-Isotherme 71
MÜZ *Siehe* Massen-Transfer-Zone

Naringinabtrennung 278
Natural Organic Matter 249
Netzwerktheorie 67
n-Modul 32
Norm-Kubikmeter 127
n-Paraffinabtrennung
  mit SMB-Prozessen 304

Oberfläche
  äußere 17
  innere 17
Oberflächendiffusion 82, 87
Oberflächenspannung 51
Ohm'sche Verluste 154

orthogonale Kollokation 107
  auf finiten Elementen 107

P-(Purification)-Prozesse 143
PACT-Verfahren 286
Partikelgröße 14
PBSM-Abtrennung 290
pharmazeutische Stofftrennungen 287
pharmazeutische Trennungen
  mit SMB-Prozessen 302
Phasengrenze 54
Phenolabtrennung 275, 312
Phenolindex 253
pH-Swing-Desorption
  in Festbett-Adsorbern 279
  in Schwebebett-Adsorbern 296
  Stromführung 262
Physisorption 7
Polizeifilter 209
Polymere Adsorbentien 39
  Auswahlkriterien 42
  Eigenschaften 41
  gelförmige 39
  Herstellung 39
  Lebensdauer 279
  makroporöse 39
  makroretikuläre 39
  mikroporöse 39
  nachvernetzte 39
  Porenstruktur 41
  Preis 42
  Regeneration 276, 280
  Schwellen 42, 276
  Vernetzungsstruktur 39
Polyvinylpyrrolidon 281
Porendiffusion 122
Porendurchmesser
  effektiver 31
  in 4 Å-Molekularsieb 38
  in Adsorberpolymeren 41
  in Aktivkohle 21
  in Aktivkoks 21
  in Aktivtonerde 38
  in Kieselgel 38
  in Kohlenstoffmolekularsieben 27
  in Zeolithen 31, 32
Pressure Swing Adsorption 139
Prinzip des kleinsten Zwanges 139
Prinzip von LeChatelier 139

Proteinabtrennung
  Rührkessel-Adsorber 287
  Schwebebett-Adsorber 297
Prozesswasseraufbereitung 252, 312
PSA *Siehe* Pressure Swing Adsorption
PSA-Verfahren 197
  Abluft aus Tanklägern 207
  Isomeren-Trennung 205
  Lösungsmittelrückgewinnung 205
  Sauerstoffgewinnung 200
  Stickstofferzeugung 198
  Wasserstoffgewinnung 203
PT-Isotherme 69
Pulverkohle 20, 287
Pulverkohleabtrennung
  Anschwemmfilter 287
  Nanofiltration 289
Pulverkohledosierung 287
PVPP *Siehe* Polyvinylpyrrolidon

Quecksilber 208

R-(Recovery)-Prozesse 143
Raoult'sches Gesetz 72
Reaktivierung 173
  biologische 174
  chemische 173
  oxidative 160
  thermische 24, 292
Reaktivierungsverluste 25
Real Adsorbed Solution Theory (RAST) 72
Redlich-Peterson-Isotherme 64
Regnen im Adsorber 239
Reinstwasser 251
Rekusorb-Verfahren 194, 196
Rieselbodenwirbelschichten 298
Rotor-Adsorber 213
  Simulation 222
Rückspülraum
  in Druckadsorbern 263
  in Schwerkraftadsorbern 260
Rückspülung
  von Druckadsorbern 263
  von Schwerkraftadsorbern 260
Rührkessel-Adsorber 286
Rutschbettadsorber *Siehe* Wanderbettadsorber

Sandwichfilter 260
Sättigungsbeladung 58

Sauerstoff-Argon-Trennung 203
Sauerstoffgewinnung 200
Sauerstoffzufuhrfaktor 253
SBU *Siehe* Secondary Building Unit
Schwebebett-Adsorber 296
schwefel-imprägnierte Zeolithe 209
Schwerkraftadsorber 257
Secondary Building Unit 30
Sickerwasseraufbereitung
  Festbett-Adsorber 268
  Pulverkohle u. Nanofiltration 289
Silbergewinnung 287
Silicagel *Siehe* Kieselgel
Simplified Competitive Adsorption 72
Simulierte bewegte Adsorberbetten 235, 302
SMB-Prozesse *Siehe* Simulierte bewegte Adsorberbetten
SO_2-Abscheidung
  Festbett-Adsorber 212
  Flugstrom-Adsorber 234
  Wanderbett-Adsorber 230
Spreitungsdruck 51
Spülwasseraufbereitung 272
Stabilisieren von Fruchtsäften 278
Statischer Kapazitätseffekt 7
Steam-Reformer 203
Sterischer Effekt 8
sterisch-kinetischer Effekt 8, 205
Stickstofferzeugung 198
Stickstoffkreislauf 195
Stofftransport 78
Stoffübergangskoeffizient 80
  empirische Abschätzung 133
Störgrenzkonzentration 252
Stromführung 239
Sulfocarbon-Verfahren 232
superloading-Verfahren 276

Tailing 123
Technische Anleitung Luft 184
Technischen Regeln für brennbare Flüssigkeiten (TRbF) 240
Temkin-Isotherme 64
Temperature Swing Adsorption 139
Temperaturwechsel-Desorption 148
  in der flüssigen Phase 162
  Plateau 150
  Simulation 152
  Zwischengleichgewicht 152
Temperatur-Wechsel-Desorption 284

Tensidentfernung 272
Thompson-Gleichung 66
TOC *Siehe* Total Organic Carbon
Tortuositätsfaktor 83, 85, 86
Total Organic Carbon 253
Toth-Isotherme 62
Trinkwasseraufbereitung 257, 264
Trinkwasserverordnung 251
Trocknung
 von organischen Flüssigkeiten 282
 von verflüssigten Gasen 282
TSA *Siehe* Temperature Swing Adsorption
TSA-Verfahren 188

Übergangsbereich 89
überkritische Fluid-Extraktion 173
Ultraschall-Desorption 163

Vacancy Solution Model (VSM) 72
Vacuum Pressure Swing Adsorption 143
Vacuum Swing Adsorption 143
VDI-Richtlinie 3674 188
Verdampfungsenthalpie 60, 76
Verdrängungs-Desorption 155
 Prozessführung 156
 Simulation 160
 Wasserdampf-Desorption 164, 191
Versottung 23, 209
Viskose Strömung 82, 85
Volmer-Isotherme 65
VPSA *Siehe* Vacuum Pressure Swing Adsorption
VPSA-Verfahren 203
VSA *Siehe* Vacuum Swing Adsorption

Wanderbett-Adsorber 223, 291
 Dioxin-Furan-Abscheidung 226
 Gegenstrom 226
 in der Abwasserbehandlung 292, 310
 Kreuzstrom 229
 Lösungsmittelrückgewinnung 224
 messtechnische Ausstattung 292
 Quecksilber-Abscheidung 226
 Querstrom 228
 SO_2-Abscheidung 230

Wanderungsgeschwindigkeit
 Konzentrationsfront 94, 149
 Temperaturfront 149
Wärmeleitungskoeffizient, dispersiver
 empirische Abschätzung 134
Wärmetransport 79
Wärmeübergangskoeffizient 81
 empirische Abschätzung 134
Wasseraufarbeitung 253
Wasserdampf-Desorption *Siehe* Verdrängungs-Desorption
Wasserhaushaltsgesetz 252
Wasserstoffgewinnung 203
Wirbelbett-Adsorber
 Gasphase 223
Wirbelschichtadsorber 294
 klassierender 296
 mehrstufiger 298

Xylolabtrennung
 mit SMB-Prozessen 302

Zellenmodelle 105
Zeolithe 29, 283
 dealuminierte 33
 Eigenschaften 34
 Freibrennen 33
 Herstellung 33
 hydrophobe 33
 in SMB-Verfahren 304
 Lebensdauer 304
 Molekularsiebeffekt 31
 Molex Prozess 304
 n-Module 32
 Porendurchmesser 31, 32
 Preis 34
 Regeneration 284
 Secondary Building Units 30
Zersetzungsreaktionen 149
Zuckersirupbehandlung 286, 287
Zustandsgröße
 extensive 51
 intensive 51

α-Faktor *Siehe* Sauerstoffzufuhrfaktor
α-Zahl *Siehe* Sauerstoffzufuhrfaktor

Druck (Computer to Film): Saladruck, Berlin
Verarbeitung: H. Stürtz AG, Würzburg